河南省国家重点学科（地理学）培育基金
河南省软科学投招标项目（092400410002）

中原经济区
主体区现代城镇体系研究

主　编◎王发曾
副主编◎闫卫阳　刘静玉

科学出版社
北　京

内 容 简 介

本书以国内外城镇体系发展及中原经济区建设为宏观背景，从分析中原经济区主体区河南省现代城镇体系的历史与现实入手，研究城镇体系的等级层次、规模序列、职能类型与空间布局结构，论证主要中心城市的综合发展、城镇体系功能分区与综合交通运输网络优化等功能组织方式，并对协调运行现代城镇体系的空间组织模式、提升中原城市群的整体实力、推进新型城镇化进程、实施城乡统筹发展与夯实建设郑汴都市区的区域基础等关键问题进行了科学设计。

本书可供从事人文地理、城市规划、区域发展、地理信息系统等专业的科研人员及相关行业的管理人员参考。

图书在版编目(CIP)数据

中原经济区主体区现代城镇体系研究／王发曾主编．—北京：科学出版社，2014.1
ISBN 978-7-03-039243-5

Ⅰ.①中… Ⅱ.①王… Ⅲ.①城市-城市规划-研究-河南省 Ⅳ.①TU984.261

中国版本图书馆 CIP 数据核字（2013）第 288459 号

责任编辑：侯俊琳　牛　玲　杨若昕／责任校对：刘亚琦
责任印制：徐晓晨／封面设计：无极书装
编辑部电话：010—64035853
E-mail：houjunlin@mail.sciencep.com

科 学 出 版 社 出版
北京东黄城根北街 16 号
邮政编码：100717
http://www.sciencep.com

北京教园印刷有限公司 印刷
科学出版社发行　各地新华书店经销
*

2014 年 1 月第 一 版　开本：720×1000 1/16
2015 年 5 月第三次印刷　印张：21 3/4
字数：420 000
定价：98.00 元
（如有印装质量问题，我社负责调换）

编 委 会

主　编　王发曾

副主编　闫卫阳　刘静玉

编　委　王发曾　闫卫阳　刘静玉　徐晓霞

　　　　　　王胜男　丁志伟　李亚婷　张改素

目 录

第一章 现代城镇体系研究的平台 … 1

第一节 城镇体系研究进展 … 1
一、国外研究进展 … 1
二、国内研究进展 … 3
三、河南省研究进展 … 6
四、启示 … 9

第二节 中原经济区 … 10
一、中原经济区战略 … 10
二、中原经济区建设 … 13
三、中原经济区的主体区 … 19

第三节 现代城镇体系 … 21
一、现代城镇体系的内涵 … 21
二、主体区现代城镇体系的定位 … 22
三、主体区现代城镇体系的研究框架 … 23

第四节 中原经济区建设中的新型城镇化 … 26
一、新型城镇化的内涵与特点 … 26
二、新型城镇化的方向与目标 … 27
三、新型城镇化的推进途径 … 29

参考文献 … 32

第二章 中原地区现代城镇体系的历史与现实 ········· 37

第一节 城镇的历史演变 ········· 37
- 一、城镇的演变历程 ········· 37
- 二、城镇演变的特点 ········· 40
- 三、城镇历史演变的启示 ········· 41

第二节 城镇体系的发育与基础 ········· 44
- 一、城镇体系的发展历程 ········· 44
- 二、城镇体系演变的特点与启示 ········· 46
- 三、城镇体系的现状 ········· 48
- 四、城镇体系发展存在的主要问题 ········· 51

第三节 现代城镇化的进程 ········· 54
- 一、城镇化的阶段 ········· 54
- 二、城镇化进程的特点 ········· 55
- 三、城镇化进程的主要问题及制约因素 ········· 58

第四节 中原城市群的组建 ········· 64
- 一、中原城市群的由来 ········· 64
- 二、中原城市群概况 ········· 65
- 三、中原城市群的战略地位 ········· 67
- 四、中原城市群的发展优势 ········· 72
- 五、中原城市群存在的问题 ········· 76

参考文献 ········· 80

第三章 现代城镇体系的等级层次和规模序列结构 ········· 82

第一节 现代城镇体系的等级层次结构 ········· 82
- 一、现代城镇体系的结构形态 ········· 82
- 二、城镇中心性强度计算 ········· 83
- 三、城镇体系等级层次划分 ········· 88
- 四、现代城镇体系等级层次结构优化 ········· 91

第二节 现代城镇体系的规模序列结构 ········· 99
- 一、规模序列结构的演变 ········· 99
- 二、规模序列结构的现状 ········· 110

三、规模序列结构的优化 …………………………………… 114
　参考文献 ……………………………………………………………… 123

第四章　现代城镇体系的职能类型和空间布局结构 …………… 124

第一节　现代城镇体系的职能类型结构 ………………………… 124
　　　一、城市职能的时代演变 …………………………………… 124
　　　二、城市职能的分类方法 …………………………………… 126
　　　三、职能类型结构的演变 …………………………………… 133
　　　四、职能类型结构的现状 …………………………………… 138
　　　五、职能类型结构的优化 …………………………………… 143

第二节　现代城镇体系的空间布局结构 ………………………… 154
　　　一、空间布局结构的演变 …………………………………… 154
　　　二、空间布局结构的特征 …………………………………… 157
　　　三、空间布局结构的模式 …………………………………… 167
　　　四、空间布局结构的优化 …………………………………… 179
　参考文献 ……………………………………………………………… 190

第五章　现代城镇体系功能组织的基础 …………………………… 195

第一节　城镇体系功能组织的理论基础 ………………………… 195
　　　一、功能组织的理论 ………………………………………… 195
　　　二、功能组织的理念 ………………………………………… 203
　　　三、功能组织的模式 ………………………………………… 206

第二节　城镇体系功能区划分的方法论 ………………………… 209
　　　一、城镇体系功能区与城市经济区 ………………………… 209
　　　二、功能区划分须考虑的因素 ……………………………… 210
　　　三、功能区划分的思路与流程 ……………………………… 210

第三节　主体区现代城镇体系的功能区 ………………………… 212
　　　一、主要中心城市选取 ……………………………………… 212
　　　二、功能区划分过程 ………………………………………… 215
　　　三、功能区划分方案 ………………………………………… 224
　参考文献 ……………………………………………………………… 225

第六章 现代城镇体系功能组织的途径 228

第一节 中原城市群板块的功能组织 228
一、中原城市群主干区 228
二、中原城市群西部区 233
三、中原城市群南部区 236

第二节 其他版块的功能组织 239
一、豫北功能区 239
二、豫西功能区 243
三、豫西南功能区 245
四、豫南功能区 247
五、豫东功能区 250

第三节 交通运输网络的功能组织 253
一、交通运输网络功能组织的宏观背景 253
二、交通运输网络对城镇体系空间格局演变的影响 255
三、主体区交通运输网络现状 256
四、主体区公路交通运输网络的分形特征 259
五、主体区交通运输网络功能组织策略 267

参考文献 271

第七章 现代城镇体系建设的关键问题 272

第一节 协调运行现代城镇体系的空间组织模式 272
一、区域协调发展的科学理念 272
二、"一极两圈三层"模式的协调运行 276

第二节 提升中原城市群的整体实力 278
一、中原城市群产业发展与结构优化 279
二、中原城市群城镇化发展及其结构优化 283
三、交通运输通道的发展 288

第三节 推进新型城镇化进程 290
一、主体区新型城镇化水平评价 290
二、城镇化驱动力的定量分析 295

　　　　三、培育新型城镇化的动力机制 …………………………………… 298
第四节　实施城乡统筹发展 …………………………………………………… **304**
　　　　一、城乡统筹发展的动力机制 …………………………………… 304
　　　　二、城乡统筹发展的定量分析 …………………………………… 307
　　　　三、城乡统筹发展的时空定位 …………………………………… 316
　　　　四、城乡统筹发展的路径 ………………………………………… 317
第五节　夯实郑汴都市区的区域基础 ………………………………………… **322**
　　　　一、郑汴都市区建设的必要性与可行性 ………………………… 322
　　　　二、郑汴都市区发展的区域基础 ………………………………… 323
　　　　三、郑汴区域产业整合 …………………………………………… 325
　　　　四、区域空间结构重组 …………………………………………… 330
　　　　五、区域基础设施整合 …………………………………………… 330
　　参考文献 ………………………………………………………………… 333

后记 …………………………………………………………………… **335**

第一章
现代城镇体系研究的平台

当前，随着经济全球化和区域经济一体化深入发展，我国东部沿海地区产业向中西部地区转移的趋势不断加强，促进中部地区崛起战略实施加快，以河南省为主体区的中原经济区工业化、城镇化、农业现代化进程推进速度也不断加快。中原地区谋求发展的共识、服务全局的合力、攻坚克难的精神进一步增强，经济社会发展呈现出好的趋势、好的态势、好的气势。建设中原经济区，是国之大事、省之大计、民之大业，必须在深入研究深层次问题的基础上，振奋精神、开阔视野、求真务实，推动中原经济区宏伟蓝图成为美好现实。

新型城镇化、新型工业化与新型农业现代化"三化"的协调发展是中原经济区建设的核心任务，而新型城镇化对"三化"协调发展起着重要的引领作用。构建具有中原特色，符合河南实际的现代城镇体系，充分发挥中原城市群的辐射带动能力，走好大中小城市、小城镇、新型农村社区协调发展、互促共进的新型城镇化道路，是中原经济区建设的关键。研究中原经济区主体区的现代城镇体系，具有重大的战略与现实意义、理论与实践意义。为给主体区现代城镇体系研究搭建一个坚实的研究平台，本章全面透视了国外、国内以及河南省城镇体系研究的进展，阐述了中原经济区建设的战略要点、任务和主体区——河南省的战略地位，论证了现代城镇体系的科学内涵、主体区现代城镇体系的定位和本书的研究框架，并系统地阐述了中原经济区新型城镇化道路的内涵与特点、方向与目标以及健康推进的主要途径。

第一节 城镇体系研究进展

一、国外研究进展

国外城镇体系的研究大体可以分为以下四个阶段。

1. 发端时期

最早从城镇群体（town cluster）角度进行探索性研究与实践的是英国学者

霍华德·E.，他提出的"田园城市"（garden cities）模式以围绕大城市的分散、独立、自足的田园城市试图解决大城市的矛盾，以达到高度的城市生活与清净的乡村生活的有机结合，强调把城市和区域作为研究的整体（Howard E，1898）。其后霍氏模式被恩温·R.进一步发展为"卫星城"理论，并广泛付诸于大城市调整重组的实践（Unwin R.，1909）。英国生态学家盖迪斯·P.（Geddes P.）则首创了区域规划综合研究的方法，1915年发表了著名的《进化中的城市》（Cities in Evolution），强调将自然区域作为规划的基本构架，分析区域的潜力和容量对城镇发展的影响，他也因此成为成为使西方城市科学从分散和互不关联走向综合的奠基人。1918年规划师沙里宁·E.（Saarinen E.）以"有机疏散"理论模式拟定了著名的赫尔辛基规划方案。这一时期西方许多大城市（伦敦、巴黎、哥本哈根、柏林等）的规划研究都已拓展到城市-区域层面。

与此同时，一些系统性的理论也先后被提出。1933年，德国地理学家克里斯泰勒·W.（Christaller W.）在《德国南部的中心地》（Central Place in Southern Germany）一书中提出了著名的中心地理论，第一次把区域内的城市体系系统化，并按照城市等级和行政原则、交通原则、市场原则等提出了城市分布的规则六边形结构。1949年，齐夫（Zipf G. K.）等对城市体系的规模分布进行了研究。

2. 发展时期

1956年艾萨德（Isard W.）、1975年诺瑟姆（Northam R. M.）分别研究了城市空间分布形态，指出城市体系的空间结构实际上是 Voronoi 多边形。1960年邓肯（Duncan O. D.）在其著作《大都市和区域》（Metropolis and Region）中首次明确地提出了"城市体系"（urban system，亦可译为"城镇体系"）一词，并阐明了城市体系研究的实际意义。1963年，贝里·B.（Berry B. J. L.）等以系统论观点研究了城市人口分布与服务中心等级体系的关系，把城市地理学与一般系统论相结合，开创了城市体系研究的新纪元，同时也使"城市体系"成为一个正式的术语并迅速流传开来。随后还有一些学者提出了"城市场"（urban field）、"功能经济区域"（functional economic area）等一些新的城市区域概念和理论，进一步拓宽了城市体系研究的视角。

3. 研究高潮与转折时期

20世纪70年代城市体系研究进入高潮时期，研究成果大量涌现，研究内容不断深入，研究方法不断更新，以计算机为支撑的数学方法、动态模拟技术得到了广泛的应用。例如，1977年Haggett·P.从相互作用（interaction）、网络（network）、节点（nodes）、层次（hierarchies）、现象（surfaces）、扩散（diffusion）6个角度研究区域城镇体系运作过程。同时，许多学者认为城镇体系研究的理论已经成熟，撰写了许多相关著作，最著名的有美国学者 Berry B. 和 Horton F. （1970）的《城镇体系的地理学透视》，加拿大学者 Bourne L. 和 Simmons J. （1978）的《城镇体系：结构发展与政策》。

4. 最新进展与研究趋势

到了 20 世纪 80 年代，西方国家的产业结构及全球的经济组织形式发生了巨大变化，城市已成为区域社会经济发展的主要空间载体，城市体系也由此呈现出深刻与全新的景象，开始了对诸如全球城市（global cities）、网络城市（network cities）、世界城市体系（world urban system）等具有国际视野的崭新研究。研究方法也有进步，如一些学者尝试用 Voronoi 图来代替中心地理论中的正六边形，表明其更接近实际，并提出了基于常规 Voronoi 图确定城市等级和空间组织的方法（Okabe and Suzuki，1997），至于地理信息技术的应用则更为广泛、深入。

目前国外城镇体系的研究方向和重点变化的总体趋势是：①由单一时间点的静态向空间、时间相结合的动态转变，通过在空间框架中引入了时间维度，研究城镇体系的时空演化规律。②由定性论证向定性、定量相结合分析的转变，通过建立数学模型，以城市体系内部的数量关系为依据研究系统的发展变化规律。③由传统地学方法向新的科学技术手段的转变，通过 GPS、GIS 和 RS 技术有机整合，为城镇体系研究提供有力支撑。④由单一空间尺度向复杂空间尺度的转变，多核、多层级的城镇体系研究逐渐取代了单核、单层级的研究。⑤由理论模型构建到实体实证研究的转变，经典的地学理论模型为具体国家、具体区域的城镇体系研究提供了学术先导。

二、国内研究进展

国内开展城镇体系研究较迟。1964 年华东师范大学严重敏首次译介了克里斯特勒的"城市的系统"一文，但其后国内并未开展相应的研究。20 世纪 70 年代末 80 年代初，随着城市规划工作的恢复和规划思想的调整，城镇体系的概念逐步推广普及。1979 年中国科学院地理研究所和部分高校承担的国家建设部门的多种类型的城镇体系规划研究工作，是我国这项研究与实践的开始。1982 年引入了国外"国土规划"理念，城镇体系规划作为其中的重要组成内容，在不同层次的行政区开展起来。

1984 年以后，我国开始推行"市辖县"的行政体制，使得城市规划的内涵进一步拓宽，并逐渐出现了城镇体系规划的内容，确立了城镇体系规划的法定地位，促进了此项工作的理论和实践探索。1984 年颁布的《城市规划条例》把布置城镇体系作为城市规划的一部分。1989 年颁布的《中华人民共和国城市规划法》更明确规定：各省、市、自治区、直辖市、县级市、县级政府所在地，都要进行所辖行政区内不同层次的城镇体系规划（第11条和第14条）。1998年建设部又对完善省域城镇体系规划作了具体要求。2008年1月正式实施的《中华人民共和国城乡规划法》进一步明确了城镇体系规划的法定地位与实施宗旨。

城镇体系的研究工作最早是在城市地理学界开展起来的（宋家泰等，1985；严重敏，1985；许学强和朱剑如，1988；杨吾扬，1987；周一星，1995），随后规划界、经济学界在内的多学科领域共同参与，取得了大量的理论和实践成果（邹军等，2002）。具体来说，我国的城镇体系研究和实践主要集中在以下三个方面。

1. 城镇体系的组织结构

20世纪80年代初，结合对国外城市体系研究的理解，南京大学在实践中提出了"三大结构"思想，即城镇体系的"等级规模结构""职能组合结构"和"地域空间结构"，其后又提出"网络系统结构"。许学强（1982）应用齐夫公式对我国100多个大城市进行回归分析，得出了城市规模与序列之间的相关模式。杨吾扬和蔡渝平（1985）提出了新的城镇体系"等级-规模-数量"模式，揭示了城镇数量与等级的负相关及城镇人口规模与等级的正相关关系，认为城镇体系是一个等级序列。郑弘毅和顾朝林（1987）从地域空间结构、等级规模结构、职能类型结构和集疏网络几个方面研究了我国沿海城市体系的空间布局。陈田（1992）将城镇体系的形成演化阶段划分为低水平均衡阶段、极核发展阶段、集聚-扩散阶段、高水平网络阶段来研究系统的发育和运行机制。王发曾（1992，1993）认为城镇体系内城市的等级与规模是不同层次的两个概念，提出用城市中心性强度为指标确定城镇体系的等级层次结构，在此框架下建立规模序列结构、职能类型结构与空间布局结构。

城镇体系职能结构研究取得了显著进展。宋家泰和顾朝林（1988）将我国城镇体系职能划分为政治中心体系、交通中心体系、工矿业城市体系、旅游中心城市体系等几种类型。张文奎等（1990）根据尼尔逊求标准差原理，并结合哈里斯定界限值方法，将全国城市分为9种类型。周一星（1988）、田文祝和周一星（1991）等运用聚类分析和尼尔逊统计分析等多种方法，将我国城市按职能分为4个大类18个亚类和43个职能组。宁越敏（1991）、庞效民（1996）、顾朝林（1997）等研究了世界城市对中国的影响，对新的国际经济背景下的城市职能作了重新理解和界定，并认为北京、香港、上海、广州等将是中国介入世界城市体系的节点城市。

值得注意的是分形理论在城镇体系空间结构研究中的应用。陈勇等（1993）揭示了城市规模分布的分形特征，指出齐夫法则和帕雷托分布中的幂指数就是分形理论中豪斯道夫维数的实质，并揭示了其地理含义。随后，一批很有价值的理论与实证研究成果不断涌现（刘继生和陈彦光，1998，1999；叶俊和陈秉钊, 2001), 例如, 借鉴国外交通网络分形特征的研究, 提出了城市-区域交通网络的长度维数、分支维数和关联维数的测度方法。

2. 城市空间相互作用与城市-区域划分

20 世纪 80 年代中期, 我国学者开始研究城市之间的各种相互作用, 重力模型、断裂点模型成为普遍采用的方法, 同时对城市-区域系统的地域划分进行了一系列研究。顾朝林 (1991) 将图论原理与因子分析方法相结合, 应用 33 个指标对全国 1989 年的 434 个城市进行了综合评价, 借鉴经济区划的 D_Δ 系和 R_d 链方法, 提出了中国两大经济地带、3 条经济开发轴线、9 个大城市经济区和 33 个 II 级区的城市经济区划体系的设想。刘科伟 (1995) 借鉴国外学者对爱尔兰城市体系研究中所建立的城市影响范围划分模型, 以陕西省为例, 对城市空间影响范围与城市经济区划分作了探讨。刘兆德和陈素青 (1996) 以山东省为例, 以中心性强度代替城市非农业人口计算断裂点位置, 并将相邻断裂点相连确定城市吸引范围和城市经济区。

同样, 新的理论和技术方法的应用有力地支撑了这方面的研究。王新生等 (2000, 2002, 2003) 提出了用常规 Voronoi 图和加权 Voronoi 图划分城市影响空间的方法, 并在此基础上提出了我国城市体系的空间组织模式。闫卫阳等 (2003, 2004) 在对断裂点模型深入研究的基础上, 考虑到加权 Voronoi 图在空间分割上的合理性, 计算机自动生成的可行性, 将二者结合起来, 提出了扩展断裂点模型, 解决了传统断裂点模型只能计算两个城市之间一个断裂点的问题; 并指出, 城市之间影响范围 (吸引范围) 的界线在理论上是一条圆弧, 并给出了其圆心和半径计算公式。扩展断裂点模型解决了长期困扰人们的断裂点的连接问题, 为城市吸引范围的划分和城市经济区的划分提供了理论依据和基础框架。

3. 城市群与都市区

20 世纪 80 年代末期以来, 随着我国改革开放的不断深入和经济全球化的扩展, 区域差异不断扩大, 沿海经济高速增长导致了城市密集区的出现, 对城市群和城市带的研究应运而生 (许学强等, 2003)。众多学者采用了城市群和都市区的提法, 研究多集中在地域结构特征、形成发展的阶段和类型、发展趋势等方面。胡序威 (1998) 对中国的都市区和都市连绵区进行了界定和划分。顾朝林和张敏 (2000) 研究了长江三角洲地区城市发展特征, 指出以上海为中心, 形成了一批经济实力强、社会发展水平高、投资环境优越的城市群, 具有向巨型大都市连绵区发展的趋势, 并分析了其形成的机制。姚士谋等 (2001) 的《中国城市群》一书是城市群研究方面较为系统的成果。

20 世纪 80 年代后期, 我国城镇体系研究实现了三个突破: 突破了计划经济时代传统的均衡发展理念，市场经济时代非均衡、相对均衡理念成为调整研究思路的导引与学术基础；突破了前期对国外研究的特别关注与重在引进，开始在直面国情的前提下努力探索适合中国情况的科学概念与理论体系；突破了地理学传统方法的制约，信息技术的广泛应用将研究推向了一个空前的高度。因此，我国城镇体系研究呈现出如下三个特点：①学术观念的转变十分艰难，但正是转变的艰难磨砺了整个学术界，中、青年学者的迅速成长，在努力与国际接轨的同时实现了自身升华，研究成果大量涌现，研究水平不断提升。②时代脉搏引导学术研究，学术研究推动时代进步，国家地带性空间战略的实施、市场经济体系的逐渐开放、城市发展指导方针的调整以及发展中出现的各种问题和矛盾等，给学术界注入了强大动力，开拓了研究视野和新的学术领域。③坚持和发扬了理论联系实际的好学风，理论研究注重实证基础和实践价值，实证研究主动接受理论指导并注重理论总结，理论的可信度较高，实证的可行性较强。综上所述，作者认为：我国城镇体系研究充分体现了中国特色，与国外研究没有明显的差距，某些领域的研究水平已达到国际领先。

三、河南省研究进展

河南省的研究进展原本属于国内研究进展的范畴。但作者发现，河南省城镇体系的研究积累十分丰富，而且与本研究关系最为密切，为了突出本书主题，便于读者全面了解主体区现代城镇体系的研究基础，特将其单列一小节。

改革开放以来，河南省打破了以地理方位为标志的"区块发展"的桎梏，非均衡发展的理念逐渐深入人心。进入21世纪，"中原崛起"的呼声成了我国中部地区崛起的最强音，中原城市群战略、郑汴一体化发展、省域现代城镇体系建设等相继提出；2011年，中原经济区建设进入了国家战略，与城镇体系相关的研究进入了一个相对活跃期。

1. 省域经济社会发展的空间组织研究

李润田主持的国家自然科学基金项目"河南省城市体系的发展机理与调控方法研究"（1988），是改革开放后河南省以国家级项目研究省域经济社会发展与省域城市体系的首例。1993年李润田主编的《河南区域经济开发研究》阐述了非均衡发展理念，提出了该省区域经济发展战略以及经济部门结构、空间地域结构等（李润田等，1993）。1991年，王发曾阐述了"河南省自内向外圈层式梯度开发"理念，1992年提出了省域城市体系"三圈层发展"模式，其中的"核心城市圈"即为中原城市群的雏形，1994年对省域城市体系的空间组织进行了系统论述（王发曾，1991，1992，1994a，1994b）。

2003年，刘继生等分析了省域城镇体系的分形结构，论证了地表的分形体由测度的集中区向分散区逐渐发育的空间格局（刘继生和陈彦光，2003）。2004年，苗长虹在阐述全球化与城镇化本质和总结全球化背景下世界城镇化趋势的基础上，论述了全球化背景下中国河南城镇化推进的战略重点（苗长虹，2004）。2005年，樊新生和李小建基于经济统计数据以及 Arc GIS9.0 等分析软件，对河南省经济空间结构特征、演化过程和结构调控等方面进行了研究（樊新生和李小建，2005）。2006年，乔家君和李小建从节点发育程度、交通网络联系程度和基质发展水平3个方面讨论了本省城镇集聚的程度与发展措施（乔家君和李小建，2006）。2006年，廖富洲认为，城镇化是加快河南省经济社会发展的重要途径，必须采取切实措施，解决存在的问题，促进城镇化的健康发展（廖富洲，2006）。

2. 中原城市群研究

由于中原城市群是中原崛起的柱石，也是河南省现代城镇体系的核心板块，河南省学者对这方面的研究较多。2003年冯德显等通过对城市群发展的一般规律分析及国内外城市群发展现状的研究，指出中原城市群建设与一体化发展符合城市化的基本规律和河南区域的发展实际，具有历史和客观的必然性（冯德显等，2003）。徐晓霞等分析了中原城市群内城市间功能联系的现状，参照中心地方论、极化-涓滴理论、规模-顺序法则和比较利益原理等城镇发展论提出了中原城市群结构有序升级的措施（徐晓霞和王发曾，2003）。2004年，杨迅周等提出的中原城市群空间整合战略构想是：重点发展"两核两线一弧众三角"，同时重组县级市和小城镇，促进城乡一体化发展（杨汛周等，2004）。2005年，张占仓等论述了中原城市群的五个特征，加强中原城市群的发展对增强全省的综合实力意义重大，并提出优先发展龙头城市郑州（张占仓等，2005）。2006年，陶然和傅德印采用多元统计分析方法，评估了中原城市群在河南省的经济发展水平排名与城市群经济发展相似程度分组，制作了河南省经济发展水平的空间分布表（陶然和傅德印，2006）。2007年，王发曾等全面阐述了中原城市群整合发展问题，研究了城市竞争力整合、产业整合、城镇体系整合、空间整合、城乡生态环境整合等（王发曾等，2007）。

其他关于中原城市群的研究还有很多。例如，"从中外城市群发展看中原经济隆起——中原城市群发展研究"（冯德显，2004），"中原城市群经济市场化与一体化研究"（覃成林等，2005），《中原城市群城市生态系统研究》（徐晓霞，2006），"河南省城市的经济联系方向与强度——兼论中原城市群的形成与对外联系"（苗长虹和王海江，2006），"基于城市群整合发展的中原地区城市体系结构优化"（王发曾等，2007），"中原城市群城镇体系空间结构分形特征及优化启示"（杨尚和王发曾，2007），"中原城市群整合发展的关键问题研究"（王发曾等，2008），"城市群生态空间结构优化组合模式及对策——以中原城市群为例"（郭荣朝等，2010），"中原城市群城市竞争力的评价与时空演变"（王发曾和吕金嵘，2011），"省域城市群深度整合的理论与实践研究——以中原城市群为例"（王发曾等，2011），"中原城市群的深度整合：内聚、外联与提升"（王发曾，2011a）等。

3. 中原经济区研究

中原经济区战略给河南省城镇体系研究开拓了新的学术空间，短短的一年多时间就取得了可观的成果。据作者所知，2011年，由秦耀辰等主编的《中原经济区科学发展研究》一书对中原经济区范围界定与战略定位，增长极的培育及"三化"协调发展，资源开发以及产业、交通、文化、生态建设等进行了深入研究（秦耀辰等，2011）。喻新安等在《解读中原经济区》一书中论证了中原经济区的战略定位、战略布局，并提出构建新型城镇化支撑体系、现代产业支撑体系、综合交通支撑体系等（中共河南省委宣传部，2011）。

其他相关研究成果还有"中原经济区的新型城镇化之路"（王发曾，2010）、"河南省新型城镇化战略研究"（张占仓，2010）、"我国区域发展空间重组与构建中原经济区"（冯德显，2010）、《中原经济区研究》（喻新安等，2010）、《中原经济区策论》（喻新安和顾永东，2011）、"中原经济区地缘经济关系研究"（刘媛媛和涂建军，2011）、"构建中原经济区统筹协调的城乡支撑体系"（王建国，2011）、"试论中原经济区工业化城镇化农业现代化协调发展"（王永苏，2011）、"中原经济区经济发展水平综合评价及时空格局演变"（赵文亮等，2011）、"中原经济区的'三化'协调发展之路"（王发曾，2012），等等。

河南省城镇体系研究具有突出的特色，并在一定程度上折射出我国地方性研究的状况。

（1）国家和地方发展战略的多元化以及不同层面上发展方式的转变提供了一个空前宽厚的学术平台，城镇体系的地方研究百花齐放，成果累累，是国家和地方经济、社会、文化建设的重要支撑。有全局与战略眼光的官员与学者理应看到地方研究的雄厚实力及其对国内研究的强大支撑作用。

（2）河南的研究实践凝聚了力量、锻炼了队伍。河南大学、河南省科学院地理研究所、河南省科学院、河南省社会科学院、河南财经政法大学、河南省委省政府政策研究机构、河南省发展和改革委员会和住建厅等部门有一批学者及学者型官员，十分关注"中原崛起"，他们是城镇体系研究的中坚力量。他们的学术专业背景涉及城市地理学、经济地理学、区域经济区、发展经济学、城市规划学、城市生态学、城市社会学和城市管理学等。

（3）河南的研究密切结合重大决策的论证与重大战略的制定，有力地推动了地方经济社会发展。河南省的学者为中原城市群、郑汴一体化、现代城镇体系和新型城镇化等战略的提出与实施提供了理论支持与科学指导，享有很高的社会声誉。尤其是将中原经济区建设上升为国家战略，是一次理论与实践相结合、决策与研究相结合、学术与实务相结合的成功典范，学术界为国家重大决策、重大战略的组织与实施开了一个有示范意义的先例。

四、启示

国外的城市体系研究尚有不足，但由于发达国家城市-区域发展超前于我国，研究也更为成熟，很多方面值得借鉴。第一，构建完整、统一的理论体系十分必要。城市体系是一个复杂的开放巨系统，概念与理念多样化是正常的。但国外研究的一些应该统一的基本概念尚未定型，支撑其系统要素、结构与功能整合的理论基础还不够坚实。加强基础理论研究，构建完整、统一的理论体系既是理论研究本身之必然，也是指导社会实践之必须。第二，要注重内、外动力机制的综合研究。城市体系发展的动力机制既有内部诸要素的相互作用，也有外部诸因素的制约作用。国外一些研究往往重视了一个方面而忽略了另一方面，内、外部动力机制没有形成有机互动，系统本身与外部环境缺乏有机联系。内、外动力机制的综合研究有助于理清系统与外部环境的辩证关系，有利于激发内、外力进而推动系统健康发展。第三，研究方法、技术的选择要讲究适用性。数学模拟、物理模型、GIS空间分析等方法的计算机化、技术性较强，往往得到研究者的青睐。国外有些研究的方法与概念、理论的结合不够紧密，技术路线与研究范式的合理性还有提高的必要。我们不能"唯方法"、"技术论"，"适用性"才是方法论的真谛，否则研究结果的可信度与实用性就会打折扣。第四，要主动推进多学科联动研究。城市体系主要是地理学的研究领域，但绝不意味着可以脱离其他学科而单兵独进。国外研究尽管已经有了地理学结合经济学、数学、物理学的案例，但与环境学、生态学、规划学、社会学以及哲学等多学科的联动还有距离。学科之间的交叉、渗透乃至融合是科学之林兴旺发达、传承创新的基本动力，更何况城市体系本身就是一个多维度、多层面的复合式研究领域。

我国真正意义上的城镇体系研究毕竟时间较短，继续提高的空间较大，有些问题还值得深思。第一，加强基础理论研究，建立理论体系。我国现代化建设的步伐较快，发展的大局要求科学的解释和学术的支撑。国内研究紧跟发展指向，有很强的阶段性和时代性，但隐含急功近利、跟风、浮躁的痕迹，基础理论研究不扎实。这就要求我们沉下心来潜心做学问，在总结、梳理的基础上凝练理论，同时希望有关研究基地担当理论集成的工作。第二，破解行政区体制的约束，回归科学本源。我国各级行政区有极强的执行功能，区域的盲目"自组织"、区域间的恶性竞争扭曲了科学发展，学术研究往往不得不屈从区域诉求——这既是我国的现实，也是学术界的无奈。科学的本源是"学术上立得住、实践中行得通"，这就要求我们充分发挥学者的智慧，以唯物、唯实、辩证、综合的观念处理好这个"科学难题"。第三，加强系统整合研究，突出协调、综合与统筹。缺乏有效整合是当前各种尺度城镇体系可持续发展的瓶颈，各自为战、各自为政、各自为营的现象很普遍。学术研究不能跟从这种非理性现象，应以大局观念、整体观念、长远观念贯穿研究主线，在综合研究要素配置、结构调整、功能组织、地域和谐的基础上，将城镇体系打造成"整合的"有机整体。第四，理性推进新方法、新技术应用，坚持定性、定量相结合。新方法、新技术的运用大大提高了研究的洞察性和成果的可信度，但方法、技术与研究对象不对路，盲目追求技术模型的复杂化、偏爱定量分析、漠视定性论证等现象时有所见。解决这个问题，一要靠学者的理性自我调整，二要有正确的学术舆论引导。这事关城镇体系研究的健康发展，不可掉以轻心。

就河南省而言，长期对"中原凹陷"的担忧所积压的能量一旦释放出来，自是极大鼓舞了学者的研究热情，但难免会掺杂不理性因素，需要警惕。第一，既要维护立言、立功的积极性，更要力戒浮躁与冲动。理念和追求有实现的预期是学者学术生涯的重要动力。实现中原崛起是中原学者梦寐以求的，当希望的曙光出现时，在欣慰的同时更应该保持清醒头脑和进取精神，而不是浮躁、冲动，甚至自我标榜。第二，理论与实践密切结合，追求学术研究的最高境界。作者认为，"学术上立得住，实践上行得通"不仅是科学的本源，也是学术研究的最高境界。中原经济区上升为国家战略，只表明了中央的态度，只解决了发展理念、建设目标和实现途径等问题，理论的支撑还需学术界不懈的努力，如果理论空虚而实践膨胀肯定违背科学发展观并可能埋下隐患。第三，抓住关键问题深入研究，提高研究成果的精细化程度。在重大决策、重大战略定型前后，学术界迅速介入，理论框架概略一些、阶段性成果粗放一些无可厚非。但进入实施阶段后，后续研究必须不断深入，追求细致和准确，在中微观层面解决关键问题、实际问题。第四，深入基层、深入实际，锤炼优良学风。在发展的大格局中，河南省各地方政府有强烈的领先发展与建功立业的欲望，渴望知名学者出谋划策本无可厚非。学术界应充分利用这一难得的学术环境，沉下心来，联系实际，深入调查研究，才能凝练真知灼见。满足于走马观花、奢谈空洞理念，到处发表高见、随意"下指导棋"不可取。

第二节　中原经济区

一、中原经济区战略

中原地处我国中心地带，是中华民族和华夏文明的重要发源地。中原经济区是以全国主体功能区规划明确的重点开发区域为基础、中原城市群为支撑，涵盖河南全省延及周边地区的山水相邻、血缘相亲、文脉相承、经济相连、使命相近的客观存在的经济区域。中原经济区的共性是：区位优势明显，战略地位重要；自然资源丰富，文化积淀丰厚；人力资源充裕，人口压力沉重；农业在全国举足轻重，"三农"问题突出；经济发展水平、城镇化水平比较低，发展潜力比较大。

河南省是中原经济区的主体区。2010年全国"两会"期间，河南省委就中原崛起问题明确地提出了要研究"什么是中原""什么是中原崛起""为什么要中原崛起""怎么实现中原崛起"和"中原能否走在中部地区崛起前列"等重大问题。2010年3月，河南省委、省政府抽调学术界与省直部门的专家学者组建了"中原经济区课题组"，在多年积累的平台上，专题研究中原经济区建设问题。7月初，河南省委常委扩大会议专门听取了课题组关于建设中原经济区初步设想的汇报，并正式提出了建设中原经济区、加快中原崛起和河南振兴的战略构想。其后，河南省委全会研究通过了《中原经济区建设纲要（试行）》，并上报国务院。经国家有关部委多次调研和多方论证，2010年12月，国务院印发了《全国主体功能区规划》，将中原经济区正式纳入其中；2011年3月，全国"两会"期间，中原经济区建设被列入我国《经济和社会发展"十二五"规划纲要》；2011年9月28日国务院《关于支持河南省加快建设中原经济区的指导意见》（国发〔2011〕32号，下文简称《指导意见》）正式颁发（国务院，2011）；2012年11月17日国务院以国函〔2012〕194号批复了国家发展与改革委员会的《中原经济区规划（2012—2020年）》。

"中原经济区建设"课题的完成，是一次理论与实践相结合、决策与研究相结合、学术与实务相结合的成功典范。其特点是：策动与研究高度集中，宣传与推进高度开放。这次成功是践行科学发展观的胜利，为以后重大决策的科学支撑提供了范例。国务院《指导意见》的正式颁发，标志着中原崛起、河南振兴终于进入了国家战略，中原地区在新时期的伟大复兴迈开了关键一步！

建设中原经济区，有利于推动中原地区经济平稳较快发展，有利于支撑中部地区崛起，有利于促进全国区域协调发展。实现中原崛起是亿万中原儿女的共同心声，是我国中部地区崛起的强大呼声。中原经济区战略是历史的选择、时代的选择、科学发展的选择，是中原地区充满希望的崛起之路。现代城镇体系与经济区密切相关，前者是后者空间推进与开发建设的宏观框架，结构合理、功能强大的现代城镇体系在推动经济区发展中起着无可替代的作用；后者是前者结构调控与功能组织的地域基础，经济区的战略定位、发展目标与建设任务等对现代城镇体系建设有重要的制约作用。因此，中原新经济区主体区现代城镇体系的研究必须以中原经济区建设作为学术平台。

中原经济区的战略定位是：①国家重要的粮食生产和现代农业基地。集中力量建设粮食生产核心区，巩固提升在保障国家粮食安全中的重要地位；大力发展畜牧业生产，建设全国重要的畜产品生产和加工基地；加快转变农业发展方式，发展高产、优质、高效、生态、安全农业，培育现代农业产业体系，不断提高农业专业化、规模化、标准化、集约化水平，建成全国农业现代化先行区。②全国工业化、城镇化和农业现代化协调发展示范区。在加快新型工业化、城镇化进程中同步推进农业现代化，探索建立工农城乡利益协调机制、土地节约集约利用机制和农村人口有序转移机制，加快形成城乡经济社会发展一体化新格局，为全国同类地区发展起到典型示范作用。③全国重要的经济增长板块。提升中原城市群整体竞争力，建设先进制造业和现代服务业基地，打造内陆开放高地、人力资源高地，成为与长江中游地区南北呼应、带动中部地区崛起的核心地带之一，引领中西部地区经济发展的重要引擎，支撑全国发展的重要区域。④全国区域协调发展的战略支点和重要的现代综合交通枢纽。充分发挥承东启西、连南贯北的区位优势，加速生产要素集聚，强化东部地区产业转移、西部地区资源输出和南北区域交流合作的战略通道功能；加快现代综合交通体系建设，促进现代物流业发展，形成全国重要的现代综合交通枢纽和物流中心。⑤华夏历史文明传承创新区。传承弘扬中原文化，充分保护和科学利用全球华人根亲文化资源；培育具有中原风貌、中国特色、时代特征和国际影响力的文化品牌，提升文化软实力，增强中华民族凝聚力，打造文化创新发展区。

中原经济区战略的指导思想是：以邓小平理论和"三个代表"重要思想为指导，深入贯彻落实科学发展观，全面实施促进中部地区崛起战略，坚持以科学发展为主题，以加快转变经济发展方式为主线，探索不以牺牲农业和粮食、生态和环境为代价的工业化、城镇化和农业现代化协调发展的路子，进一步解放思想、抢抓机遇，进一步创新体制、扩大开放，着力稳定提高粮食综合生产能力，着力推进产业结构和城乡结构调整，着力建设资源节约型和环境友好型社会，着力保障和改善民生，着力促进文化发展繁荣，以新型工业化、城镇化带动和提升农业现代化，以农业现代化夯实城乡共同繁荣的基础，推动中原经济区实现跨越式发展，在支撑中部地区崛起和服务全国大局中发挥更大的作用。

中原经济区战略要遵循如下基本原则：①坚持稳粮强农，把解决好"三农"问题作为重中之重。毫不放松地抓好粮食生产，切实保障国家粮食安全，促进农业稳定发展、农民持续增收、农村全面繁荣。②坚持统筹协调，把促进"三化"协调发展作为推动科学发展、转变发展方式的具体体现。坚定不移地走新型工业化、城镇化道路，建立健全以工促农、以城带乡长效机制，在协调中促发展，在发展中促协调。③坚持节约集约，把实现内涵式发展作为基本要求。实行最严格的耕地保护制度和节约用地制度，着力提高资源利用效率，加强生态建设和环境保护，全面增强可持续发展能力。④坚持以人为本，把保障和改善民生作为根本目的。大力发展教育、卫生、文化等各项社会事业，切实解决就业、住房、社会保障等民生问题，加快推进基本公共服务均等化，确保广大城乡居民共享改革发展成果。⑤坚持改革开放,把改革创新和开放合作作为强大动力。大胆探索,勇于创新,在重点领域和关键环节的改革上先行先试,全方位扩大对内对外开放,加快形成有利于"三化"协调发展的体制机制。

中原经济区发展、建设的目标是:第一,五年彰显优势。到2015年,粮食综合生产能力稳步提高,产业结构继续优化,城镇化质量和水平稳步提升,"三化"发展协调性不断增强,基本公共服务水平和均等化程度全面提高,居民收入增长与经济发展同步,生态环境逐步改善,资源节约取得新进展,初步形成发展活力彰显、崛起态势强劲的经济区域。第二,十年实现崛起。到2020年,粮食生产优势地位更加稳固,工业化、城镇化达到或接近全国平均水平,综合经济实力明显增强,城乡基本公共服务趋于均等化,基本形成城乡经济社会发展一体化新格局,建设成为城乡经济繁荣、人民生活富裕、生态环境优良、社会和谐文明,在全国具有重要影响的经济区。

中原经济区战略的空间布局是:按照"核心带动、轴带发展、节点提升、对接周边"的原则,形成放射状、网络化空间开发格局。"核心带动"提升郑州交通枢纽、商务、物流、金融等服务功能,推进郑(州)汴(开封)一体化发展,建设郑(州)洛(阳)工业走廊,增强引领区域发展的核心带动能力。"轴带发展"依托亚欧大陆桥通道,壮大沿陇海发展轴;依托京广通道,拓展纵向发展轴;依托东北西南向、东南西北向运输通道,培育新的发展轴,形成"米"字形重点开发地带。"节点提升"逐步扩大轴带节点城市规模,完善城市功能,推进错位发展,提升辐射能力,形成大中小城市合理布局、城乡一体化发展的新格局。"对接周边"加强对外联系通道建设,促进与毗邻地区融合发展,密切与周边经济区的合作,实现优势互补、联动发展。

二、中原经济区建设

持续探索不以牺牲农业和粮食、生态和环境为代价的新型城镇化、新型工业化和新型农业现代化"三化"协调发展的路子,是中原经济区建设的核心任务。具体要完成八项任务[①]。

1. 着力提高粮食生产能力,积极推进农业现代化

把发展粮食生产放在突出位置,打造全国粮食生产核心区,不断提高农业技术装备水平,建立粮食和农业稳定增产长效机制,走具有中原特点的农业现代化道路,夯实中原经济区"三化"协调发展的基础。其具体任务为:①加强粮食生产核心区建设。加快实施河南省粮食生产核心区建设规划,到2020年粮

---

① 国务院《关于支持河南省加快建设中原经济区的指导意见》(国发〔2011〕32号),2011年9月28日。

食生产能力稳定达到 1300 亿斤以上；推动重大控制性水利工程建设、低洼易涝地治理、病险水库（水闸）除险加固和大中型灌区建设；推进以农田水利设施为基础的田间工程建设，加快中低产田改造，建设旱涝保收高标准农田；实施粮食丰产科技工程，提升粮食生产核心区建设的科技支撑能力。②推进农业结构战略性调整。实施农产品优势产区建设规划，不断优化农业生产布局；建设全国优质安全畜产品生产基地、油料和果蔬花卉生产基地，加快现代水产养殖业发展；建设国家级农业科技园区，创建农业产业化示范基地，培育知名品牌，推进农产品精深加工，不断提高农业产业化经营水平；坚持和完善农村基本经营制度，健全土地承包经营权流转市场，发展多种形式的适度规模经营。③健全农业社会化服务体系。加大对公益性农业科研机构和农业院校的支持，实施重大科技专项，加快农业科技成果转化；增强农机推广服务能力，提供多种形式的生产经营服务，形成多元化的农业社会化服务格局；推进农产品标准化生产，健全农产品和食品质量安全检验检测体系；建设大型农产品批发交易市场，发展农产品综合交易市场。④加大强农惠农政策支持力度。加大中央财政转移支付力度，提高粮食主产区财政保障能力，扩大对种粮农民的补贴力度；加大粮食主产区投入和利益补偿，逐步提高粮食最低收购价格，引导主销区参与主产区粮食生产基地、仓储设施等建设，建立稳固的产销协作关系。

2. 加快新型工业化进程，构建现代产业体系

抢抓产业转移机遇，促进结构优化升级，坚持走新型工业化道路，加快建立结构合理、特色鲜明、节能环保、竞争力强的现代产业体系，主导中原经济区的"三化"协调发展。其具体任务为：①发展壮大优势主导产业。做大做强高成长性的汽车、电子信息、装备制造、食品、轻工、新型建材等产业；改造提升具有传统优势的化工、有色金属、钢铁、纺织产业；加快淘汰落后产能，形成带动力强的主导产业群。②积极培育战略性新兴产业。重点推动生物、新材料、新能源、新能源汽车、高端装备等先导产业发展，大力发展节能环保产业；实施重大产业创新发展工程和重大应用示范工程；培育一批战略性新兴产业示范基地，形成一批具有自主知识产权的国家标准和国际标准。③加快发展服务业。提高规模化、品牌化、网络化发展水平，改造提升传统服务业，发展壮大新型业态；支持发展信息服务、科技服务等新兴服务业和物流、旅游等现代服务业；推动文化旅游融合发展，培育一批重点旅游景区和精品旅游线路，建成世界知名、全国一流的旅游目的地；不断完善金融机构、市场和产品，形成多层次资本市场体系。④促进产业集聚发展。依托中心城市和县城，促进二、三产业高度集聚，强化产业分工协作，形成以产兴城、依城促产的协调发展新格局；加强产业集聚区规划与土地利用总体规划、城市总体规划的衔接，整合

提升各类产业园区；支持基础设施和公共服务平台建设，创建创新型、开放型、资源节约和环境友好型等产业集聚区。⑤有序承接产业转移。发挥区位优势、人力资源优势，完善产业配套，打造产业转移承接平台；健全产业转移推进机制，全方位、多层次承接沿海地区和国际产业转移；中心城市重点承接高端制造业、战略性新兴产业和现代服务业，县城重点发展各具特色、吸纳就业能力强的产业，设立承接产业转移示范区。⑥提高产业核心竞争力。促进工业化与信息化融合、制造业与服务业融合、新兴科技与新兴产业融合；发挥企业创新主体作用，鼓励国家级科研院所、高校设立成果转移中心，建立产业技术创新联盟；组织实施一批重大科技专项工程，完善创新创业服务体系；鼓励和支持优质资本、优势企业跨行政区并购和重组，培育若干具有国际影响力的知名品牌。

3. 积极推进新型城镇化，促进城乡统筹发展

充分发挥中原城市群辐射带动作用，形成大中小城市和小城镇协调发展的城镇化格局，走城乡统筹、社会和谐、生态宜居的新型城镇化道路，引领中原经济区的"三化"协调发展。

其具体任务为：①加快中原城市群发展。实施中心城市带动战略，提升郑州作为我国中部地区重要的中心城市地位，发挥洛阳区域副中心城市作用；推进交通一体、产业链接、服务共享、生态共建，形成具有较强竞争力的开放型城市群；加快郑汴一体化进程，加强郑州与洛阳、新乡、许昌、焦作等毗邻城市的高效联系，建成沿陇海经济带的核心区域和全国重要的城镇密集区。②增强城镇承载能力。完善城市功能，加强生态和历史文化保护，建设集约紧凑、生态宜居、富有特色的现代化城市；中心城市形成以城区为核心、周边县城和功能区为组团的空间格局；制定覆盖全行政区的城乡规划，建设内涵发展、紧凑布局的复合型功能区，推进城乡一体化进程。③提高以城带乡发展水平。发挥县（市）促进城乡互动的纽带作用，增强县城发展活力，支持有条件的县城逐步发展为中等城市，基础较好的中心镇逐步发展成为小城市；有序推进农村人口向城镇转移，把符合条件的农业转移人口逐步转成城镇居民，享有平等权益。④扎实推进新农村建设。统筹城乡规划，优化村庄布局，建设富裕、民主、文明、和谐的社会主义新农村；按照规划先行、就业为本、量力而行、群众自愿原则，积极稳妥地开展新型农村社区建设试点；促进土地集约利用、农业规模经营、农民就近就业、农村环境改善。⑤严格保护耕地和节约城乡用地。建立耕地保护补偿激励机制，确保基本农田总量不减少、用途不改变、质量有提高；按照主体功能区定位要求，统筹安排农田保护、城镇建设、产业集聚、生态涵养等；实施农村土地综合整治，严格执行用地标准，加快旧城区和城中村改造，探索节约集约用地新模式。

4. 加强基础设施建设，提高发展保障水平

按照统筹规划、合理布局、适度超前的原则，加快交通、能源、水利、信息基础设施建设，构建功能配套、安全高效的现代化基础设施体系，为中原经济区建设提供重要保障。其具体任务为：①巩固提升郑州综合交通枢纽地位。按照枢纽型、功能性、网络化要求，把郑州建成全国重要的综合交通枢纽；增开客货运航线，扩大航权开放范围，发展航空物流，把郑州机场建成重要的中转换乘和货运集散区域性中心；提升郑州铁路枢纽在全国铁路网中的地位和作用，推进郑州东站、机场站和火车站三大客运综合枢纽的建设改造；加强郑州与沿海港口和各大枢纽的高效连接，推进空路运输一体联程、货物多式联运。②构筑便捷高效的交通运输网络。加强铁路、公路、航空、水运网络建设，强化与沿海地区和周边经济区域的交通联系，形成网络设施配套衔接、覆盖城乡、连通内外、安全高效的综合交通运输网络体系；推进中原城市群城际铁路网建设，统筹地方航空机场建设，完善内联外通的高速公路网，加快县乡道改造和农村连通工程建设，推进跨省水运航道建设。③建设全国现代物流中心。建设以郑州为中心、地区性中心城市为节点、专业物流企业为支撑的现代物流体系；大力发展专业物流，建设全国性快递集散交换中心、铁路冷链物流基地；推动国内外大型物流集团建设区域性分拨中心和配送网络，引进和培育第三方物流企业。④提高能源保障水平。优化能源结构和布局，提高开发利用效率，建立安全、高效、清洁的能源保障体系；加强煤炭资源勘查和大中型矿井建设，建设热电联产项目；加快智能电网建设，完善国家骨干天然气管道的支线管网，建设成品油和煤炭物流储配中心；积极发展生物质能、太阳能等可再生能源。⑤加强水资源保障体系建设。统筹协调区域水利基础设施建设，形成由南水北调干渠和受水配套工程、水库、河道及城市生态水系组成的水网体系；进一步推进大江大河治理和大中型控制性水利工程建设，加快推进南水北调中线及配套工程建设；加强中小河流治理和蓄滞洪区建设，严格控制地下水管理，加强城市供水设施及应急备用水源建设；建立和完善水权制度，推进水资源节约利用。⑥加快信息网络设施建设。加强区域空间信息基础设施建设，建立和完善信息资源共建共享机制，深化信息技术应用；实施数字河南、智慧中原、无线城市、中原数据基地和光网城市等重大工程；提升郑州信息集散中心和通信网络交换枢纽地位；全面推进电信网、广播电视网和互联网"三网融合"，实施移动通信网络升级工程和重点领域物联网应用示范工程；推动重大应用网络平台和信息安全基础设施建设，提升农业农村信息化服务水平。

5. 加强资源节约和环境保护，大力推进生态文明建设

坚持高起点推进工业化、城镇化和农业现代化，把加强生态环境保护、节

约集约利用资源作为转变经济发展方式的重要着力点，加快构建资源节约、环境友好的生产方式和消费模式，不断提高中原经济区的可持续发展能力。

其具体任务为：①加大环境保护力度。严格控制污染物总量，实施多种污染物协同控制，全面完成主要污染物减排任务；加大重点流域水污染防治力度，推进污水和垃圾处理，加强土壤环境保护，推进大气污染防治；优化环境容量资源配置，提升环境应急能力；建设排污权、碳排放交易中心。②加强资源节约集约利用。实行最严格的水资源管理制度，提高农业灌溉用水利用效率，大力开展工业节水；加大各领域节能力度，全面完成国家明确的单位生产总值能耗下降、二氧化碳减排目标任务；继续加大矿产资源勘查、开发和保护力度，大力开展资源综合利用，推动工农业复合型循环经济发展。③建设生态网络构架。建设黄河中下游、淮河上中游生态安全保障区，实施生态工程；巩固退耕还林成果，构建山地生态区、平原生态涵养区、沿黄生态涵养带和南水北调中线生态走廊；推进矿区生态恢复治理、煤矿塌陷区治理和农村土壤修复；建立丹江口库区、淮河源头生态补偿机制。

6. 全面提升公共服务水平，切实保障和改善民生

牢固树立以人为本理念，坚持发展为了人民，发展依靠人民，发展成果由人民共享，切实解决人民群众最关心、最直接、最现实的民生问题，保护调动各方面的积极性，形成建设中原经济区的强大合力。其具体任务为：①努力扩大就业。坚持促进产业发展和扩大就业相结合，大力发展劳动密集型产业和小型微型企业；加大创业扶持力度，实施全民技能振兴工程，对高校毕业生、下岗失业人员和农民工等重点群体开展职业技能培训；完善覆盖城乡的公共就业服务体系。②加快城乡社会事业发展。加快构建基本公共教育服务体系，基本实现县域内义务教育均衡发展，加快普及学前教育和高中阶段教育；全面落实医药卫生体制改革各项任务，完善公共卫生服务体系，大力发展中医药事业；实施基础文化设施覆盖工程，推进人口和计划生育服务体系建设，加强公共体育设施建设，提高城乡居民基本公共服务水平。③健全社会保障体系。稳步提高城乡居民的社会保障水平，加快实现社会养老保险制度全覆盖，稳步扩大农村低保覆盖面；加快建立预防、补偿、康复三位一体的工伤保险制度，建立健全城乡困难群体、残疾人和优抚对象等特殊群体的社会保障机制；加强以公共租赁住房为重点的保障性安居工程建设。④加大扶贫开发力度。增加扶贫资金投入，改善贫困地区基础设施条件，发展特色优势产业，增强自我发展能力；促进扶贫开发与农村最低生活保障制度有效衔接，建设扶贫开发综合试验区；加大对革命老区、贫困山区、丹江口库区的支持力度。⑤加强和创新社会管理。加快城乡社区服务设施建设，创新社区管理服务体制，支持各类社会组织发展；

加强法治政府和服务型政府建设，建立健全科学的利益协调机制、诉求表达机制、矛盾调处机制和权益保障机制；加强公共安全体系建设，严格食品药品安全和安全生产监管，改革和调整户口迁移政策，创新流动人口管理机制。

7. 弘扬中原大文化，增强文化软实力

积极推进具有中原特质的文化大发展大繁荣，打造昂扬向上的中原人文精神，大力促进人口资源向人力资源转化，全面提高人的素质，为中原经济区建设提供强大精神动力和智力支持。其具体任务为：①提升中原文化影响力。挖掘中华姓氏、文字沿革、功夫文化、轩辕故里等根亲祖地文化资源优势；加强文物保护工作，探索大遗址保护机制；促进地方剧种、传统手工艺发展，加强非物质文化遗产保护利用；加大历史文化名城、名镇、名村保护力度；创新文化传播内容和形式。②促进文化产业大发展。加快广播影视、演艺娱乐、新闻出版、动漫游戏、文化创意等重点文化产业发展，推进数字出版基地和动漫基地建设；打造全国重要的文化产业基地，支持开展文化改革发展综合试验；扶持公益性文化事业，鼓励文化创新；加快文化产业投融资平台和公共服务平台建设，积极推动文化市场开放。③提高人力资源开发水平。构建现代职业教育体系，改革创新职业教育体制机制和人才培养模式，打造全国职业教育基地和职业培训实训基地；加快高水平大学和重点学科建设，支持郑州大学和河南大学创建国内一流大学，将符合条件的高校纳入"中西部高等教育振兴计划"；实施高端人才引进和培养工程，完善各类人才薪酬制度。④塑造中原人文精神。弘扬兼容并蓄、刚柔相济、革故鼎新、生生不息的中原文化，塑造具有中原特质、体现时代特征的人文精神；全面增强开放意识、市场意识、机遇意识和创新意识，深入实施全民科学素质行动计划，倡导和营造良好的社会风尚，树立中原发展新形象。

8. 推进体制机制创新，扩大对内对外开放

坚持深化改革，不断破解体制机制难题，坚持扩大开放，不断拓展新的发展空间，以改革开放促发展、促创新，推动传统农业大区向现代经济强区转变，开创中原经济区建设新局面。

其具体任务为：①加大"三化"协调发展先行先试力度。加快农村土地管理制度改革试点，建立城乡统一的土地市场；严格执行土地利用总体规划和土地整治规划，实行城镇建设用地增加规模与吸纳农村人口进入城市定居规模挂钩、城市化地区建设用地增加规模与吸纳外来人口进入城市定居规模挂钩；进一步完善县域法人金融机构，提高农村存款用于农业农村发展的比重；创新农民进城落户的社会保障、住房、技能培训、就业创业、子女就学等制度安排；引进国内外知名医疗机构、知名大学，满足高层次医疗、教育服务需求；创新

行政管理体制，加快推行省直管县（市）改革。②深化重点领域和关键环节改革。全面深化经济体制改革，建立符合区域主体功能定位的财政政策导向机制，深化投融资体制改革；推进资源性产品价格改革，稳步推进电价改革，深化国有企业改革；探索建立与中央企业合作的长效机制。③建设内陆开放高地。打造对外开放平台，营造与国内外市场接轨的制度环境，加快形成全方位、多层次、宽领域的开放格局；建设郑州内陆开放型经济示范区，促使符合条件的省级开发区升级为国家级开发区；鼓励与东部地区合作承接沿海加工贸易梯度转移，支持符合条件的城市申报服务外包示范城市，加强与港澳台经济技术和贸易投资领域的合作。④促进区域联动发展。强化区域发展分工与合作，实现优势互补；增强中原城市群对区域内欠发达地区的辐射带动作用；完善与周边省份区域合作机制，密切与长三角、山东半岛、江苏沿海、京津冀、关中-天水等区域的合作；进一步发挥连接东西南北的纽带作用，打造高水平区域开放合作平台。

三、中原经济区的主体区

由于河南省是中原地区的主干，同时又是策动中原经济区战略的主导，因此河南省是中原经济区当之无愧的主体区。河南省是人口大省、粮食和农业生产大省、新兴工业大省，解决好工业化、城镇化和农业现代化协调发展问题具有典型性和代表性。改革开放特别是实施促进中部地区崛起战略以来，河南省经济社会发展取得巨大成就，进入了工业化、城镇化加速推进的新阶段，既面临着跨越发展的重大机遇，也面临着粮食增产难度大、经济结构不合理、城镇化进程滞后、公共服务水平低等挑战和问题。国家支持河南省加快建设中原经济区，是巩固提升农业基础地位，保障国家粮食安全的需要；是破除城乡二元结构，加快新型工业化、城镇化进程的需要；是促进"三化"协调发展，为全国同类地区创造经验的需要；是加快河南省发展，与全国同步实现全面建设小康社会目标的需要；是带动中部地区崛起，促进区域协调发展的需要。因此，研究中原经济区的主体区河南省的现代城镇体系，对于推进中原经济区建设，促使中原崛起、河南振兴有重大的理论与现实意义。

河南省因大部分地区位于黄河以南，故称河南。远古时期，这里河流纵横，森林茂密，野象众多，河南又被形象地描述为人牵象之地，这就是象形字"豫"的根源，也是河南简称"豫"的由来。《尚书·禹贡》将天下分为"九州"，豫州位居天下九州之中，故有中原、中州之称。河南是中华民族最为重要的发祥地和华夏文明传承创新区。从夏代到北宋，先后有20多个朝代建都或迁都于此，长期是国家政治、经济、文化中心，全国八大古都有4个（安阳、洛阳、开封、郑州）在河南，拥有全国重点文物保护单位189处，地下文物和馆藏文物均居全国首位。

河南省位于 31°23′～36°22′N，110°21′～116°39′E，地处沿海开放地区与中

西部地区结合部,东接江苏、山东、安徽,北接河北、山西,西连陕西,南临湖北,呈承东启西、联南通北之势,是我国经济由东向西梯次推进发展的中间地带。全省总面积16.7万千米^2,居全国各省(区、市)第17位,占全国总面积的1.73%。地势西高东低,北、西、南三面太行山、伏牛山、桐柏山、大别山沿省界呈半环形分布,中、东部为华北平原南部,西南部为南阳盆地,平原、盆地和山地丘陵分别占全省总面积的55.7%、26.6%、17.7%。横跨黄河、淮河、海河、长江四大水系,境内1500多条河流纵横交织,流域面积在100千米^{2}以上的河流有493条,属于暖温带-亚热带、湿润-半湿润季风气候,冬季寒冷雨雪少,春季干旱风沙多,夏季炎热雨量丰,秋季晴和日照足。

河南蕴藏着丰富的矿产资源,是全国矿产资源大省之一。已发现各类矿产126种(含亚矿种为157种),已探明储量的有73种(含亚矿种为81种),已开发利用的有85种(含亚矿种为117种)。在已探明储量的矿产资源中,居全国首位的有8种,居前3位的有19种,居前5位的有27种,居前10位的有44种。其中,钼、蓝晶石、红柱石、天然碱、伊利石黏土、水泥配料用黏土、珍珠岩、霞石正长岩居第1位,铸型用砂岩、耐火黏土、蓝石棉、天然油石、玻璃用凝灰岩居第2位,镁、钨、铼、镓、铁矾土、水泥用大理岩居第3位,铝土矿、石墨、玻璃用石英岩居第4位,锂、铯、电石用灰岩、岩棉用玄武岩、玉石居第5位。河南还是重要的能源基地,石油保有储量居全国第8位,煤炭居第10位,天然气居第11位。

河南"居天下之中",位于京津唐、长三角、珠三角和成渝城市带之间,是国家南北、东西交通大动脉的枢纽要冲,是亚欧大陆桥和进出西北六省的门户。独特而优越的地理位置,使河南成为中华腹地国家战略综合交通枢纽,铁路、公路、航空、水利、通信、管道、能源、物流等举足轻重。客货运铁路通车里程居全国首位,郑州、商丘、洛阳、南阳、新乡、信阳等都是国家铁路交通十字枢纽,国家铁路、地方铁路以及城际铁路等交织成网。公路交通网络发达,国家高速公路、地方高速公路、环城高速公路以及国道、省道覆盖全省。2011年底高速公路通车总里程达5142千米,居全国首位。省内有五大民用航空机场,郑州航空港被国家民航总局列为全国八大航空枢纽之一。

河南省现有18个省辖市、50个市辖区、20个县级市、88个县,下辖464个街道办事处、1892个乡镇。据百度百科("河南"条目)2012年9月的最新统计:近年来,河南省地区生产总值稳居全国第五位;河南省是小麦、棉花、油料、烟叶等农产品的重要生产基地,粮食产量占全国的1/9,油料产量占全国的1/7,牛肉产量占全国的1/7,棉花产量占全国的1/6;工业门类覆盖了国民经济行业的39个大类,形成了食品饮料、机械、电力、建材、冶金、化工、煤炭、石油及天然气、烟草等一批重点产业,轻、重工业比例为31:69;服务业总量居全国第九位,中部六省第一位。

第三节 现代城镇体系

一、现代城镇体系的内涵

城市科学与系统论思想的有机结合产生了一个科学概念——"城市体系"(Urban System),或称"城镇体系"。由于中原经济区县域经济与小城镇在"三化"协调发展中占据重要地位,本书除特指外一般使用"城镇体系"。

在特定的区域内,城镇并非一个个孤立的点,城镇之间、城镇与区域之间都有着广泛而深刻的相互作用关系(许学强等,2003)。在一定条件下,城镇群体向着结构与功能有序化的城镇体系演化,以城镇体系为线索组成的经济社会网络覆盖全区,成为区域发展的骨架。城镇体系的科学内涵可概括为:①任何城镇体系都存在于一个相对完整统一和相对独立的区域内;②不同类型和级别的城镇是体系的主体;③城镇体系的结构与功能有序、健全;④城镇间多种方式、多种渠道的联系与作用是构成体系的纽带;⑤相互联系、相互作用的所有城镇是一个综合的有机体(黄以柱等,1991)。

现代城镇体系就是以新型城镇化为建设目标和内容,等级层次完整、规模序列分明、职能类型清晰、空间结构合理的大中小城市(镇)协调发展的新型城市-区域系统,区别于传统的城镇体系,现代城镇体系具有以下五个特征(夏保林和任斌,2009)。

第一,城镇体系的视野由封闭的行政区拓展到开放的经济区。传统的城镇体系是局限于行政区划范围内的城镇空间组织方式,只能关起门来谋发展。随着经济实体扩张战略的跨区域趋势以及现代交通、通信技术的发展,中心城市的影响力在更广阔的空间溢出,城镇在跨区域、跨国范围内的联系越来越密切。城镇的发展不再局限于所在行政区,而是积极地融入到具有经济意涵的更大地域范围的分工合作体系中,新型城镇体系的视野由封闭的行政区拓展到开放的经济区。

第二,城镇体系的核心由单中心走向多中心和网络化。伴随着经济多极化和城市高端服务业的发展,城市-区域系统呈现出多中心甚至网络化的发展态势。在成熟的城镇体系内,中心城市原有的极化效应发生了质的变化,集聚作用与辐射作用并重,二线城市迅速壮大。成长中的若干不同等级的中心城市相互作用,各种功能流交织而成网络,城镇体系的核心带动力量呈现出多中心乃至网络化。例如,长三角地区,无论是行政等级还是经济发展都呈现出多中心、网络化的趋势,上海与南京、杭州、苏州、无锡、宁波等城市共同撑起了长三角可持续发展的大格局。

第三,城镇体系由城乡分割走向城乡统筹。城乡统筹是世界经济发展和城市化的共同趋势。日本的城市化后期,以三大都市圈为主导,形成了包含周边农村地域在内的"广域都市圈",出现了城乡一体化格局。长期以来,我国城镇化发展形成了较为严重的城乡二元结构,城乡差距不断扩大,影响着社会稳定和城镇体系健康发展。为解决这一矛盾,城乡统筹发展理念日益引起广泛重视,构建统筹城乡的城镇体系成了改变城乡二元结构、实现城乡和谐发展的重要前提。

第四,以城市群组织区域发展的策略受到普遍重视。城市群是城镇化较高发展阶段出现的城市-区域空间组织形式,随着城镇化进程的不断加快,区域间的竞争将主要体现为城市群的竞争。《全国城镇体系规划纲要(2005—2020)》确定了以城市群为主导的未来全国城镇体系空间发展格局,中部地区六省纷纷提出自己的城市群发展战略,包括河南省的中原城市群、湖北省的武汉城市圈、湖南省的长株潭城市群、安徽省的皖江城市带、江西省的环鄱阳湖城市群、山西省的太原城市圈等。

第五,城镇体系发展与生态环境建设日趋和谐。区域经济又快又好发展、城市空间有序扩张、自然资源节约集约利用和生态环境质量提高等是世界各国普遍坚持的可持续发展的重要内容。现代城镇体系越来越紧密地和区域可持续发展联系在一起,以生态理念指导城镇体系发展,建设富有特色的生态城市,是实现区域可持续发展的有效策略。

二、主体区现代城镇体系的定位

国务院《指导意见》指出,"中原经济区是以全国主体功能区规划明确的重点开发区域为基础、中原城市群为支撑、涵盖河南全省、延及周边地区的经济区域",并提出"提升中原城市群整体竞争力,建设先进制造业和现代服务业基地,打造内陆开放高地、人力资源高地","充分发挥中原城市群辐射带动作用,形成大中小城市和小城镇协调发展的城镇化格局,走城乡统筹、社会和谐、生态宜居的新型城镇化道路,支撑和推动'三化'协调发展"。这表明,在建设中原经济区的宏大战略中,中原城市群承担着极其重要的任务。

进入21世纪,省域城市群的繁兴是我国新世纪城镇化最引人注目的大事件,城市群甚至成为各省(区)发展战略的主线。但是,目前多数省域城市群的内部协调机制没有真正建立,形不成统一的发展板块——不整合是严重制约省域城市群发展的一个主要因素。在对中原城市群进行整合研究[①]时,我们深感对城市群进行深度整合是城市群理论研究与行动实践的必然要求,并发现省域城市群的深度整合离不开来自以下三方面至关重要的动力,一是城市群中心强大的核心带动力,二是省域强大的区域承载力,三是城市群强大的整体竞争力。

中原城市群要完成支撑中原经济区建设的使命,必须走深度整合发展之路。

---

① 王发曾,刘静玉等. 中原城市群整合研究. 北京:科学出版社,2007年.

即以建设中原经济区为目标，内聚核心带动力，构建核心增长极——郑汴都市区；外联区域承载力，构建区域支撑体系——河南省现代城镇体系；提升整体竞争力，构建核心增长板块——城镇体系紧密层。"内聚-外联-提升"与"一极一体系一板块"是中原城市群深度整合的高度概括。

所谓内聚，是以城市群的核心城市为主体，激活核心带动力，营造现代都市区，以非均衡发展作先导，构建能够带动城市群快速发展的"核心增长极"（即郑汴都市区）。所谓外联，是以全省城镇和区域为载体，集合区域承载力，营造现代城镇体系，以相对均衡发展为目标，构建能够承载城市群健康发展的"区域支撑体系"（即主体区现代城镇体系）。所谓提升，是以城市群的所有城市为对象，提高整体竞争力，营造城镇体系紧密层，以非均衡发展与相对均衡发展为目标，构建能够牵引省域综合发展的"核心增长板块"（即主体区现代城镇体系的紧密层——中原城市群九市）。

"内聚—外联—提升"实际上是一种"收缩—扩张—再收缩"的空间发展逻辑链条。对于中原城市群来说，"再收缩"的结果是凝练了中原城市群九市的整体张力，形成主体区的核心增长板块。显然，深度整合的后续效应是"再扩张"，核心增长板块的牵引带动作用必将涵盖整个中原经济区。在这个逻辑链条中，"外联"针对现代城镇体系，"内聚"针对现代城镇体系的中心地区，"提升"针对现代城镇体系的紧密层。因此，打造主体区现代城镇体系这个"一体系"是极其重要的空间发展战略，也是中原经济区发展建设的重要内容。

如何处理好中原城市群九市与主体区其他九市之间的关系，一直是令人困惑的问题。实践证明，省域科学发展的眼界必须涵盖全省，才能充分调动非城市群城市与地区的积极性，才能为城市群和全省的发展提供强大的区域承载力。河南省"一极两圈三层"的现代城镇体系框架，为中原城市群构建了一个初步的区域支撑体系，是中原城市群外联的基本架构，中原经济区建设继续坚持现代城镇体系战略，学术上立得住，实践上行得通。

外联形式的深度整合使中原崛起在创新思维的指导下深化并扩展了空间，给城市群战略提供了新的施展与支撑平台，中心城市带动战略被推上了新的高度。在现代城镇体系架构下，中原经济区将逐步形成国家区域中心城市、省内地区性中心城市、地方性中心城市、小城镇、乡村居民点协调发展，城镇体系结构完善、功能互补，经济区合力奋进、共同繁荣的健康发展局面。中原崛起不光是主体区现代城镇体系紧密层九市的事情，各具特色和优势的黄淮四市和豫北、豫西、豫西南五市，以及主体区周边城市，只有彻底融入现代城镇体系的大格局，形成核心层、紧密层、辐射层良性互动的发展局面，中原崛起才能真正实现。

三、主体区现代城镇体系的研究框架

2009年，河南省在充分论证的基础上提出了"建设河南省现代城镇体系"的

战略构想,并具体构建了"一极两圈三层"的现代城镇体系空间格局。"一极"是带动全省经济社会发展的核心增长极——郑汴都市区(即最初提出的"郑汴新区")。"两圈"是以郑州为中心、半小时通达开封、洛阳、平顶山、新乡、焦作、许昌、漯河、济源8市的交通圈,以及1小时通达安阳、鹤壁、濮阳、三门峡、南阳、商丘、信阳、周口、驻马店9市的交通圈。"三层"即核心层、紧密层、辐射层,核心层指郑汴一体化地区,紧密层包括中原城市群内半小时交通圈的其他城市,辐射层包括中原城市群以外1小时交通圈的9个城市(图1-1)。

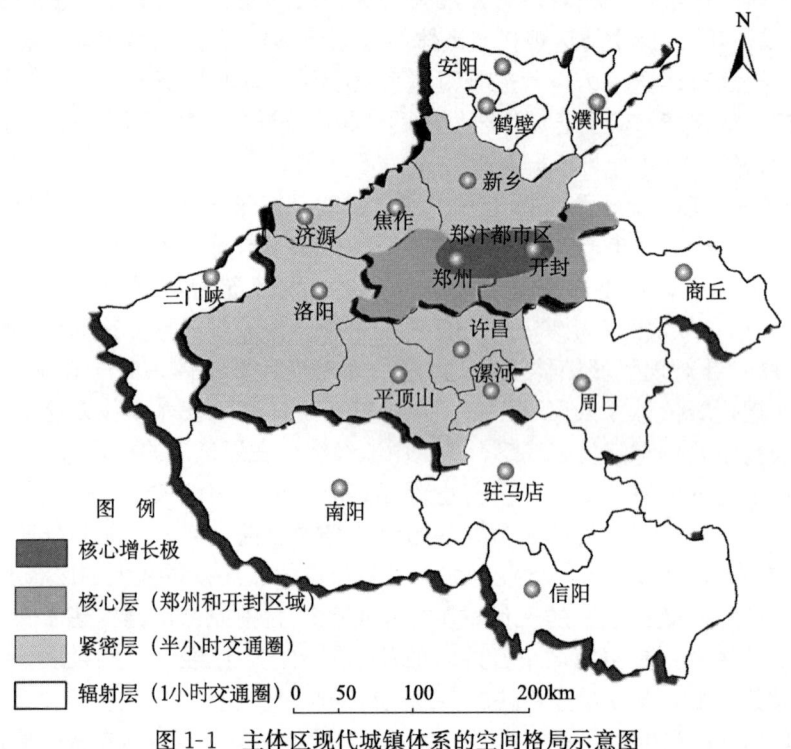

图1-1 主体区现代城镇体系的空间格局示意图

基于此,本书首先为中原经济区主体区现代城镇体系研究搭建了一个学术平台,然后从科学分析现代城镇体系的历史与现实入手,研究主体区城镇体系的等级层次、规模序列、职能类型与空间布局结构,论证主要中心城市的综合发展、城镇体系功能分区与综合交通运输网络优化等功能组织方式,并对协调运行现代城镇体系的空间组织模式、提升中原城市群的整体实力、推进新型城镇化进程、实施城乡统筹发展与夯实建设郑汴都市区的区域基础等关键问题进行了科学设计。

本书以城市地理学、城市规划学、区域经济学的基本原理为理论基础,综合运用现代统计学、分形优化理论、计算几何以及GIS空间分析技术,采用定量分析与定性分析相结合、实地调研与理论分析相结合的方法，对中原经济区主体区现代城镇体系的构建进行全面、系统的研究。技术路线从数据获取、平台与基础、城镇体系结构分析与调整、城镇体系功能组织与关键问题研究等几方面展开（图1-2）。

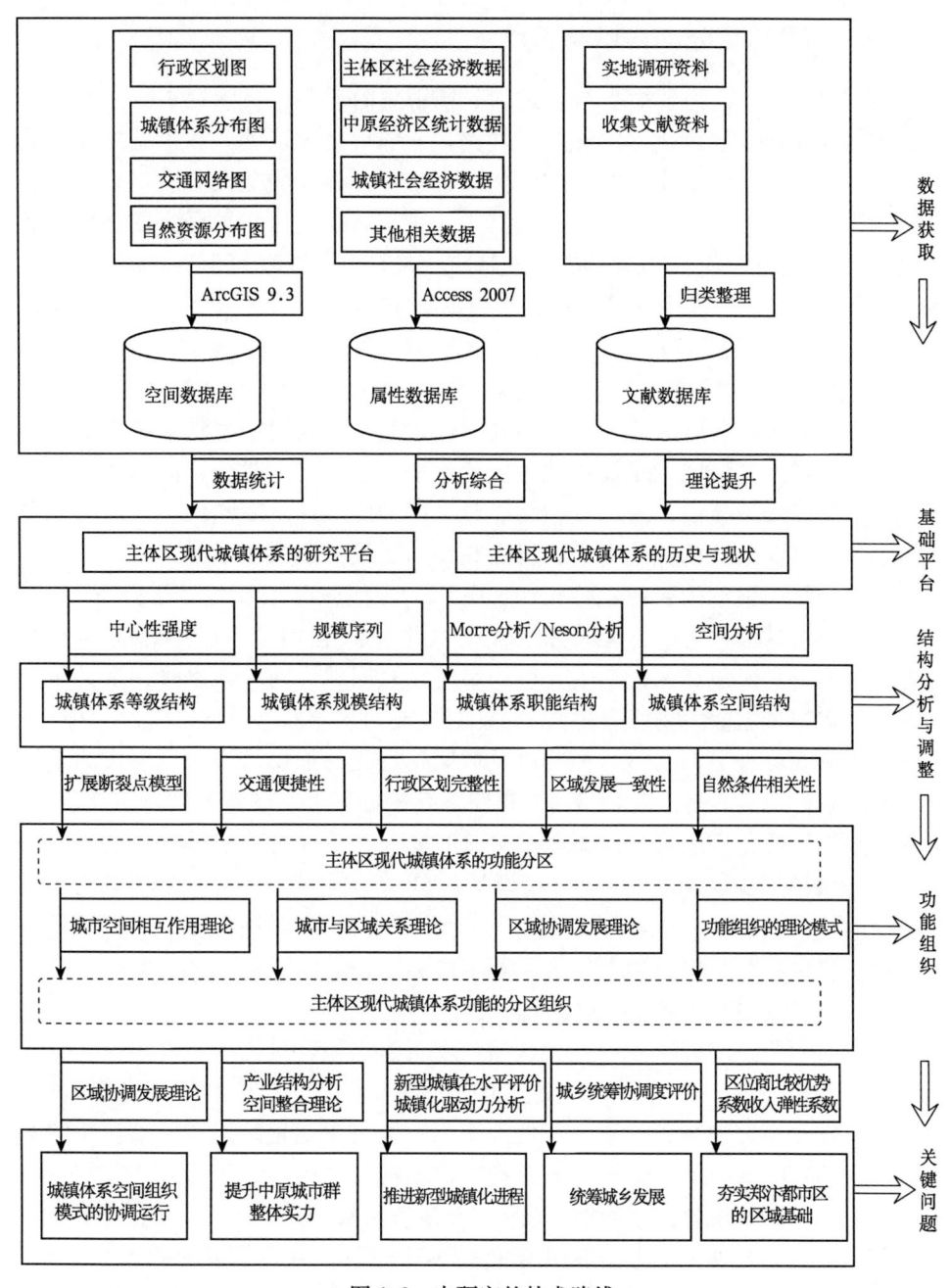

图1-2 本研究的技术路线

第四节　中原经济区建设中的新型城镇化

一、新型城镇化的内涵与特点

改革开放以来，为了缩小与发达国家城镇化的差距，我国走了一条重在扩大城镇规模、提高城镇化率的城镇化之路，并取得巨大成就。在世纪之交，我国提出了工业化、城镇化、农业现代化等小康社会建设的三大方略，全国也由此进入了一个快速城镇化时期。经过努力，我国城镇化取得了巨大的成绩，到2009年底，全国31个省（自治区、直辖市）共有设市城市655个，城镇人口按统计口径算，已达6.22亿人，城镇化率提高到46.6%，"十一五"以来年均增加约0.9个百分点。到2011年底，城镇化率更是首次突破50%，达到51.3%。与同期国际社会比较，我国城镇化发展迅速，与发达国家之间的差距正在逐步缩小。

但是，城镇化在取得巨大成绩的同时，在某些地区和某些领域也出现了一些偏差。一些地方将城镇化简单地等同于城镇规模的平面扩张，而功能却未能得到有效提升，城镇二、三产业的发展也未能相应跟进。城镇化不仅未能完全有效地助推产业结构的优化升级，反而在城镇建设方面贪大求洋，陷入了资源消耗大、环境污染重的粗放式增长"窠臼"。"土地城镇化"大大快于"人口城镇化"、"经济城镇化"，"三无人群"（种田无地、就业无岗、社保无份）的社会矛盾逐渐凸显，形成新的社会安定隐患。城乡之间居民的收入水平、生活质量以及社会发展最需要的物质因素和文明因素的充裕水平的差距越拉越大。

随着我国综合国力的持续提升以及城镇化进程的加快推进，深层次的矛盾和问题不断浮现。在对走何种城镇化道路不断进行反思、摸索与创新的过程中，推进"新型城镇化"的命题越来越凸显，其实践在转变经济发展方式的战略中的作用越来越重要（罗煜，2008；杨焕彩，2010）。党的十六大报告明确指出要"走中国特色的城镇化道路"，十七大报告进一步将"中国特色城镇化道路"作为"中国特色社会主义道路"的五个基本内容之一，2007年5月，温家宝总理进一步强调"要走新型城镇化道路"。

新型城镇化是以科学发展观为统领，以工业化和信息化为主要动力，以资源节约、环境友好、经济高效、文化繁荣、城乡统筹、社会和谐为发展目标，大中小城市和小城镇协调发展、个性鲜明的健康城镇化道路。新型城镇化的实质是：能够适应和推动生产力提高与社会进步的城镇生产、生活方式以及城镇性质、状态不断扩展与深化的发展进程（王发曾，2010）。

新型城镇化包括外延扩张和内涵优化两个进程。外延扩张是指城市数目、规模、地域的合理扩张。内涵优化体现在三个层面上：①狭义内涵优化，是单个特定城镇内部结构、功能、质量的优化;②广义内涵优化,是特定区域内多个城镇组成的城镇体系(或城市群)结构、功能、质量的优化;③泛义内涵优化,是城镇生产、生活方式和文化、景观形态等在乡村地区的渗透、扩展和普及,是城镇与乡村的统筹发展。

我国新型城镇化与传统城镇化有根本的区别:①发展背景不同。传统城镇化产生于计划经济体制,其推进战略、方式等存在诸多缺陷;新型城镇化产生于社会主义市场经济体制,以科学发展观为统领,走新型工业化道路,建设社会主义和谐社会。②发展目标不同。传统城镇化以外延扩张为主要目标,依靠扩大发展要素投入来实现规模增长;新型城镇化以内涵优化为主要目标,资源节约、环境友好,以人为本,实现质量提升。③发展重点不同。传统城镇化的重点在城市,特别是大中城市,有时为了城市甚至不惜牺牲乡镇利益;新型城镇化强调大中小城市和小城镇协调发展,城乡统筹发展,总揽发展全局,兼顾各方利益。④发展主体不同。传统城镇化的主体主要是各级政府,"自上而下"地掌控城镇化;新型城镇化的主体多元,包括政府、企业、公众等,"自下而上"地助推城镇化。⑤发展方式不同。传统城镇化追求城镇化率的提高,造成资源大量消耗、环境质量下降、基础设施不足、社会保障欠缺;新型城镇化注重城镇化水平的提高,旨在优化城镇功能、传承文化精髓、塑造个性特色、以人为本。⑥发展动力不同。传统城镇化的根本动力主要来自于传统工业化,以经济高速增长为目的,以城市为产业聚集中心,拉大了城乡差异;新型城镇化的根本动力来自新型工业化和信息化,具有可持续性,有利于城乡之间的协调、互补、互动和联合。

新型城镇化与"中国特色城镇化"是具有深刻内在联系的一个有机整体(仇保兴,2008,2010)。过去的传统城镇化模式,也可能具有中国特色,但不完全符合时代潮流和科学发展观要求;而欧美发达国家以及一些发展中国家所采取的新型城镇化做法,未必都符合中国的国情和各地的实际。因此,在推进城镇化的过程中,必须把"新型城镇化"与"中国特色城镇化"有机地结合起来,坚定不移地走具有中国特色的新型城镇化道路。这就要求必须从中国国情和各地实际出发,坚持以人为本的全面、协调、可持续的科学发展理念,走渐进式、生态型、集约型、融合型、和谐型、多样型城镇化之路(陆大道等,2007;王发曾,2007)。

二、新型城镇化的方向与目标

新型城镇化作为我国新时期实现现代化的三大方略之一,是任何经济区域科学发展的引领,也是任何区域"三化"协调发展的主线。现代城镇体系与新型城镇化密切相关,前者是保证后者顺利推进的重要载体,其结构、功能与质量的优化属于新型城镇化的广义内涵优化；后者是现代城镇体系建设的目标、动力、过程与内容的统一。中原经济区建设也必须在新型城镇化的背景下，密切结合中原地区实际，充分发挥城镇化的引领作用，构建结构完善、功能强大的现代城镇体系，走出一条在中西部欠发达地区有示范意义的"三化"协调发展的新路子（王发曾，2011b）。因此，中原经济区主体区现代城镇体系的研究必须以新型城镇化的方向与途径作为学术平台。

当前，主体区河南省的城镇化状况不佳（王发曾，2010）。①城镇化快速推进，城镇化率的提升速度超过全国平均水平。2009年底，全省城镇人口3758万人，城镇化率37.7%，比2000年提高了14.5个百分点，9年间平均每年提高1.6个百分点以上，高于全国平均约0.3个百分点。特别是2005年城镇化率超过30%之后，城镇化率平均每年提高1.7个百分点以上，高于全国平均约0.8个百分点。②城镇化总体水平依然较低，滞后于经济发展水平。2009年底，河南省城镇化率低于全国平均的8.9个百分点，居全国倒数第5，中部地区倒数第一。尽管城镇化速度明显加快，但相对于经济发展水平，城镇化仍然滞后，城镇化率仅为工业化率的70%左右。到2011年底，尽管城镇化率达到40.6%，但与全国平均水平的差距扩大到了10.7个百分点。③城镇体系的规模结构不尽合理，核心城市的中心带动作用不强。河南省的38个城市中，大城市有9个（占24%），中、小城市29个（占76%），后者是前者的3.22倍，大城市明显偏少。核心城市郑州规模偏小、综合竞争力不够强、辐射带动作用不明显。④城乡差别有进一步扩大的迹象。城乡居民收入绝对差距已由2000年的2780元扩大到2009年的9565元，城乡居民收入比由2.4∶1扩大到3.0∶1。城乡居民消费支出绝对差距由2515元扩大到6178元，城乡居民消费支出比高达2.8∶1。城乡基础设施和公共服务水平差距也很大，农村水、电、路、气和教育、卫生、文化设施建设严重落后于城镇。

根据以上分析，结合地区实际状况，未来10年中原经济区推进新型城镇化的方向与目标为：城镇化水平与全国平均水平明显缩小，基本建立结构合理、功能强大的现代城镇体系，形成具有中原特色，以中原城市群为核心的增长板块，大中小城市、小城镇、农村社区协调布局，城乡统筹、产城互动、资源节约、环境友好、经济高效、社会和谐的城镇发展新格局，成为中西部地区最具活力的以城镇化引领"三化"协调发展的示范区。

到2020年，中原经济区城镇化率力争达到55%左右，其主体区河南省达到55%以上，中原城市群紧密层达到65%以上；核心城市郑州成为国家区域性中心城市，城市人口规模争取达到500万左右；由郑州市区、开封市区和中牟县组成的郑汴都市区真正成为中原经济区的核心增长级，城镇化率达到90%左右；洛阳市真正成为中原经济区的副核心城市，人口规模达到200万以上；优化城镇体系的规模结构，建设一批 100 万人口以上的大城市。

要实现上述目标，必须以经济、社会的又快又好发展为基础。未来 10 年，必须保证实现粮食核心区生产目标，其中河南省粮食综合生产能力达到 1300 亿斤/年；人均 GDP 达到或超过全国平均水平，年均增长率须略高于全国平均；城镇化与工业化、农业现代化基本协调同步，产业集聚区产出增加值占 GDP 的比重超过 50%，服务业增加值占 GDP 的比重达到 40% 以上；研究开发（R&D）经费投入占 GDP 的比重达到 2.5% 以上，力争赶上全国平均水平；城乡居民收入比降低到 2.8 以内，达到全国平均水平；社会保险覆盖面、人均文教卫支出达到全国平均水平；城镇人均公共服务设施达到宜居城市、文明城市有关要求和标准；万元 GDP 二氧化碳排放量比 2005 年降低了 45% 左右，万元 GDP 能源消耗下降了 30% 以上，城镇建设用地严格控制在人均 100 米^2 左右[①]。

三、新型城镇化的推进途径

1. 新型城镇化的推进方式

（1）坚持走多元化的城镇化道路。新型城镇化的多元化，包括城镇规模、区域差异、动力机制、城镇特色等方面的多元化（冯健等，2007），即①大中小城市与小城镇协调共进，共同肩负起承载城镇化人口转移的重任，形成合理有序的城镇体系规模序列结构；②允许不同区域的城镇化模式存在差异，充分发挥各地优势，有条件的地区可以推行本土城镇化；③强调市场机制与宏观调控相结合，促进多种经济成分与多种产业、多种事业共同拉动城镇化；④突出不同城镇的产业发展、空间布局、文化内蕴、建筑风格等方面的优势，形成各具特色、合理分工的城镇化格局。中原经济区各地在推进新型城镇化时，一定要因地制宜，渐进发展，积极引导农村剩余劳动力向城镇地区合理有序流动或就地转化。科学把握城镇化的速度和节奏，要与区域经济社会发展水平相适应，与城镇吸纳人口的能力、本土转化人口的能力相适应，防止出现超越承载能力的"过速、过度城镇化"。

（2）培育城镇化的强大动力机制。中原经济区新型城镇化的动力机制由一主一辅两方面构成。第一，核心机制，即发展动力机制，包括：①经济发展机制。提高农业产业化水平是新型城镇化的基础，可以为城镇化提供充足的剩余农产品、剩余劳动力，并为构建城镇化的本土承载平台创造条件；提高现代工业水平是新型城镇化的主要动力，可以为城镇形成核心产业链，并提供建设资源、先进技术，为城镇居民与转移人口提供就业岗位，从而提升城镇的综合实

---

① 以上指标的设定参考了"中原新型城镇化目标研究"（中原新型城镇化示范区研究课题组，第四组）。

力（顾朝林等，2012）；提高现代服务业水平是新型城镇化的保障，可以为城镇其他产业提供配套服务，为城镇居民和转移人口提供就业机会与生活服务；提高信息产业水平也是新型城镇化的主要动力，可以为工业、农业、服务业提供高新技术支撑，为城镇居民和转移人口提供崭新的生活服务，从而提升城镇的信息化水平。②社会发展机制。发展科学教育事业，为新型城镇化培育可持续的内生动力；发展先进文化事业，为新型城镇化培育鲜明的文化内核；发展社会保障事业，为新型城镇化培育有效的社会保障体系。③基础设施发展机制。建设综合交通运输体系，保证新型城镇化的"血脉流畅"；建设信息、通信网络，保证新型城镇化的"神经健全"；建设水源、能源供给、保护系统，保证新型城镇化的"养料供应"；建设环境保护与防灾减灾系统，保证新型城镇化的"健康免疫"。第二，辅助机制，即行政动力机制，包括：①行政促进机制，发挥牵引和推动作用。例如构建三化一体的社会系统工程，构建城镇化的承载平台，推动城乡统筹发展，提供优良的社会保障等。②行政控制机制，发挥调节与制动作用。例如，宏观调控各项事业的发展，控制城镇化的发展速度，调节城镇的各种准入门槛，解决、克服城镇化进程中的客观问题与人为弊病等（吴江等，2009）。

（3）为城镇化搭建多层承载平台。到2020年，中原经济区城镇化水平有望达到55％左右，这就意味着今后其城镇化速度将保持在平均每年提高1.5个百分点左右。如何使每年数以百万计的农村剩余劳动力及其家属和谐地融入城镇，并切实提高城镇化质量，是关系到该经济区能否达到建设目标的重大战略问题。城镇化必须落实到每一个具体城镇，必须以区域内所有城镇的有机整合为依托，必须充分关注乡村地区发展方式的就地转化，形成城乡和谐发展的格局，只有这样，新型城镇化才能进入全面、统一、完美的状态。构建城镇化的承载平台是带有方向性的重大举措，承载平台宽厚，城镇的综合承载力才能承担得起，新型城镇化才能绵延不断，城镇化的转化人口才能真正找到归宿（王发曾，2008；王发曾和程艳艳，2010）。中原经济区新型城镇化的承载平台包含三个层次：①单个城镇承载平台，满足城镇化的个性发展，完成城镇化的狭义内涵优化；②城镇体系承载平台，满足城镇化的区域发展，完成城镇化的广义内涵优化；③本土承载平台，满足城镇化的全面发展，完成城镇化的泛义内涵优化。

2. 新型城镇化的推进策略

（1）在城镇化进程中实施集约经营。城镇化通过人口的集聚带动其他要素的集聚，产生一种结构性优化和功能性提高的综合效应。新型城镇化不但要集聚人口、资源等发展要素，还要集聚人才、科技等创新要素；不但要集聚各类要素，还要节约、高效使用各种资源；不但要加快城镇自身的发展方式转型，还要为全社会转变发展方式积极创造条件。在当前我国城镇发展面临人口、资源、经济、环境等多重矛盾的状况下，建设资源节约型城镇、实施集约经营是新型城镇化的必然选择（卢科，2005；赵佩佩，2009）。中原经济区实施集约经营，必须做到以下几点：①保护基本农田，谨慎扩张并高效使用城镇建设用地，发展紧凑型城镇，切实保护和节约利用能源、水资源等，提高资源的综合利用效率；②发展循环经济，重点发展高新技术产业和高附加值的先进制造业，加快发展现代服务业，使城镇化主要依靠工业带动转向工业、信息产业和服务业协同带动；③集聚创新要素，激活创新资源，转化创新成果，提高自主创新能力；④发挥城镇之间的规模集聚与功能协同效应，进一步推动中原城市群和郑汴都市区建设。

（2）在城镇化进程中营造优良环境。新型城镇化要求"友好"对待环境，保持"发展"的城镇系统与"稳定"的环境系统之间的动态平衡，建设环境友好型城镇，实现人与环境的和谐共处。一方面，在城镇规划与设计中，要充分考虑城镇生态环境的承载能力，协调城镇与区域之间的环境依存关系，确保城镇发展的生态屏障安全；另一方面，在城镇建设与管理中，要树立环境优先的理念，创造良好的发展环境，提升城镇生产、生活品质。中原经济区营造优良城镇环境，必须做到以下几点：①加强区域环境基础设施建设，综合整治流域生态环境，增强自然生态系统的环境承载力；②建立健全城镇生态平衡体系，理顺城镇生态系统物质流与能量流，建设生态城市；③优化城镇开放空间系统，充分发挥绿地系统、水体系统以及道路、广场系统在营造优良环境中的巨大作用；④坚持对建设项目的环境影响评价，监控城镇污染源，控制污染排放，综合治理各类污染，改善城市的环境质量；⑤推广生态园区、生态工程、生态企业和生态建筑，提倡绿色低碳生产、生活和消费方式，建设一个生产发展、生活富裕、生态优美的良好人居环境。

（3）在城镇化进程中追求功能优化。完善的城镇功能是提升城镇综合竞争力的重要基础，也是城镇现代化的重要标志。新型城镇化要求，既要不断完善城镇的基本功能，又要进一步强化城镇特色、突出城镇的主导功能（邱健，2007）。同时，通过规范、高效的管理，确保城镇功能在运行中实现全面提升。中原经济区的城镇功能优化，必须做到以下几点：①强化规划手段，明确城镇发展方向和空间扩展方式，设计城镇空间布局结构，优化土地利用配置；②建设完善的城镇交通通信、供水供能、排污减污等市政基础设施以及城镇防洪、防震等防灾减灾设施，保持较高的城镇基础设施综合配套水平；③重视历史文化名城（镇）保护，延续城镇历史文脉，挖掘城镇文化内涵，提炼城镇现代精神，彰显城镇鲜明个性；④创新管理体制和手段，运用现代信息技术，促进城镇管理的精细化、科学化、智能化，提高城镇的日常管理和应急管理水平。

（4）在城镇化进程中促进城乡统筹。城镇化是"乡村"一极到"城镇"一极的社会变迁过程，城镇和乡村作为不同的空间地域实体，二者相互依存、密不可分（王富喜和孙海燕，2009）。新型城镇化要求从城乡分割的现实出发，从统筹城乡发展的高度着眼，通过转变发展方式，构建城乡互动、协调发展的机制，促进城镇化和新农村建设的有机联动。尤其要充分发挥城镇的带动作用，城镇支持乡村，工业反哺农业，促进农业增效、农民增收，缩小城乡差别。中原经济区促进城乡统筹，要求做到以下几点：①充分发挥各级城镇的中心带动作用，促进城镇传统产业、基础设施、公共服务、现代文明向乡村扩散；②村镇体系规划与城镇体系规划密切结合，构建城乡一体化网络；③加强乡村水利、交通、环保等基础设施建设，推动乡村文化、教育、科技推广等事业的蓬勃发展；④培育县城、建制镇的农产品深加工与其他非农产业，适当扩大其人口规模，增强新型城镇化的本土转化能力；⑤继续强力推进社会主义新农村建设，鼓励农业剩余劳动力在有条件的新型农村社区就地转化。

（5）在城镇化进程中构建社会和谐。新型城镇化首先是人的城镇化。在构建社会主义和谐社会的时代背景下，新型城镇化要求人口在实现从乡村到城镇空间转移的同时，真正实现从农民到市民的全面转化。生活在城镇的每一个人的基本生存条件都应该得到满足，基本发展条件都应该得到保证，大家共同创造和平等分享新型城镇化的发展成果，最终实现人在城镇的全面发展。中原经济区构建社会和谐，必须做到以下几点：①改革城乡管理体制，尤其是改革户籍制度，有序推进农村人口的转移转化，稳步提高城镇化率；②坚持以人为本，倡导和谐理念，切实保护城镇化进程中失地农民的合法利益，维护进城农民工的各种正当权益；③实施积极的就业政策，改善城镇的创业和就业环境，努力提高全社会的就业水平；④大力发展文化教育、医疗卫生、社会保障等社会事业，建立惠及全民的基本公共服务体系，优化公共资源配置，促进基本公共服务均等化；⑤综合治理社会治安，依法打击各种违法犯罪活动，维护社会公共安全，营造和谐的社会环境；⑥加快城中村、危旧房改造，合理开发、建设城镇边缘区，提高城镇的宜居水平。

参考文献

陈田.1992.省域城镇空间结构优化组织的理论与方法.城市问题，(2)：7-14.
陈勇，陈嵘，艾南山，等.1993.城市规模分布的分形研究.经济地理，13（3）：48-53.
樊新生，李小建.2005.河南省经济空间结构演变分析.地理与地理信息科学，21（2）：70-74.
冯德显，贾晶，杨延哲，等.2003.中原城市群一体化发展战略构想.地域研究与开发，22（6）：43-47.

冯德显.2004.从中外城市群发展看中原经济隆起——中原城市群发展研究.人文地理,19(6):75-78.

冯德显.2010.我国区域发展空间重组与构建中原经济区.地域研究与开发,29(5):1-10.

冯健,刘玉,王永海.2007.多层次城镇化:城乡发展的综合视角及实证分析.地理研究,26(6):1197-1208.

顾朝林.1991.中国城市经济区划分的初步研究.地理学报,46(2):129-131.

顾朝林.1997.经济全球化与新城市经济现象.国外城市规划,(1):20-23.

顾朝林,张敏.2000.长江三角洲城市连绵区发展战略研究.城市研究,(1):7-11.

顾朝林,赵民,张京祥.2012.省域城镇化战略规划研究.南京:东南大学出版社.

郭荣朝,宋双华,苗长虹.2011.城市群结构优化与功能升级——以中原城市群为例.地理科学,31(3):322-328.

胡序威.1998.沿海城镇密集地区空间集聚与扩散研究.城市规划,22(6):23-28.

黄以柱,王发曾,袁中金,等.1991.区域开发与规划.广州:广东教育出版社.

李润田.1993.河南区域经济开发研究.开封:河南大学出版社.

廖富洲.2006.河南城镇化中应重视的几个问题.黄河科技大学学报,(3):48-50.

刘科伟.1995.城市空间影响范围划分与城市经济区划问题探讨——以陕西省为例.西北大学学报(自然科学版),25(2):129-134.

刘继生,陈彦光.1998.城镇体系等级结构的分形维数及其测算方法.地理研究,17(1):82-89.

刘继生,陈彦光.1999.城镇体系空间结构的分形维数及其测算方法.地理研究,18(2):171-178.

刘继生,陈彦光.2003.河南省城镇体系空间结构的多分形特征及其与水系分布的关系探讨.地理科学,23(6):713-714.

刘媛媛,涂建军.2011.中原经济区地缘经济关系研究.地域研究与开发,30(6):156-159.

刘兆德,陈素青.1996.城市经济区划分方法的初步研究.人文地理(增刊),11:38-40.

卢科.2005.集约式城镇化——开创有中国特色的新型城镇化模式.小城镇建设,(12):68-69.

陆大道,姚士谋,李国平,等.2007.基于我国国情的城镇化过程综合分析.经济地理,27(6):883-887.

罗煜.2008.试论我国新型城镇化道路.决策探索,(10):40-41.

苗长虹.2004.全球化背景下中国河南城镇化推进的战略思考.河南大学学报(自然科学版),34(1):71-75.

苗长虹,王海江.2006.河南省城市的经济联系方向与强度——兼论中原城市群的形成与对外联系.地理研究,25(2):222-232.

宁越敏.1991.新的国际劳动分工世界城市和我国中心城市的发展.城市问题,(3):2-7.

庞效民.1996.关于中国世界城市发展条件与前景的初步研究.地理研究,15(2):67-73.

乔家君,李小建.2006.河南省城镇密集区的空间地域结构.地理研究,25(2):214-216.

秦耀辰,苗长虹,梁留科,等.2011.中原经济区科学发展研究.北京:科学出版社.

邱建.2007.走新型城镇化道路,提高城镇发展质量.四川建筑,27(3):1.

仇保兴. 2008. 中国特色的城镇化模式之辩——"C模式": 超越"A模式"的诱惑和"B模式"的泥淖. 城市规划, 32 (11): 9-14.

仇保兴. 2010. 中国的新型城镇化之路. 中国发展观察, (4): 56-58.

宋家泰, 崔功豪, 张同海. 1985. 城市总体规划原理. 北京: 商务印书馆.

宋家泰, 顾朝林. 1988. 城镇体系规划的理论与方法初探. 地理学报, 43 (2): 97-107.

覃成林, 郑洪涛, 高见. 2005. 中原城市群经济市场化与一体化研究. 江西社会科学, (12): 36-42.

陶然, 傅德印. 2006. 中原城市群发展水平及空间布局研究. 郑州航空工业管理学院学报, 24 (5): 66-70.

田文祝, 周一星. 1991. 中国城市体系的工业职能结构. 地理研究, 10 (1): 14-32.

王发曾. 1991. 河南省地域开发的空间地域结构. 地理学与国土研究, 7 (2): 10-15.

王发曾, 袁中金, 陈太政. 1992. 河南省城市体系功能组织研究. 地理学报, 47 (3): 274-283.

王发曾. 1993. 建立城市体系等级层次的理论和方法——以河南省城市体系为例. 地域研究与开发, 12 (2): 13-17.

王发曾, 袁中金. 1993. 新设城市的综合决策研究. 城市规划汇刊, (3): 45-50.

王发曾. 1994a. 河南城市的整体发展与布局. 郑州: 河南教育出版社.

王发曾. 1994b. 河南城市发展与布局的历史启示. 城市问题, (1): 34-37.

王发曾. 1999. 21世纪初期河南城市化区域化发展的重点问题研究. 地域研究与开发, 18 (2): 32-35.

王发曾. 2007. 推进我国城镇化进程健康发展的必经之路. 中国人口、资源与环境, 17 (5): 260-263.

王发曾, 郭志富, 刘晓丽, 等. 2007. 基于城市群整合发展的中原地区城市体系结构优化. 地理研究, 26 (4): 637-650.

王发曾, 刘静玉, 等. 2007. 中原城市群整合研究. 北京: 科学出版社.

王发曾. 2008. 构建我国城镇化进程的承载平台. 甘肃社会科学, (6): 230-234.

王发曾, 刘静玉, 徐晓霞, 等. 2008. 中原城市群整合发展的关键问题. 经济地理, 28 (5): 799-804.

王发曾. 2010. 中原经济区的新型城镇化之路. 经济地理, 30 (12): 1972-1977.

王发曾, 程艳艳. 2010. 山东半岛、中原、关中城市群地区的城镇化状态与动力机制. 经济地理, 30 (6): 918-925.

王发曾. 2011a. 中原城市群的深度整合: 内聚, 外联与提升. 中州学刊, (6): 87-89.

王发曾. 2011b. 构建统筹城乡的新型城镇化支撑体系. 解读中原经济区, 郑州: 河南人民出版社, 99-115.

王发曾, 吕金嵘. 2011. 中原城市群城市竞争力的评价与时空演变. 地理研究, 30 (1): 49-60.

王发曾, 闫卫阳, 刘静玉. 2011. 省域城市群深度整合的理论与实践研究——以中原城市群为例. 地理科学, 31 (3): 280-286.

王发曾. 2012. 中原经济区"三化"协调发展之路. 人文地理, 27 (3): 55-59.

王富喜，孙海燕.2009.对改革开放以来中国城镇化发展问题的反思——基于城乡协调视角的考察.人文地理，24（4）：12-15.

王建国.2011.构建中原经济区统筹协调的城乡支撑体系.中州学刊，(1)：88-91.

王新生，郭庆胜，姜友华.2000.一种用于界定经济客体空间影响范围的方法-Voronoi图.地理研究，19（3）：312-315.

王新生，李全，郭庆胜，等.2002.Voronoi图的扩展、生成及其应用于界定城市空间影响范围.华中师范大学学报（自然科学版），36（1）：107-111.

王新生，刘纪远，庄大方，等.2003.Voronoi图用于确定城市经济影响区域的空间组织.华中师范大学学报（自然科学版），37（2）：256-260.

王永苏.2011.试论中原经济区工业化城镇化农业现代化协调发展.中州学刊，(3)：73-76.

吴江，王斌，申丽娟.2009.中国新型城镇化进程中的地方政府行为研究.中国行政管理，(3)：88-91.

夏保林，任斌.2009.河南省现代城镇体系空间发展战略分析.地域研究与开发，28（6）：46-50.

徐晓霞.2006.中原城市群城市生态系统研究.开封：河南大学出版社.

徐晓霞，王发曾.2003.中原城市群的功能联系与结构的有序升级.河南大学学报（自然科学版），33（2）：88-92.

许学强.1982.我国城镇体系的演变和预测.中山大学学报（哲学社会科学版），12（3）：40-49.

许学强，朱剑如.1988.现代城市地理学.中国建筑工业出版社.

许学强，周素红.2003.20世纪80年代以来我国城市地理学研究的回顾与展望.经济地理，23（4）：433-440.

许学强，周一星，宁越敏.2003.城市地理学.北京：高等教育出版社.

严重敏.1985.区域开发中城镇体系的理论与实践.地理学与国土研究，7（2）：7-11.

闫卫阳，郭庆胜，李圣权.2003.基于加权Voronoi图的城市经济区划分方法探讨.华中师范大学学报（自然科学版），37（4）：565-571.

闫卫阳，秦耀辰，郭庆胜，等.2004.城市断裂点理论的验证、扩展及应用研究.人文地理，19（2）：12-16.

杨焕彩.2010.加快推进新型城镇化.山东经济改革研究，(7)：4-9.

杨尚，王发曾.2007.中原城市群城镇体系空间结构分形特征及优化启示.河南科学，25（5）：849-851.

杨吾扬，蔡渝平.1985.中地论及其在城市和区域规划中的应用.城市规划，(5)：6-12.

杨吾扬.1987.论城市体系.地理研究，6（3）：1-8.

杨迅周，杨延哲，刘爱荣.2004.中原城市群空间整合战略探讨.地域研究与开发，23（5）：33-37.

姚士谋，朱英明，振光陈.2001.中国城市群.合肥：中国科学技术大学出版社.

叶俊，陈秉钊.2001.分形理论在城市研究中的应用.城市规划汇刊，(4)：38-42.

喻新安，陈明星，王建国，等.2010.中原经济区研究.郑州：河南人民出版社.

喻新安，顾永东.2011.中原经济区策论.北京：经济管理出版社.

袁中金.2001.河南省城镇化的目标、道路和对策.地域研究与开发,20（1）：38-49.

张文奎,刘继生,王力.1990.论中国城市的职能分类.人文地理,（3）：1-7,80-88.

张占仓,杨延哲,杨迅周.2005.中原城市群发展特征及空间焦点.河南科学,23（1）：133-137.

张占仓.2010.河南省新型城镇化战略研究.经济地理,30（9）：1462-1467.

赵佩佩.2009.城镇化的"误区"与"出路"——试论东部欠发达地区城镇化发展的态势与导向.城市规划,33（11）：44-50.

赵文亮,陈文峰,孟德友.2011.中原经济区经济发展水平综合评价及时空格局演变.经济地理,31（10）：1585-1591.

郑弘毅,顾朝林.1987.我国沿海城市体系初探.自然资源学报,2（3）：213-228.

中共河南省委宣传部.2011.解读中原经济区.郑州：河南人民出版社.

周一星.1995.城市地理学.北京：商务印书馆.

周一星,布雷德肖 R.1988.中国城市（包括辖县）的工业职能分类——理论、方法和结果.地理学报,（4）：288-298.

邹军,张京祥,胡丽娅.2002.城镇体系规划.南京：东南大学出版社.

Berry B J L, Simmons J W, Tennant R J. 1963. Urban Population Densities: Structure and Change. Geographical Review, (53): 389-405.

Berry B J L, Horton F E. 1970. Geographic Perspectives on Urban Systems. Englewood Cliffs, N J: Preutice-Hall.

Bourne L S, Simmons J W. 1978. System of Cities: Reading on Structure, Growth and Policy. New York: Oxford University Press.

Christaller W. 1933. Central Places in Southern Germany. translated by Barkin C W. Englewood. Cliffs: Prentice-Hall.

Duncan O D. 1960. Metropolis and Region. Baltimore: Johns Hopkins Press.

Geddes P. 1915. Cities in Evolution: an Introduction to the Town Planning Movement and to the Study of Civics. London, Williams & Norgat.

Haggett P. 1977. Locational Analysis in Human Geography. London: Edward Arnold.

Howard E. 1898. To-Morrow: A Peaceful Path to Real Reform. Boston: MIT Press.

Isard W. 1956. Location and Space-Economy: a General Theory Relating to Industrial location, Market Areas, land Use, Trade, and Urban Structure. Boston: MIT Press.

Northam R M. 1975. Urban Geography. New York: John Wiley.

Okabe A, Suzuki A. 1997. Location optimization problems solved through Voronoi diagrams. European Journal of Operational Research, (98): 445-456.

Unwin R. 1909. Town Planning in Practice: An Introduction to the Art of Designing Cities and Suburbs. London: T. Fisher Unwin.

Zipf G K. 1949. Human Behavior and the Principle of Least Effort. New York: Addison-Wesley Press.

第二章
中原地区现代城镇体系的历史与现实

中原经济区的主体区河南位于我国中东部、黄河中下游，东接安徽、山东、江苏，北界河北、山西，西连陕西，南临湖北，国土面积16.7万千米^2。2009年底总人口9967万，占全国（未将港、澳、台地区的数据统计在内）总人口的8.59%，为全国第一人口大省。年生产总值19 480.46亿元，占全国的5.8%，居第5位。人均生产总值20 597元，占全国平均水平的83.7%，居第19位。主体区辖郑州、开封、洛阳、平顶山、安阳、鹤壁、新乡、焦作、濮阳、许昌、漯河、三门峡、南阳、商丘、信阳、周口、驻马店、济源18个省辖市，包含20个县级市、88个县、50个市辖区、1882个乡镇、479个街道办事处、3668个社区居委会和47 346个村委会。

中原经济区主体区是一个人口、资源、经济大省，但是人均水平还未达到全国平均水平，属于发展中地区。实现中原崛起既是难得的机遇，也是极大的挑战，必须探索一条独特的发展道路，实现跨越式、超常规的发展。其中，实施中心城市带动战略便是一项重要举措。中原是华夏民族的发祥地之一，历史上曾几度成为中华民族的政治、经济、文化中心，其城镇的形成和发展也源远流长，我国最早的城市即诞生在这里（王发曾，1994）。城市的今天是过去的延续，研究中原经济区主体区现代城镇体系，必须认真把握城市发展的历程、脉络和现实基础，才会为城镇体系今后的发展与布局提供有益启示。

第一节 城镇的历史演变

一、城镇的演变历程

我国城镇最早诞生于中原地区。在漫长的历史进程中，由于客观环境条件的变化，社会、政治、经济的兴衰，以及朝代更替，城镇发生了剧烈的变化，总趋势是城镇数量由少到多，分布由不平衡趋向均衡，城镇职能和地域结构由低级到高级，形成了不同历史时期的城镇文明。中原地区城镇的演变历程大致可分成七个阶段，其中包括一个奠基期、四个发展期和两个衰落期（王发曾，1994）。

1. 奠定基础期

该阶段自夏代至春秋战国时期（公元前 21 世纪～公元前 221 年），历时 1900 年左右，经历了整个奴隶制社会。在这个阶段，这里诞生了全国最早的城镇，20 世纪 70 年代在河南境内发掘出的偃师二里头文化遗址、登封王城岗城遗址和淮阳平粮台城遗址是迄今我国城市最早的考古发现，其出现年代可上溯至 4000～4500 年前的夏代立国之初。周代广封诸侯，全国范围内营建了数百个地方诸侯城邑，稳定后尚有 140 多个，河南境内分布 50 多个。春秋战国，周天子"礼乐"崩溃，诸侯国竞相争霸，筑城封邑成一时之风，仅河南就有 200 多个城邑，战国时兼并为 150 多个，城邑规模显著扩大，一些城市逐步形成了当时华夏的政治、经济中心。该阶段为中原地区城镇的发展奠定了基础。

2. 初步发展期

该阶段自秦代至东汉（公元前 221 年～公元约 200 年），历时 440 年左右，经历了封建社会的初期。秦、汉时期，国家一统。秦始开创郡县制，撤诸侯封邑，设郡、县治所，中原城市得以巩固发展。西汉时期，洛（洛阳）、宛（南阳）、颍川（禹县）、河内（安阳）、浚仪（开封）、睢阳（商丘）、陈（淮阳）位列全国十八大城市，温、轵、荥阳、陈等也是"富冠海内"的名城。至东汉末年，河南境内已经形成了以洛阳（东汉国都）为中心的都城、郡治、县治三级城镇体系的雏形，大小城镇共 150 多个。在这个阶段，主体区城镇的规模、实力和地位在巩固中不断发展，城镇的数目基本上稳定在百余座，职能分工渐趋明显，一批在全国有重要地位的名城脱颖而出，三级结构的城镇体系初步形成。

3. 第一次衰落期

该阶段自东汉末年至南北朝（约 200 年～581 年），历时 380 年左右。三国经西晋、东晋、十六国，直至南北朝时期，中原和全国一样，经历了社会动荡、战火频繁和经济衰退，城镇发展遭受严重破坏。一般城镇要么被战火摧毁，要么停滞、衰败。宛、阳翟、睢阳、温、陈、轵等名城屡遭破坏，一蹶不振，洛阳成为各种势力争夺的焦点，一而再、再而三地遭到毁灭性破坏。在这个阶段，政治动乱和连年战争不仅严重破坏了城市本身，还严重动摇了城镇赖以存在的经济基础和社会基础，不少名城大伤元气，大部分城镇在破坏中迅速衰败，少数幸免者也处于停滞状态。这次大倒退使主体区城镇在全国的显赫地位大为削弱。

4. 兴盛发展期

该阶段自隋代至北宋（581年～约1100年），历时520年左右，经历了封建社会的鼎盛时期。在这个阶段，除了短暂的、局部的社会动乱外，基本上处于"太平盛世"。隋、唐时期城镇再次繁荣，经济职能得到充分发展，工商业实力逐步增强。自公元606年隋朝迁都至洛阳后，城市建设可称得上是"灿烂辉煌"。洛阳的建设有明确的规划指导思想，城分宫、皇、罗郭三重城，市分南、北、东三大市，数十条街道，百十个商住里坊，布局统一，结构严整，功能分区相当明确，居住人口最多时达到百万余。北宋时中原的中小城市进一步巩固发展，尤其是水路运输方便的城市发展更快，以开封、洛阳为中心的城镇体系渐趋成熟。京都开封进入了全盛时期，城市布局集我国古都精华之大成，在皇城、内城、外城的总体格局中，还分置行政、商业、居住、码头、风景等功能区，棋盘格式的道路网外加汴河、蔡河、五丈河、金水河4条水上通道构成了发达的市内交通系统，居住人口最多时超过160万。城市经恢复后迅速兴盛，城市工商业实力大大增强，一些交通条件优越的新城市崛起，洛阳、开封两座国都先后进入全盛。该阶段主体区是全国无可争议的政治、经济、文化中心，为我国城市文明史作出了巨大贡献。

5. 第二次衰落期

该阶段自北宋末年至元代（约1100年～1368年），历时270年左右。有宋一代，我国政治、经济乃至城镇发展经历了前治后乱、前盛后衰的过程。北宋末年，辽、西夏、金等不断从北方侵扰中原，强盛起来的金人于1127年灭北宋，南宋王朝偏安一隅。中原城镇遭受严重破坏，锦绣汴京在金兵首次攻陷时即遭三日大火焚烧，后又多次被毁，"清明上河图"中所显现的风华已不复现。元破金，中原城镇再遭重创，如豫北地区，除封丘、延津外，余皆成废墟。在这个阶段，民族矛盾引起的战乱使大部分城镇遭受严重破坏，再加上黄河多次泛滥改道，洪涝、干旱、风沙灾害肆虐，原有水运河道多被淤塞，致使人口数量大减，农、商、工各业颓败，城镇发展的基础丧失殆尽。这次大倒退使主体区城市最终失去了在全国的显赫地位。

6. 缓慢发展期

该阶段自明代至中华民国（1368年～1949年），历时581年，经历了封建社会末期和半殖民地半封建社会。明、清时期，政治、经济形势渐趋稳定，商业、手工业不断繁荣，一些曾遭破坏的城市（如洛阳、开封、彰德（安阳）、禹州、怀庆（沁阳）、卫辉等）又渐次复兴。一些占据水陆要冲的名镇（如朱仙、周口、道口等），随着交通条件的变化，兴衰参差。其间，明末的连年战争再次阻滞了城镇发展。清末，封建社会江河日下，洛、汴在唐宋时期作为国都的辉煌已经成为历史。民国时期，中原城镇的发展基本上适应了半殖民地半封建社会政治、经济的需要，有铁路、水运之便的城镇（如郑州、漯河、驻马店等）发展速度较快；有资源之利的城镇（如新乡、焦作、信阳等）很快向单一经济职能城镇发展；大多数城镇长期不景气发展缓慢；个别曾红火一时的镇（如朱仙镇等）则很快沦为一般的乡集。在这个阶段，时断时续的和平时期使城市得以缓慢恢复，资本主义萌芽也给城镇的发展注入了新的活力。近代外国殖民势力的政治、经济、文化入侵给城镇的发展造成严重障碍，但总算没有遭受毁灭性破坏，中原城镇在艰难中缓慢发展。

7. 健康发展期

该阶段自中华人民共和国成立至今（1949年后），中原和全国一样进入了社会主义新时期。新中国成立以来，社会制度的大变革带来了政治清明、社会安定和经济繁荣。在短短的60余年里，中原城镇建设再一次进入快速发展的阶段。设市城市的数量不断增加，城市在区域经济、社会的发展中发挥着举足轻重的巨大作用。其间，由于政治、经济和人为因素，城镇的发展也曾几受挫折，城镇建设的现状还有诸多问题，但主流是进步，中原城镇已真正走上了健康发展之路。至2009年底，主体区有38座设市城市，88座县城，904个建制镇。按城镇常住人口比重计，全省城镇化率已达到37.7%。

二、城镇演变的特点

在数千年的城镇文明史中，中原城镇经历了萌芽—发展—壮大的演变过程，主体区形成了以郑州为中心，以京广、陇海等重要交通干线为依托的相对稳定的城镇网络结构。其演变有以下四个突出特点。

1. 城镇规模扩张与时代背景密切相关

城镇规模的变动经历了起起伏伏的变化过程。在奴隶社会，统治者筑城为国，用地规模不断扩大，集聚人口也比较迅速。在封建社会两千多年的历史中，由于受封建等级制度、经济水平等方面的制约，除了洛阳、开封等国都型城市超级扩张外，城镇人口规模变化不大。到了近代半殖民地半封建社会，资本主义工商业只在中原部分地区得到发展，城镇规模整体上发展缓慢。新中国成立后，新的时代开启了新的城镇发展篇章，城镇规模持续扩张。特别是改革开放的三十多年来，随着社会主义市场经济的建立，资源的合理配置，人口流动性加大，新兴产业的出现等，中原地区经济得到快速发展，随之带来了城镇规模的快速增长。

2. 城镇职能以行政为主导并趋于综合化

城镇职能随着社会经济发展逐步由政治、军事中心向政治、商业和手工业中心，再向政治、经济、文化和科技中心演变。同时，城镇职能具有明显的地域差异性，按主要功能可分为古老的政治、经济中心城镇，区域性经济中心城镇，地方性、集贸中心城镇和工业新城。历史上中原城镇职能类型主要属于政治中心型，行政职能对城镇的发展起主导作用，除新中国成立后成立的工矿城镇外，其余大部分城镇都是在行政职能的基础上发展起来的。这表明，城镇的发展受政治因素影响极大。城镇的存在首先是履行本身的政治职能——行政与军事统治，其次才是经济与其他职能，城镇的规模与空间分布取决于该城镇所肩负的政治职能的大小和政治统治的需要。

3. 城镇的空间布局不均衡但有一定的必然性

古代中原地区城镇大多形成于河流沿岸地区，而近现代城镇大多在交通沿线或矿产资源地繁兴。以许昌为界，可把主体区划分为豫南、豫北两大地区。历史上，豫北地区的城镇，无论数量、规模和发展速度都多于、大于和快于豫南地区。造成这种南北地区分布不均衡的原因，主要有三点：受自然条件和自然资源的影响，受交通条件和经济区位的影响，受人口分布密度差异的影响。因此，城镇的空间布局虽不均衡，却有一定的必然性。整体上，城镇地域空间结构的演变，具有从点状分布到带状发布，再向网络分布发展的规律。

4. 城镇之间的联系由松散趋于紧密

中原地区城镇之间经历了松散联系—等级管辖—有机联系的演变过程。原始社会，居民点是孤立、分散的，往来联系很少。奴隶社会的城邑各自为政，城镇之间在局部上有一定的紧密联系，但整体上是分散的。封建社会实行中央集权制度，城镇之间基本上是按照各级政权的存在，以等级管辖权产生自上而下的联系。到了近现代，尤其在全球化发展的今天，随着经济、文化、信息交流日趋频繁，中原城镇之间的联系不只局限于上下级的行政隶属关系，更多的纵向和横向的相互作用交织而成了有机联系网络，主体区所有城镇的整体形态——城镇体系，逐步发展起来。

三、城镇历史演变的启示

历史是一面镜子。主体区城镇发展的奠基和缓慢发展期历时约2500年，有效发展期历时约1000年，衰落期历时约650年。停滞与突进交替、衰败与兴盛

41

交替、失落与希望交替（王发曾，1994）。城镇的演变具有历史的继承性，一些影响中原城镇历史演变的基本因素必将对未来城镇的发展与布局起到重要的影响作用。

1. 良好的自然环境是城镇发展的基础，必须重视生态与环境保护

远古时代，中原大地自然环境相当优越。暖湿的气候、多样的地形、遍布的河湖、肥沃的土地和丰富的生物资源等，十分有利于农耕业的发展和人类定居地的营建，从而为早期城镇的诞生和演进提供了基本条件。北宋以后，自然环境渐趋恶化，自然灾害渐趋频繁，直接导致了人口外迁、经济衰退，这与城镇的败落不无关系。历史告诉我们：城镇要发展，就必须十分珍惜和爱护我们赖以生存的自然环境，警惕自然灾害，尤其是地震、洪水等毁灭性灾害的侵袭，防灾减灾工作不可掉以轻心。自然环境的优劣仍将是中原地区城镇体系布局的战略因素。

2. 正确对待区位优势，必须认真把握城镇发展的新契机

中原位于中纬度地带，处于全国东、西部和南、北方的中间部位，自古以来，就自诩为"天下之中"。原始社会各氏族部落的联系与交流，奴隶社会各诸侯国的逐鹿驰骋，使这块土地上的政治、社会、经济乃至城镇的演进充满活力。南宋以前的封建社会初期和鼎盛期，尽管全国政治中心位置曾几度东、西摇摆，但中原始终是处于全国政治、经济的核心地区，城市的辉煌是华夏城市文明史上最具典型意义的一章。南宋以来，全国政治、经济地图的格局重新组合，中原的政治、经济地理位置优势它移，城市的衰落或缓慢发展在所难免。历史告诉我们：切莫再陶醉于"天下之中"，今天的"中"是"中间"而不是"中心"，想依靠中心位置再现历史的辉煌已不可能。但中间部位有很强的边际性，在市场经济条件下，发挥地理位置的边际效应是主体区城镇体系发展的新契机。

3. 经济发展是城镇生存和发展的主导，必须把经济建设放在首要位置

中原是我国早期农耕业的发达地区，夏、商时期铜器的使用，春秋战国时期铁器的使用，秦、汉时期采取的"税同率、币同值"措施，隋、唐时期手工匠人在城市的集聚，北宋时期专业化城镇的出现，明、清时期资本主义经济的萌芽，乃至新中国成立后国民经济"五年计划"的实施等，都有力地推动了生产的社会化分工，农业的稳定和商业、手工业以及现代大工业的繁荣给中原城市的发展从必要性和可能性两方面打下基础。而三国至南北朝时期，东汉末年，金、元时期，农耕荒芜，商业萧条，手工业的发展受到限制，城镇的衰落势所必然。清末至民国时期，殖民经济使我国沦为外国的原材料供应地和洋货倾销

地，民族经济受到极大限制，中原城市只能在压抑中缓慢发展。历史告诉我们：生产力发展是城镇发展的内涵动力，经济发展水平是提高城镇化水平的前提和保证，坚持"以经济建设为中心"这一基本点将给中原城镇提供一个稳定的发展期。当前，国家实施的中部崛起战略、中原经济区战略，必将对中原城镇发展带来新的动力，也会对城镇体系布局提出新的要求。

4. 政治安定是城镇健康发展的保障，必须营造和谐的社会环境

秦汉，隋唐至北宋，以及新中国成立后等几个时期，中原城市之所以形成良好的发展局面，与国家在政治上实现统一有直接关系。政治制度的改革，如周代实行宗法分封以营建城邑，秦代实行郡县制以营建郡县治所，新中国实行社会主义制度并执行"人民城市人民建"的方针等，都对城镇的稳定发展起了重要作用。正因为中原在隋、唐、北宋时期是全国的政治中心地带，才出现了城镇发展史上的辉煌。而三国至南北朝时期以及东汉、金、元时期的政治动乱，直接导致城镇遭受破坏，明、清、民国时期的政治腐败，只能使城镇处于缓慢发展的状态。军事是政治的最高表现形式，战争对城市的破坏远比政治的影响来得直接、迅速和严重。纵观中原城市发展史，城镇的衰落、停滞或缓慢发展，无不与整体或局部的、连续或间断的战争有直接关系。历史告诉我们：政治安定是城镇发展的基本条件，各种性质的战争都会破坏城镇发展，和平、和谐的社会环境给城镇发展提供了大好时机。太平盛世也不可掉以轻心，城镇体系布局一定要充分考虑发挥区域性政治中心的职能，城市规划和建设也要充分考虑战备要求。

5. 交通条件对城镇的发展至关重要，必须加强立体交通网络建设

春秋战国时期，中原境内水上交通线已初成网络。隋代，随着广通渠、通济渠、江南河、永济渠的修通，大运河终成系统，而且将黄河、淮河、长江等水系连成一体。中原在我国古代可称得上是水陆交通枢纽，这对国都级城市洛阳、开封以及一些沿河城市的繁兴起了极为重要的作用。南宋以后，许多水道淤塞，中原水运中心的地位不复存在，城市的商业贸易活动大受限制。1906~1910年，京汉、陇海铁路相继通车，位于铁路枢纽处的郑州和其他铁路沿线城镇获得了新的发展动力。历史告诉我们：加强交通运输建设是促进城市健康发展的重要举措，综合运输条件好的城镇仍是城镇发展与布局的良好区位。目前，主体区初步形成了铁路、公路、航空、管道等现代化立体交通网络，高速铁路、公路以及城际快速轨道交通等使城镇体系的内部结合力更强，南水北调工程也将提升水路运输能力，处于交通网络结点处的城镇必然在主体区城镇体系中占据有利位置。

第二节 城镇体系的发育与基础

一、城镇体系的发展历程

新中国成立以来，主体区城镇体系等级层次渐趋合理，城镇数量和规模一直保持着较快增长的趋势，城镇的主要职能也从单纯的行政中心和工商业服务中心逐步趋向综合、复杂，空间布局从点状散布、疏于联系逐渐向结构紧凑、功能综合转变。主体区城镇体系的发展基本符合全国的总体情况，大致经历了波折停滞、缓慢提速、快速增长和持续稳定的不同发展阶段。

1. 波折停滞期

该阶段自1949～1977年，涵盖了改革开放前的28年。新中国成立后，主体区的城镇发展处在千头万绪、百业待兴的局面。1949年底，城镇总人口不足450万，辖10个专区，开封市、郑州市为省辖区，其他为非省辖区，城镇面临财力、物力、人力等诸多方面的建设压力，城镇职能混淆不清。这以后，国家建设计划的战略统筹，"大跃进"思想的广泛影响，"文化大革命"时期的行政干预，使主体区的城镇发展波折不断、推进缓慢，长期处于低迷停滞的状态。至1977年，主体区城镇化率仅在13%左右，有14个城市，包括郑州市、开封市、洛阳市等8个省辖市，商丘市、许昌市等6个非省辖市。

这个时期受我国城镇发展政策及自身社会生产力水平的局限，主体区的城镇数量、城镇规模、城镇化率的增幅均较低，近30年来城市数量仅从10个增至14个。国家工业化战略导引强化了主体区城镇的工业职能，却因产业失衡、环境衰退导致了千疮百孔的窘境。城镇布局大多呈孤立的点状分布，彼此间联系松散，中心城市辐射范围较小。受行政区划频繁调整的影响，主体区城镇体系的等级层次、规模序列、职能类型、空间布局等方面均呈现动荡起伏、波折反复的局面。

2. 缓慢提速期

该阶段自1978～1987年，是改革开放起步的头10年。1978年主体区共有10个省辖地区、6个省辖市、8个非省辖市，至1987年底，辖5个地区、12个地级市、6个县级市，城市数量增加不多。受国家当时城市发展战略方针的影响，主体区城镇体系以中等城市和小城市居多，数量几乎占90%。百万人口的特大城市仅有郑州市，50万～100万人的大城市仅有洛阳市，两者城镇人口仅占全省10%多一点，城镇体系规模序列结构金字塔的基座厚大、塔尖细小。依托国家层面的发展契机，利用京广、陇海等铁路大动脉交叉贯穿而过的优势，主体区临铁路线的城镇获得了良好的发展机遇，城镇体系的"轴"开始发育，逐步形成了以京广线、陇海线十字交叉动脉以及多等级铁路、公路为骨干的空间格局。同时，城市交通运输职能普遍加强，经历了一定时期的积累，城市职能的综合性略有上升，不同的专业化职能开始显现。

这个时期我国的改革开放刚刚起步，城市建设事业开始步入正轨。主体区城市数量由14个缓增至18个，10年间城镇总人口每年增加2.79%，城镇化率年平均增幅维持在0.1%~0.2%。城镇体系中大城市较少，首位城市首位性较弱且带动力不足，中小城市发育数量较多且速度较快，处于向位序——规模过渡的发展阶段。经济发展的不断深入给城镇发展注入巨大活力，促进了主体区交通网络的完善，产业沿主要交通命脉的布局与集聚，加强了城镇之间依附交通廊道的联系，中心城市的辐射作用开始增强。伴随城镇规模的扩大，中心城市吸引力有所提升，工业企业的汇集带动，主体区城镇体系的城市职能出现分异，城市主要职能突出地表现为工业、商业、行政管理和交通运输（张文奎等，1990）。

3. 快速增长期

该阶段自1988~1994年，是主体区城镇体系发展快步提速的主要时期。城市数量激增，从1988年的24个猛增至1994年的36个，是建国后新设城市数量最多的阶段。1994年，主体区辖13个地级市，23个县级市，百万人口的特大城市虽然只有郑州市1座，50万人以上的大城市却增至4个，首位城市的垄断地位较强。中小城市快速发育，城镇体系的人口分布不均衡、规模趋于集中。城镇自身与城镇之间沿铁路、公路等交通走廊快速拓展，城镇体系逐渐形成了依托郑—汴—洛、新—郑—许—漯等交通廊道内产业轴的"带"状发展，工业带动作用突出而强烈，主体区具有专业化程度较高的城市职能是工业、商业（田文祝和周一星，1991；周一星和孙则昕，1997），交通职能仍旧突出，城市职能逐渐由单一向多元转变。

这个时期大城市建设仍受国家政策的抑制，发展速度缓慢，主体区首位城市的首位性依旧较弱，对区域的拉动力不强。城市数量的增加以小城市为主，中小城市在整个城镇体系的比例较大。城镇布局发生变化，改变了先前点状散布的状态，呈现出依托东西、南北"十字"交叉交通线的带状分布。工业的发展带动了主体区的经济增长，也改变了城镇体系内部分城市的主要职能，交通运输职能不再是主导职能类型，工业、商业成为专业化程度较高的城市职能。

4. 持续稳定期

该阶段自1995年至今，是主体区城镇体系的黄金发育期。1995年以来城市数量一直稳定在38个，截至2009年，有18个省辖市、20个县级市。城镇人口总量年平均增长6%左右，城镇化率提高，每年超过1.2%，在国家城镇化主导的"十五"发展战略带动下，主体区大城市的规模增长快步提速。首位城市的带动性依然不够强，影响力仍有待提高，中小城市的增长速度逐渐回落且低水平发育，城镇体系正向理想的规模结构转变。城镇体系空间布局的变化比较稳定，逐渐形成了"一极、双核、两圈、四带、一个三角"的空间布局结构（王发曾、刘静玉等，2007）。顺应21世纪的经济发展，城市职能渐趋多元化，建筑业、服务业等职能成为多数城市的主要职能。

这个时期汇聚了主体区改革开放30余年，尤其是城镇化高速推进10多年来的发展积淀。城镇体系的规模结构正处于分散向集中过渡的发展时期，首位城市的垄断性增强，但影响力离理想状态仍有一定差距，有待进一步提高。道路交通网络的日臻完善，促进了中心城市以及各类不同等级城镇影响力范围的扩展，也带动了城镇体系空间布局结构的网络化推进。同时，城市职能类型亦从制造业、采掘业占优，转向商业、工业等多元化、综合性发展（季小妹和陈忠暖，2006），进而向建筑业、综合服务业和信息产业等方向转变（闫卫阳和刘静玉，2009；徐建军和连建功，2007；张静，2008），城市职能专业化进一步加强，城市职能结构越来越合理。

二、城镇体系演变的特点与启示

1. 城镇体系的"体量"不断扩张

主体区城镇体系早在秦汉时期即有雏形，封建社会初期就出现了初级的三级结构的城镇体系。中原自古是兵家必争之地，城镇发展屡次遭遇战争洗礼，千年帝都在近现代已辉煌不在。新中国成立初期，城市破败衰落、百废待兴，1949年设市城市只有10个，其中开封市、郑州市是省辖市，其余分别为朱集市（今商丘市）、许昌市、漯河市、周口市、洛阳市、南阳市、信阳市、驻马店市。城市规模较小，城市职能以服务于农业为主，工商业很不发达，城市布局零散，与真正意义上的城镇体系相去甚远。新中国成立后至改革开放前的近30年里，尽管有僵化的计划经济、"十年动乱"以及其他天灾人祸的干扰，但主体区的政治、经济、社会基本稳定，城镇体系稳中缓升、逐渐壮大，为日后的发展打下了一定基础。改革开放以来的30多年里，主体区的城市数量由14个猛增到现在的38个，包括18个省辖市和20个县级市，城市总量增加了1.7倍，并已初步形成了核心城市、区域性中心城市、地方性中心城市、小城镇的四级城镇体系，城镇化率由1978年的13.6%提升到2011年的40.6%，提高了近27个百分点，城镇体系的"体量"为主体区现代城镇体系的发展、建设打下了坚实基础。

2. 城镇体系的结构趋于合理

长期以来，主体区城镇数量较多、规模偏小、实力不强、产业构成趋同，导致城镇体系结构失衡，极大影响了城镇整体实力的发挥。近年来，主体区坚持实施中心带动战略，注重大中小城市同步协调发展，加快城市产业发展和基础设施建设，加强城市规划和管理，有效推进了城镇体系的优化进程，城镇体系的结构趋于合理。城镇体系的等级层次构成基本稳定在"核心城市—区域中心城市—地方中心城市—小城镇"的四级结构形态。规模序列构成逐渐明朗化并基本定型，大、特大、超大城市较弱的局面已有改观。职能类型构成的第二产业明显超前，第三产业效益滞后的状况已开始转变，城市职能逐渐由单一转向多元。空间布局构成在沿河、沿路的点轴、轴带式构成的基础上，逐渐向网络式发展。城镇体系目前的结构形态为主体区现代城镇体系的发展、建设提供了一个有调控基础的框架。

3. 城镇体系的功能整合由"点"到"群"

城镇体系的功能发挥追求整体效应，即"功能的整合"。总的来说，主体区城镇体系的功能整合由"点"到"群"逐级演变，大致经历了点、轴、带和群四个时期（丁志伟，2011）。首先，新中国成立初期（1949~1954年），城市呈点状散布，空间变动较大，综合实力弱，彼此之间缺乏联系，中心城市之间的地域没有得到有效辐射。然后，改革开放之前（1954~1978年），得益于地处中原以及京广、陇海等铁路干线贯穿而过的区位优势，城市之间的"轴"开始形成并逐步发育，城际间交通廊道联系日益密切，中心城市的辐射作用开始增强。后来，改革开放初期（1978~1995年），经济社会的发展推动了城镇体系的结构完善，城市之间依托"黄金十字"交叉交通走廊，初步形成了陇海产业带（商丘—开封—郑州—洛阳—三门峡）和京广产业带（安阳—新乡—郑州—许昌—漯河—驻马店—信阳）。到现在，发展繁荣期（1995年至今），为顺应城镇化、市场经济的快速发展，建设小康社会，实现中原崛起，实施了中原城市群战略，城市以群的形式和群的力量整合带动主体区健康发展（王发曾、刘静玉等，2007）。当前，在此基础上，构建现代城镇体系、建设中原经济区等战略举措先后提上议事日程，中原地区现代城镇体系的功能组织将进入崭新的历史时期。

4. 城市-区域间的相互作用逐渐强劲

主体区城市与区域间的相互作用表现在以下三个方面。首先，中心城区与市域间的相互作用逐渐强劲。城市体量不断扩大，人口、用地规模快速增加，城镇体系中各等级层次的城市中心性强度提高，城市吸引力增强，对周边腹地的集聚作用加大，促进了中心城区与市域间的融合。其次，城市与城市之间的相互作用逐渐强劲。城镇空间分布不同阶段由"点"到"轴"再到"带"的推演模式，始终无法摆脱对交通体系的依赖，近年来，快速城镇化的推进，加速了道路交通网络的建设，伴随铁路线路拓展，公路加密、等级提高，城际间的交流更加频繁、便捷，主体区内逐渐形成以郑州为核心的城镇密集区，并不断向外扩展，密集程度亦不断加强。再次，城市-区域系统与外部城市-区域系统的相互作用逐渐强劲。中原自古就是我国的核心地带，主体区位于中原之"中"，与外部城市、区域间的交往始终不断，京广、陇海等铁路命脉，连霍、京港澳等高速公路的建成、通行，主体区四通八达，建构了彼此间交流、沟通的平台。各种尺度的城市-区域的相互作用对形成诸如"中原城市群"、"现代城镇体系"、"郑汴都市区"、"中原经济区"等城市-区域系统起了关键作用。

三、城镇体系的现状

1. 城镇体系的组成

改革开放以来，中原已成为我国重要的农业、能源、原材料生产基地和以历史文化遗存为主的旅游业重点发展区，也是我国西矿东运、北煤南调、南水北调和沟通东西南北经济技术交流的重要枢纽和桥梁。在我国产业由东部向中西部转移的历史进程中，中原发挥着承东启西、联南通北的作用。近年来，主体区立足省情和自身优势，确立了全面建设小康社会、实施中原经济区战略、奋力实现中原崛起的宏伟目标，并把加快推进工业化、城镇化、农业现代化进程作为实现目标的基本途径。目前，城镇体系拥有18个省辖市，20个县级市，88个县城，共计126个城镇（含38个市、88个县城）。另外还有904个其他建制镇。

18个省辖市为郑州市、开封市、洛阳市、平顶山市、安阳市、鹤壁市、新乡市、焦作市、濮阳市、许昌市、漯河市、三门峡市、南阳市、商丘市、信阳市、周口市、驻马店市、济源市。

20个县级市为巩义市、荥阳市、新郑市、登封市、新密市、偃师市、汝州市、舞钢市、林州市、卫辉市、辉县市、沁阳市、孟州市、禹州市、长葛市、义马市、灵宝市、邓州市、永城市、项城市。

88个县城为中牟、杞县、通许、尉氏、开封、兰考、孟津、新安、栾川、嵩县、汝阳、宜阳、洛宁、伊川、宝丰、叶县、鲁山、郏县、安阳、汤阴、滑县、内黄、浚县、淇县、新乡、获嘉、原阳、延津、封丘、长垣、修武、博爱、武陟、温县、清丰、南乐、范县、台前、濮阳、许昌、鄢陵、襄城、舞阳、临颍、渑池、陕县、卢氏、南召、方城、西峡、镇平、内乡、淅川、社旗、唐河、新野、桐柏、虞城、民权、宁陵、睢县、夏邑、柘城、息县、淮滨、潢川、光山、固始、商城、罗山、新县、扶沟、西华、商水、太康、鹿邑、郸城、淮阳、沈丘、确山、泌阳、遂平、西平、上蔡、汝南、平舆、新蔡、正阳（图2-1）。

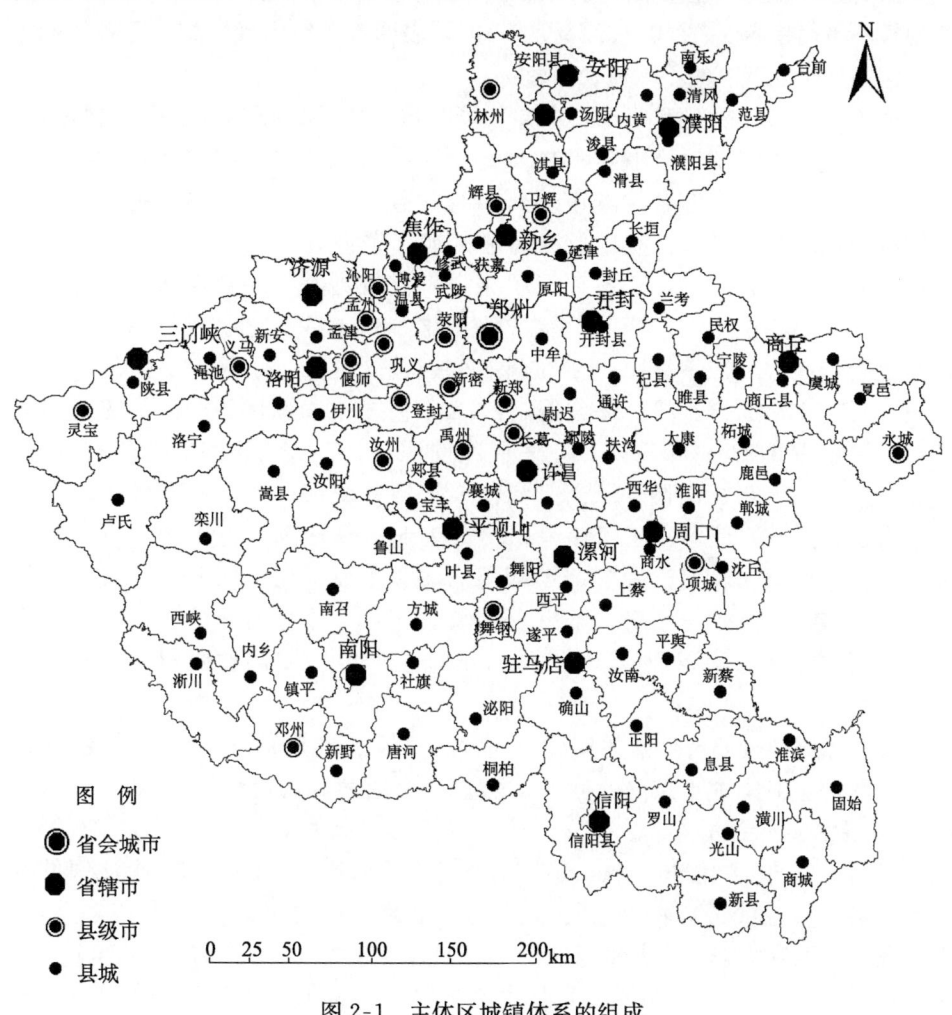

图 2-1 主体区城镇体系的组成

2. 城镇体系的基本特点

第一，规模级别齐全，中小城市数量偏多。截至2009年年底，主体区的38个城市中，超大城市、特大城市、大城市、中等城市、小城市等五种规模级别的数量分别为1、1、7、14、15，呈较规则的"金字塔形"分布。但中小城市比重高达76.3%，小城市几乎占城市总数的40%，这种状况削弱了中心城市的区域凝聚力、吸引力和辐射作用，影响了中心带动战略的实施。以首位度指数测算，2000年以来，主体区城镇体系的2城市指数由1.54升至1.86，4城市指数由0.69增至0.75，11城市指数由0.56升至0.60。10年来，首位城市郑州的首位度虽有显著提升，但规模序列结构距离理想状态仍有一定差距。2007年以来的规模不平衡指数s[①]由0.315降至0.306，表明城镇体系规模结构正在不断改善，但还处于发展中的不平衡状态。

第二，城市职能类型多样，主导职能趋同。主体区城镇数量多、规模小，分布地区差异大，城市产业类型的多样化，导致城市职能的多元化。有以行政、商贸为主的超大综合性城市郑州，有一直以工业、建筑业为主发展成为特大综合性城市的洛阳，有以所在地区的矿产资源开发为基础形成综合性职能城市的平顶山、鹤壁，有各部门职能强度比较均衡的综合性城市焦作、许昌。经过多年建设积累，城市职能得到强化，一些专业化职能开始显现，但目前仍处于优势职能不突出，主导职能构成趋同，专业化程度不强的发展中阶段。目前，第二产业部门比重偏高，18个省辖市中，优势职能为工业或采矿业的城市占2/3。城市第二产业发展超前明显，工业为优势职能的有洛阳、商丘、新乡、安阳、南阳、开封、漯河、济源等城市；采矿业为优势职能的有平顶山、焦作、信仰、三门峡等城市。工业多靠传统工业支撑，以矿山资源开发、原材料和农副产品初加工部门居多，主要提供初级产品，资源、原材料消耗多，经济效益不高。城市发展缺乏特色，著名的旅游城市洛阳、安阳、开封、郑州的旅游职能，商丘、信阳、三门峡、安阳的门户功能均未能有效体现。

第三，城镇分布有明显的空间指向性，交通区位是城市发展的重要因素。主体区城镇相对集中于京广、陇海、焦枝等交通命脉的沿线地区，38个城市有27个沿铁路干线分布，占比71.0%。其中京广沿线有11个，占比28.9%，陇海沿线10个，占比26.3%，焦枝沿线6个，占比15.8%。126个城镇的空间布局沿交通轴线分布的特征也很突出，沿京广、陇海、新—焦—济、洛—平—漯、宁西和大连—广州6条交通主干线集中分布了18个省辖市、11个县级市和56个县城，这六条轴带聚集了全省约80%的城镇人口和70%的GDP。交通与城镇发展的关系极为密切，1978年以来，位于京广、陇海大十字交叉的主体区核心城市郑州市迎来了历史上最好的发展期，自身规模和实力不断提升，依托铁路、公路交通网络，其影响力逐渐通达豫北的安阳、豫南的信

---

① 采用不平衡指数s度量城镇规模等级体系的不平衡状态，反映各规模等级的城市分布的均衡程度。s＝0，则城镇人口均匀分布在城镇体系的各等级城市中。

阳、豫西的三门峡和豫东的商丘。1996前后至今，郑州在大、中城市集聚的"黄金十字交叉区"的核心地位持续增强，紧密联系的作用向北延伸至新乡、焦作、济源，向南延伸至许昌、漯河、平顶山，向西至洛阳，向东到开封。2000年以后，正是郑州无与伦比的交通区位优势，使得中原城市群横空出世，给中原崛起带来了希望，为中原经济区现代城镇体系提供了核心增长板块。

第四，功能组织依托各级中心城市进行圈层布局，不同功能区的特色鲜明。主体区城镇体系的功能组织，按照"一极两圈三层"的空间结构，采取增长极模式、点轴模式和圈层模式相结合的综合组织模式。其中，"一极"指郑汴都市区作为核心增长极，"两圈"分别为半小时经济圈、1小时交通圈，"三层"是内部核心圈层、中间紧密联系圈层和外围辐射圈层。以中原城市群作为核心板块，逐步向各功能区推进，以点带线、以线促面，逐步形成大型中心城市、中小城市、小城镇和农村社区协调发展的网络化城镇体系，并以此带动整个中原经济区的"三化"协调发展。

四、城镇体系发展存在的主要问题

1. 城市规模偏低，区域带动能力整体不强

主体区有超大、特大城市各1座，仅占全省城市的5.3%，7座大城市仅占18.4%，29座中小城市占到76.3%。城镇体系的首位城市影响力不够，中间位序城镇数目较多，不符合位序—规模和首位分布。郑州的规模体量不足以与周边省份省会城市抗衡，要在区际合作与竞争占据优势就只有和开封"郑汴一体化发展"。洛阳的规模体量不足以发挥副中心作用，很难形成主体区西部的又一增长极。其他16个省辖市只有7个进入大城市行列，省内区域中心城市的作用受到影响，城镇体系的支撑平台不够坚实。中等城市中有9个省辖市、3个县级市，省辖市偏多，县级市偏少。金字塔的底座——15个小城市，几乎占城市总数的40%，数量多，规模不大，实力不强，无法形成对周边地区的影响力。但是分形的q值和D值均接近于1，分形效果较好，系统规模离均衡状态比较接近（丁志伟和徐晓霞，2010）。目前，城镇体系规模序列结构正处于分散向集中的过渡时期，变化态势明显，但离理想的位序—规模结构仍有较大差距。

2. 城市竞争力不强，核心城市带动性弱

中原虽然城镇数量众多，但综合竞争能力强的超大、特大城市不多。2009年，主体区省辖市市区生产总值5590.21亿元，只占全省生产总值的28.70%，城镇从业人员1829.56万，仅占全省从业人员的30.76%。在2010年全国200

个地级以上城市综合竞争力排名中，主体区进入前100名的有郑州（第41名）、洛阳（第72名）、安阳（第82名）、新乡（第84名）、焦作（第96名）、许昌（第97名）6市，排名都比较靠后。郑州作为整个城镇体系的首位城市、核心城市，其首位度一直偏低，综合竞争能力在全国省会、首府城市中不占优势，中心带动力不强，始终是困扰城镇体系整体实力提升的要害问题。一些城市尤其是大城市的要素聚集能力较低，产业层次不高，对外开放程度不够，经济实力和区域影响力不强。区域中心城市特色优势不突出，超大城市郑州市只有建筑业一个突出职能，特大城市洛阳市尚无突出职能，平顶山、新乡、开封和焦作4个大城市中，仅开封有批发与零售、餐饮服务业2项突出职能，另外3个大城市均只有1项突出职能。从整体上看，有2项突出职能的城市仅占主体区的1/4，绝大多数城市的优势职能均是工业。

3. 城市职能结构趋同，资源消耗型产业比重大

城市主导职能的趋异和互补是提高宏观经济效益的重要条件，相邻城市经济结构的总体差异越大，往往越有利于城市职能互补和集聚效益的发挥（周一星和孙则昕，1997）。主体区城镇体系的许多城市职能结构趋同，专业化程度不够突出，在城市部门经济结构上侧重"大而全、小而全"，缺乏发展特色。经济发展水平低，工业还主要停留在对矿产资源的开发利用方面，工业结构多以传统工业部门为主，原材料和农副产品初加工部门多、深加工部门少，资源、原材料消耗多，科技含量和劳动生产率低，经济效益差，环境污染严重。2009年全省18个省辖市市区非农业人口占61.5%，农业人口占38.5%，说明从事第一产业的人员还占有相当的比重。在工业产值构成中，38个建制市轻重工业产值比重为0.68:1，重工业比重较大。从工业部门构成看，能源工业比重最高（达59%），高新技术和高创汇工业比重低，产业结构调整缓慢。第三产业所占比重虽然较以前有所提高，但与工业的发展水平不协调。大中型企业活力不足，非国有经济实力弱。产业结构、产品结构的升级换代和优化调整，已经成为城市发展需要重点解决的问题。

4. 区域发展差异大，协调机制不完善

主体区城镇体系在各地方的发育程度有一定的不合理差异。2009年底，全省城镇化率为37.7%。其中，中原城市群地区（包括郑州、开封、洛阳、新乡、焦作、济源、许昌、平顶山、漯河9市）城镇化率为44.96%，豫东地区（包括商丘、周口2市）城镇化率为31.45%，豫南地区（包括信阳、驻马店2市）城镇化率为31.8%，豫北地区（包括安阳、鹤壁、濮阳3市）城镇化率为41.3%，豫西地区（三门峡市）城镇化率为45.4%，豫西南地区（南阳市）城镇化率为

36.6%。也就是说，豫中地区发育最为强劲，其次是豫北和豫西，再次是豫西南，豫东和豫南地区发育程度最差。即便在发育程度最好的中原城市群地区内部也有差别，东部和南部同样较弱。在综合实力方面，除中原城市群地区相对较强外，其他区域发展水平都比较低。以人均生产总值为例，中原城市群地区人均生产总值是全省平均的1.37倍，豫北地区略高于全省平均，豫西、豫西南地区略低于全省平均，黄淮四市（即豫东的商丘、周口，豫南的驻马店、信阳）仅为全省平均的58.6%。主体区城镇分布受自然环境约束，空间上呈现出中部紧凑、外部松散的布局结构。长期以来，城市发展自行其是、因循传统，未能从全局高度整合资源、空间、生态等多方面要素，导致主体区内部条块分割、差异明显，区域之间协调发展的机制还不完善。

5. 交通运输网络不完整，区域差异明显

主体区位于我国陆路交通大十字架的中心位置，是我国交通体系中重要的综合交通枢纽。地处全国铁路网中心，铁路网纵横交错、四通八达，但境内的京广、陇海国家铁路运力紧张，地方铁路运输通道尚未形成，基础设施总量供应不足，交通运输滞后于经济发展。仅有新郑国际机场、洛阳北郊机场和南阳姜营机场3个民用机场，其中，新郑国际机场是唯一的4E级机场和国内一类航空口岸，位居全国同类机场第20名，规模小、起点低、水平不高，已成为制约综合交通运输枢纽建设的重要因素，弱化了主体区的区位优势。基本上形成了以高速公路为骨架，以国道、省道干线公路为依托，以县乡公路为支脉的公路运输网络。公路网分形特征明显，总体上从郑州向四周由密到疏分布，全域半径维数高于分枝维数，表明公路交通网络长度与通达性之间的差别，并一定程度上反映出网络密度优于结构和连通性，在连通性上具有更大的发展空间。区域之间、城乡之间网络布局不平衡，尤其是高速公路区域差异较大，南部和西部地区由于经济社会发展和自然地理环境等因素影响，发展相对滞后，公路网络密度和连通性较差。中原城市群和黄淮的部分地区公路交通较好，而豫北、豫西、豫西南及豫东南部分地区交通覆盖度较差。公路网覆盖度较高的地区有商丘、郑州、许昌、新乡、周口，这些地区地势平坦，公路网布局基本不受地形因素的限制，位于中原城市群或周边地区，受省会郑州的经济辐射作用较大，经济条件相对较好，并有重要的交通路线通过，公路的数量、质量和布局均匀度都优于其他地区。公路网覆盖度较低的地区有鹤壁、驻马店、信阳、三门峡、漯河等，这些地区离经济中心、政治中心郑州较远，且大部分地区地形条件复杂，在地势平坦或位于区域中心城市附近的地方公路分布较密集，反之公路网分布稀疏，结果造成区域整体公路网分布的不均匀特征。

第三节 现代城镇化的进程

一、城镇化的阶段

新中国成立后,中原经济区主体区河南省的城镇化率从9.3%提高至2009年的37.7%,增幅近30个百分点,年均增长0.47个百分点。但是,1996年以前城镇化率年均仅增长0.17个百分点,此后至2009年年均增长达1.46个百分点,城镇化进程有很强的阶段性。

1. 全面提升期

该阶段为1949~1960年。新中国成立后,国家政治安定,社会秩序平稳,经济社会得到恢复和快速发展。这一时期,随着土地改革的全面实施,我国农业生产力得到彻底解放,大规模经济建设高潮和工业化进程的起步有力地促进了城镇发展,是主体区城镇化进程较快的阶段。1952年,全省有12个设市城市,17个县辖镇,城镇非农业人口238万。1957年,全省有16个设市城市,城镇人口达449万,城镇化率为9.3%。"大跃进"热潮使主体区城镇人口剧增,到1960年,城镇人口达到534万。

2. 反复波动期

该阶段为1961~1978年。这一时期国家的政治形势不稳,经济发展起伏较大,城镇化进程受阻,城镇化率反复波动升降,总体缓慢爬升。主体区经历了三年困难时期(1961~1963年)、经济恢复时期(1963~1966年)和"文化大革命"时期(1966~1976年)等三个特殊历史时期的冲击,城镇发展受到严重阻滞,城镇化进程总体上出现了一定程度的倒退。至1976年底,全省仅有14个设市城市和45个建制镇,城镇化率只有13.6%。

3. 稳步增长期

该阶段为1978~1995年。1978年改革开放揭开了城镇发展的新篇章,整个国家在"一个中心、两个基本点"的新时期发展方针指导下,坚持改革开放,逐步建立社会主义市场经济体制,实行农村家庭联产承包责任制,工业化步子大幅度加快,第三产业蓬勃兴旺,为城镇化进程提供了多方面的动力。与此同时,国家城市发展方针的重大调整,解除了压抑大城市发展的桎梏,促进了城镇化进程的稳步推进。这一时期主体区的城镇化进程平稳推进,城镇化水平持续上升,1995年,城镇人口达1564万,城镇化率达到17.2%。

4. 快速发展期

该阶段为1996年起至今。这一时期，我国社会主义市场经济体制的基本确立，国民经济的持续快速增长，经济全球化的浪潮等，强力拉动了城镇化的快速发展。建设小康社会的远大目标把工业化、城镇化与农业现代化并列为新时期中国特色社会主义建设的三大方略，各级行政力量的推动进一步加速了城镇化步伐。1996年后，改革开放近20年的积累使中原地区城镇化进程进入到高速轨道，主体区的城镇化率基本保持在每年提高1.2个百分点以上，2005年之后更是高达1.7~1.8个百分点，逐步进入稳定的高速提升阶段。到2009年年底，城镇化达到37.7%，2011年底更是首次突破40%的关口，达到40.6%。

二、城镇化进程的特点

1. 城镇化快速推进，城镇化水平显著提高

21世纪以来，主体区坚持实施中心带动战略，加快城镇产业发展和基础设施建设，逐步迈入了城镇化的最快发展阶段，城镇发展建设速度明显加快，城镇化水平有显著提高。2009年全省城镇化率达到37.7%，比2000年提高了14.5个百分点，年平均增速约为1.5个百分点。城镇人口从2000年的2201万增长到2009年底的3758万，10年累计增长1557万。城市建成区面积从2000年的1074千米^{2}扩展到2009年底的1913千米^2，扩展幅度高达78.12%。与此同时，不少省辖市坚持新区开发与旧城改造并重，城市面貌和功能有很大改观。中原城市群发展规划正在逐步实施，郑开城际快速通道、郑州机场候机楼扩建、郑州至西安段高速铁路客运专线、黄河生态治理开发、邙山绿化等基础设施建设项目陆续建成或启动，城镇建设与城市-区域发展进入了崭新的历史时期。

随着城镇化水平的提高，主体区城市的生存状态明显改善（表2-1）。全省设市城市日供水综合生产能力自2005年后即已超过1000万米^3，用水普及率始终保持在90%左右。与20世纪90年代初相比，2009年城市每万人拥有公交车辆由2.5标台上升为9.7标台，用气普及率由41.0%上升为72.9%，建成区绿化覆盖率由不足20.0%上升为36.3%，人均公共绿地面积由3.0米^{2}上升为8.7米^2，生活垃圾无害化处理率由不足1.0%提高到75.3%。城市道路长度、道路面积以及公共绿地面积等指标也有大幅度提升。城镇化的强势推进有力促进了城市环境的改善，而日臻完善的基础设施反过来为城市发展营造了良好的条件。与此同时，城市管理水平逐渐改进，城市规划的法定地位越加巩固，全民的城市意识和文明意识不断提高，诸多方面的合力促进了城镇化水平的提高。

表 2-1 主体区城市建设基本情况

指标 \ 年份	1990年	1995年	2000年	2005年	2009年
年底供水综合生产能力/(万米³/日)	512	878	959	1 027	1 008
用水普及率/%	91.6	95.8	96.8	91.9	88.3
平均每万人拥有公交车辆/标台	2.5	4.4	6.9	7.8	9.7
用气普及率/%	41.0	46.6	70.3	69.3	72.9
集中供热面积/万米²	225	1 757	3 303	5 361	9 283
道路长度/千米	2 586	3 845	4 920	7 090	9 018
道路面积/万米²	2 859	4 967	6 938	15 653	20 534
建成区绿化覆盖率/%		19.1	28.5	32.3	36.3
公共绿地面积/公顷	1 922	2 338	6 286	12 644	17 154
人均公共绿地面积/米²	3.0	2.7	6.1	7.9	8.7
垃圾无害化处理率/%	0.5	53.9	77.0	57.9	75.3

数据来源：河南省统计局．河南省统计年鉴，2010

2. 空间发展不平衡，中原城市群地区地位突出

由于受不同地域环境、历史基础和社会经济发展水平的制约，主体区城镇化进程的空间差异表现突出。以市域为考察对象，豫中、豫北和豫西地区的城市市域的城镇化水平普遍较高，城镇化率达到40%以上。其次是豫东的商丘、豫西南的南阳和豫南的信阳，城镇化率在30%~40%，豫东的周口和豫南的驻马店最低，城镇化率不足30%（图2-2）。

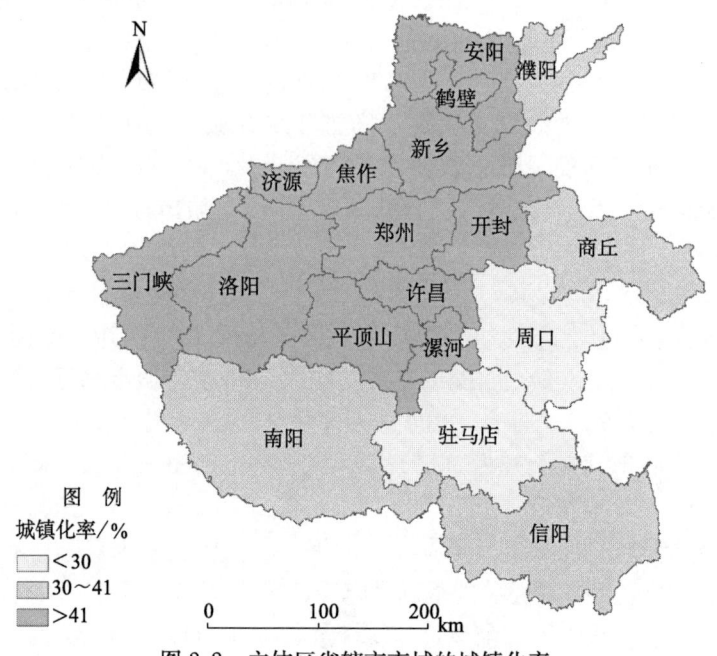

图 2-2 主体区省辖市市域的城镇化率

以地域为考察对象,城镇化的空间差异性也十分突出。中原城市群地区是我国中西部人口与城镇空间分布密度最大的地区,人口密度为 724 人/千米^2,城镇密度为 7.2 个/千千米^2,均为全省平均水平的 1.2 倍。其土地面积占全省的 35.3%,总人口占全省的 40.2%,而区域内集聚了全省 60% 的城市,城镇人口占到全省的 48.5%,城镇化率高达 45.5%,比全省平均高出近 8 个百分点(表 2-2)。豫北的安阳、鹤壁、濮阳与豫西的三门峡四市,土地面积占全省的 14.56%,总人口占全省的 12.84%,而城镇人口占到全省的 13.73%,城镇化率在 40% 以上,城镇化水平仅次于中原城市群地区。豫东的商丘、周口与豫南的驻马店、信阳所谓的"黄淮四市",其土地面积占全省的 34.3%,总人口占全省的 35.9%,而城镇人口只占全省的 30%,城镇化率在 30% 左右,城镇化水平全省最低。豫西南的南阳,城镇化水平与全省基本持平。

表 2-2　2009 年主体区城镇化水平的地域差异

地区	城市	土地面积/万千米^2	总人口/万	城镇人口/万	城镇化率/%
中原城市群地区	郑州、洛阳、开封、新乡、焦作、许昌、平顶山、漯河、济源	5.87	4 009	1 824	45.5
豫北地区	安阳、鹤壁、濮阳	1.38	1 056	414	39.2
豫西地区	三门峡	1.05	224	102	45.4
豫东地区	商丘、周口	2.27	1 923	600	31.2
豫南地区	驻马店、信阳	3.46	1 660	527	31.7
豫西南地区	南阳	2.66	1 096	402	36.6
全省		16.69	9 967	3 758	37.7

数据来源:河南省统计局. 河南统计年鉴,2010

3. 政府主导城镇化进程,行政干预呈现阶段性

我国的城镇化历程可以 1978 年作为分水岭。改革开放之前,国家施行计划经济政策,排斥市场机制,阻抑城市生长,政府几乎完全掌控了城镇化,其进程十分缓慢。改革开放之后,国家政策有所调整,但政府仍对城镇化这个客观现象存在着强烈的干预意识,尚未摆脱计划经济的思维方式,习惯于从政府的角度去"安排"城镇化道路,忽视了对城镇化本身的规律性,特别是内在动力机制的尊重和培育(赵振军,2006;曹培慎和袁海,2007)。与过去一味压抑不同,政府在更多情况下是激扬城镇化,以"城镇化率"的持续提升作为考察经济社会发展水平的主要指标,结果成为推动快速城镇化的一股决定性力量。

21 世纪以来,政府角色由决策转向服务,市场经济体制不断完善。随着"有形导引"向"无形调控"机制深入,推动主体区城镇化进程的内生力量开始

显现，内生作用加强、外推影响弱化，城镇化发展逐步向良性态势转变。1978～2006年主体区的城镇化率与政府干预度的相关研究表明，在市场因素逐渐发育并加速发展的情况下，政府干预度的下降会促进城镇化率一定幅度的上升（李琳和王发曾，2009）。改革开放后主体区城镇化进程中的政策变迁大致可分为三个阶段（图2-3）：1978～1986年城镇化政策由压制转为推动阶段，这一阶段的特征是市场因素开始发育，城镇化政策逐渐由压制转为推动，城镇化水平恢复发展，城镇化率年均增长0.17个百分点；1987～1996年城镇化政策在探索中改革阶段，这一阶段的特征是市场因素进一步发展，城镇化政策在探索中改革，城镇化水平平缓发展，城镇化率年均增长0.36个百分点；1997～2006年政府与市场共同推进城镇化阶段，这一阶段的特征是市场机制逐步确立，政府与市场共同推进城镇化，城镇化水平高速发展，城镇化率年均增长1.43个百分点。

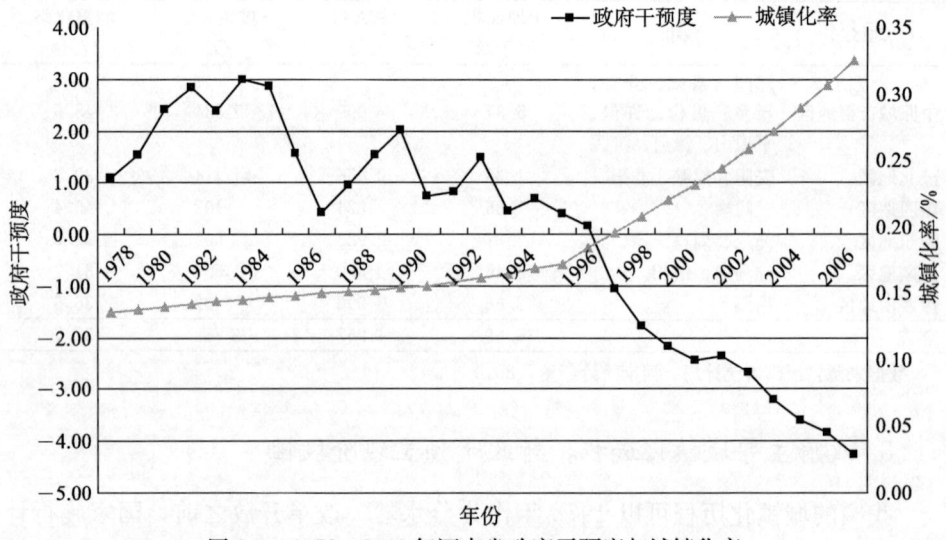

图2-3　1978～2006年河南省政府干预度与城镇化率

三、城镇化进程的主要问题及制约因素

1. 城镇化水平整体滞后

2009年，我国城镇化率已经达到46.59%，而中原经济区主体区河南省城镇化率仅为37.7%，比全国平均水平低8.89个百分点，仅仅高于云南、贵州、西藏等西部不发达省区。在中部地区，湖北省的城镇化率达到46%左右，山西为45.99%，安徽为42.1%，江西为43.18%，湖南为43.2%，主体区位列中部6省末位。城镇化率低，实质上是城镇经济不发达在城镇化进程中的客观反映

（王发曾和程艳艳，2010），数据显示，虽然主体区 2009 年 GDP 总量为 19 480.46 亿元，在全国排名第 5 位，但是人均 GDP 仅为 20 597 元，不到发达省份的一半，在全国排名第 19 位（表 2-3）。

表 2-3　2009 年我国省级行政区域 GDP 一览

省/市/区	GDP 总量/亿元	人均 GDP/元	人口/万	总量排名	人均排名
上海	15 046.45	78 326	1 921	8	1
北京	12 153.03	69 248	1 755	13	2
天津	7 521.85	61 245	1 228.16	20	3
江苏	34 457.3	44 605	7 725	2	4
浙江	22 990.35	44 383	5 180	4	5
广东	39 482.56	40 966	9 638	1	6
内蒙古	9 740.25	40 215	2 422.07	15	7
山东	33 896.65	35 793	9 470.3	3	8
辽宁	15 212.49	35 222	4 319	7	9
福建	12 236.53	33 737	3 627	12	10
吉林	7 278.75	26 569	2 739.55	22	11
河北	17 235.48	24 502	7 034.4	6	12
重庆	6 530.01	22 840	2 859	23	13
湖北	12 961.1	22 659	5 720	11	14
黑龙江	8 587	22 444	3 826	16	15
陕西	8 169.8	21 659	3 772	17	16
宁夏	1 353.31	21 646	625.2	29	17
山西	7 358.31	21 469	3 427.36	21	18
河南	19 480.46	20 534	9 487	5	19
湖南	13 059.69	20 387	6 406	10	20
新疆	4 277.05	19 814	2 158.63	25	21
青海	1 081.27	19 402	557.3	30	22
海南	1 654.21	19 144	864.07	28	23
四川	14 151.28	17 289	8 185	9	24
江西	7 655.18	17 272	4 432.158	19	25
安徽	10 062.82	16 413	6 131	14	26
广西	7 759.16	15 979	4 856	18	27
西藏	441.36	15 218	290.03	31	28
云南	6 169.75	13 498	4 571	24	29
甘肃	3 387.56	12 854	2 635.46	27	30
贵州	3 912.68	10 302	3 798	26	31

数据来源：国家统计局．中国统计年鉴，2010

2. 中心城市带动能力弱

截至 2009 年底，主体区总人口 9967 万，省会城市郑州总人口 731.47 万，人口集中度（首位城市人口与总人口比重）为 7.34%。首位城市郑州的 2 城市、4 城市、11 城市首位度指数分别为 1.86、0.75、0.60，首位度指数与理想值偏离较大，反映出最高等级核心城市规模不大、区域影响力有限，限制了主体区城镇化进程的推进。同时，首位城市的经济总量较少，第三产业收入比例小，市区用地效益低，也是城镇化进程的重要制约因素。2009年郑州市GDP为3308.51亿元，只占主体区GDP总量（19 480.46亿元）的16.98%，与武汉（35.7%）、西安（33.34%）等周边省份省会城市有相当大距离；第三产业收入比例为42.90%，位列中部6省省会城市第4，远低于太原（54.43%）及毗邻的西安（53.93%）（图2-4）；市辖区人口密度2821人/千米^2，仅及石家庄（5324人/千米^2）的一半；市区建设用地比例为29.31%，用地强度位列中部省份第3，仅低于石家庄（44.30%）、济南（36.35%）（表2-4）。

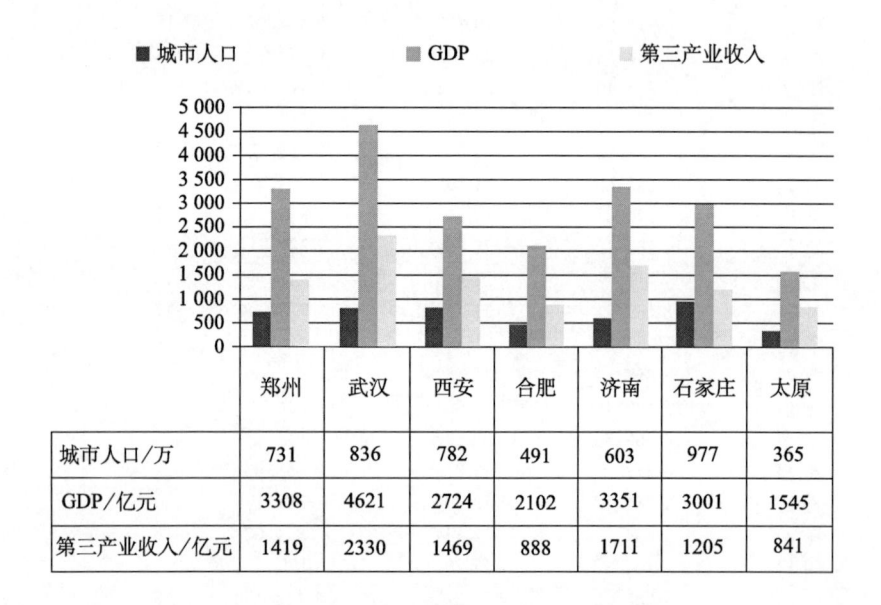

	郑州	武汉	西安	合肥	济南	石家庄	太原
城市人口/万	731	836	782	491	603	977	365
GDP/亿元	3308	4621	2724	2102	3351	3001	1545
第三产业收入/亿元	1419	2330	1469	888	1711	1205	841

图2-4 郑州市经济总量、第三产业收入与周边省会城市对比

表2-4 郑州市区人口密度、用地强度与周边省会城市对比

城市	市区面积/千米^2	市区人口密度			市区建设用地强度		
		人口数/万	密度/人/千米^2	位序	建设用地面积/千米^2	面积比例/%	位序
郑州	1010	285.01	2821	2	296	29.31	3
武汉	2718	514.97	1894	5	480	17.66	4
西安	3582	561.58	1567	6	370	10.33	6
合肥	839	208.52	1062	7	336	40.04	2
济南	3277	348.24	2486	3	305	9.31	7
石家庄	456	242.78	5324	1	202	44.3	1
太原	1460	285.16	1953	4	210	14.38	5

数据来源：国家统计局．中国城市统计年鉴，2010

郑州市的省会职能，金融业和交通运输职能等均未表现出很强的专门性和应有的特色，产业结构与实力也无法在区域内起到较强的主导作用，在一定程度上制约了省域城镇化的进程。郑州市产业中的传统产业成分仍然很重，第三产业比重偏小，省内深加工产业和规模经济性良好的骨干企业（如家电、石化、机械、食品深加工等）大多未在郑州布局，高新技术产业也仅初见端倪、未形成完整的产业链体系。因产业结构的缺陷，导致核心郑州难以与中部其他省会城市相匹敌，产业梯度出现低谷，郑州对主体区乃至整个中原经济区的核心带动力较弱。

3. 资源与环境的限制性强

主体区土地总面积为16.7万千米^2，但是由于人口众多，人均土地资源占有量少。随着城镇化的快速推进，耕地面积以每年20多万亩[①]的速度逐年减少，现人均耕地面积仅为1.08亩[②]，土地后备资源已经亮起"红灯"。总的看来，土地资源的集约利用矛盾突出，城镇道路及公共绿地比重普遍偏低，小城镇土地利用集约化程度较低，城乡结合部和农村土地利用率较低，管理较为混乱，部分开发区未纳入城镇统一规划管理，土地浪费问题较严重。主体区属于水资源短缺地区，全省人均水资源量相当于全国平均水平的1/5，位于全国第23位，每平方千米土地面积上的河川径流量居全国第19位，目前年缺水20亿～55亿米^3。城市地下水年超采量达1.7亿米^3，因而形成了多处地面沉降。随着城镇化进程的加快，城镇人口不断增长，水资源短缺、水环境污染的状况会日趋加剧。多数城市面临水资源危机，这已经成为制约主体区城镇化与经济社会可持续发展的重要因素之一。主体区是我国重要的能源、原材料基地，目前发现的金属矿产钼矿、铝土矿，非金属矿产耐火黏土、水泥灰岩，能源矿产煤炭等，均在全国占有重要地位，煤炭、电力、有色金属冶炼、建筑材料等产业在全国均占据较为明显的优势。

资源型发展及城镇化动力主要来自于工业化，而在传统工业占主导地位的产业结构下，保护环境和发展经济便构成了矛盾。较长时期以来，主体区许多地方采取了重开发不重保护的做法，致使环境破坏严重，治理难度较大。一些城市出现了郊区农作物冬季发病率高、死亡率高，"酸雨"腐蚀建筑（个别城市地表水pH已在4.0以下）和农作物等现象。城市内部各功能分区受到不同程度的污染危害，特别是小城市和小城镇环境问题尤为突出。工业废水的排放严重影响着城市水环境，多数流经城市的河流水质污染超过Ⅴ类标准，城市内部水

[①] 1亩≈666.7米^2。
[②] 2009年主体区人均耕地面积由2010年《河南省统计年鉴》的耕地面积计算而来。

面水质达到Ⅲ类、Ⅳ类和Ⅴ类标准的各占1/3，集中式饮用水源地取水水质达标率为94.8%。矿产资源缺乏深加工、精加工，不少矿山企业重产量、产值，忽视矿产资源回收，资源浪费严重，对矿产资源管理不善，开发利用过程中严重污染环境。近年来，随着人口的不断增加和生产的发展，矿产的消耗速度日益增长，资源供需矛盾明显尖锐，某些矿种已面临紧缺，矿业的"瓶颈效应"近在咫尺，严重影响了主体区的城镇化进程。

4. 城镇化动力不足

首先，农业产业化程度低，城镇化基础动力薄弱。这主要表现在：其一，大型农业企业数量少、规模小，辐射带动能力不强，产品质量档次还不够高，与农业生产和消费大省的地位不相适应。其二，资金不足，技术水平低，制约农产品加工企业的发展。其三，在管理体制和运行机制方面，企业与农户的关系不紧密，利益分配机制不健全、不规范，还有待进一步完善。其四，农产品加工拉动作用低，加工水平有待提高。其五，出口能力有待加强，由于出口创汇型龙头企业少，区位优势不明显，目前出口贸易创汇能力与农业大省的地位极不相称。

其次，工业化水平有待提高，城镇化根本动力不足。工业化不仅直接推动着城镇化的发展，而且通过产业连锁反应间接地推动城市规模的扩大。主体区加快城镇化进程，理应有强有力的工业化带动和支撑。近年来虽然工业化水平有了较大提高和进步，但总体水平还比较低，工业化还存在着诸多问题。产业层次较低，产品链条较短，工艺设备水平较低，终端产品和高端产品比重小，企业自主创新能力不强，具有核心竞争力的大企业较少。产业同构现象比较突出，区域经济横向联系薄弱，城市之间尚未形成优势互补、协调发展的格局。经济增长的方式还比较粗放，对能源、资源的消耗较多。所有这些都严重制约了工业化的实现程度，造成城镇化根本动力的不足。

最后，第三产业整体水平比较落后，城镇化后续动力不强。随着工业化国家产业结构的调整，第三产业开始崛起，并逐渐取代工业而一跃成为城镇产业的主角，推动城镇化的"接力棒"传给了第三产业。这种后续动力主要体现在两个方面：一是生产配套性服务的增加，二是生活消费性服务的增加。近年来，主体区服务业尽管取得了长足进展，但是整体水平还比较落后，与经济大省的地位极不相称。与周边毗邻的山东、河北、安徽等相关省份相比，主体区第三产业发展水平较为落后，行业结构不尽合理，传统产业发展相对充分，新兴行业发展相对滞后，产业层次有待提升[1]。

---

[1] 郭小燕．河南省与相关省份第三产业发展比较，http：//www.hnass.com.cn/html/Dir/2007/07/13/00/19/67.htm［2009-06-13］．

5. 就业、资金和政策压力大

主体区城镇的就业形势比较严峻。从劳动力总量看，主体区已进入为期10年的劳动力增长高峰期，每年城镇新增劳动力35万人左右（李晓莉，2008）。2009年大中专毕业生约33.41万人，职业中学毕业生22.31万人，预计将有150万农村人口转为城镇居民，其中处于就业年龄段的在75万人以上[①]。再加上现有的国有企业和集体企业下岗职工、复员退伍军人以及城镇登记失业人员，今后每年需就业、再就业的人员总量将超过200万。据测算，全国GDP每增长一个百分点，城镇就业岗位可增加100万个，主体区GDP每增长一个百分点，可新增就业岗位8万个。按照本省经济增长的预期目标计算，2009年全省所能提供的城镇就业岗位约为100万个，相对就业需求缺口在110万个以上[②]。另外，第二、第三产业发展水平仍待提高，城镇就业空间相对狭小，就业状况更加严峻。与此同时，全省每万人中，接受大专以上教育、中学（含中专）教育的人数均低于全国平均水平。农村人口比重大，文化素质低，缺乏就业竞争力，使劳动力转移在城镇化进程中成为难以逾越的瓶颈。

城镇建设资金普遍短缺。我国现阶段经济增长仍属于资金投入主导型，资金投入状况主导着区域经济发展的基本格局。在加快推进城镇化进程中，需要大量资金投入，提升城镇物质水平。主体区存在全社会固定资产投资不足、贷款资金增速低于投资增速的突出问题，贷款增速本来就比较低，在金融宏观调控中贷款增速进一步放慢。城镇固定资产投资来源中，受国有银行收紧银根影响，国内贷款到位资金增速下滑，所占资金比重明显下降，投资资金来源供应趋紧的势头开始显现。同时投资资金来源渠道较少更影响今后投资的持续快速增长。而主体区的内陆地理位置又使得外资投资较为有限，吸引外商直接投资能力不强。

扶持政策有滞后效应。中央对东部沿海、西部、东北地区相继实施政策倾斜，使这些地区受益匪浅，而中部地区却出现"塌陷"。尽管中部崛起战略已经开始实施，但主体区作为中部大省，在土地政策、税收政策上仍然没有明显优势。国务院的《指导意见》尽管给了中原经济区最大的政策空间，但政策的落实以及发挥效用还需假以时日。同时体制机制障碍仍然是制约本省发展的突出问题。一些地方对加快城镇化进程的改革措施落实不够，有些政策还停留在一般号召上，没有实质性推进。城市管理水平不高，公共服务意识不强，投融资

[①] 数据来源：河南省统计局.河南统计年鉴，2010.
[②] 李红，杨亚娟.就业形势依然严峻，劳动力供求缺口110万人以上.http://www.ha.xinhuanet.com/add/touti/2009-07/16/content_17110145.htm [2009-7-16].

体制改革、市政公用事业市场化改革进展不快。一些地区行业垄断、投融资渠道狭窄、建设资金不足的问题比较突出。

第四节 中原城市群的组建

一、中原城市群的由来

20世纪80年代末90年代初，众多学者开始关注并研究河南省会郑州周围客观存在的一个大中城市集聚区，这为中原城市群的提出打下了科学基础。其中，李润田、王发曾等河南大学的学者承担的国家自然科学基金项目"河南省城市体系的发展机理与调控方法研究"（1990~1993年），是我国较早开展的省域城市体系研究之一。他们提出：以郑州为核心，以京广、陇海铁路为骨架，构建河南省中部大中城市集聚的"核心城市圈"（王发曾等，1992；王发曾，1994）。有关政府部门关注中原城市群，始于1994年中国新亚欧大陆桥发展研究会联络处（郑州市政府陇兰办）提出的"十大建设课题"之一。1995年，中国共产党河南省第六次代表大会的报告提出：加快以郑州市为中心的中原城市群大发展步伐，着力培植主导产业，使之逐步成为亚欧大陆桥上的一个经济密集区，在全省经济振兴中发挥辐射带动作用。河南省政府也曾组织专门力量调研了中原城市群问题，并从其战略地位出发，提出了构建该城市群的有利条件、应遵循的准则和应采取的对策（范钦臣，1997）。但在以后的几年里，中原城市群究竟如何培育、发展和运作，没有再作进一步的研究。

进入21世纪，城市群已成为城镇化发展的主体形态，成为我国城市与区域发展的重要趋势，成为国民经济和国家综合竞争力的重要载体（厉以宁，2000；汪丽，2005）。国内各路学者在进一步梳理城市群研究的理论体系的同时，也针对各个城市群开展了相应的实证研究。研究中原城市群的主力是河南大学、河南省科学院、河南省社会科学院等单位的学者，研究内容涉及中原城市群的一体化发展战略、发展特征、问题与对策、经济建设、产业结构、整合战略以及文化生态等（龙同胜等，2000；冯德显等，2003；徐晓霞和王发曾，2003；杨迅周等，2004；周全德，2004；耿明斋，2004；张占仓等，2005；刘东勋，2005；覃成林等，2005；苗长虹和王海江，2006；王发曾、刘静玉等，2007）。2004年4月中旬，全国政协副主席、中国工程院院长徐匡迪率领20多位院士和专家来河南，就中原城市群建设和发展问题进行了专题指导和实地考察，院士和专家就中原城市群的发展构想给予了积极的评价，并提出了许多宝贵的意见和建议。

学术界与政府的密切互动使中原城市群得到了广泛的认同。2003年，河南省委、省政府正式提出要全力打造中原城市群，构建中原城市群经济隆起带，《河南省全面建设小康社会规划纲要》将其作为实施中心城市带动战略的重点，专门进行了论述。2004年2月，河南省人代会的《政府工作报告》再次强调，突出抓好中原城市群建设，完成中原城市群发展规划，建立中原城市群联动发展机制，逐步调整中原城市群地区城市体系的结构和功能。在此期间，由河南省发改委牵头编制了《中原城市群发展战略构想》。2006年年初，《河南省国民经济和社会发展第十一个五年规划纲要》提出："加快中原城市群发展，把中原城市群建成带动中原崛起、促进中部崛起的重要增长极"。至此，中原城市群问题已从概念提出和理论论证阶段，逐步向实施操作阶段推进。

二、中原城市群概况

中原城市群位于中原经济区主体区河南省的中部（图2-5），33°08′~36°02′

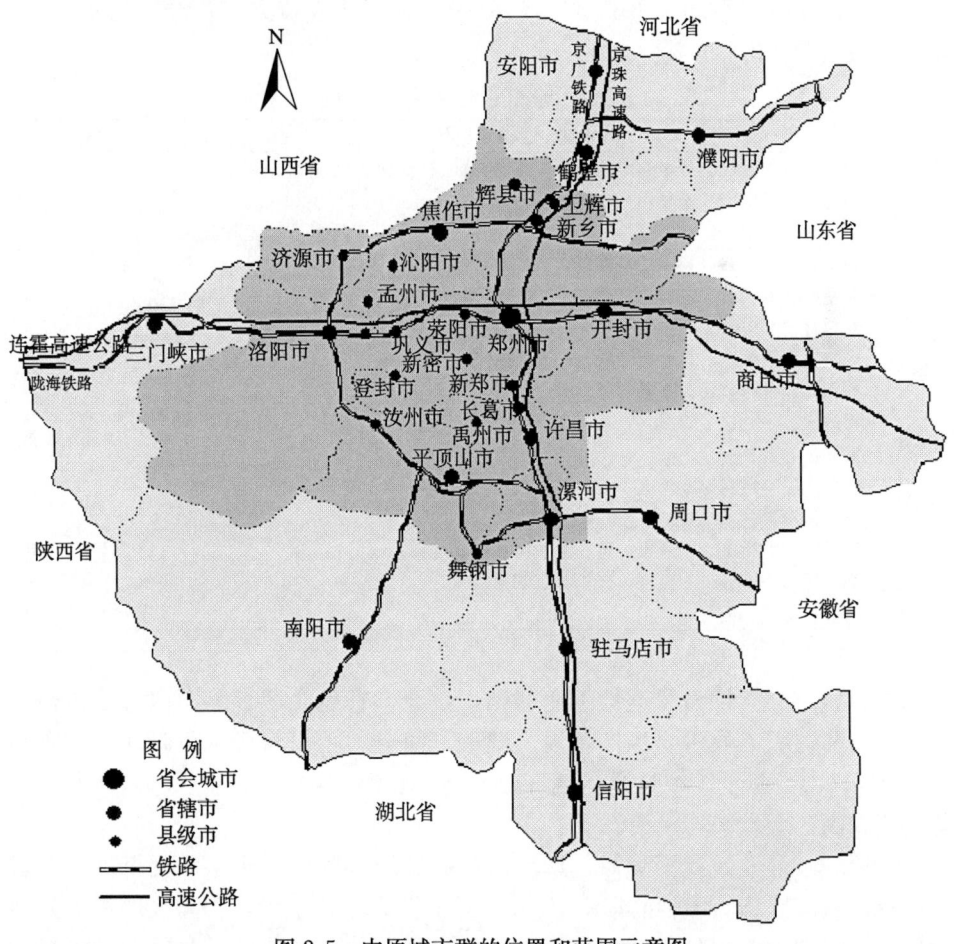

图2-5 中原城市群的位置和范围示意图

N，111°08′～115°15′E。地跨黄河、淮河、海河、长江四大流域，占省内全流域的比重分别为65.1%、52.5%、32.1%和2.5%。地貌类型多样，是我国由西部高原向山地平原过渡的地区，北部为太行山，西部为伏牛山，东部为黄河冲积平原。其中，山地面积占41.6%，丘陵面积占16.5%，平原面积占41.9%。位于暖温带，气候适宜，四季分明，有利于多种农作物生长。

中原城市群以河南省会郑州为核心，包括洛阳、开封、新乡、焦作、许昌、平顶山、漯河、济源在内的9个省辖市，下辖巩义、荥阳、新郑、登封、新密、偃师、汝州、舞钢、卫辉、辉县、沁阳、孟州、禹州、长葛14个县级市，共23个城市，包含33个县，392个建制镇（表2-5）。国土总面积为5.87万千米^2，2009年末总人口4009万，分别占全省的35.1%和40.2%，人口密度达724人/千米^2。中原城市群是主体区经济发展水平最高和城市最为集中的地区，2009年的GDP、财政收入分别占全省的57.2%和63.9%，人均GDP、人均财政收入分别比全省平均水平高37.4%和58.9%，非农业人口占全省的48.5%，城市数量占全省的60%。

表2-5　中原城市群行政区划表

省辖市	市辖区、县级市、县	个数
郑州	中原区、二七区、管城区、金水区、上街区、惠济区、巩义市、荥阳市、新郑市、登封市、新密市、中牟县	6区、5市、1县
洛阳	老城区、西工区、瀍河区、涧西区、吉利区、洛龙区、偃师市、孟津县、新安县、栾川县、嵩县、汝阳县、宜阳县、洛宁县、伊川县	6区、1市、8县
开封	龙亭区、顺河区、鼓楼区、禹王台区、金明区、杞县、通许县、尉氏县、开封县、兰考县	5区、5县
新乡	红旗区、卫滨区、凤泉区、牧野区、卫辉市、辉县市、新乡县、获嘉县、原阳县、延津县、封丘县、长垣县	4区、2市、6县
焦作	解放区、中站区、马村区、山阳区、沁阳市、孟州市、修武县、博爱县、武陟县、温县	4区、2市、4县
平顶山	新华区、卫东区、湛河区、石龙区、汝州市、舞钢市、宝丰县、叶县、郏县、鲁山县	4区、2市、4县
许昌	魏都区、禹州市、长葛市、许昌县、鄢陵县、襄城县	1区、2市、3县
漯河	源汇区、郾城区、召陵区、舞阳县、临颍县	3区、2县
济源		1市

数据来源：河南省统计局．河南统计年鉴，2010

中原城市群有较为发达的工业基础，是全省有色金属、能源电力、机械制造、食品和纺织工业重要生产基地。城市之间空间距离较近，距离郑州大多在100千米以内，属于1小时经济圈。三次产业比重、科技教育水平和城镇化进程均优于或高于全省平均水平。

中原城市群地处我国陇海、京广铁路枢纽的"黄金大十字"交汇区，形成以陇海、京广铁路为中轴的集中-分散式城市密集区。东承实力强大的沿海发达地区，西启充满希望的西部地区，南联势头强劲的南方地区，北通积淀深厚的北方地区，在我国区域发展的版图中具有十分重要的战略意义。中原城市群的组建标志着以构建中原经济隆起带、推进我国中部崛起的战略构想正式步入实施阶段，这不仅促使形成中原经济区开放型经济发展的核心区域，提升经济区的工业化、城镇化水平，又能促使形成我国东、西部之间产业梯度转移的主要承接载体，形成中部6省实现崛起的重要支撑点。由于主体区所具有的承东启西、联南通北的区位优势，这一城市群的崛起，也将如长三角、珠三角、京津冀的崛起一样，有可能成为我国未来现代化战略的"中原平台"。

三、中原城市群的战略地位

1. 基于国家战略的层面

中原城市群是国家区域经济发展的增长板块。随着经济全球化的日渐深入、国际经济竞争的日趋激烈和城镇化进程的加速，城市群经济逐渐成为包括我国在内的世界经济发展的主要形式之一。随着城市群实力的迅速壮大，城市群正在逐渐取代单个城市成长为区域性的经济增长极。未来中国的城市发展将走向培育三大城市群（面）、创建七大城市带（线）、发展若干中心城市（点）的"三维"分布格局，即长三角、珠三角和京津冀城市群，沿长江城市带、沿陇海铁路城市带、哈长沈大城市带、沿京广铁路城市带、济青烟威城市带、成渝沿线城市带、沿南昆铁路城市带以及20多个大都市圈（中心城市）。预计将有全国人口的55%、全国GDP的75%、全国工业总产值的85%，以及全国进出口总额的95%在这些地域产生。显然，三大城市群、七大城市带与二十几个大都市区将成为未来我国经济发展的增长板块、增长轴和增长极。

当前，在我国区域经济发展的战略版图上，长三角城市群、珠三角城市群和京津冀城市群是我国具有全国意义、世界影响的经济增长板块，而省域或跨省域的城市群，如辽中南城市群、哈大城市群、成渝城市群、武汉城市群、中原城市群、长株潭城市群和山东半岛城市群等，则是我国重要的区域性经济增长板块。可以预见，未来的中原城市群将是我国城市发展战略格局中的重要一环。

2. 基于中部崛起的层面

相对于优先发展东部沿海地区、西部大开发和振兴东北老工业基地，中部地区的发展曾经相对缓慢。2004年初温家宝总理在政府工作报告中提出"促进中部地区崛起"；2004年12月的中央经济工作会议正式提出"中部崛起"，并将其列入2005年的六项主要任务之中；在2006年3月出台的国家《十一五规划纲要》中，促进中部崛起已成为实施区域发展总体战略的重要一环。《十一五规划纲要》明确指出:"中部地区要依托现有基础,提升产业层次,推进工业化和城镇化,在发挥承东启西和产业发展优势中崛起。加强现代农业特别是粮食主产区建设,加大农业基础设施建设投入,增强粮食等大宗农产品生产能力,促进农产品加工转化增值。支持山西、河南、安徽加强大型煤炭基地建设,发展坑口电站和煤电联营。加快钢铁、化工、有色、建材等优势产业的结构调整,形成精品原材料基地。支持发展矿山机械、汽车、农业机械、机车车辆、输变电设备等装备制造业以及软件、光电子、新材料、生物工程等高技术产业。构建综合交通运输体系,重点建设干线铁路和公路、内河港口、区域性机场。加强物流中心等基础设施建设,完善市场体系"。

2006年3月27日,胡锦涛总书记主持中共中央政治局会议,专题研究促进中部地区崛起工作。会议指出:促进中部地区崛起,是党中央、国务院继作出鼓励东部地区率先发展、实施西部大开发、振兴东北地区等老工业基地战略后,从我国现代化建设全局出发作出的又一重大决策,是落实促进区域协调发展总体战略的重大任务。会议强调,中部地区崛起是一项长期的战略任务。要坚持深化改革和扩大对内对外开放,推进体制机制创新,发挥市场配置资源的基础性作用;坚持依靠科技进步和自主创新,走新型工业化道路;坚持突出重点,充分发挥比较优势,巩固提高粮食、能源原材料、制造业等优势产业,稳步推进城市群的发展,增强对全国发展的支撑能力;坚持立足现有基础,自力更生,国家给予必要的支持,着力增强自我发展能力;坚持以人为本,统筹兼顾,努力扩大就业,逐步减少贫困人口,提高城乡公共服务水平,加强生态建设和环境保护,促进城市与农村、经济与社会、人与自然和谐发展。

中部各省的区域发展战略都是以城市发展来带动区域整体发展的战略。目前,中部6省先后打出了各自的"城市群牌",即湖北的武汉城市群,河南的中原城市群,湖南的长株潭城市群,安徽的皖江城市带,江西的环鄱阳湖城市群,以及山西的太原城市群。这样,每个省都规划出了基本相似的区域发展战略,城市群无疑是这一发展战略中的主角,成为实现区域经济发展进一步实现中部崛起战略的经济增长板块。在此,没有必要也不需要去进一步求证谁将是中部地区城市群发展战略中的领头羊,因为在中部这一经济发展相对落后、面积广阔的区域内部目前还缺乏一个具有相当实力能独自承担区域经济发展增长极重任的地域单元,所以必须通过数个经济增长板块的辐射带动作用,才能实现中部崛起。于是,在中部这一面积广阔的区域之中,城市群将成为实施中部崛起战略的重要战略支点,中原城市群无疑是这些战略支点中极其重要的一个。

3. 基于中原经济区建设层面

中原城市群是中原经济区建设的核心增长板块。这主要体现在,第一,是中原经济区战略定位的支撑。中原经济区战略定位之一是"全国重要的经济增长板块"，而只有提升中原城市群整体竞争力，建设先进制造业和现代服务业基地，打造内陆开放高地、人力资源高地，才能成为引领中西部地区经济发展的重要引擎，支撑全国发展的重要区域。第二，是中原经济区空间布局的支撑。按照"核心带动、轴带发展、节点提升、对接周边"的原则，中原经济区要形成放射状、网络化开发的空间格局，就必须以中原城市群为骨干，提升核心带动能力，依托陇海发展轴以及京广通道、东北西南向通道和东南西北向通道，逐步增强轴带节点城市实力，促进与毗邻地区融合发展、联动发展。第三，是中原经济区实施"三化"协调发展的支撑。只有充分发挥中原城市群的辐射带动作用，形成大中小城市和小城镇协调发展的城镇化格局，走城乡统筹、社会和谐、生态宜居的新型城镇化道路，才能支撑和推动"三化"协调发展。第四，是中原经济区开展区际协作与竞争的支撑。中原经济区东有长三角，北有京津冀，南有长江中游地区（即武汉、长株潭、皖江、环鄱阳湖城市群的组合），西有"西三角"（即重庆、成都、西安的组合），而且，长江中游地区已经显示出要争做全国"第四极"的欲望和决心。在这个格局中，如果不能有效提升中原城市群的整体竞争力，增强辐射带动能力，中原经济区要在未来激烈的区域竞争与协作中占据一席之地，将会困难重重。

中原城市群处于中原经济区空间格局的枢纽部位，其综合实力的提升与经济区空间格局的营造密切相关。①核心带动。继续实施中心城市带动战略，提升郑州作为我国中部重要的中心城市地位，切实推进郑汴一体化，把洛阳市建设成为中原经济区的副核心城市，积极开发建设郑洛工业走廊，加强郑汴与洛阳、新乡、许昌、焦作等毗邻城市的高效联系，建成沿陇海经济带的核心区域和全国重要的城镇密集区。②轴带发展。依托亚欧大陆桥、京广铁路、东北西南向和东南西北向通道，壮大陇海、京广、新—焦—济、洛—平—漯发展轴带，形成"米"字形重点开发地带的核心地区。③节点提升。逐步扩大轴带节点城市规模，完善城市功能，提升辐射能力，形成大中小城市合理布局的新格局，区域中心城市实施组团式发展，中小城市实施内涵式发展。④对接周边。加强对外联系通道建设，形成具有强大竞争力的开放型城市群，支持省际边界中心城市加快发展，促进与毗邻地区优势互补、协调互动、融合发展，实现中原经济区的核心区、主体区与合作区的深度整合。

4. 基于主体区振兴层面

中原城市群是主体区实现中原崛起、河南振兴无可争议的龙头。表2-6表明，中原城市群对主体区经济增长的贡献，1986年为41.24%，1992年突破一半达到50.59%，到1996年进一步增加到55.27%，之后的几年有所下降，

2003年起这一贡献逐年攀升，至2009年进一步增加到58%。1985~2009年，中原城市群的人均GDP一直高于主体区平均值，其差距从最小的125元，到最大的7699元，两者的差距一直在扩大。20世纪90年代以来，中原城市群人均GDP增长速度一直高于主体区：1991~1993年，主体区为12.35%，中原城市群为20.53%；1994~1996年，主体区为18.11%，中原城市群为18.26%；1999~2004年，主体区为14.18%，中原城市群为14.83%；2005~2008年，主体区为16.09%，中原城市群为19.61%。从经济实力来看，2009年，中原城市群实现生产总值11 290.25亿元，地方财政一般预算收入达到719.89亿元，占主体区的比重分别为58%和63.9%。全社会固定资产投资7716.54亿元，社会消费品零售总额3863.24亿元，外贸进出口额104.53亿美元，占主体区的比重分别为56.3%、57.3%和77.8%。人均生产总值28 296元，城镇居民人均可支配收入14 505元，农民人均纯收入5918元，分别比主体区平均水平高133元和1111元。2009年末金融机构存款余额12 557.09亿元，占主体区的65.5%。

表2-6 中原城市群GDP占主体区GDP总量比重

年份	中原城市群占主体区GDP的比重/%	年份	中原城市群占主体区GDP的比重/%
1986	41.24	1998	54.04
1987	41.62	1999	52.38
1988	43.78	2000	52.32
1989	44.06	2001	52.89
1990	42.72	2002	53.92
1991	43.35	2003	55.11
1992	50.59	2004	55.95
1993	53.42	2005	56.12
1994	54.69	2006	57.57
1995	53.28	2007	57.36
1996	55.27	2008	57.38
1997	54.09	2009	58.00

数据来源：河南省统计局．河南统计年鉴，2010

另外，在主体区现代城镇体系"一极两圈三层"的空间格局中，中原城市群地区涵盖了核心增长极、半小时交通圈、核心层和紧密联系层，可以说是现代城镇体系的主干和精华。该地区有郑州、洛阳、平顶山、许昌、漯河、开封、新乡、焦作、济源9个省辖市，包含了核心增长极（即郑汴都市区）和核心层（即郑汴一体化地区），与半小时通达圈完全吻合，而紧密层就是中原城市群的本体。在中原城市群的深度整合中，紧密层为内聚郑汴都市区、外联现代城镇体系提供了资源与动力，是核心增长极与区域支撑体系联动的关键，是中原经济区空间格局的枢纽。

5. 基于区域城镇化进程的层面

中原城市群是我国中西部地区城镇密度和人口密度最大的地区，也是主体区城镇化进程最快的地区。2009 年我国城镇化率已达到 46.59%，进入城镇化进程的中期阶段，即进入城镇化的快速发展阶段。中原城市群城镇化率达到 45.5%，虽略低于全国水平，却高出河南省 7.8 个百分点，属于主体区城镇化平台上的高地。从近 20 年的非农化水平（图 2-6）来看，中原城市群的非农业人口比重始终高于主体区，其差距由 4.51~6.08 个百分点不等。中原城市群的非农业人口比重由 16.29% 增加到 26.25%，平均每年增加 0.766 个百分点，主体区由 11.48% 增加到 20.17%，平均每年增加 0.668 个百分点。可见，长期以来，中原城市群的城镇化要快于整个主体区。

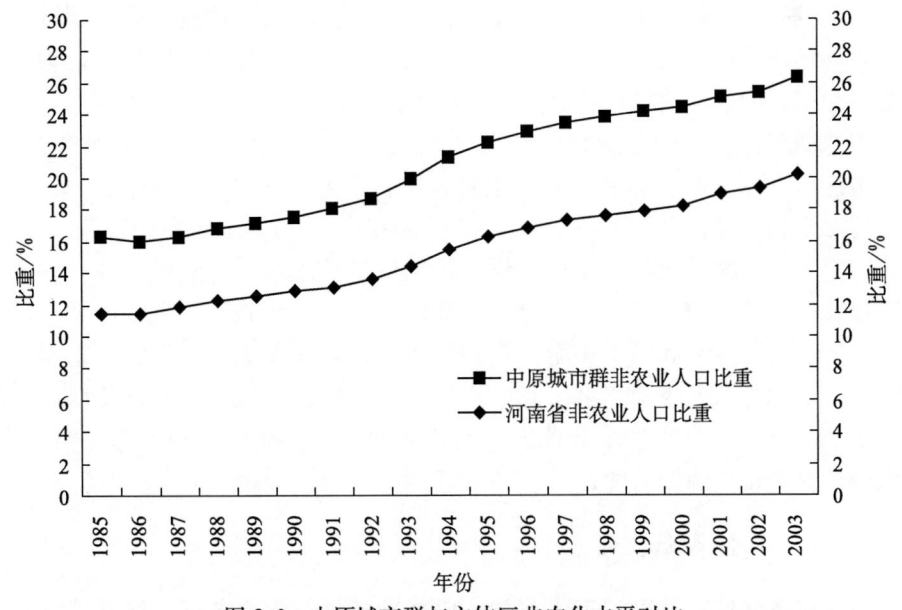

图 2-6 中原城市群与主体区非农化水平对比

我国城镇化主要依靠城镇化水平高、城镇化发展成熟区域的辐射带动作用来实现。可以说，中原城市群是我国区域城镇化进程的重要策源地。长三角城市群、珠三角城市群、京津冀城市群等城镇化发展程度高于所在区域乃至全国，对于推进所在区域乃至全国的城镇化进程所起到的重要作用不言而喻。中原城市群是主体区河南省这个人口大省、城镇化进程相对落后省份的城镇化进程的重要推进器，而且其城镇化的辐射作用可以进一步扩延到整个中原经济区乃至更广阔的区域，这无疑将对国家的城镇化发展作出重大贡献。

四、中原城市群的发展优势

1. 矿产、农产品、旅游资源丰富

中原城市群地区矿产资源丰富，地域组合良好。已发现的矿种超过主体区的 3/5，占全国的 40% 以上，具有全国意义的矿产有煤、铝土、石油、黄铁矿、耐火黏土等。煤炭占主体区的 50% 以上，耐火黏土占 80% 以上，水泥灰岩占 50% 以上，天然石油矿质优良，是全国最大的油石基地之一。煤炭主要分布于郑州、洛阳、平顶山、漯河、许昌等地，铝土矿分布在陇海铁路两侧的郑州和洛阳之间，耐火黏土分布在焦作至济源间的焦枝线北侧。在地域组合上，焦作、济源分布有煤、耐火黏土和黄铁矿，郑州、洛阳之间分布有煤、铝土、耐火黏土和石英砂等。另外，矿产资源的地理位置适中，均位于铁路、公路运输方便之处，外运条件好。同时，矿产资源临近城市，具有广阔的市场前景，为发展能源、化工、冶金、建材和其他加工工业提供了条件。

中原城市群地区自然条件优越，水源充沛，平原广布，农业生产水平较高，为本地区城镇化提供了必要条件。粮食、油料、生猪、肉牛、花木、烟叶、中药材等农产品资源在主体区乃至全国占有重要地位，为本地区实现经济、社会、文化、空间、环境等的整合发展提供了优越的基础条件。自然风光秀美，人文遗存厚重，旅游资源不仅丰富而且布局相对集中。山水旅游、古都旅游、历史遗存旅游、民俗旅游和城市旅游等资源景点众多，连线成片，是我国难得的旅游区。以少林寺、太极拳、洛阳龙门石窟、开封宋都古城、河南博物院、郑汴洛沿黄"三点一线"和焦作云台山等为代表的历史文化遗产和精品旅游景点，在国内外具有较高的知名度。

2. 经济社会基础良好

中原城市群地区是中国古代政治、经济和文化的中心区域，有着优良的历史文化传统，是黄河文明与中原文明的主要代表。新中国成立后，中原城市群地区已经形成了以机械、纺织、食品、化工、能源、煤炭、电力和原材料等工业为主的优势传统产业和综合发展的多门类工业体系，生物制药、有色金属、电子信息、大型客车、输变电设备、矿山机械、化学纤维、有色金属、大型农用机械等产品在全国占有重要的地位。能源工业基础好，火电优势显著，原材料工业已颇具实力，是主体区和全国的平板玻璃、氧化铝、硫酸等产品的主要输出区。工业化水平较高，产业结构渐趋合理。工业增加值达到 4851.77 亿元，占主体区的比重为 62.5%。第一、第二、第三产业比约为 12：55：33，第二、第三产业比重高于全省平均水平的 6.8 个百分点，从业人员占全部从业人员比

重达到 46.4%，高于全省平均水平的 4.5 个百分点。

中原城市群地区交通通信优势明显，是全国重要的陆路交通枢纽和通信枢纽之一。陇海、京广两大铁路干线在郑州十字交叉，连霍、京港澳、阿深等高速公路贯通全区，公路密度 52.2 千米/百千米^2。通信网络完备，移动电话、国际互联网用户分别占主体区的 57.1%、59.0%，通信能力居全国前列。

中原城市群地区普通高等学校数目占主体区的 76.6%，在校生人数占 81.8%。主体区的博士学位授予点、国家级重点学科、国家级工程研究中心、国家级工程技术中心等全在本区域，17 个国家级企业技术中心有 15 个在本区域，97%的中央驻豫和省属科研院所（106 家）在本区域。科技人员占主体区的近 70%，每万人拥有科技人员数为主体区平均水平的 1.7 倍。

依托优越的区位、交通、通信、文化优势，本区域拥有广阔的市场空间和巨大的市场潜力，已成为我国重要的商业集散地和商贸辐射中心。2009 年，人均社会消费品零售总额 9636 元，高出主体区平均水平 2867 元。核心城市郑州正朝着国内和沿亚欧大陆桥的中国商都、国际商贸城目标迅速迈进，已进入全国投资硬环境 40 强之列。郑州目前拥有 27 个粮食、药材、煤炭、建材和农机等国家级、省级大型商品批发市场，其中国家级的郑州商品交易所和粮食批发市场的运行机制，已经和国际市场接轨。其他的大、中城市，尤其是洛阳市，各类市场竞相发育，与郑州相互补充，在促进中原城市群内部合理分工和有机联系中发挥着积极作用。

3. 城市文明历史悠久

中原地区是我国古文明的发源地之一，是较早出现城市的地区，也是历史上城市分布最为密集的区域。中原地区地处我国东西南北交汇之地，平原广布、物产丰富、交通便捷，适宜于人类居住和城市建设，地貌条件为单体城市的空间扩展和城市群网络的建立提供了前提，成为城市建设的最佳区位和城市的集中分布区。历史上许多王朝建都于此，我国八大古都中有 3 座（洛阳、开封、郑州）坐落于此，形成了展示和研究隋唐文化、宋文化和殷商文化的中心和基地。

中原城市群是我国中部地区城镇最为密集的地区，大中城市多沿京广线、陇海线、焦枝线分布，十分利于感受和传播现代文明。郑州和洛阳分别位于京广线和陇海线、陇海线和焦枝线的交叉点上，开封位于陇海线上，新乡、许昌、漯河位于京广线上，焦作、平顶山位于焦枝线上。其余的城市和小城镇也多分布于国道、省道等主要交通干线附近，尤其是发展基础较好的小城镇，周围更是多条交通干线通过。该区拥有 9 座省辖市（超大、特大城市各 1 座，大城市 4 座，中等城市 3 座），另有 14 座县级市（小城市），形成了大、中、小城市及建制镇在内的独特的城镇体系。城镇普遍拥有深厚的历史、文化积淀，为中原城市群的形成和城市群整合打下了历史文化基础。

4. 城市经济具有一定的层次性

从经济总量上看，中原城市群九城市可以划分为3个层次（表2-7）。超过半数的城市生产总值在1000亿元以上，分别是郑州、洛阳、许昌、平顶山、焦作，核心城市郑州的经济总量超过3000亿元；除济源以外，其他城市的生产总值均超过500亿元。从人均生产总值水平看，9个城市中超过40 000元的有郑州、济源，在30 000元以上的有洛阳、焦作，在2000元以上的有漯河、平顶山、许昌，不足2000元的有新乡、开封。从工业化水平看，层次也很明显，工业化水平比较高的有郑州、济源，处于第二梯队的有洛阳、焦作、平顶山，第三梯队有新乡、许昌、漯河、开封。

表2-7 中原城市群9个城市经济指标（2009年）

城市	经济总量 产值/亿元	排名	人均指标 产值/元	排名
郑州	3 308.51	1	44 231	1
洛阳	2 001.48	2	31 170	4
开封	778.72	7	16 571	9
新乡	991.98	6	17 992	8
焦作	1 071.42	5	31 356	3
平顶山	1 127.81	4	23 081	7
许昌	1 130.75	3	26 227	5
漯河	591.70	8	23 777	6
济源	287.61	9	42 181	2

数据来源：河南省统计局. 河南统计年鉴, 2010

从产业结构看，各城市各有特点，产业同构的现象与其他城市群相比并不十分突出。郑州作为中原城市群的中心，其优势是商贸、汽车制造、金融、物流、信息和人才；洛阳有先进制造业、火电、铝工业和石化工业四大工业基地；许昌的支柱产业是电力设备、烟草、金刚石和发制品等；焦作的支柱产业是化学、能源工业和汽车零部件；开封占据着农产品加工、精细化工和旅游业的优势；新乡的支柱产业是纺织、电子、电器、机械、化工、医药和建材；平顶山的支柱产业是煤炭、机械、电力、化工、烟草和纺织；漯河的支柱产业是食品、纺织、造纸、制革制鞋、化工和机械；济源的支柱产业是电力和铝工业。城市经济的层次性有利于资源的整合和城市之间的相互作用，建立合理的产业分工，形成互补，从而有利于城市网络体系的形成，在整合中形成中原崛起的龙头和中部崛起的重要支撑。

5. 综合交通运输网络已初步形成

目前，中原城市群区域内已经形成了以郑州为中心，铁路为骨架，辅以公路、内河航运和航空的综合交通运输网（图2-7）。本区位于全国铁路网的中枢，郑州是全国唯一贯穿东西和南北的陇海、京广铁路干线的交会点，素有中国铁路的"心脏"之称。陇海、新焦、新菏和京广、焦枝三横两纵的干线网络决定了中原城市群地区必将成为我国东西南北铁路交通的必经之路，尤其是华北、华东、华中通向西部地区的要冲和咽喉。

郑州是我国交通部首批批准建设的全国7个公路枢纽之一，国道107、106和207纵贯南北，310纵贯东西。京港澳、阿深和连霍三大高速公路干线交会于此，许昌至漯河、新乡至焦作等高速公路也已全线开通，还有晋焦、漯界等多条高速公路途经中原城市群并与外省相连，且有十多条高速公路在建或待建。主要城市已形成放射状高速公路网络，郑州已实现除济源外至其他7城市高速公路的联通，基本形成以郑州为中心，城市之间1个小时左右通达的交通网络。

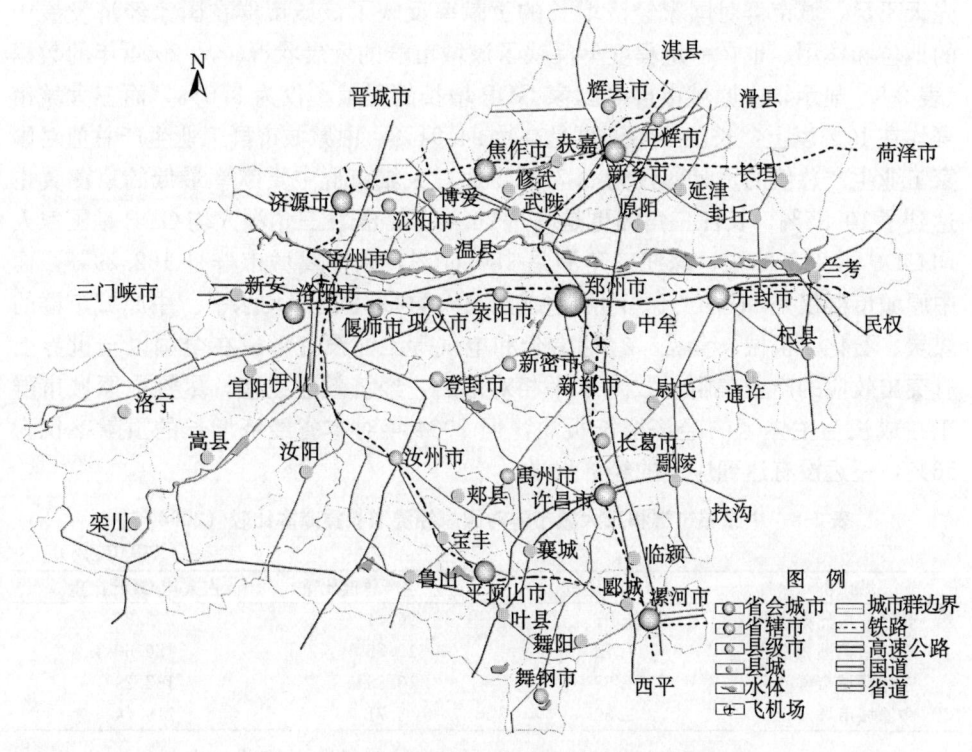

图 2-7 中原城市群地区综合交通运输网示意图

中原城市群地区拥有郑州、洛阳两个民用机场，其中郑州新郑机场开通了国际民用航线和国际货运航班，年旅客吞吐能力将超过800万人次，已进入全国十大机场之列。通航河道也较发达，以沙河和颖河最为重要，水运基础设施也得到了进一步的改善。

在陆路为主体交通形式的背景下，中原城市群所形成的以铁路、公路为骨干,以民航、水路运输为辅助的全方位开放的立体型交通网络,决定了它在我国交通中的重要地位。为构筑以铁路客运专线、高速公路、干线铁路、民用航空为主体的综合交通新优势,西气东输和南水北调工程、郑州黄河公路、铁路两用桥、郑州铁路客运专线枢纽站、郑州铁路集装箱中心站、高速公路客运枢纽站和公路物流港、航空货运物资中心等工程正陆续进入实施阶段,这些项目的建成,将进一步稳固中原城市群承东启西、联南通北的战略地位。

五、中原城市群存在的问题

1. 与三大城市群地区相比,发展基础较薄弱

与我国三大城市群相比,中原城市群组建之初的整体实力明显偏弱,属于先天不足。城市群对国家经济增长的贡献率反映了该城市群在国家经济发展中的地位和作用,也在一定程度上反映了该城市群的发展状况。从 2004 年的数据(表 2-8)显示,中原城市群对国家 GDP 增长的贡献率仅为 3.6%,而三大城市群均在 10%以上,长江三角洲更是高达 24.91%。中原城市群工业生产总值对国家工业生产总值的贡献率仅为 3.71%,而三大城市群中贡献率最低的京津冀也达到了 10.85%,长江三角洲更是高达 26.41%。长江三角洲人均 GDP 是国家人均 GDP 的 232.35%,珠江三角洲是 180.60%,京津冀城市群是 162.29%,而中原城市群仅是 119.44%,刚刚超越国家人均 GDP 的平均水平。中原城市群的煤炭、石化、机械、食品、有色冶金和电气等工业没有形成在全国以至世界上有突出效应的产业集群,技术水平相对落后,经济效益也差。尽管中原城市群正在成长为主体区的经济增长板块,但 2004 年对省经济增长的贡献率仅为 56%,还远没有达到应有的经济水平。

表 2-8 中原城市群和三大城市群对国家经济增长贡献率比较(2004 年)

(单位:%)

城市群	占 GDP 比重	占工业生产总值比重	占人均 GDP 比重
长江三角洲城市群	24.91	26.41	232.35
珠江三角洲城市群	11.72	12.75	186.60
京津冀城市群	11.68	10.85	162.29
中原城市群	3.60	3.71	119.44

产业结构是衡量区域经济发展阶段的一个重要指标,也反映了区域经济发展质量和区域经济发展的潜在实力。据 2000 年和 2004 年的数据(表 2-9),2000 年中原城市群第一产业比重几乎高出长江三角洲 6 个百分点,也高出其他两个城市群 4 个百分点。中原城市群第三产业比重低于京津唐差不多 7 个百分点,也低于其他城市群约 4 个百分点,第二产业比重相差不大。尽管这样的比较并不能说明各个产业内部的具体情况,但是,在一定程度上说明中原城市群

的产业结构尚不合理,尤其是非农产业所占比重偏低。2004年中原城市群第二产业的比重高达55.46%,高过三大城市群的第二产业比重,也高于全国平均水平。第三产业比重较2000年下降了约3个百分点,4年来第三产业增加了657.57亿元,而第二产业增加了1410.31亿元,两者相差752.74亿元,第二产业的增长明显快于第三产业的增长。中原城市群第三产业比重与三大城市群第三产业比重的差距进一步拉大,与京津冀城市群的差距更是高达约9个百分点。纵观这期间中原城市群三次产业结构的变化,其产业结构正在朝着不断优化的方向发展,第二产业特别是工业的加速发展表明了中原城市群产业结构的调整正朝着加强工业发展的方向进行,并且也取得了较大的成效。但是,第三产业发展缓慢也是其产业结构调整不容忽视的问题。

表2-9 中原城市群和三大城市群产业结构比较(2000年和2004年)

(单位:%)

城市群	第一产业占GDP比重		第二产业占GDP比重		第三产业占GDP比重	
	2000年	2004年	2000年	2004年	2000年	2004年
全国	15.90	15.17	50.90	52.89	33.20	31.94
长江三角洲城群	9.28	7.76	51.03	55.43	39.69	36.81
珠江三角洲城群	10.35	6.53	50.39	54.40	39.26	39.06
京津唐城市群	10.73	9.86	46.96	48.83	42.31	41.31
中原城市群	15.23	11.96	49.38	55.46	35.39	32.59

另外,不同城市群主要城市经济实力的对比也很能说明问题。2002年的数据(表2-10)显示,珠江三角洲城市群9市的GDP总量是中原城市群9市的2.87倍,仅一个广州市的GDP就几乎相当于整个中原城市群的GDP总量。按GDP从大到小排序,珠江三角洲城市群9市的GDP比中原城市群相应序号的城市均高出若干倍,广州是郑州的3.23倍,深圳是洛阳的4.18倍,佛山是许昌的3.22倍…;珠江三角洲城市群9市中有7市GDP年增长率高于中原城市群相应序号的城市,差别最大的东莞与新乡之间相差8个多百分点。

表2-10 中原城市群与珠三角城市群主要城市GDP总量和年增长率(2002年)

城市	GDP/亿元	增长率/%	城市	GDP/亿元	增长率/%
广州市	3001.69	13.2	郑州市	928.29	11.0
深圳市	2234.41	15.0	洛阳市	535.01	11.0
佛山市	1168.66	11.3	许昌市	362.82	10.7
东莞市	672.00	18.3	新乡市	340.47	10.0
江门市	659.12	10.3	平顶山市	321.51	8.8
惠州市	525.46	11.1	焦作市	287.62	12.1
肇庆市	443.88	10.3	开封市	269.9	7.4
中山市	415.53	16.5	漯河市	200.77	10.3
珠海市	410.64	12.4	济源市	79.62	14.2
合计	9531.39	—	合计	3326.01	—

2. 城市间产业缺乏紧密的联系与分工协作

城市群的发展，需要城市之间密切的联系与分工协作。长期以来中原城市群产业发展主要还是依托人力资源和自然资源的开发，支撑城市群各市的主要产业过分依赖矿产资源和农产品的转化，走的是"大而全"、"小而全"的老路，产业结构有一定的趋同现象（表2-11）。这种状况导致城市产业之间缺乏有机联系与合理的分工协作，高新技术产业比重低，传统产业技术含量低，产品链条较短，产品的深加工程度低，市场竞争能力差。

表2-11　中原城市群9市排名前五位的制造行业（2003年）

城市	第1位	第2位	第3位	第4位	第5位
郑州	非金属制品业	电力工业	煤炭采选业	有色冶金业	烟草加工业
开封	纺织业	化学工业	电力工业	专用设备制造业	食品加工业
洛阳	石油加工业	电力工业	专用设备制造业	非金属矿物制品业	机械工业
新乡	电力工业	机械及器材制造业	化学工业	造纸及纸制品业	印刷工业
平顶山	煤炭采选业	黑色冶金业	电力工业	化学工业	非金属制品业
焦作	电力工业	煤炭采选业	有色冶金业	化学工业	橡胶制品业
漯河	食品加工业	食品制造业	烟草加工业	造纸及纸制品业	非金属矿物制品业
许昌	非金属矿物制品业	电力工业	烟草加工业	电气机械及器材制造业	煤炭采选业
济源	黑色冶金业	有色冶金业	非金属矿物制品业	化学工业	电力工业

目前，中原城市群各城市虽在努力形成各自具有优势的工业产业，但是城市之间的分工和协作意识仍然不强，尚未形成整体发展的态势。东西走向上，沿陇海铁路和连霍高速公路的东西轴线上的郑州和洛阳都提出要将制造业作为支柱产业，产业分工不明确，雷同现象严重。郑汴一体化发展中，由于开封的经济实力弱，主要的支柱产业（如农副产品加工业、文化产业、旅游业、化学化工产业等）优势不突出，有些产业的发展甚至处于下滑趋势，近期内仍不能很快与郑州的产业相融合。南北走向上，新乡作为豫北的工业中心，产业发展未能与焦作的电力、能源等产业形成互动。许昌、漯河与平顶山构成的"金三角"已经具备了产业和资源一体化的前提，平顶山的能源、化工，许昌的电力、烟草以及漯河的交通运输、食品工业也已经形成了产业互补的市场优势，但目前在该区域一体化的整合优势仍不明显。在郑州本身的产业能力急需加强的同时，也同样存在着与其他城市产业雷同的问题，最明显的产业是铝加工业，郑州、洛阳甚至新乡和济源，都提出要将铝加工作为自己的主导产业。

3. 核心城市综合竞争力不强，实力不雄厚

仍然以中原城市群组建初期的数据说明问题。据中国社会科学院在 2005 年 3 月 17 日出台的《中国城市竞争力报告》，中原城市群的核心城市郑州的综合竞争力在全国位列第 50 名，在省会城市中仅位列第 25 名。2004 年的数据（表 2-12）显示，三大城市群核心城市对城市群 GDP 增长的贡献率均大于 20%，最高的是位于京津唐的北京，贡献率达到 26.80%，而郑州仅为 13.59%，其经济优势在中原城市群中还不是很明显。另外，将北京、天津、沈阳、大连、哈尔滨、上海、福州、厦门、济南、青岛、郑州、武汉、长沙、广州、深圳、重庆、成都、西安 18 个城市做比较，郑州 GDP 占全国 GDP 的比重位列倒数第 4，工业总产值占全国的比重位列倒数第 5，固定资产投资总额占全国的比重位列倒数第 3。而且，在对比中发现，郑州与位列前几名城市的差额十分巨大。

表 2-12 核心城市对城市群 GDP 增长的贡献率比较

核心城市（城市群）	核心城市贡献率/%
上海（长江三角洲城市群）	21.85
广州（珠江三角洲城市群）	25.66
北京（京津冀城市群）	26.80
郑州（中原城市群）	13.59

郑州市作为中原城市群的核心城市规模偏小，与周边省份的省会城市有相当的差距。选取 12 个城市群 2 城市首位度做比较（表 2-13），郑州市在中原城市群中的首位度仅为 1.61，处于 12 个城市群的倒数第 4 位，远远低于中部地区的武汉城市群，也低于长株潭城市群。

表 2-13 我国主要城市群的 2 城市首位度

城市群	首位度	城市群	首位度
长江三角洲城市群	2.61	珠江三角洲城市群	1.71
京津冀城市群	1.42	辽中南城市群	1.78
哈大齐城市群	2.21	福厦城市群	1.17
山东半岛城市群	1.36	中原城市群	1.61
武汉城市群	7.49	长株潭城市群	2.45
成渝城市群	2.23	关中城市群	5.61

目前郑州的工业还不够发达，缺乏拳头产品，金融、科技、信息和人才等要素市场体系不够完善，与中原城市群其他城市之间的产业分工与互动能力较弱，对城市群地区的吸引、辐射作用不强。因此，郑州对中原城市群的核心带动作用有限，难以与广州、上海和北京等国际化大都市、全国性经济中心以及武汉等区域性中心相提并论。加快郑州的发展，提高郑州的经济实力和竞争力，内聚核心带动力，是推进中原城市群整合发展的当务之急。

4. 重复建设严重，生态环境问题较为突出

中原城市群地区在基础设施、相关产业和城镇布局等方面存在严重的重复建设现象。主要由公共财力投资的基础设施建设普遍缺乏各个层次之间的统一协调，公路、水厂、电厂、污水处理厂和电视塔等的建设均存在着协调不足、建设重复等问题，阻碍了相互之间的要素流动和资源优化配置。相关产业缺乏统一协调布局、竞争过度，钢铁、水泥和电解铝等部分行业低水平重复建设，严重制约了中原城市群的产业整合。城镇空间向外"摊大饼"式地蔓延，空间布局缺乏统筹考虑。小城镇城镇化的起点过低，乡镇布局相当分散，缺少统一规划的空间分布特征，造成社会资源的极大浪费。

另外，近些年该地区资源开发和经济发展速度较快，受生产工艺、技术水平、思想观念及管理协调等方面的影响，环境污染尤其是市区工业污染较为严重，生态环境质量不断下降，可持续发展压力较大。较为突出的问题有：以城市为中心的环境污染还在加剧，并且向广大农村蔓延；地区间产业布局和污染治理缺乏有机协调和相互协作；受区域产业布局不合理的影响较大，大量工业企业仍属高投入、高消耗、高污染企业，产业技术层次较低；区域可持续发展实施政策和措施不够具体，各种生态化建设缺乏实施行动，环境治理力度不够大。

参 考 文 献

曹培慎，袁海. 2007. 城市化动力机制——一个包含制度因素的分析框架及其应用. 生态经济（学术版），(1)：75-78.

丁志伟. 2011. 河南省城市-区域系统空间结构分析与优化研究. 开封：河南大学硕士学位论文.

丁志伟，徐晓霞. 2010. 1998—2007年河南省城市体系规模序列结构及其分形特征研究. 河南大学学报（自然科学版），40（4）：376-381.

范钦臣. 1997. 略论中原城市群. 中州学刊，(2)：10-14.

冯德显，贾晶，杨延哲，等. 2003. 中原城市群一体化发展战略构想. 地域研究与开发，22（6）：43-48.

耿明斋. 2004. 中原城市群经济隆起带建设与开封经济发展思路. 企业活力，(11)：46-47.

季小妹，陈忠暖. 2006. 我国中部地区城市职能结构和类型的变动研究. 华南师范大学学报（自然科学版），(4)：128-136.

李琳，王发曾. 2009. 河南城镇化进程中政府干预度的实证分析. 地域研究与开发，28（5）：52-55.

李晓莉. 2008. 构建河南省城镇化进程支撑体系研究. 开封：河南大学博士学位论文.

厉以宁. 2000. 区域发展新思路. 北京：经济日报出版社.

刘东勋.2005.中原城市群九城市的产业结构特征和比较优势分析.经济地理,25(3):343-347.

龙同胜,邓志军,胡廷贤,等.2000.呼唤中原城市群.决策探索,(10):5-6.

苗长虹,王海江.2006.河南省城市的经济联系方向与强度—兼论中原城市群的形成与对外联系.地理研究,25(2):222-232.

覃成林,郑洪涛,高见.2005.中原城市群经济市场化与一体化研究.江西社会科学,(12):36-42.

田文祝,周一星.1991.中国城市体系的工业职能结构.地理研究,10(1):12-23.

汪丽.2005.我国城市群发展现状、问题和对策研究.宏观经济管理,(6):40-42.

王发曾,袁中金,陈太政.1992.河南省城市体系功能组织研究.地理学报,47(3):274-283.

王发曾.1994.河南城市的总体发展与布局.郑州:河南教育出版社.

王发曾,刘静玉,徐晓霞,等.2007.中原城市群整合研究.北京:科学出版社.

王发曾,程艳艳.2010.山东半岛、中原、关中城市群地区的城镇化状态与动力机制.经济地理,30(6):918-925.

徐建军,连建功.2007.河南省城市职能分类研究.国土与自然资源研究,(4):9-10.

徐晓霞,王发曾.2003.中原城市群的功能联系与结构的有序升级.河南大学学报(自然科学版),33(2):88-92.

闫卫阳,刘静玉.2009.城市职能分类与职能调整的理论与方法探讨—以河南省为例.河南大学学报(自然科学版),39(3):265-270.

闫卫阳,秦耀辰,王发曾.2009.城市空间相互作用理论模型的演进与机理.地理科学进展,28(4):128-133.

杨迅周,杨延哲,刘爱荣.2004.中原城市群空间整合战略探讨.地域研究与开发,23(5):33-37.

张静.2008.中原城市群的职能分类探讨.许昌学院学报,27(5):139-143.

张文奎,刘继生,王力.1990.论中国城市职能分类.人文地理,5(3):1-8.

张占仓,杨延哲,杨讯周.2005.中原城市群发展特征及空间焦点.河南科学,23(1):133-137.

赵振军.2006.中国城市化的制度背景与体制约束.城市问题,(2):9-11.

周全德.2004.中原城市群发展中的文化生态思考.城市发展研究,11(5):51-54.

周一星,孙则昕.1997.再论中国城市的职能分类.地理研究,16(1):11-22.

第三章
现代城镇体系的等级层次和规模序列结构

国务院《指导意见》明确指出：中原经济区城镇体系建设要形成大中小城市和小城镇协调发展的城镇化格局，走城乡统筹、社会和谐、生态宜居的新型城镇化道路，支撑和推动"三化"协调发展。城镇体系的等级层次、规模序列分别是按照综合指标（城镇综合实力）、单项指标（市区非农人口）的大小而划分形成不同的级别，处于不同级别的城镇就构成了城镇体系的等级层次与规模序列结构。完善的城镇体系等级层次、规模序列结构为新型城镇化战略的有序推进、地域空间的合理组织提供了框架依据。河南省作为中原经济区的主体区，其城镇体系的等级层次、规模序列结构建设对整个经济区域的城镇化进程至为重要。因此本章在前面系统梳理城镇体系研究的理论、方法基础上，采用城市地理学城镇体系整合的思路，从城镇体系的等级层次结构、规模序列结构对主体区现代城镇体系的结构调整进行整合研究。

在对主体区现代城镇体系建设的等级层次结构研究时，首先从城镇规模、经济水平、基础设施和社会生活等方面选取评价指标，采用多元统计的评价方法对城镇的现状进行综合评价，之后结合主体区城镇体系中城市、城市群的发展态势，提出主体区现代城镇体系等级层次结构的组织方案，为宏观上建设现代城镇体系提供客观的认知。在对主体区现代城镇体系高层面的等级层次结构研究的基础上，基于市区非农业人口对主体区城镇体系规模序列结构的历史演化、现状特征和存在问题进行分析，并参照城镇体系中规模序列结构级别分类以及各城镇发展的基础和潜力，提出了主体区城镇体系规模序列结构调整的具体对策，从而为实现中原经济区城镇体系结构的合理调整提供参考依据。

第一节 现代城镇体系的等级层次结构

一、现代城镇体系的结构形态

所谓城镇体系的结构形态是指在一定区域范围内所有城镇因综合实力、人口规模、职能类型和空间布局等方面的不同而表现出的特征与形态。结合城镇体系结构形态的内涵，现代城镇体系结构形态可分为等级层次结构、规模序列结构、职能类型结构与空间布局结构 4 种结构形态（王发曾和袁中金，1994）。现代城镇体系的等级层次结构是指一定区域内的所有城镇按其综合实力及其在城镇体系建设中的作用强度不同而形成的结构形态。现代城镇体系的规模序列结构是指一定区域内的所有城镇按其人口规模（非农业人口或城镇人口）大小不同而形成的序列结构。现代城镇体系的职能类型结构是指一定区域内的所有城镇在经济、社会、文化和科技等方面所发挥的作用和承担的分工不同而形成的类型结构。现代城镇体系的空间布局结构是指一定区域内所有的城镇通过自然、经济、文化、科技等要素的相互作用而在地域空间平台上的空间分布和组合形式。

现代城镇体系中处于不同等级的城镇按照综合作用强度大小构成城镇的等级序列，这个序列就是城镇体系的等级层次结构形态。等级层次结构是对城镇综合实力的评定，属于高级层面的结构形态（王发曾等，2007）。因此，等级层次结构形态在一定程度上决定着城镇体系内城镇的规模大小、职能类型，并影响着城镇的空间布局状态，并为现代城镇体系内部结构的合理化组织提供了框架依据。完整的现代城镇体系等级层次结构，其规模序列结构、职能结构和空间布局结构也呈现出有序化，各城镇的职能分工明确，城镇体系的空间布局呈现出明朗的形态，城镇体系各子系统也就形成一个有机的功能网络整体。

二、城镇中心性强度计算

从现代城镇体系等级层次的概念内涵出发，本书选用"城镇中心性强度"这一综合指标（王发曾等，1992）来划分主体区城镇体系的等级层次结构。根据主体区城镇体系的实际情况，选取 15 项与中心性强度有直接关系的指标，采取多元统计分析方法，计算了 18 个省辖市、108 个县级市与县城的中心性强度。

1. 评价的指标体系与方法

由于城镇中心性强度是对城镇经济、社会、文化、科技和信息等方面形成的综合发展实力的评定，所以在进行等级层次指标体系构建时，需要综合考虑上述各个方面的影响因素。在分析诸影响因素的基础上，依据科学性、统一性、可比性原则，构建综合评价指标体系。参考当前评价城镇综合实力的新指标和城镇级别数据的可获取性，从城镇规模、城镇经济、城镇基础设施、城镇社会生活和城镇生态环境 5 个方面出发，构建了评价指标体系（图 3-1）。

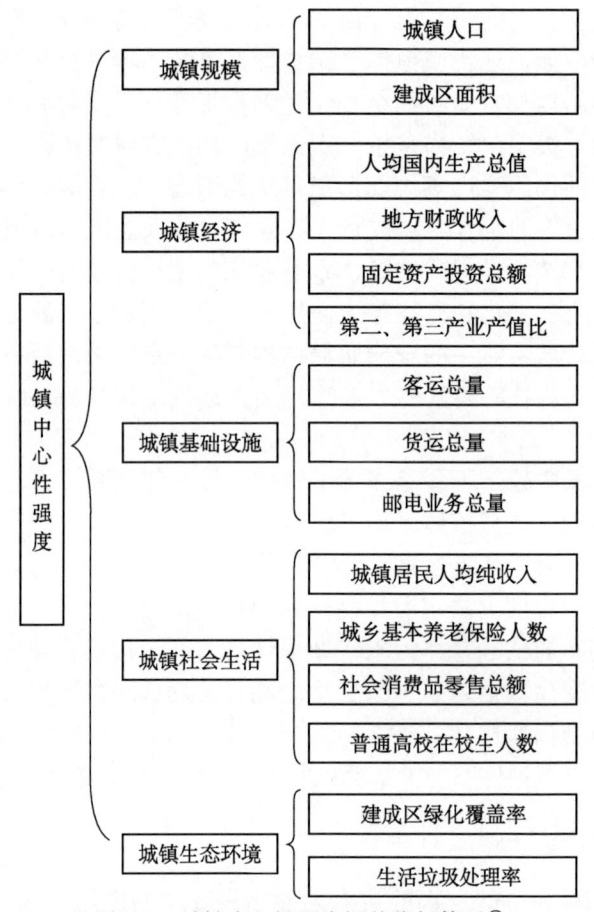

```
                        ┌─ 城镇人口
              城镇规模 ─┤
                        └─ 建成区面积

                        ┌─ 人均国内生产总值
                        ├─ 地方财政收入
              城镇经济 ─┤
                        ├─ 固定资产投资总额
                        └─ 第二、第三产业产值比

  城                    ┌─ 客运总量
  镇  城镇基础设施 ──┤── 货运总量
  中                    └─ 邮电业务总量
  心
  性                    ┌─ 城镇居民人均纯收入
  强                    ├─ 城乡基本养老保险人数
  度  城镇社会生活 ─┤
                        ├─ 社会消费品零售总额
                        └─ 普通高校在校生人数

                        ┌─ 建成区绿化覆盖率
              城镇生态环境 ┤
                        └─ 生活垃圾处理率
```

图 3-1　城镇中心性强度评价指标体系①

本书选择主成分分析法评价城镇的中心性强度。主成分分析是把原来多个变量划为少数几个综合指标的一种统计分析方法。其基本思路是对指标进行降维，即在研究区域城镇中心性强度时，用较少的几个综合指标代替原来较多的变量指标，并且能使这些较少的综合指标尽量多地反映原来较多的变量指标反映的信息，同时他们之间又是彼此独立的。在进行综合实力评价时，运用主成分分析将主体区各项指标降维处理成一个综合指标——城镇中心性强度，并以此分析主体区城镇体系的等级层次结构。

2. 计算结果

依据上述城镇体系等级层次的理论与方法，运用《2010年中国县（市）社

---

① 108个县城、县级市的"普通高校在校生人数"指标替换为"在校中学生人数"。

会经济统计年鉴》、《2010 年中国统计年鉴》、《2010 年中国城市统计年鉴》、《2010 年河南省统计年鉴》、河南省 2010 年各地市统计年鉴和统计公报及政府工作报告中 2009 年的相关数据,编制主体区城镇中心性强度评价的指标数据表。依据指标数据表中的数据,采用主成分分析评价方法对主体区 18 个省辖市、108 个县级市与县城的城镇中心性强度分别进行计算,其结果见表 3-1 和表 3-2。

表 3-1　主体区 18 个省辖市中心性强度值及排序

城市（县）	主成分 1	主成分 2	主成分 3	主成分 4	总得分（中心性强度值）
郑州市	3.2993	1.3895	0.3838	1.0416	2.3378
洛阳市	1.0316	0.5175	−0.4529	−0.7939	0.6556
新乡市	0.1320	−0.0090	1.2989	0.3601	0.1748
南阳市	0.7773	−1.4288	−1.8248	−0.0694	0.1040
焦作市	−0.1053	0.7774	0.1282	−1.8060	−0.0069
平顶山市	−0.0796	0.2209	−0.1770	−0.8311	−0.0610
许昌市	−0.3132	0.5493	0.8087	−1.1322	−0.1003
安阳市	0.1271	−0.4304	−1.7188	−0.4470	−0.1254
信阳市	−0.1181	−1.0602	0.8520	1.3847	−0.1425
驻马店市	−0.0238	−1.1442	1.9045	−1.2127	−0.1669
商丘市	0.1206	−1.3566	−0.3380	−0.1850	−0.2001
周口市	−0.0891	−1.3533	1.0256	0.1223	−0.2303
三门峡市	−0.7797	0.8148	0.8087	0.7297	−0.2440
开封市	−0.1787	−0.8690	−0.9540	0.1985	−0.3128
济源市	−1.0142	1.7583	−0.5327	−0.4990	−0.3591
漯河市	−0.9754	0.6952	−0.1978	1.3301	−0.4152
濮阳市	−0.8874	0.2523	−0.3422	1.9176	−0.4206
鹤壁市	−0.9234	0.6763	−0.6720	−0.1083	−0.4873

表 3-2　主体区 108 个县级市、县城中心性强度值及排序

城市（县）	主成分 1	主成分 2	主成分 3	主成分 4	总得分（中心性强度值）
巩义市	3.0860	0.3705	−0.3771	−0.4069	1.3353
禹州市	2.3010	1.3897	0.3126	0.7858	1.3149
永城市	1.8596	1.2248	2.0859	1.3586	1.2893
新密市	2.6038	0.9402	−1.7555	1.0049	1.1912
新郑市	2.7706	0.1170	−0.7761	0.4027	1.1667
荥阳市	2.6660	−0.2210	−0.6016	−0.2228	1.0391
固始县	1.0406	3.4909	0.1182	−1.5103	0.9959
林州市	1.8687	1.3909	0.0049	−1.3324	0.9744
登封市	2.1477	0.4046	−1.0230	−0.2286	0.8906
邓州市	1.0132	1.3497	0.9788	−0.0797	0.7619
灵宝市	1.5122	0.1513	0.2422	0.4438	0.7259
偃师市	1.9304	−0.2840	−0.3923	−0.4233	0.7183
项城市	0.6617	1.0373	1.5948	1.4275	0.7004
长葛市	1.4588	−0.2653	0.1420	0.5204	0.6235
安阳县	1.4009	1.0951	−0.6303	−2.1240	0.6154
辉县市	1.2942	0.0728	−0.1455	0.8713	0.6088

续表

城市（县）	主成分1	主成分2	主成分3	主成分4	总得分（中心性强度值）
中牟县	1.3494	0.3159	−0.7018	0.4011	0.5980
临颍县	0.5564	−1.2583	5.8595	−1.7340	0.4361
长垣县	0.4319	0.4056	−0.0282	1.7805	0.3630
滑县	0.0802	1.4944	0.2788	−1.2999	0.2506
濮阳县	0.5930	0.0128	0.7560	−1.4275	0.2397
新安县	1.1430	−1.1649	−0.6744	0.2968	0.2389
许昌县	0.5609	−0.7193	0.8788	0.7862	0.2380
沁阳市	1.0610	−1.4108	−0.5766	0.7996	0.1984
武陟县	0.5365	−0.3808	−0.2134	0.8961	0.1967
汝州市	0.2778	0.6527	−1.1960	1.0960	0.1951
潢川县	0.0617	0.7099	−0.0614	0.4063	0.1732
太康县	−0.4740	1.5502	0.6507	0.3869	0.1570
夏邑县	−0.3745	1.1363	0.5718	0.9225	0.1503
睢县	−0.4199	0.1616	3.4434	−0.5352	0.1263
义马市	1.2359	−3.0370	1.5257	−0.0595	0.1185
镇平县	0.1623	0.8701	−0.2284	−1.4805	0.1170
舞阳县	0.0156	−1.1636	4.2332	−1.0555	0.1149
西平县	−0.2493	0.3275	0.5023	1.9657	0.1149
伊川县	0.5124	0.0000	−1.0188	−0.3785	0.1059
上蔡县	−0.5463	0.8406	0.8432	1.8018	0.1004
唐河县	0.0540	1.0146	−0.3740	−1.3523	0.0910
郸城县	−0.4925	1.1529	0.8799	0.2035	0.0872
新野县	0.2515	0.5725	−0.5329	−1.3629	0.0815
淮阳县	−0.4776	0.9986	0.6084	0.2786	0.0459
舞钢市	0.6499	−1.5847	0.3675	0.2861	0.0444
鹿邑县	−0.5128	0.9263	0.4108	0.8404	0.0336
沈丘县	−0.5861	1.1370	0.3163	0.7887	0.0285
新乡县	0.9364	−2.2655	0.3281	−0.1622	0.0146
淅川县	0.2156	−0.0037	−0.0301	−1.4413	0.0028
孟州市	0.8299	−2.0428	−0.2750	0.4364	−0.0094
泌阳县	−0.5631	0.4760	0.1863	1.5429	−0.0471
尉氏县	−0.1099	0.3599	0.0156	−1.1735	−0.0515
商水县	−0.8618	1.1489	0.5469	0.9761	−0.0560
民权县	−0.5977	0.7629	0.2923	0.2004	−0.0814
西峡县	0.5286	−1.0145	−0.6484	−1.2709	−0.0899
平舆县	−0.6212	0.1153	0.2255	2.2668	−0.0900
西华县	−0.6593	0.6312	0.4582	0.5457	−0.0959
鄢陵县	0.0835	−1.3572	0.4886	1.0828	−0.0995
方城县	−0.3161	0.6648	−0.4654	−0.7452	−0.1028
卫辉市	−0.4141	0.1126	−0.3920	1.4774	−0.1044
息县	−0.5719	1.0356	−0.2970	−0.3829	−0.1092
虞城县	−0.6536	0.8675	0.0950	−0.0652	−0.1202
光山县	−0.5243	1.1234	−0.6675	−0.6378	−0.1216
新蔡县	−0.8611	1.0160	−0.6841	1.7549	−0.1437

续表

城市（县）	主成分1	主成分2	主成分3	主成分4	总得分（中心性强度值）
博爱县	0.3945	−1.6395	−0.6210	0.6177	−0.1443
罗山县	−0.4829	0.8130	−0.4807	−0.6899	−0.1459
杞县	−0.7137	1.0599	0.0043	−0.7740	−0.1622
淮滨县	−0.7483	0.6498	0.1568	0.0604	−0.1871
襄城县	−0.1891	−0.5469	−0.2654	0.0164	−0.2027
汝南县	−0.8200	0.2318	0.1730	1.5295	−0.2035
修武县	0.0280	−1.5806	−0.4428	1.4216	−0.2270
宜阳县	−0.3575	0.0939	−0.6547	−0.5479	−0.2286
温县	0.0937	−1.2409	−0.8646	0.4934	−0.2313
叶县	−0.5222	−0.1114	−0.1716	0.4698	−0.2319
商城县	−0.7276	0.6760	−0.2230	−0.4771	−0.2399
栾川县	0.2480	−1.4426	−0.6954	−0.4503	−0.2426
原阳县	−0.6768	−0.4086	0.3475	1.3395	−0.2529
宝丰县	−0.2060	−1.1224	0.0814	0.1721	−0.2729
渑池县	0.3205	−1.4376	−1.4469	−0.5658	−0.2851
鲁山县	−0.7992	0.0611	−0.0244	0.7300	−0.2910
兰考县	−0.8001	0.5649	−0.0705	−0.9403	−0.3051
柘城县	−1.0901	0.8050	0.1536	−0.0210	−0.3113
内乡县	−0.4288	0.0317	−0.5282	−1.4228	−0.3116
正阳县	−1.0201	0.1746	−0.0418	1.6270	−0.3134
扶沟县	−0.9257	0.1608	0.2605	0.5245	−0.3142
封丘县	−0.9260	0.0512	0.1170	0.8353	−0.3283
遂平县	−0.7229	−0.5056	−0.1507	1.2332	−0.3414
淇县	0.3340	−2.7608	0.5357	−1.0479	−0.3680
嵩县	−0.4572	−0.6332	−1.0317	0.3618	−0.3817
开封县	−0.8162	0.0885	−0.0392	−0.7551	−0.3839
确山县	−0.6976	−0.8164	−0.1868	0.9973	−0.4039
通许县	−0.7608	−0.1382	0.0076	−1.1906	−0.4227
宁陵县	−1.1489	0.3753	0.3240	−0.4465	−0.4241
汤阴县	−0.4776	−0.6351	−0.1571	−1.5138	−0.4247
浚县	−0.8869	−0.3681	0.1164	0.1615	−0.4275
孟津县	−0.4769	−0.5831	−1.0518	−0.4454	−0.4314
获嘉县	−0.8807	−0.7258	0.2280	0.8016	−0.4407
陕县	−0.3797	−0.7849	−1.4335	−0.2254	−0.4471
南召县	−0.7015	−0.0214	−0.7517	−1.2492	−0.4481
桐柏县	−0.4576	−0.7829	−0.4714	−1.2991	−0.4581
清丰县	−0.8102	−0.0992	−0.4511	−1.1304	−0.4746
内黄县	−0.8897	0.0568	−0.2975	−1.3580	−0.4806
社旗县	−0.8771	0.0464	−0.5539	−1.5293	−0.5104
延津县	−0.9185	−0.6358	−0.3541	0.4012	−0.5172
郏县	−0.8922	−0.4394	−0.5549	−0.2041	−0.5249
洛宁县	−0.8177	−0.5544	−1.0326	−0.2478	−0.5592
范县	−1.1490	−0.0915	−0.1891	−1.1097	−0.5941
卢氏县	−1.0184	−0.7765	−0.8128	0.7544	−0.6055

续表

城市（县）	主成分1	主成分2	主成分3	主成分4	总得分（中心性强度值）
新县	−0.8927	−0.5035	−0.8610	−0.9692	−0.6101
南乐县	−1.0427	−0.5588	−0.3419	−0.9492	−0.6367
汝阳县	−1.0136	−0.7589	−0.5748	−0.2693	−0.6403
台前县	−1.6540	−0.6920	−0.1526	−0.8613	−0.9012

由表3-1可知，主体区省辖市的中心性强度值差异较大，18个省辖市的综合发展实力和在主体区发展中作用有明显差别。郑州的中心性强度值最大（2.3378），远远高于主体区其他城市。洛阳的中心性强度值较大（0.6556），虽与省会郑州市有一定差距，但与其他城市相比也遥遥领先。中心性强度值较低的是漯河（−0.4152）、濮阳（−0.4206）和鹤壁（−0.4873），其经济实力、城镇规模和辐射作用与其他省辖市相比较弱。由表3-2可知，主体区108个县城、县级市的中心性强度值排名靠前的是巩义市（1.3353）、禹州市（1.3149）、永城市（1.2893）、新密市（1.1912）、新郑市（1.1667）、荥阳市（1.0391）、固始县（0.9959）、林州市（0.9744）、登封市（0.8906）、邓州市（0.7619）等，这些县（市）无论从经济实力、城镇规模和在地区经济事务中的作用均高于其他县（市），而中心性强度值较低的延津县（−0.5172）、郏县（−0.5249）、洛宁县（−0.5592）、范县（−0.5941）、卢氏县（−0.6055）、新县（−0.6101）、南乐县（−0.6367）、汝阳县（−0.6403）、台前县（−0.9012），这些县城基本都处于山区和边远地带，其城镇规模、经济实力和辐射能力均较弱，综合竞争力不强。

三、城镇体系等级层次划分

1. 依据中心性强度值划分等级层次结构

根据表3-1、表3-2中城镇中心性强度值由高到低排列而成的序列，找到数值急剧变化的拐点值，可计算出数列中的"断裂点"，即差别较大的前、后两个数字的中间值。表3-1中，第一个城镇中心性强度拐点是由郑州市的2.3378急剧变化至洛阳市的0.6556，那么郑州与洛阳之间的断裂点＝（2.3378＋0.6556）/2≈1.5。据此可知，郑州与洛阳之间的1.5是第一个断裂点，洛阳与新乡之间的0.3是第二个断裂点，三门峡与开封之间的−0.3是第三个断裂点。表3-2中，中牟县与临颍县之间的0.5是第一个断裂点，新野县与淮阳县之间的0.06是第二个断裂点，孟州市与泌阳县之间的−0.03是第三个断裂点（考虑到县级市、县城级别的城镇数量较多，不宜将台前县单独划分为一组，故将汝阳县与台前县的断裂点−0.77忽略）。根据表3-1、表3-2的计算结果和断裂点的间隔情况，可将主体区18个省辖市与108个县级市、县城分别划分为4个等级，共8个等级（表3-3）。同时，应用ArcGIS9.3软件的空间表征功能将等级层次的划分结果在河南省行政区划图上显示出来（图3-2），从而能更清楚、直观地了解主体区城镇体系等级层次在地理空间的分布情况，为把握主体区城镇的发展情况提供依据。

表3-3　主体区城镇体系的等级层次

中心性强度值	等级	城市	个数
＞1.5	一级	郑州市	1
0.3～1.5	二级	洛阳市	1
－0.3～0.3	三级	新乡市、南阳市、焦作市、平顶山市、许昌市、安阳市、信阳市、驻马店市、商丘、周口市、三门峡市	11
＜－0.3	四级	开封市、济源市、漯河市、濮阳市、鹤壁市	5
＞0.5	五级	巩义市、禹州市、永城市、新密市、新郑市、荥阳市、固始县、林州市、登封市、邓州市、灵宝市、偃师市、项城市、长葛市、安阳县、辉县市、中牟县	17
0.06～0.5	六级	临颍县、长垣县、滑县、濮阳县、新安县、许昌县、沁阳市、武陟县、汝州市、潢川县、太康县、夏邑县、睢县、义马市、镇平县、舞阳县、西平县、伊川县、上蔡县、唐河县、郸城县、新野县	22
－0.03～0.06	七级	淮阳县、舞钢市、鹿邑县、沈丘县、新乡县、淅川县、孟州市	7
＜－0.03	八级	泌阳县、尉氏县、商水县、民权县、西峡县、平舆县、西华县、鄢陵县、方城县、卫辉市、息县、虞城县、光山县、新蔡县、博爱县、罗山县、杞县、淮滨县、襄城县、汝南县、修武县、宜阳县、温县、叶县、商城县、栾川县、原阳县、宝丰县、渑池县、鲁山县、兰考县、柘城县、内乡县、正阳县、扶沟县、封丘县、遂平县、淇县、嵩县、开封县、确山县、通许县、宁陵县、汤阴县、浚县、孟津县、获嘉县、陕县、南召县、桐柏县、清丰县、内黄县、社旗县、延津县、郏县、洛宁县、范县、卢氏县、新县、南乐县、汝阳县、台前县	62

2. 等级层次结构的特征分析

由表3-3可知，主体区18个省辖市与108个县级市、县城（共126个城镇）中，郑州市作为第一等级层次城市，综合发展实力最强，是整个主体区政治、经济、文化、社会等诸方面发展的龙头和领头羊。洛阳市作为第二等级层次的城市，是仅次于郑州市的核心城市，综合发展实力远大于其他省辖市，与主体区省会城市郑州市共同带动整个经济区的发展。第三等级层次共有11个城市——新乡、南阳、焦作、平顶山、许昌、安阳、信阳、驻马店、商丘、周口、三门峡，占城镇总量的8.73%。其中新乡市的综合发展实力最强，位居第三等级层次的首位，驻马店、商丘、周口和三门峡的综合发展实力较为接近，处于第三等级层次的后几位。第四等级层次共有5个城市——开封市、济源市、漯河市、濮阳市、鹤壁市，占城镇总量的3.97%。其中开封市的综合实力较强，济源市、漯河市、濮阳市、鹤壁市等限于城镇规模、经济水平、社会生活水平

图 3-2 主体区城镇体系的等级层次

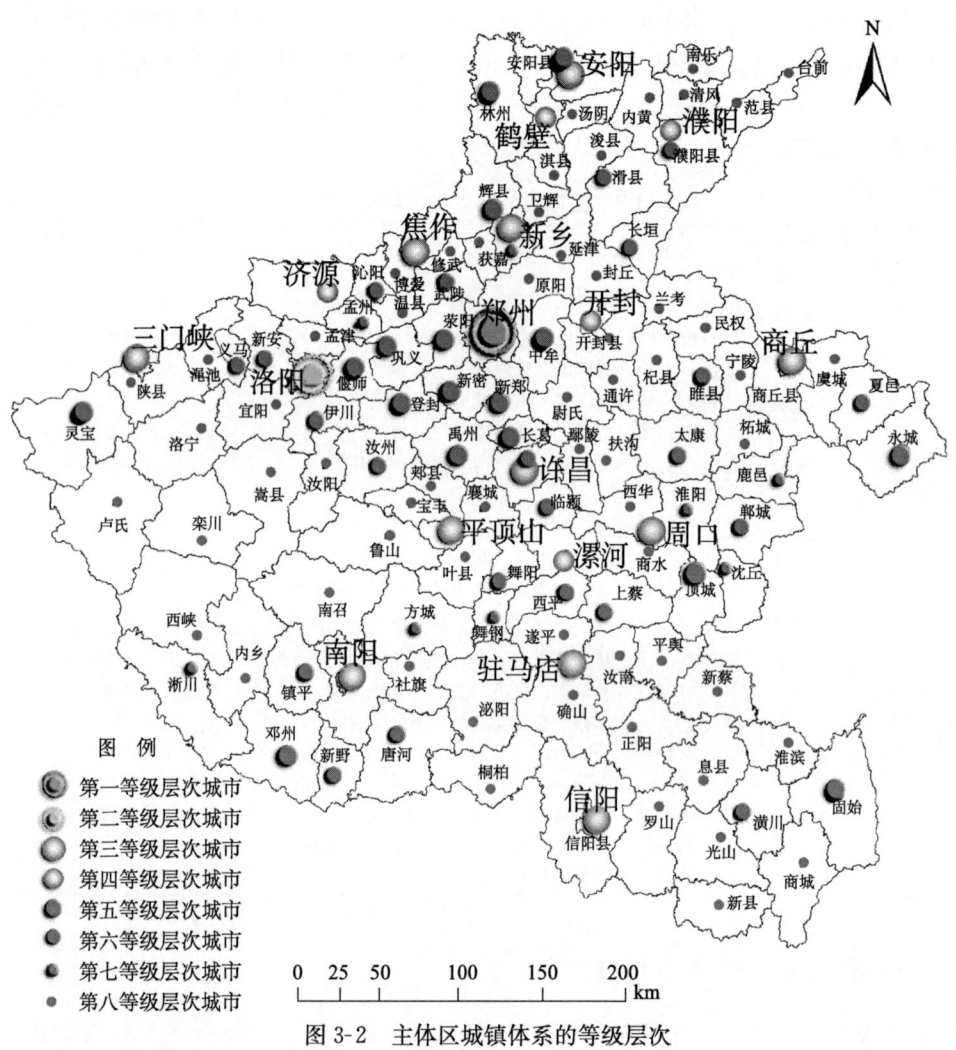

的差异，综合发展实力较弱。第五等级层次城镇共有 17 个，占城镇总量的 13.49%。该等级层次城镇绝大多数为经济实力发展较好的县级市，如县域经济实力排名靠前的巩义市、禹州市、永城市、新密市、新郑市等。此外，还有一些县域经济实力、社会生活等综合实力较好的省直管县和市辖县，如固始县、中牟县、安阳县等。第六等级层次城镇共有 22 个，占城镇总量的 17.46%，临颍县、长垣县、滑县、濮阳县、新安县、许昌县、沁阳市等县（市）的综合发展实力较大，上蔡县、唐河县、郸城县、新野县等县（市）的综合发展实力排名落后。第七等级层次城镇共有 7 个，占城镇总量的 5.56%。该等级层次既有经济实力较好的县级市、市辖县，如舞钢市、孟州市和新乡县，也有经济实力不强的鹿邑县、沈丘县。第八等级层次城镇共有 62 个，占城镇总量的 49.21%。

该等级层次城镇绝大多数经济发展实力不强、城镇规模偏小。

从图3-2可看出，第一等级层次、第二等级层次城市郑州市、洛阳市位于主体区的中部，在郑汴洛城市走廊上相互呼应，共同推动着整个功能地区的城镇体系向外扩展。第三、第四、第五等级层次城市较为密集地分布在主体区中原城市群区域内以及南北向的京广交通轴带上，而在主体区的西南部、东部、东南部分布比较稀少。从第六等级层次城市来看，41%的县（市）集中分布在以郑州中心的中原城市群区域，如临颍县、长垣县、新安县、许昌县、沁阳市、武陟县、汝州市、舞阳县、伊川县等，其余的县（市）零散地分布在主体区的边缘地带，如滑县、濮阳县、潢川县、太康县、夏邑县、睢县、义马市、镇平县、舞阳县、上蔡县、唐河县、郸城县、新野县等。从第七等级层次城市和第八等级层次城市分布来看，分布特征基本类似，即较均匀地分布于主体区的各个区域。稍有不同的是，第七等级层次城市中多数均匀地分布在以兰考—淅川为分界线的主体区东南部区域，而第八等级层次城市中多数分布在以兰考—淅川为分界线的主体区西北部区域。

四、现代城镇体系等级层次结构优化

1. 等级层次结构的基本框架

随着中原经济区新型城镇化的逐步推进、主体区中心带动战略的实施及郑汴都市区的营建等，主体区现代城镇体系的等级层次结构将不断优化升级，各种资源要素将得到高效利用，经济、文化、科技、信息将进一步协调发展。各等级城镇的持续发展将有新的发展台阶，中原经济区主体区的城镇体系建设也将在以郑州市为主核、洛阳市为副核的"双核"牵引下，逐步由非均衡增长向相对均衡增长迈进。

根据表3-3和图3-2中主体区城镇体系的等级层次构成情况和未来区域城镇化进程的发展趋势，本书设计主体区五级现代城镇体系结构的基本框架如下（表3-4和图3-3）：第一、第二等级层次城市将成为主体区的主、副核心城市，双核联动牵引整个主体区的发展。第四等级层次城市的开封市、济源市、漯河市、濮阳市、鹤壁市有望实现与第三等级层次城市的有机联动、协调互动和均衡发展，发展成为区域性中心城市。随着县级市综合实力的不断壮大，省直管县试点、省扩权县政策的逐步实施，第五、第六等次层次城市中的县级市和经济实力较强的县（市），以及第七等级层次中发展条件较好的县（市）有望发展成为区域性次中心城市。第七等级层次城市以及第八等级层次中一些发展较快的安阳县、濮阳县、许昌县、镇平县、舞阳县、西平县、伊川县、上蔡县、唐河县、郸城县、新野县、淮阳县、鹿邑县、沈丘县、新乡县、淅川县、泌阳县、

尉氏县、商水县、民权县、西峡县、平舆县、西华县、鄢陵县、方城县、杞县、汝南县、宝丰县、桐柏县、新县等县有望发展成为地方中心城镇。第八等级层次的息县、虞城县、光山县、博爱县、罗山县、淮滨县、襄城县、修武县、宜阳县、温县、叶县、商城县、栾川县等45个县的综合实力将进一步提升，将发展成为地方次中心城镇。随着主体区特色中心镇试点工程的逐步推进，特色经济突出、景观资源丰富、设施基础较好且具有较大发展潜力的中心镇将成为乡镇经济社会发展率先发展区。另外，主体区正在大力推进新型农村社区建设，将其作为统筹城乡发展的结合点、推进城乡一体化的切入点、促进农村发展的增长点，成为主体区五级城镇体系中的基点型小集镇。预计到2020年，通过不同级别城镇的发展与升级，主体区现代城镇体系的等级层次结构也将确立。

表3-4 2020年主体区城镇体系的等级层次

等级名称		城市（县）	个数	合计
核心城市	主核心城市	郑州市	1	2
	副核心城市	洛阳市	1	
区域性城市	区域性中心城市	新乡市、南阳市、焦作市、平顶山市、许昌市、安阳市、信阳市、驻马店市、商丘、周口市、三门峡市、开封市、济源市、漯河市、濮阳市、鹤壁市	16	49
	区域性次中心城市	巩义市、禹州市、永城市、新密市、新郑市、荥阳市、林州市、登封市、邓州市、灵宝市、偃师市、项城市、长葛市、舞钢市、辉县市、卫辉市、孟州市、沁阳市、汝州市、义马市、固始县、中牟县、临颍县、长垣县、滑县、新安县、武陟县、潢川县、太康县、夏邑县、睢县、新蔡县、兰考县	33	
地方性城镇	地方性中心城镇	安阳县、濮阳县、许昌县、镇平县、舞阳县、西平县、伊川县、上蔡县、唐河县、郸城县、新野县、淮阳县、鹿邑县、沈丘县、新乡县、淅川县、泌阳县、尉氏县、商水县、民权县、西峡县、平舆县、西华县、鄢陵县、方城县、杞县、汝南县、宝丰县、桐柏县、新县	30	75
	地方性次中心城镇	息县、虞城县、光山县、博爱县、罗山县、淮滨县、襄城县、修武县、宜阳县、温县、叶县、商城县、栾川县、原阳县、渑池县、鲁山县、柘城县、内乡县、正阳县、扶沟县、封丘县、遂平县、淇县、嵩县、开封县、确山县、通许县、宁陵县、汤阴县、浚县、孟津县、获嘉县、陕县、南召县、清丰县、内黄县、社旗县、延津县、郏县、洛宁县、范县、卢氏县、南乐县、汝阳县、台前县	45	
一般性城镇	特色中心镇	县域内有特色的中心镇	约300	约1900
	一般性乡镇	县域内的其他建制镇	约1600	
基点型小集镇	支撑性集镇	乡政府所在的集镇，非建制镇	约2000	
	新型农村社区	县（市）域村镇体系规划和村庄布局规划确定的中心村（社区）	预计达到5000～8000个	

图 3-3　2020年主体区城镇体系126城镇的等级层次

表3-4涵盖了主体区所有的城市、建制镇、乡政府所在地以及新型农村社区（预计数），共分为核心城市、区域性城市、地方性城镇、一般性城镇与基点型小城镇五个等级层次，内含10种不同的情况。图3-3涵盖了主体区126个城镇，共分为核心城市、区域性城市和地方性城镇三个等级层次，内含6种不同的情况。

2. 未来新增加城市的问题

在未来20年内，随着中原经济区建设取得实质性进展，以及新型城镇化的健康推进，主体区达到建制市设置标准的县城会越来越多，建制市的数量肯定会有所增加，现代城镇体系的等级层次结构也会受其影响。另外，为了扭转主体区中、小城市偏多的现状，现有20个县级市中实力强、条件好的可考虑升格为省辖市（与现在的济源市同等规格）。

根据1996~2009年38个城市的市辖区非农业人口总数变化情况，采用灰色系统模型、增长率模型等不同的方法，对现有38个城市2020年和2030年的人口规模进行估测，非农业人口总数将达到2072万和2844万。根据38个城市的总体规划、土地利用规划制定的2020年、2030年市区总人口值，估算出38个城市2020年、2030年的市辖区非农业人口总数将达到3235万和4665万。也就是说，两个发展期末全省城市非农业人口数比现有38个城市届时能容纳的人口分别超出1163万、1821万。

根据主体区城镇设市标准，新设城市的县政府驻地所在的建制镇的非农业户口人口应不低于10万人。各发展期内已设的城市按年平均增加1.5万人计（这类城市的数目按发展期内可能设市数目的一半计），则未来两个发展期末有可能达到建制市标准的城镇数量可按下式估算。

2020年：[1163－(58×1.5×11)]÷10＝20.6（个）

2030年：[1821－1163－(20.6×1.5×10)－(17.45×1.5×10)]÷10＝8.725（个）[①]

2004年出台的《河南省全面建设小康社会规划纲要》提出：未来河南省全省达到设市标准以上的城市将达到65个，这与上述估算结果基本吻合。根据小康社会建设的需要，适当调整上述估算结果，主体区2009~2020年力争达到县级市设市标准的县城为17个，2021~2030年力争达到县级市设市标准的县城10个，共27个县城达到县级市的设市标准。第一个发展期末（2020年），主体区达到建制市设置标准的城市共55个；第二个发展期末（2030年），主体区达到建制市设置标准的城市共65个。据此，安排可能达标、可能升格为县级市城市的对象和达标、升格的时序。

基于126个城镇的中心性强度值，结合主体区省直管县（市）政策、扩权县县城的发展潜势和新设城市的相关标准，并考虑城市空间布局的相对均衡性，2010~2030年27个力争达标、升格的县为：中原城市群地区的中牟、长垣、兰考、尉氏、武陟、临颍、舞阳、伊川、新安、鄢陵、宝丰、襄城、叶县；豫北的滑县；豫西的渑池；豫西南的镇平、唐河、桐柏、西峡；豫南的潢川、固始、西平、新蔡；豫东的鹿邑、太康、睢县、民权（图3-4）。这27个城镇达标、升格的时序为：第一发展期（2010~2020年），固始、长垣、兰考、中牟、滑县、鹿邑、新蔡、新安、武陟、潢川、太康、睢县、宝丰、镇平、舞阳、鄢陵、临

[①] 第一个发展期内，1163万人可能设市116.3个，其一半约为58个；第二个发展期内，减去第一个发展期内已设城市的1163万人，再减去20.6个城市在后10年中增加的309万人，所余349万人可能设市34.9个，其一半为17.45个。

颍；第二发展期（2021~2030年），尉氏、宝丰、西平、襄城、叶县、渑池、桐柏、唐河、西峡、伊川。

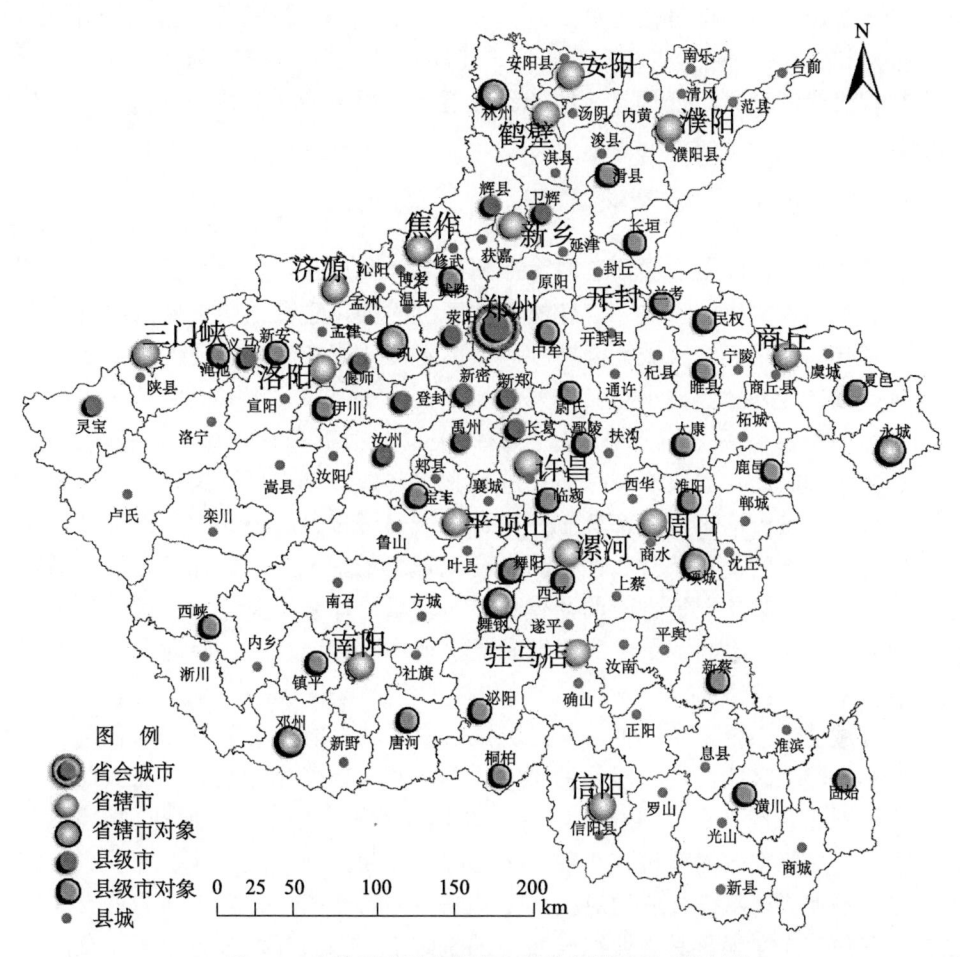

图 3-4 主体区达到省辖市、县级市设置标准的城镇

目前，主体区38个城市中，县级市占了一半以上，中小城市偏多的状况影响了中心带动战略的实施。为了扭转这种状况，部分县级市升格为省辖市十分必要。2011年河南省委、省政府发布了《关于印发"河南省省直管县体制改革试点工作实施意见"的通知》，将巩义市、兰考县、汝州市、滑县、长垣县、邓州市、永城市、固始县、鹿邑县、新蔡县10个县（市）列为省政府直管县（市）。基于20个县级市的中心性强度值和发展势头，并充分考虑主体区省辖市空间分布的相对均衡性，我们认为：到2030年以前，已经设为省直管县（市）的巩义、汝州、邓州、永城4个县级市以及林州、项城2个县级市，可升格为省辖市（图3-4）。

需要指出的是，本节提出的力争达到县级市设市标准与县级市升格为省辖市的发展方案，是在参考126个城镇的中心性强度值以及本书作者在长期研究的基础上提出的一种探讨性意见，只是表明有27个县城将达到建制市的标准，6个县级市将具备升格为省辖市的条件。其价值主要是为主体区城市的整体发展和布局提供参考意见，仅具有一般的研究意义，而不能作为这些县（市）升格的依据。

3. 等级层次调整的策略

在核心城市建设中，主核心城市郑州一方面要加强自身综合竞争力，发挥其交通、政治、文化、科技、信息枢纽的区位优势，建设全国重要的综合交通中心、现代物流中心、区域性金融中心、高新产业服务中心、现代服务业中心以及现代制造业基地，缩小与其他省域城市群中心城市、国家级经济区中心城市的实力差距。另一方面要协调好与周围卫星城镇巩义、登封、新密、新郑、荥阳、中牟的联动，加快郑汴一体化进程和组建郑汴都市区，提升其综合辐射能力。副核心城市洛阳应发挥其工业基础、交通区位、历史文化、旅游开发和科研实力等方面的优势条件，在提高综合竞争力的基础上，加强与主核心城市郑州文化、科技和信息等方面的共建共享，注重与郑洛工业走廊中区域次中心城市偃师、巩义、登封、荥阳的联动发展，形成支撑、补充、协同郑州市发展的"双核牵引"新格局。

在区域性中心城市建设中，首先应提高中原城市群其余7市的综合竞争力以支撑中原经济区核心增长板块的带动作用。新乡市要充分发挥其在豫北的交通区位、产业基础、农业科技和城乡统筹等方面的优势条件，加强平原新区、科技园区、城际交通的建设，实现与核心城市郑州的交通运输业、商业、物流业、第三产业、高新科技业的对接，使其成为郑州连接主体区北部的重要支撑城市。焦作市应在强化其工业综合实力的基础上，积极开发旅游服务、金融贸易、科技信息和休闲度假等第三产业，借助于"资源转型"的成功经验重点改造传统产业，积极开发旅游业、现代服务业和高新技术业，扩大对中原经济区外围运城、长治、晋城等区域的影响，并提高其在山西省、陕西省的区域地位。济源市应发挥其省辖市的各种优惠政策，在发展能源、化工、冶金等工业门类体系的同时，提高第三产业的竞争力，尤其应重点发展现代服务业和旅游业，使其成为中原经济区建设中新兴的区域性中心城市。平顶山市应依托丰富的矿产资源，发挥能源、原材料加工业、煤炭、电力、钢铁、纺织等工业集聚优势，在保持好传统产业的基础上大力发展自然旅游业、文化产业和现代服务业，以做好下一阶段资源转型、城市产业转型任务。许昌市要发挥交通、经济枢纽的区位优势，发挥其紧邻郑州市、邻接黄淮四市"经济结合带"的优势，建设中原经济区南北发展轴的重点节点城市、轻工制造业重要基地和历史文化旅游中心,提升其在主体区南部的综合影响力。漯河市要在大力推进食品加工业集群发展的基础上,发挥其交通枢纽、商贸物流中心的优势条件,建设富有中原特色的食品之都和轻工食品业制造基地。开封市应在大力推进郑汴一体化和开封新区建设的同时,加快与郑州市的联体发展并融入郑汴都市区建设,在加强自身工业建设的基础上为郑州市提供生产服务、金融贸易平台以促进郑汴之间的工业、商贸发展。

其次应注重城市群外围鹤壁、安阳、濮阳、三门峡、南阳、信阳、驻马店、周口、商丘的协调发展,高标准、高起点地进行9市的规划建设,重点提高城市的综合竞争力和与核心增长板块的联动,从提高整个经济区的功能和综合影响力出发,明确各市的职能分工和发展重点。主体区北部的安阳、鹤壁和濮阳一方面要注重与核心增长板块中原城市群的产业互动,形成具有地方活力的区域性中心城市;另一方面要大力发展太行山前产业带,融入环渤海经济圈体系,争取与北方经济区开展高层次的经济交流与区域合作。主体区东部的商丘、周口与江苏、安徽交汇;需要寻求跨省的多方合作,商丘市可积极融入徐州市都市圈,加强与徐州市、淮河市的产业交流与合作,提升自身的经济实力。周口市不仅可加强与核心城市郑州的互动提高经济实力,也可通过依托宁西铁路形成的产业带与长三角经济圈加强联系。主体区西部的三门峡市应加快由矿产资源加工向多元化的高端工艺发展,提高资源利用率和延长产品加工链,同时应减少对周围环境的破坏和发展循环产业园区(冯德显和汪雪峰,2009)。主体区南部的信阳、南阳应积极迎接核心增长板块的各种经济辐射,形成与核心增长板块互补的产业链条,在提高自身城镇实力的基础上扩大对外围区的影响力。

在区域性次中心城市建设中,要发挥各县城、县级市的优势产业,提高城市的规模和综合服务能力,提供优惠政策、创造有利条件培育高起点的区域次中心城市。在未来"十二五"、"十三五"及中原经济区建设期间,在加快巩义市、禹州市、永城市、新密市、新郑市、荥阳市、林州市、登封市、邓州市、灵宝市、偃师市、项城市、长葛市、舞钢市、辉县市、卫辉市、孟州市、沁阳市、汝州市、义马市、固始县、中牟县、临颍县、长垣县、滑县、新安县、武陟县、潢川县、太康县、夏邑县、睢县、新蔡县、兰考县等县(市)经济发展的同时,考虑城镇的人口规模、产业基础和发展潜力,重点培育核心增长板块内支点城镇巩义市、禹州市、新密市、新郑市、荥阳市、登封市、偃师市、长葛市、舞钢市、辉县市、卫辉市、孟州市、沁阳市、中牟县、临颍县、长垣县、新安县、武陟县、兰考县的建设,形成支撑网络化发展的城市群城镇体系,从而带动整个增长板块综合发展实力。其他的一些省直管试点县和省扩权县(如中牟县、长垣县、新安市、义马市、临颍县等)应重视城镇建设的规模化和集聚化，重点提高建设质量，形成产业集聚区与中心城区综合建设的区域性次中心城市。

在地方中心城镇建设中，各城镇要依托自身发展的基础、经济发展的潜力和城镇规划的目标，有步骤、分阶段地拉大城镇框架和扩大城镇规模以适应地方中心城市的发展要求。离区域性中心城市很近的安阳县、新乡县、濮阳县、许昌县，综合实力较好的镇平县、舞阳县、西平县、伊川县、上蔡县、唐河县、郸城县、新野县、淮阳县、鹿邑县等，可重点解决基础设施建设、城乡社会发展等方面的难题，提高综合服务能力。其他的县（市）可根据城镇建设规划的要求，合理部署各项事业的建设任务，重点完善道路交通、公共设施、基础设施和环卫设施等方面的建设以适应地方中心性城市各项指标需求。

在地方次中心城镇建设中，各城镇虽然经济实力落后，但在地方经济的影响力和村镇体系建设中作用巨大，具有承接地方中心城市建设、引导村镇经济发展和指导新型社区建设的连接作用。因此，第七、第八等级层次城镇中的息县、虞城县、光山县、博爱县、罗山县、淮滨县、襄城县、修武县、宜阳县、温县、叶县、商城县、栾川县、原阳县、渑池县、鲁山县、柘城县、内乡县、正阳县、扶沟县、封丘县、遂平县、淇县、嵩县、开封县、确山县、通许县、宁陵县、汤阴县等县一定要立足于具有地方特色的经济产业发展，提高自身的经济实力和充实城镇的社会功能，为主体区现代城镇体系的基础等级层次建设打下坚实基础。

在特色中心镇规划建设中，一方面，要做好特色中心镇的镇域总体规划、镇区控制性详细规划、产业集聚区规划、历史文化名镇规划等，为科学地规划建设提供合理的依据和参考；另一方面，要充分借鉴国内外特色村镇建设的成功经验，总结出县域特色中心镇基础设施建设、产业集聚区建设的典型模式。此外，要在加快特色中心镇建设的同时，引领县域其他一般性乡镇向特色中心镇靠拢，完善县域村镇体系整体布局，促进县域经济的全面发展和农村富余劳动力的合理转移。

在新型农村社区建设中，首先，要高起点规划、高标准进行建设、高功能进行配置，向着宜居型、生态型、幸福型居住社区规划建设；其次，要结合各地区的基础条件，采取政府引导、部门支持、社会帮扶的办法，动员各方力量，整合各种资源，加大力度，加快进度，全力推进农村新型农村社区建设进程；再次，按照因地制宜原则，对不同时期不同地区的新农村建设进行分类指导，积极探索新型农村社区建设的推进模式；最后，在建设新型农村社区的同时，一定要做好拓展产业发展空间、土地流转工作、保护生态和修复环境等方面的配套工程建设，使之真正成为主体区现代城镇体系末端的基点型小集镇。

第二节　现代城镇体系的规模序列结构

一、规模序列结构的演变

1. 规模序列结构演变的阶段

1949年新中国成立以后，主体区城镇数量和规模一直保持着增多、增大的趋势。表3-5是主体区年末总人口、城镇人口和城镇化率的历年变化。其中城镇化率是城镇人口与总人口的比值。城镇化率这个指标虽不能准确地表征城镇规模的全面变化，但可以反映城镇发展的一些问题，如城镇数量的增多、地域范围的扩大和辐射能力增强等城镇规模的变化特性。由表3-5可知，主体区城市个数变化有两个较大的转折点，即1988年的24个和1994年的36个。根据图3-5中城镇化率的变化，可发现主体区城镇化率变化有两个较大的拐点：1978年（13.6%）和1995年（17.2%）。综合主体区城市个数和城镇化率的变化特点，本节将主体区城镇体系规模序列的发展大致划分为四个阶段：1949～1977年、1978～1987年、1988～1994年、1995年至今。

表3-5　主体区城市个数、城镇化率的变化

年份	年末总人口/万	城镇人口/万	城市数/个	城镇化率/%
1957	4840	449	16	9.3
1962	4940	518	14	10.5
1965	5240	585	14	11.2
1970	6026	730	14	12.1
1975	6758	883	14	13.1
1978	7067	963	14	13.6
1979	7189	994	14	13.8
1980	7285	1021	16	14.0
1981	7397	1050	17	14.2
1982	7519	1084	17	14.4
1983	7632	1111	18	14.6
1984	7737	1137	18	14.7
1985	7847	1164	18	14.8
1986	7985	1196	18	15.0
1987	8148	1232	18	15.1
1988	8317	1269	24	15.3
1989	8491	1308	25	15.4
1990	8649	1342	26	15.5
1991	8763	1389	27	15.9
1992	8861	1434	28	16.2
1993	8946	1477	31	16.5

续表

年份	年末总人口/万	城镇人口/万	城市数/个	城镇化率/%
1994	9027	1520	36	16.8
1995	9100	1564	38	17.2
1996	9172	1687	38	18.4
1997	9243	1811	38	19.6
1998	9315	1937	38	20.8
1999	9387	2064	38	22.0
2000	9488	2201	38	23.2
2001	9555	2334	38	24.4
2002	9613	2480	38	25.8
2003	9667	2630	38	27.2
2004	9717	2809	38	28.9
2005	9768	2994	38	30.7
2006	9820	3189	38	32.5
2007	9869	3389	38	34.3
2008	9918	3573	38	36.0
2009	9967	3758	38	37.7

数据来源：河南省统计局．河南统计年鉴，2010

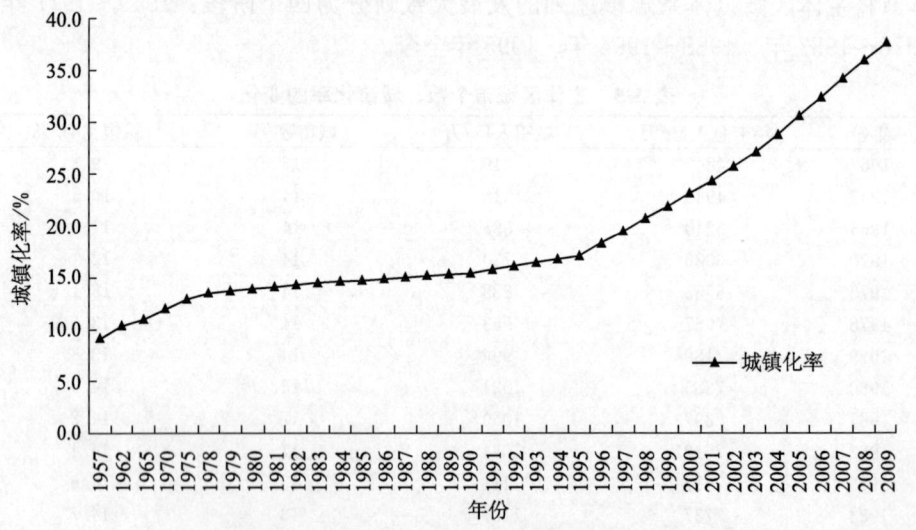

图 3-5　1957～2009 年主体区城镇化率变化图

可使用城市首位率和分形理论考查各阶段城镇体系规模序列机构的特点。根据城市首位律（许学强等，1997）计算的主体区首位度指数，包括两城市指数（传统的城市首位度）、四城市指数和十一城市指数。各自的计算方法如下：

$$S_2 = P_1/P_2 \quad (3-1)$$

$$S_4 = P_1/(P_2+P_3+P_4) \quad (3-2)$$

$$S_{11} = 2P_1/(P_2+P_3+P_4+P_5+P_6+P_7+P_8+P_9+P_{10}+P_{11}) \quad (3-3)$$

式中，P_n 表示按人口规模排在第 n 位的城市非农业人口数，$n=1，2，3，…，11$。成熟的城镇体系的两城市指数趋向 2，四城市指数和十一城市指数趋向 1。

一般来说，城镇体系的规模序列分布具有分形特征，城市规模序列中局部与整体之间有自相似性。城市规模序列分形特征可用 Pareto 指数或 Zipf（济夫）维数反映其规模级别差异（Zipf，1949；Lee，1989；刘继生和陈涛，1995；刘继生和陈彦光，2000）。这里以变形后的 Zipf 公式来分析其维数，从而判断 1987 年主体区城镇体系的分形特征。变形后的 Zipf 公式为

$$\ln P_r = \ln P_1 - q\ln r \tag{3-4}$$

式中，r 为按规模排列的城市序号；P_r 为第 r 位城市的人口数；P_1 理论上为首位城市人口数。研究发现，Zipf 公式也是一种分形模型，指数 q 被称为 Zipf 维数。当 $q=1$ 时，首位城市与最小城市的人口数之比恰好为整个城镇体系的城镇数目，城镇体系系统状态良好；当 $q<1$ 时，城镇体系的人口分布比较均匀，城镇规模分布较为集中，中间位序的城市发育较多；当 $q>1$ 时，城镇体系的人口分布差异较大，城镇规模分布分散，首位城市的垄断性较强。当 $q\to 0$ 时，所有城市趋于一样大，系统信息熵极大；当 $q\to\infty$ 时，区域内只有一个城市，为绝对的首位型分布，系统的引力熵极大（刘继生和陈涛，1995；陈彦光和刘继生，2000；余建华，2004）。

2. 1949～1977 年：行政区划变动频繁，城市个数波动上升

1949 年底，主体区辖 10 个专区、2 个省辖市、8 个非省辖市、86 个县、12 个市辖区、660 个县辖区以及 13 148 个乡。这一阶段，由于国家重点建设区的需求、工业建设任务的行政干预、"大跃进"思潮的涌动、"十年动乱"时期的三线工程建设指向等各种因素的影响，主体区行政区划调整频繁，设市情况反复变化，城市个数在起起伏伏中不断增加（表 3-6）。该时期城镇化道路虽经历了一条曲折的道路，但与昔日相比却发生了巨大的变化。至 1977 年底，主体区辖 10 地区、8 省辖市、6 个非省辖市、110 个县、34 个市辖区、1 矿区、1 个办事处、2 个镇以及 2091 个"人民公社"。

表 3-6　1949～1977 年主体区设市情况变动表

年份	城市个数	省辖市、市具体情况
1949	10（2 个省辖市，8 市）	开封市（省辖）、郑州市（省辖）、朱集市、许昌市、漯河市、周口市、洛阳市、南阳市、信阳市、驻马店市
1950	12（2 个省辖市，10 市）	开封市（省辖）、郑州市（省辖）、商丘市、朱集市、许昌市、漯河市、周口市、洛阳市、南阳市、信阳市、驻马店市、汝南市
1951	10（2 个省辖市，8 市）	开封市（省辖）、郑州市（省辖）、商丘市、许昌市、漯河市、周口市、洛阳市、南阳市、信阳市、驻马店市

续表

年份	城市个数	省辖市、市具体情况
1952	8（4个省辖市，4市）	开封市（省辖）、郑州市（省辖）、新乡市（省辖）、安阳市（省辖）、商丘市、许昌市、漯河市、洛阳市
1953	12（4个省辖市，8市）	开封市（省辖）、郑州市（省辖）、新乡市（省辖）、安阳市（省辖）、商丘市、许昌市、漯河市、周口市、洛阳市、南阳市、信阳市、驻马店市
1954～1955	12（5个省辖市，7市）	开封市（省辖）、郑州市（省辖）、新乡市（省辖）、安阳市（省辖）、洛阳市（省辖）、商丘市、许昌市、漯河市、周口市、南阳市、信阳市、驻马店市
1956	13（6个省辖市，7市）	开封市（省辖）、郑州市（省辖）、新乡市（省辖）、安阳市（省辖）、洛阳市（省辖）、焦作市（省辖）、商丘市、许昌市、漯河市、周口市、南阳市、信阳市、驻马店市
1957	16（9个省辖市，7市）	开封市（省辖）、郑州市（省辖）、新乡市（省辖）、安阳市（省辖）、洛阳市（省辖）、焦作市（省辖）、鹤壁市（省辖）、三门峡市（省辖）、平顶山市（省辖）、商丘市、许昌市、漯河市、周口市、南阳市、信阳市、驻马店市
1958～1961	14（1个省辖市，13市）	郑州市（省辖）、新乡市、安阳市、焦作市、鹤壁市、开封市、商丘市、许昌市、漯河市、平顶山市、洛阳市、三门峡市、南阳市、信阳市
1962～1963	14（2个省辖市，12市）	郑州市（省辖）、开封市（省辖）、新乡市、安阳市、焦作市、鹤壁市、商丘市、许昌市、漯河市、平顶山市、洛阳市、三门峡市、南阳市、信阳市
1964～1968	13（3个省辖市，10市）	郑州市（省辖）、开封市（省辖）、洛阳市（省辖）、新乡市、安阳市、焦作市、鹤壁市、商丘市、许昌市、漯河市、三门峡市、南阳市、信阳市
1969～1973	14（4个省辖市，10市）	郑州市（省辖）、开封市（省辖）、洛阳市（省辖）、平顶山（省辖）、新乡市、安阳市、焦作市、鹤壁市、商丘市、许昌市、漯河市、三门峡市、南阳市、信阳市
1974～1977	14（8个省辖市，6市）	郑州市（省辖）、开封市（省辖）、洛阳市（省辖）、平顶山（省辖）、新乡市（省辖）、安阳市（省辖）、焦作市（省辖）、鹤壁市（省辖）、商丘市、许昌市、漯河市、三门峡市、南阳市、信阳市

3. 1978～1987年：以中、小城市发育为主，大城市很少

由于1978～1982年市区非农业人口缺失，本阶段以1983～1987年的城市市区非农人口来反映主体区城镇体系规模序列的变化特点（表3-7）。截至1987年底，主体区辖5个地区、12个地级市、6个县级市、111个县城和40个市辖区。由表3-7可知，这一阶段城市数量规模基本保持不变，没有超大城市，百万人口的特大城市只有郑州市，人口在50万以上的大城市也只有洛阳，中等城市和小城市数量较多。1985年，中等城市增加1个，小城市相应减少1个。这一时期中小城市数量几乎占90%，大城市数量很少，仅占10%多一点，城镇体系规模

序列结构金字塔的塔尖细小。

表 3-7 1983~1987 年主体区城市规模的构成

年份	>200万人	100万~200万人	50万~100万人	20万~50万人	<20万人
1983	0	1	1	5	11
1984	0	1	1	5	11
1985	0	1	1	6	10
1986	0	1	1	6	10
1987	0	1	1	6	10

1987 年主体区城镇体系的首位度指数为：$S_2=1.53$、$S_4=0.66$、$S_{11}=0.61$。主体区城镇体系的首位指数均小于理想标准，由此判断，城镇体系发展处于初级阶段，郑州市的首位度较低，其辐射带动能力仍需提高。

选取 1987 年《中华人民共和国全国分县市人口统计资料》中 18 个省辖市的市区非农业人口为特征量，通过变形后的 Zipf 指数计算 1987 年主体区城镇体系规模序列的分维值，结果如图 3-6 所示。R^2 为 0.9720，这表明回归拟合较好。其中 $q=0.9690$，较接近 1，这表明该阶段城镇人口均匀分布在各等级的城镇中，中间位序的城市较多，高位序的城市规模不突出。

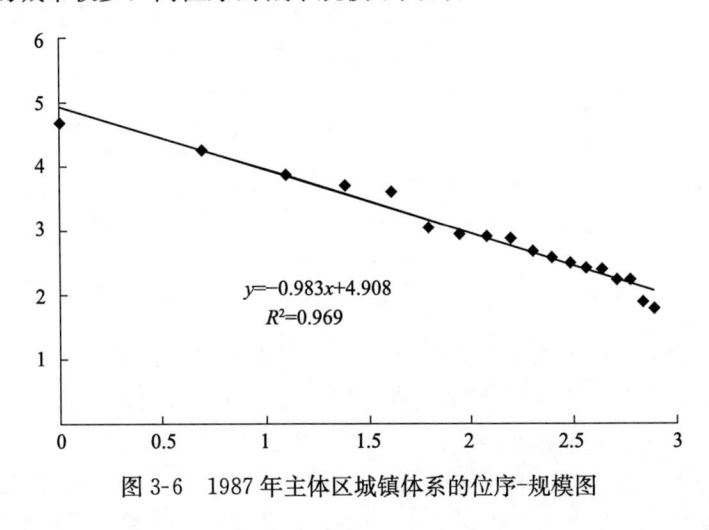

图 3-6 1987 年主体区城镇体系的位序-规模图

4. 1988~1994 年：城市数量猛增，以大城市发展为主

这一阶段主体区的城市数目从 1988 年的 24 个猛增到 1994 年的 36 个，6 年间增加了 12 座城市，是新中国成立后主体区新设置城市最多的时期。截至 1994 年，主体区辖 13 个地级市、23 个县级市、93 个县城、41 个市辖区。主体区城镇体系规模序列中人口在 200 万以上的超大城市依然没有出现；百万人口以上的特大城市仍只有郑州。大城市数量由 1988 年的 1 个增至 1994 年的 4 个，中等

城市数量变化较小，由6个增加至9个。小城市数量多，但是增长速度有所下降，直到1992年后才开始增加（表3-8和图3-7）。

表3-8 1988～1994年主体区各规模级别的城市数量

年份	100万~200万人	50万~100万人	20万~50万人	20万人以下	合计
1988	1	1	6	16	24
1989	1	1	8	25	35
1990	1	2	7	17	27
1991	1	2	7	17	27
1992	1	2	8	16	27
1993	1	3	8	19	31
1994	1	4	9	22	36

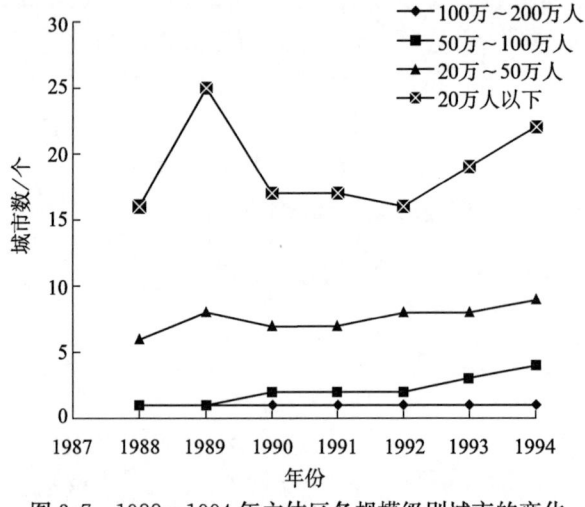

图3-7 1988～1994年主体区各规模级别城市的变化

计算主体区1994年城镇体系规模序列的首位度指数，两城市指数为1.53，四城市指数为0.69，十一城市指数为0.59，城市首位度仍然不强，城镇体系规模序列仍处于不稳定的初级阶段。

利用式（3-4）计算城镇体系规模序列的分维值，以全方位透视这一时期城镇体系发展的特点和方向（由于1990年第四次人口普查，缺失了1990年的《中华人民共和国全国分县市人口统计年鉴》，因此本节缺少了对1990年的位序-规模变化情况的分析）。具体计算结果如图3-8～图3-13及表3-9。随着主体区城镇体系中城市数量的增加，位序-规模也发生着剧烈的变化。q值从1.007逐渐变化为0.924，之后又增加至0.932，但都与1相差不多。根据位序-规模的地理分布意义可知：这一阶段主体区城镇体系人口分布差异较大，城市规模分布比较分散，首位城市的垄断地位较强，大城市很突出，而中小城市发育不够，人口分布不均衡，不利于各规模序列城市间的经济、文化交流。从q值的逐渐变小可知，这一时期主体区城镇体系中的中小城市快速发育，增长速度逐渐加快，甚至超过了大城市的发展速度。由于中小城市数量多发展快，从而使整个城镇体系的规模趋于集中。

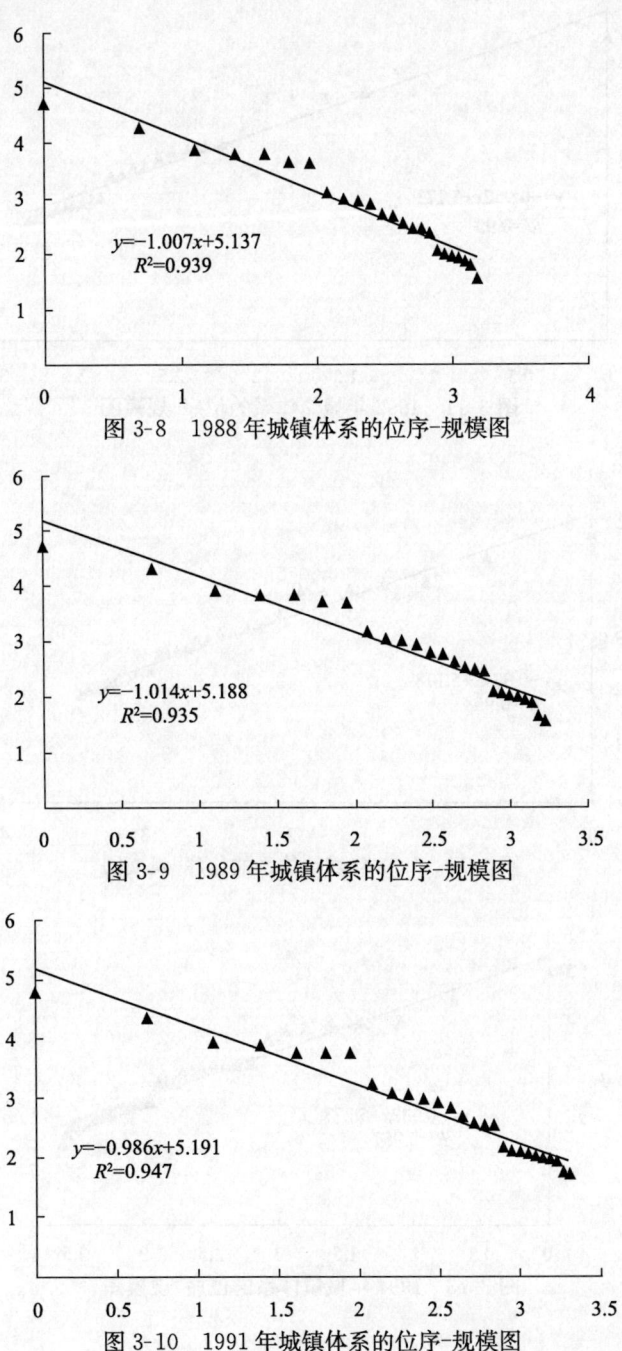

$y=-1.007x+5.137$
$R^2=0.939$

图 3-8　1988 年城镇体系的位序-规模图

$y=-1.014x+5.188$
$R^2=0.935$

图 3-9　1989 年城镇体系的位序-规模图

$y=-0.986x+5.191$
$R^2=0.947$

图 3-10　1991 年城镇体系的位序-规模图

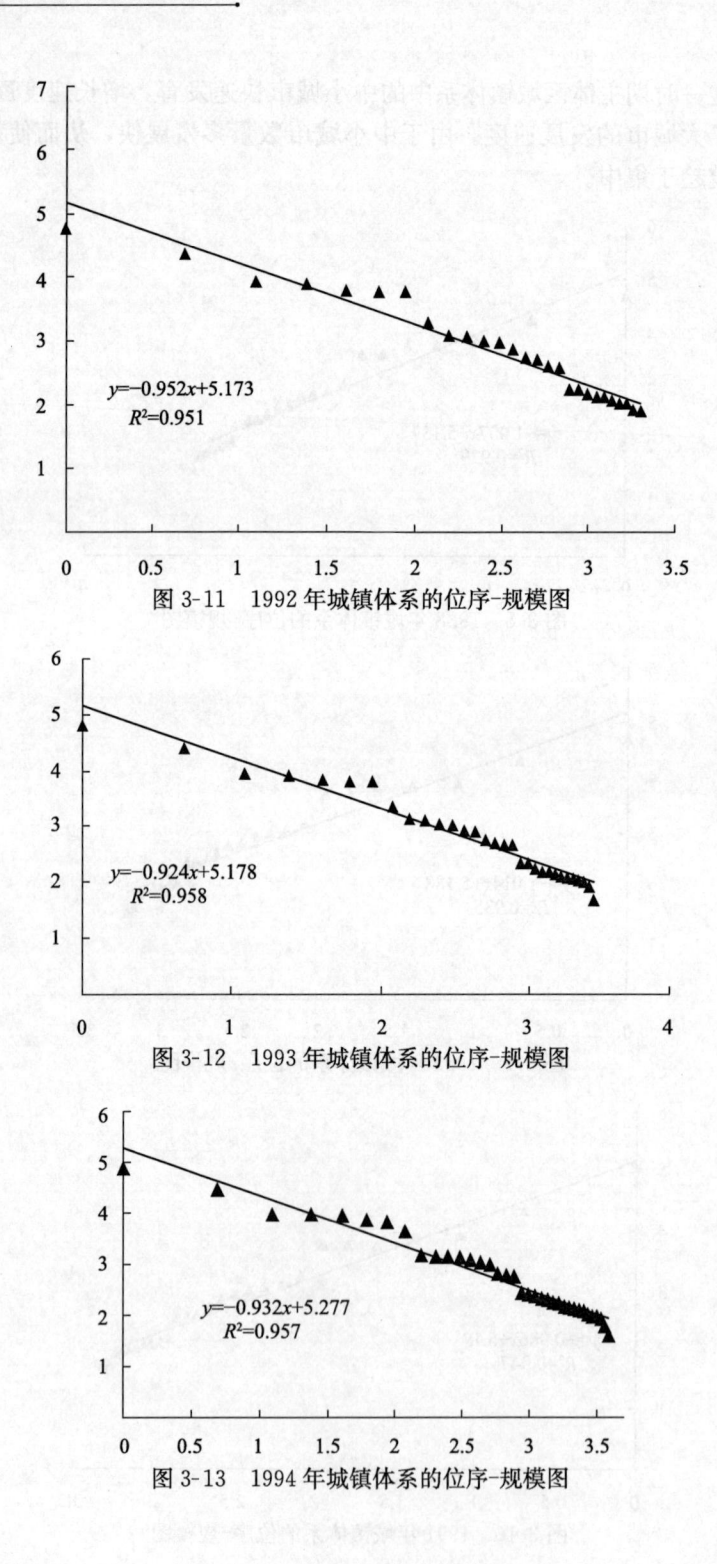

图 3-11　1992 年城镇体系的位序-规模图

$y=-0.952x+5.173$
$R^2=0.951$

图 3-12　1993 年城镇体系的位序-规模图

$y=-0.924x+5.178$
$R^2=0.958$

图 3-13　1994 年城镇体系的位序-规模图

$y=-0.932x+5.277$
$R^2=0.957$

表 3-9 1988～1994 年分维系数多年对比表

年份	方程	q 值	R^2
1988	$y=5.137-1.007x$	1.007	0.939
1989	$y=5.188-1.014x$	1.014	0.935
1991	$y=5.191-0.986x$	0.986	0.947
1992	$y=5.173-0.952x$	0.952	0.951
1993	$y=5.178-0.924x$	0.924	0.958
1994	$y=5.227-0.932x$	0.932	0.957

纵观主体区该阶段城镇体系的规模序列变化特征，可发现首位城市的首位性仍然很弱，对区域的拉动力不强。这是因为大城市的发展受到国家政策的抑制，发展速度较慢，而之所以会出现分维值所呈现的规律主要是因为小城市的数量多，在整个城镇体系的比例较大，而且城市增加又以中小城市为主。

5. 1995 年至今：城镇体系规模序列稳定发展

这一阶段主体区的城市数目从 1994 年的 36 个增长到 1995 年的 38 个后，直到 2009 年，城市数量没有发生变化。截至 2009 年，主体区有 18 个省辖市、20 个县级市、88 个县、50 个市辖区。2009 年，郑州市区非农业人口达 213.43 万，首次进入人口在 200 万以上的超大城市行列。洛阳市区非农业人口达 114.69 万，首次进入人口在 100 万以上的特大城市行列。大城市数量由 1995 年的 4 个增至 2009 年的 9 个；中等城市数量由 1995 年的 10 个增至 2009 年的 14 个；小城市数量减少，由 1995 年的 23 个降至 2009 年的 15 个（表 3-10 和图 3-14）。这一阶段主体区大城市减少和特大城市、超大城市的增加是相对的，同时中等城市的减少与大城市的发展也是相对的。即大城市和中等城市的发展速度相对较快，特大、超大城市的增加主要来自于大城市的发展，同时大城市的增加来自于中等城市的发展。

表 3-10 1995～2009 年主体区各规模级别城市的数量　（单位：个）

年份	200 万人以上	100 万～200 万人	50 万～100 万人	20 万～50 万人	20 万人以下	合计
1995	0	1	4	10	23	38
1996	0	1	5	9	23	38
1997	0	1	6	8	23	38
1998	0	2	5	9	22	38
1999	0	2	5	10	21	38
2000	0	2	7	8	21	38
2001	0	2	7	8	21	38
2002	0	2	7	8	21	38
2003	0	2	7	8	21	38
2004	0	2	8	8	20	38
2005	0	2	7	9	20	38

续表

年份	200万人以上	100万~200万人	50万~100万人	20万~50万人	20万人以下	合计
2006	0	2	7	10	19	38
2007	1	1	7	10	19	38
2008	1	1	7	12	17	38
2009	1	1	7	14	15	38

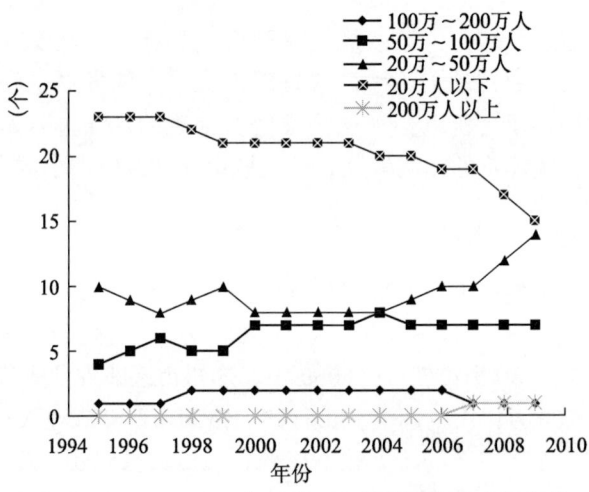

图 3-14　1995~2009 年主体区各规模级别城市的变化

1995~2009 年，主体区 38 个城市的人口规模位序没有发生显著的变化。郑州市、洛阳市的城市人口规模位序一直位居第一、第二位，尤其是郑州市作为主体区的经济、政治、文化中心和省会城市，其非农业人口以年均增加 5.56 万的速度增长，远大于其他城市的增长规模和速度。主体区 50 万~100 万人级别的大城市人口规模位序有较小的波动，位序变化基本上都不超过 2 名。例如，新乡的排名一直处在 3~5 位，焦作市的排名一直位于 6~7 位。其中 2000~2002 年商丘市区猛然增长 30 多万的非农业人口，并非净增人口，而是撤县设区等政府行为造成非农业人口的增加。2002~2004 年辉县市非农业人口的大幅度增加也属于此种情况。主体区人口在 20 万~50 万的中等城市和 20 万以下的小城市的位序变化呈现两种局面，一是大多数城市的位序排名变化幅度极小或者稳定不变，如荥阳、林州、沁阳等城市；二是个别城市出现活跃的变化态势，如登封由 1998 年的 38 名跃至 2007 年的 21 名（丁志伟和徐晓霞，2010）。

根据主体区城市首位度指数的计算结果（表 3-11），两城市指数逐渐向理想值 2 接近，接近的幅度比较大。四城市指数也有向理想值 1 接近的趋势，但接近的幅度较小，甚至出现局部的降低，有不稳定的迹象。十一城市指数变化则明显不稳定，波动性较大，在波动中小幅度向理想值靠近。总之，两城市指数离理想值差距较小，四城市指数和十一城市指数离理想值差距较大。这表明大城市的规模增长速度较快，中等城市和小城市的增长速度较慢且低水平发育，首位城市带动性不强。总体看来，主体区城镇体系的规模序列正向理想型结构状态转变，但首位城市影响力仍需提高，没有形成稳定的过渡趋势。

表 3-11 主体区 1995~2009 年城市首位度指数

年份	1995	1996	1997	1998	1999	2000	2001	2002
S_2	1.48	1.46	1.46	1.46	1.49	1.53	1.62	1.67
S_4	0.68	0.67	0.67	0.66	0.68	0.69	0.68	0.70
S_{11}	0.58	0.57	0.56	0.55	0.56	0.56	0.55	0.57
年份	2003	2004	2005	2006	2007	2008	2009	
S_2	1.67	1.74	1.77	1.76	1.82	1.82	1.86	
S_4	0.68	0.66	0.71	0.71	0.73	0.73	0.75	
S_{11}	0.55	0.53	0.56	0.58	0.59	0.59	0.60	

根据变形后的 Zipf 公式，分别计算 1995~2009 年主体区城镇体系规模序列结构变化的分维值（表 3-12 和图 3-15），来进一步探究主体区城镇体系的深层次变化规律。由表 3-12 知，相关系数 R^2 值均达到 0.923 以上，相关性较好，并且 q 值均在 0.893 以上，说明主体区城镇体系规模分布具有分形特征。近年来主体区的城镇体系规模分布的 Zipf 指数 q 值均小于 1，即分维数均大于 1，城镇体系的人口分布差异较大，城市规模分布分散，首位城市的垄断性较强，影响了城镇体系整体功能的充分发挥。从图 3-15 中 q 值的变化可以看出，q 值近 15 年先变大后减小，说明集中的力量和分散的力量相互交织。但自 2004 年之后有一个明显的缩小趋势，逐渐偏离理想指数 1。这表明：一方面城镇规模分布的分散力量大于集中的力量，首位城市的垄断性有所下降；另一方面其规模分布在向更分散的规模结构方向演化，城镇规模发展趋势向反方向发展。

表 3-12 1995~2009 年分维系数多年对比表

年份	方程	q 值	R^2
1995	$y=5.277-0.902x$	0.902	0.958
1996	$y=5.309-0.896x$	0.896	0.958
1997	$y=5.351-0.895x$	0.895	0.956
1998	$y=5.395-0.896x$	0.896	0.952
1999	$y=5.411-0.893x$	0.893	0.955
2000	$y=5.469-0.903x$	0.903	0.948
2001	$y=5.556-0.921x$	0.921	0.952
2002	$y=5.619-0.939x$	0.939	0.946
2003	$y=5.636-0.925x$	0.925	0.940
2004	$y=5.741-0.940x$	0.940	0.931

续表

年份	方程	q值	R^2
2005	$y=5.681-0.908x$	0.908	0.924
2006	$y=5.681-0.893x$	0.893	0.923
2007	$y=5.696-0.893x$	0.893	0.928
2008	$y=5.720-0.896x$	0.896	0.930
2009	$y=5.745-0.902x$	0.902	0.930

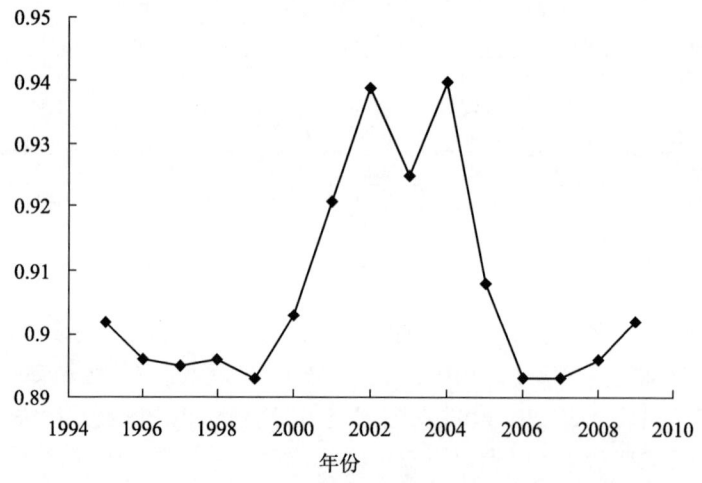

图 3-15　1995～2009 年主体区城镇体系规模序列的分维值变化

根据城镇体系规模结构发展阶段理论可分析得出：目前主体区城镇体系首位城市的垄断性较强，但在首位城市影响下的集中力量小于整体规模结构的分散力量，首位城市的影响力离理想状态仍有一定差距，有待进一步提高其城市影响范围。城镇体系的规模序列结构正处于分散向集中过渡的发展时期，属于发展的中间阶段，尚未形成理想的规模序列结构。这一分析结果与城市首位度指数的分析结果基本相同，都表明当前主体区区划范围内地区的规模序列结构发育不够成熟，需要进行整合设计。

二、规模序列结构的现状

1. 城镇体系的人口分布

2009 年底，主体区 18 个省辖市、20 个县级市、88 个县的市区与县城的非农业人口数见表 3-13，其中县城的非农业人口为所在城关镇的非农业人口。该表显示：126 个城镇的平均规模仅为 18.45 万人，规模最大的郑州市也只有 200 万出头，小于 10 万人的城镇有 51 个（包括两个县级市），占比达 40% 以上，小于 8 万人的城镇有 30 个，占比接近 1/4。

表 3-13   2009 年主体区 126 个城镇的非农业人口   （单位：万人）

位序	城镇	规模	位序	城镇	规模	位序	城镇	规模
1	郑州市	213.43	43	太康县	12.88	85	商城县	9.01
2	洛阳市	114.69	44	临颍县	12.87	86	扶沟县	8.85
3	商丘市	92.85	45	潢川县	12.49	87	西峡县	8.73
4	平顶山市	78.78	46	安阳县	12.43	88	商水县	8.62
5	新乡市	74.76	47	息县	12.40	89	新县	8.54
6	安阳市	71.75	48	鹿邑县	12.38	90	长垣县	8.42
7	焦作市	65.12	49	中牟县	12.33	91	正阳县	8.37
8	开封市	59.61	50	内乡县	12.32	92	叶县	8.36
9	南阳市	57.45	51	灵宝市	12.26	93	睢县	8.33
10	漯河市	46.94	52	新安县	12.10	94	尉氏县	8.25
11	信阳市	45.03	53	罗山县	12.08	95	宁陵县	8.15
12	濮阳市	42.91	54	鄢陵县	12.06	96	社旗县	8.00
13	许昌市	41.17	55	卫辉市	12.04	97	汤阴县	7.58
14	鹤壁市	38.29	56	泌阳县	11.59	98	遂平县	7.30
15	辉县市	35.83	57	镇平县	11.51	99	获嘉县	7.26
16	驻马店市	28.02	58	襄城县	11.48	100	博爱县	7.19
17	济源市	26.23	59	新野县	11.43	101	延津县	7.18
18	周口市	25.60	60	濮阳县	11.39	102	宝丰县	7.14
19	项城市	23.44	61	淅川县	11.39	103	浚县	7.14
20	平舆县	23.11	62	汝州市	11.32	104	清丰县	7.12
21	许昌县	23.00	63	民权县	11.11	105	舞阳县	7.05
22	三门峡市	22.57	64	滑县	11.10	106	温县	6.88
23	固始县	21.53	65	桐柏县	11.10	107	淇县	6.40
24	登封市	20.26	66	荥阳市	11.01	108	武陟县	6.35
25	永城市	20.12	67	上蔡县	10.54	109	范县	6.31
26	禹州市	20.04	68	偃师市	10.50	110	汝阳县	6.07
27	淮滨县	18.80	69	舞钢市	10.44	111	洛宁县	6.03
28	新密市	18.73	70	夏邑县	10.35	112	孟津县	5.98
29	林州市	17.54	71	柘城县	10.31	113	孟州市	5.75
30	邓州市	17.00	72	方城县	10.28	114	修武县	5.73
31	沈丘县	16.22	73	西平县	10.21	115	郏县	5.70
32	长葛市	16.04	74	渑池县	10.15	116	嵩县	5.67
33	新郑市	15.89	75	兰考县	10.03	117	内黄县	5.63
34	巩义市	15.73	76	鲁山县	9.97	118	通许县	5.61
35	郸城县	14.85	77	宜阳县	9.87	119	开封县	5.51
36	确山县	14.65	78	新蔡县	9.86	120	陕县	5.42
37	西华县	14.28	79	南召县	9.80	121	原阳县	5.38
38	伊川县	14.25	80	封丘县	9.72	122	栾川县	4.49
39	淮阳县	13.97	81	汝南县	9.60	123	南乐县	4.24
40	光山县	13.81	82	沁阳市	9.39	124	卢氏县	4.21
41	义马市	13.41	83	杞县	9.18	125	台前县	3.24
42	唐河县	13.41	84	虞城县	9.05	126	新乡县	2.90

2. 城镇体系的规模级别构成

我国现行的城市规模级别划分以城市非农业人口为基本依据,其中设市城市共分为4个等级:第一级为特大城市,非农业人口规模大于100万;第二级为大城市,非农业人口规模为50万~100万;第三级为中等城市,非农业人口规模为20万~50万;第四级为小城市,人口规模小于20万(顾朝林等,1999)。由于当前城市规模扩展迅速,该标准难以适应未来城市规模划分的需要,为此在参照现行标准的基础上,增加了非农业人口大于200万的超大城市级别,特大城市的规模调整为100万~200万。

截至2009年底,主体区城镇体系126个城镇中,超大城市和特大城市各有1个,各占总数的0.79%;大城市7个,占5.56%;中等城市14个,占11.11%;小城市15个,占11.90%;人口超过10万的县城有39个,占30.95%;人口小于10万的县城49个,占38.89%(表3-14)——规模序列结构的不同级别城镇个数的构成呈现比较规则的"金字塔"形。人口在100万以上的特大、超大城市只有2个,但其非农业人口占126个城镇非农业人口之和的比重达14.01%;7个大城市非农业之和为500.32万,占21.53%;14个中等城市非农业人口之和为436.45万,占18.78%;15个小城市非农业人口之和为197.05万,占8.48%;88个县城非农业人口之和为862.57万,占37.11%。按照表3-14所列七个规模级别考察,主体区规模序列结构的不同级别城镇的人口数构成呈不规则的"金字塔"形。但是,如果按照特(超)大城市(14.01%)、大城市(21.53%)、中小城市(27.26%)、县城(37.11%)四个规模级别考察,不同级别城镇的人口数构成呈相当规则的"金字塔"形。

表3-14 2009年主体区城镇体系的规模级别构成

城镇级别	划分标准	城市 数量/个	城市 比重/%	人口 数量/万人	人口 比重/%
超大城市	>200万人	1	0.79	213.43	9.18
特大城市	100万~200万人	1	0.79	114.69	4.93
大城市	50万~100万人	7	5.56	500.32	21.52
中等城市	20万~50万人	14	11.11	436.45	18.78
小城市	20万人以下(含两个10万人以下)	15	11.90	197.05	8.48
县城Ⅰ	10万~25万人	39	30.95	511.19	21.99
县城Ⅱ	10万人以下	49	38.89	351.38	15.12
总计		126	100	2324.51	100

因此,从整体而言,主体区城镇体系中城镇人口的规模级别构成较为合理。但是,从平均水平而言,38个城市平均非农业人口38.47万,88个县城平均非

农业人口 9.80 万，总的规模水平偏低。尽管特（超）大城市只有 2 个，仅占 38 市的 5.26%，人口比却占到 22.44%；尽管中小城市多达 29 个，占 38 市的 76.32%，人口比仅占到 43.33%。郑州市和洛阳市的人口占比看似不低，但由于总的规模水平偏低，其规模效应并不高，还有继续扩大规模的空间。现有的 7 个大城市的平均规模为 71.47 万人，离规模级别中位数（75 万）有一定差距，扩大规模的潜能较大。而中小城市规模普遍偏低以及县城平均规模不足 10 万的现状，对主体区实施中心带动战略有较大的负面影响。可以说，在城镇化进程中，主体区各级别的城镇都面临着规模扩张的客观需求。

3. 城镇体系的首位律特征

根据城市首位度指数公式进行计算，2009 年主体区城镇体系的两城市指数为 1.86，四城市指数为 0.75，十一城市指数为 0.60。理想状态下的四城市指数和十一城市指数都为 1，两城市指数为 2，但是主体区的两城市指数（1.86）小于 2，四城市指数（0.75）与十一城市指数（0.60）均小于 1，且随着参与城市的增多，指数偏离理想值越多。这表明主体区的两城市指数显著，四城市与十一城市指数不突出，城市首位率尚未处于稳定状态。由此可知，主体区各城市规模差距有较大幅度的缩小趋势，但处于发展的中级阶段，尚未形成完整的规模序列结构。

4. 城镇体系规模级别的均衡状况

城镇体系规模级别的均衡状况可采用不平衡指数 s 度量，s 反映了各个规模级别的城镇分布的均衡程度，其计算公式为

$$s = \frac{\sum_{i}^{n} x_i - 50(n+1)}{100n - 50(n+1)} \quad (i = 1, 2, 3, \cdots, n) \qquad (3\text{-}5)$$

式中，n 为把区域内全部城镇按一定的规模细分成 n 个级别；x_i 为各规模级别按占城镇人口的比重从大到小排序后，第 i 级规模的城镇人口累计百分比。显然，若 $s=0$，则城镇人口均匀分布在 n 个级别中；$s=1$ 说明分配极不平衡，所有城镇人口集中在一个规模级别（陈其霆，2003）。将全省 126 个城镇按表 3-15 的城镇级别划分模式分为 6 个等级，最高等级大于 200 万人，最低等级小于 20 万人。然后将各等级人口累计百分比带入式（3-5），得到不平衡指数 $s=0.306$，说明主体区城镇体系规模序列结构仍处于不平衡状态。

表 3-15　2009 年主体区规模分级后各部门比例及累计百分比

排序	规模分级/万人	市区非农业人口/万人	比重/%	累计百分比/%
1	10~20	625.46	26.91	26.91
2	20~50	504.09	21.69	48.59

续表

排序	规模分级/万人	市区非农业人口/万人	比重/%	累计百分比/%
3	50~100	500.32	21.52	70.12
4	10 以下	366.52	15.77	85.88
5	200	213.43	9.18	95.07
6	100~200	114.69	4.93	100.00

5. 城镇体系的分形特征

为更全面地了解主体区城镇体系规模序列的分形特征，有必要对主体区 126 个城镇进行位序-规模分析。根据表 3-13 中的数据和式（3-4）进行计算，可得出 126 个城镇的人口规模和位序的双对数曲线图（图 3-16）。由该图可知 q 值为 0.785，这表明主体区城镇体系的人口分布比较均匀，城镇规模分布较为集中，中间位序的城市发育较多，特大城市、超大城市和小城镇发育不够。这一结果与规模级别特征和首位度指数的分析结果基本类似，都表明主体区城镇体系规模序列结构发育不够成熟，需要进一步整合设计。

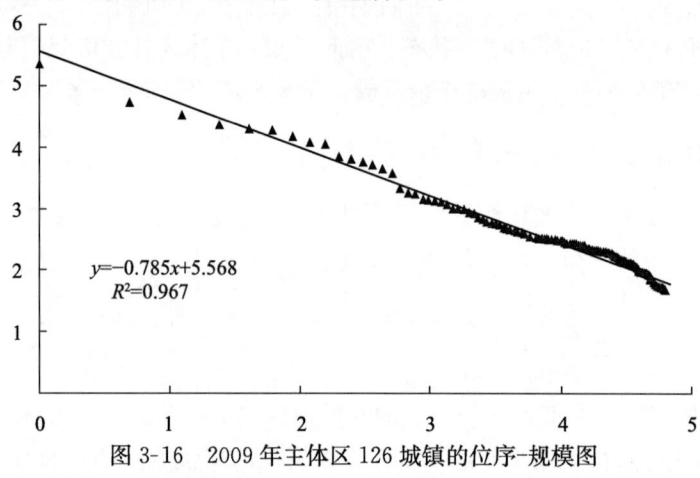

$y=-0.785x+5.568$
$R^2=0.967$

图 3-16 2009 年主体区 126 城镇的位序-规模图

三、规模序列结构的优化

1. 规模序列结构存在的问题

基于上述分析，近 15 年主体区城镇体系规模结构存在如下问题：首先，整个城镇体系中首位城市郑州的首位度一直处于偏低，对整个区域的带动力不强；其次，城镇体系规模不符合位序-规模和首位分布，但是分形的 q 值有向理想值靠近的趋势，系统离均衡状态接近，分形效果较好；再次，大城市、中等城市发展速度相对较慢；最后，小城市数量多，但城市规模太小，不足以带动周边县城、镇的发展，对周围卫星城镇吸引集聚的力量不强。

总之，主体区城镇体系的城市首位城市的影响力不够，中间位序城镇数目较多，小城市人口规模低水平发育；规模序列结构正处于分散向集中的过渡时期，属于发展的中级阶段；城镇体系的规模分布正从首位分布型向位序-规模型转变，变化态势明显，但离理想的位序-规模结构仍有一定差距。

2. 调控非农业人口与城镇人口

随着中原经济区城镇化进程的逐步加快，主体区城镇体系的规模序列结构也将随之发生变化。合理地调控和组织现代城镇体系的城镇非农业人口，使当前的城镇体系由中间位序城镇较多、小城镇低水平发育的状态向高水平均衡阶段过渡，是构建合理的城镇体系规模序列结构的有效途径。

调控126个城镇非农业人口的依据是：①根据2009年主体区18个省辖市、20个县级市、88个县城的市（镇）区非农业人口，采用Dps7.05中的GM(1,1)模型，对自然状态下的非农业人口进行测算的结果。②充分考虑2020年中原经济区主体区河南省的城镇化率将超过50%，每个县都有一个城镇达到20万人的发展目标。③参考《河南省全面建设小康社会规划纲要》、126个城镇总体规划、土地规划中确定的市（镇）区人口规模数。④考虑户籍制度改革可能带来的非农业人口（即户籍人口）的额外增长，以及在城镇工作、生活的农村户籍人口（即农民工及其家属）的客观存在。⑤适当考虑在中小城市附近或城中村、城乡结合部的新型农村社区人口。

根据以上依据，结合126个城镇未来在城镇体系中的定位、功能和发展态势，本书给出2020年主体区各级别城镇的市（镇）区非农业人口、城镇人口调控值（表3-16和图3-17）。这里所说的市（镇）区非农业人口是指其居住、工作和生活均在市（镇）区，并且其户籍也落在城镇，其户籍与居住、工作和生活的环境和地域是统一的人员，该类人口是计算非农化率的依据。市（镇）区城镇人口是指包括市（镇）区非农业人口以及户口虽未在市（镇）区落户，但是其已经在城镇居住、工作和生活，并且达到一定期限的人员，该类人口是计算城镇化率的依据。另外，表3-16中的折算系数是根据2000～2009年126个城镇市（镇）区非农业人口与城镇人口的比值变动情况，结合未来各级别城镇的非农业人口和城镇人口的发展态势推算出来的，其取值范围为1.1～1.5，各级别城镇采用的折算系数详见表3-16。

表3-16　2020年126个城镇市（镇）区非农业人口、城镇人口调控值

级别（以市区、镇区非农业人口计）	城市（县）名称	非农业人口调控值/万人	折算系数	折算后的城镇人口/万人	城镇人口调控值
一级（200万人以上的超大城市）	郑州市	340	1.5	510.0	500
	洛阳市	210	1.45	304.5	300

续表

级别（以市区、镇区非农业人口计）	城市（县）名称	非农业人口调控值/万人	折算系数	折算后的城镇人口/万人	城镇人口调控值
二级（100万～200万人的特大城市）	南阳市	130	1.4	182.0	180
	新乡市	125	1.4	175.0	170
	开封市	120	1.4	168.0	170
	商丘市	110	1.4	154.0	150
	安阳市	110	1.4	154.0	150
	焦作市	102	1.4	142.8	140
三级（50万～100万人的大城市）	平顶山市	80	1.4	112.0	110
	许昌市	75	1.4	105.0	105
	驻马店市	75	1.4	105.0	103
	濮阳市	75	1.4	105.0	100
	周口市	75	1.4	105.0	100
	信阳市	75	1.4	105.0	100
	漯河市	75	1.3	97.5	95
	鹤壁市	75	1.3	97.5	95
	济源市	60	1.3	78.0	76
	三门峡	60	1.3	78.0	76
	固始县	51	1.25	63.8	60
	项城市	51	1.25	63.8	60
四级（20万～50万人的中等城市）	邓州市	40	1.25	50.0	50
	伊川县	38	1.2	45.6	45
	巩义市	38	1.2	45.6	45
	永城市	38	1.2	45.6	45
	偃师市	38	1.2	45.6	45
	长垣县	37	1.2	44.4	44
	潢川县	37	1.2	44.4	44
	荥阳市	35	1.2	42.0	42
	淮滨县	35	1.2	42.0	42
	禹州市	33	1.2	39.6	39
	林州市	33	1.2	39.6	39
	登封市	33	1.2	39.6	39
	滑县	33	1.2	39.6	39
	尉氏县	33	1.2	39.6	39
	鄢陵县	33	1.2	39.6	39
	方城县	33	1.2	39.6	39
	温县	33	1.2	39.6	39
	原阳县	33	1.2	39.6	39
	新郑市	31	1.2	37.2	38
	上蔡县	30	1.2	36.0	37
	渑池县	30	1.2	36.0	37
	汤阴县	30	1.2	36.0	37
	桐柏县	30	1.2	36.0	37
	长葛市	30	1.2	36.0	36
	扶沟县	29	1.2	34.8	35

续表

级别（以市区、镇区非农业人口计）	城市（县）名称	非农业人口调控值/万人	折算系数	折算后的城镇人口/万人	城镇人口调控值
四级（20万～50万人的中等城市）	许昌县	28	1.2	33.6	34
	平舆县	28	1.2	33.6	34
	确山县	28	1.2	33.6	33
	息县	27	1.2	32.4	32
	柘城县	27	1.2	32.4	32
	新密市	25	1.2	30.0	30
	灵宝市	25	1.2	30.0	30
	辉县市	25	1.2	30.0	30
	夏邑县	25	1.2	30.0	30
	义马市	25	1.2	30.0	30
	淮阳县	25	1.2	30.0	30
	鹿邑县	25	1.2	30.0	30
	襄城县	25	1.2	30.0	30
	商城县	23	1.2	27.6	28
	太康县	23	1.2	27.6	28
	新野县	23	1.2	27.6	28
	舞钢市	23	1.2	27.6	28
	沈丘县	23	1.2	27.6	28
	光山县	23	1.2	27.6	28
	陕县	23	1.2	27.6	28
	汝州市	23	1.2	27.6	27
	西平县	23	1.2	27.6	27
	泌阳县	23	1.2	27.6	27
	宜阳县	23	1.2	27.6	27
	兰考县	23	1.2	27.6	27
	正阳县	23	1.2	27.6	27
	社旗县	23	1.2	27.6	27
	临颍县	22	1.2	26.4	26
	唐河县	22	1.2	26.4	26
	郸城县	22	1.2	26.4	26
	民权县	22	1.2	26.4	26
	罗山县	22	1.2	26.4	26
	汝南县	22	1.2	26.4	26
	安阳县	21	1.2	25.2	25
	中牟县	21	1.2	25.2	25
	濮阳县	21	1.2	25.2	25
	新安县	21	1.2	25.2	25
	沁阳市	21	1.2	25.2	25
	镇平县	21	1.2	25.2	25
	西峡县	21	1.2	25.2	25
	西华县	21	1.2	25.2	25
	虞城县	21	1.2	25.2	25
	封丘县	21	1.2	25.2	25

续表

级别（以市区、镇区非农业人口计）	城市（县）名称	非农业人口调控值/万人	折算系数	折算后的城镇人口/万人	城镇人口调控值
	武陟县	20	1.2	24.0	24
	新乡县	20	1.2	24.0	24
	杞县	20	1.2	24.0	24
	遂平县	20	1.2	24.0	24
	清丰县	20	1.2	24.0	24
	睢县	19	1.2	22.8	23
	舞阳县	19	1.2	22.8	23
	卫辉市	19	1.2	22.8	23
	鲁山县	18	1.2	21.6	22
	通许县	18	1.2	21.6	22
	延津县	18	1.2	21.6	22
	孟州市	18	1.2	21.6	22
	博爱县	18	1.1	19.8	20
	内乡县	18	1.1	19.8	20
	开封县	18	1.1	19.8	20
	宁陵县	18	1.1	19.8	20
	浚县	18	1.1	19.8	20
	获嘉县	18	1.1	19.8	20
五级（20万人以下的小城镇）	新县	18	1.1	19.8	20
	台前县	18	1.1	19.8	20
	叶县	17	1.1	18.7	19
	商水县	16	1.1	17.6	18
	新蔡县	16	1.1	17.6	18
	修武县	16	1.1	17.6	18
	栾川县	16	1.1	17.6	18
	卢氏县	16	1.1	17.6	18
	汝阳县	16	1.1	17.6	18
	淅川县	15	1.1	16.5	17
	宝丰县	15	1.1	16.5	17
	淇县	15	1.1	16.5	17
	内黄县	15	1.1	16.5	17
	郏县	15	1.1	16.5	17
	洛宁县	15	1.1	16.5	17
	范县	15	1.1	16.5	17
	南乐县	14	1.1	15.4	16
	嵩县	13	1.1	14.3	15
	孟津县	13	1.1	14.3	15
	南召县	13	1.1	14.3	15

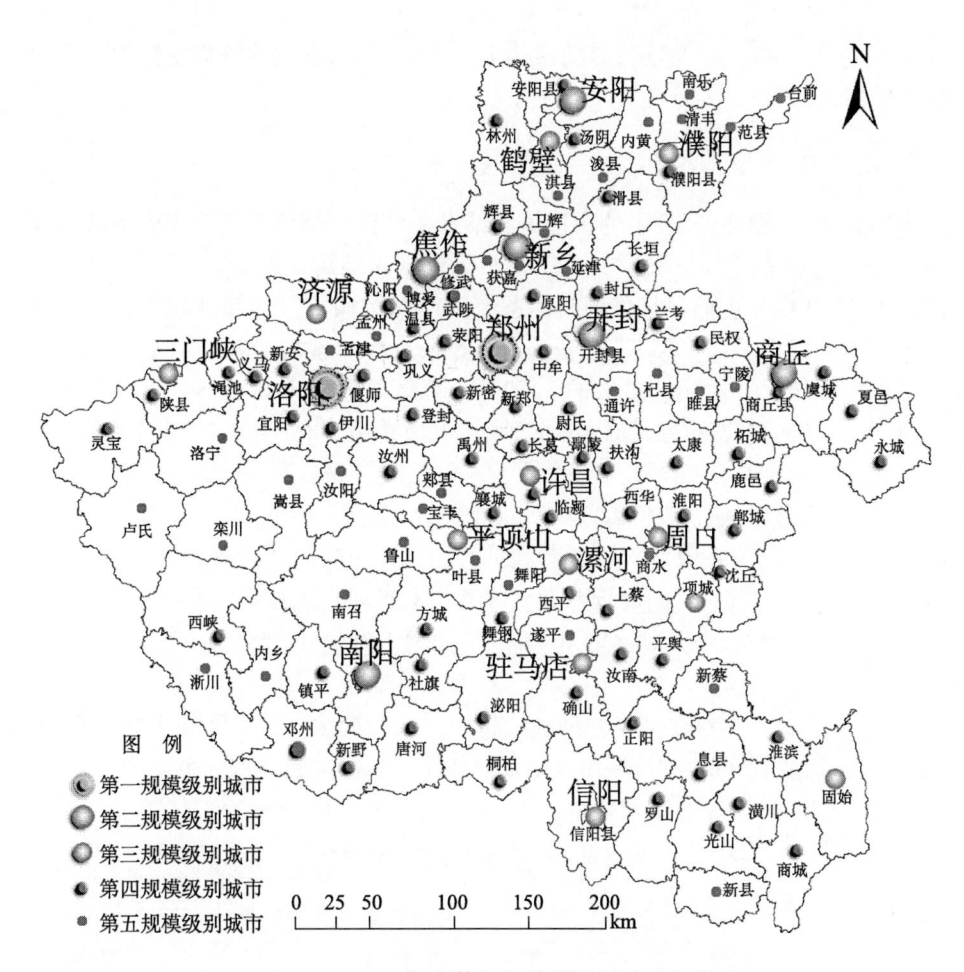

图 3-17 2020年主体区各规模级别城镇分布图

由表3-16和图3-17中2020年126个城镇的市（镇）区非农业人口调控值可知：主体区拥有两座200万人口以上的超大城市，其中一座超过了300万；100万~200万人口的城市数目和人口数量均明显增加，50万~100万人口的大城市数目和人口规模大幅增加；20万~50万人口的中等城市数目有所增加，20万以下的小城镇大幅度减小。至2020年，郑州市区非农业人口达到340万，城镇人口达到500万，仍为首位的超大城市；洛阳市区非农业人口达到210万，城镇人口达到300万，仍为第二位的超大城市；南阳市、新乡市、开封市、商丘市、安阳市、焦作市成为市区非农业人口在100万以上的特大城市，城镇人口基本上都在150万以上；平顶山市、驻马店市、濮阳市、周口市、信阳市、三门峡市、漯河市、鹤壁市、济源市以及固始、项城成为市（镇）区非农业人口在50万以上的大城市，城镇人口在60万~95万；其他的县级市和县城的非农业人口均在 10 万以上，其中许多将成为人口在 20 万以上的中等规模城镇，部分城镇的城镇人口将接近 50 万。

3. 建立规模序列结构

依据表 3-16 和图 3-17 中的调控值，结合主体区城镇体系规模序列的现状级别表 3-14，可建立主体区新型的城镇体系规模序列结构，见表 3-17。由表 3-17 可知，到 2020 年，主体区现代城镇体系规模序列结构可分为超大城市、特大城市、大城市、中等城市（镇）、小城镇 5 个等级。其中超大城市的数量由 2009 年的 1 个增加到 2 个，占城镇总数的 1.59%，市区非农业人口达 550 万，比重由 2009 年的 9.18%提高至 12.05%。特大城市的数量由 2009 年的 1 个增加到 6 个，比重由 0.79%提高至 4.76%，市区非农业人口总数达 697 万，比重由 4.93%提高至 15.28%。大城市的数量由 2009 年的 7 个升至 12 个，比重由 2009 年的 5.56%提高至 9.52%，市区非农业人口达到 827 万，其比重略有下降，由 21.52%降至 18.12%。中等城市（镇）的数量由 14 个升至 73 个，比重由 2009 年 11.11%大幅提高至 57.94%，非农业人口比重由 18.78%大幅上升至 42.63%；20 万以下的小城镇个数由 103 个降至 33 个，比重降至 26.19%，非农业人口降至 544 万，比重降至 11.92%。在这种城镇体系规模序列结构中，人口向大、特大和超大城市集中，小城镇的数量大幅下降，中等城市（镇）的数量与规模大幅增加。至 2020 年，主体区现代城镇体系的规模序列结构见表 3-18，如图 3-18 所示。

表 3-17 2020 年主体区城镇体系的规模级别构成

城镇级别	划分标准/万人	城市 数量/个	比重/%	人口 数量/万人	比重/%
超大城市	>200	2	1.59	550	12.05
特大城市	100~200	6	4.76	697	15.28
大城市	50~100	12	9.52	827	18.12
中等城市（镇）	20~50	73	57.94	1945	42.63
小城镇	10~20	33	26.19	544	11.92
总计		126	100	4563	100

表 3-18 2020 年主体区城镇体系规模序列结构

人口规模/万	规模级别	城镇名称	个数
>200	超大城市	郑州市、洛阳市	2
100~200	特大城市	南阳市、新乡市、开封市、商丘市、安阳市、焦作市	6
50~100	大城市	平顶山市、许昌市、驻马店市、濮阳市、信阳市、周口市、漯河市、鹤壁市、济源市、三门峡市、固始县、项城市	12
20~50	中等城市（镇）	邓州市、伊川县、巩义市、永城市、偃师市、长垣县、潢川县、荥阳市、淮滨县、禹州市、林州市、登封市、滑县、尉氏县、鄢陵县、方城县、温县、原阳县、新郑市、上蔡县、渑池县、汤阴县、桐柏县、长葛市、扶沟县、许昌县、平舆	73

第三章 现代城镇体系的等级层次和规模序列结构

续表

人口规模/万	规模级别	城镇名称	个数
20~50	中等城市（镇）	县、确山县、息县、柘城县、新密市、灵宝市、辉县市、夏邑县、义马市、淮阳县、鹿邑县、襄城县、商城县、太康县、新野县、舞钢市、沈丘县、光山县、陕县、汝州市、西平县、泌阳县、宜阳县、兰考县、正阳县、社旗县、临颍县、唐河县、郸城县、民权县、罗山县、汝南县、安阳县、中牟县、濮阳县、新安县、沁阳市、镇平县、西峡县、西华县、虞城县、封丘县、武陟县、新乡县、杞县、遂平县、清丰县	
10~20	小城镇	睢县、舞阳县、卫辉市、鲁山县、通许县、延津县、孟州市、博爱县、内乡县、开封县、宁陵县、浚县、获嘉县、新县、台前县、叶县、商水县、新蔡县、修武县、栾川县、卢氏县、汝阳县、淅川县、宝丰县、淇县、内黄县、郏县、洛宁县、范县、南乐县、嵩县、孟津县、南召县	33

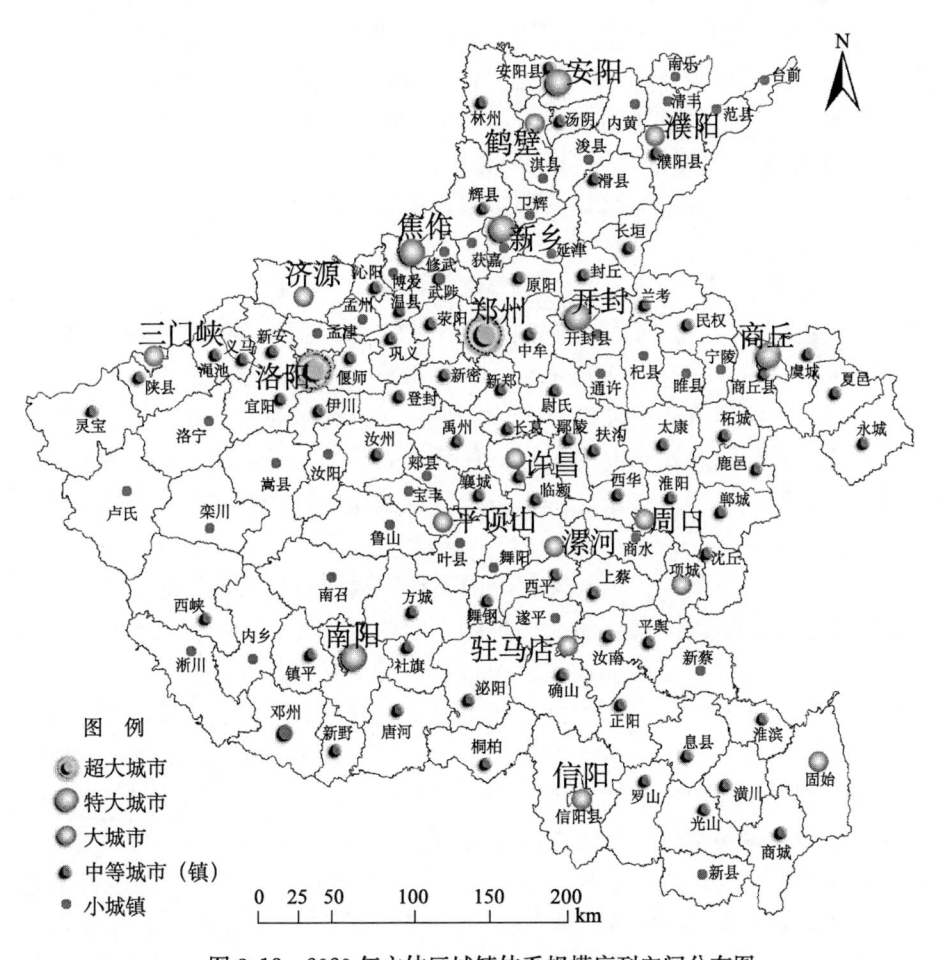

图 3-18 2020 年主体区城镇体系规模序列空间分布图

展望2030年，主体区现有的126个城镇中，超大城市有可能增至4个，特大城市有可能增至12个，大城市有可能增至50个左右，中等城市的数量将稳定在60个左右，现有的县级市、县城有可能都进入20万人以上的大、中城市行列。届时，随着新型城镇化的健康发展与县域经济水平的大幅提高，现有的中心镇、一般性建制镇以及新设置的镇将会蓬勃发展，一批新兴的小城镇将出现在中原大地。大、中、小城市和小城镇协调发展，经济支撑有力、基础设施完善、服务功能健全、人居环境优美、发展协调有序的现代城镇体系将在中原经济区建设中真正起到中心带动的作用。

4. 优化规模序列结构的措施

第一，提高首位城市的影响力。根据主体区城镇体系首位度、级别分类、均衡度计算以及规模结构的分维计算，郑州市作为首位城市，城市首位度不够突出，带动辐射作用不是很充分，没有形成成熟的城镇体系规模结构。因此，需要进一步发挥其带动作用，增强其核心竞争力。郑州市在整个城镇体系中位居一级网络节点，起着重要的空间组织作用。构建以核心城市郑州为中心，以与其联系紧密的地方性中心城市——巩义、新密、新郑、荥阳、登封为节点，以交通线和通信线为网络构建郑州都市圈，形成网络化和极化共同发展的空间结构，使其真正成为龙头城市。

第二，加强重点城市建设，完善规模序列结构。针对主体区城镇体系中间序列城镇数目较多、小城市人口规模低水平发育这一现状，可选择基础条件好、发展潜力大的中小城镇进行重点培育。可考虑重点加强新乡、开封、焦作、许昌、漯河等城市的经济联系和区域合作联系，从提高区域整体功能和区域相互影响力出发，明确其职能和发展重点。郑州市周围的支点城镇重点提高建设质量，重视产业的规模化和集聚化，积极发展乡镇企业和个体经济，提高乡村地区的经济集聚力，发现和培育一批设市、设镇的小城镇。

第三，加快融入国家"中部崛起"的整体布局建设。主体区位于我国的中间地带，占据承东启西、联南通北的优越空间位置，资源、技术交流的平台地域等优势地理区位。主体区应抓住区位优势，提高城镇体系的集中力量，促使其规模序列结构向理想的位序-规模结构转变。主体区还应充分发挥中部交流的平台，加强主体区现代城镇体系的协作发展，使其成为我国东西之间、南北之间的桥梁和纽带，为中国中部崛起充分发挥其推动作用。

总之，主体区城镇体系发展在初期表现为中小城市数量的剧增和后期大城市规模的扩大，大城市与中小城市的发展没有同步进行，首位城市的规模不大、垄断性不强，城镇体系的空间集聚程度低，尤其是特大城市和大城市数目少，中等城市过多且发展缓慢，无法有效带动主体区经济的发展，是城镇体系存在的主要问题，其根本原因是城市缺乏工业的强大支撑。因此，主体区现代城镇体系建设除了优化等级层次结构与规模序列结构以外，职能类型结构与空间布局结构的优化也势在必行。

参考文献

陈其霆.2003.甘肃省城镇体系现状分析.兰州大学学报（社会科学版），31（5）：97-99.

丁志伟，徐晓霞.2010.1998~2007年河南省城市体系规模序列结构及其分形特征研究.河南大学学报（自然科学版），40（4）：376-382.

冯德显，汪雪峰.2009.中原城市群与周边地区协调发展研究.地域研究与开发，28（1）：12-15.

顾朝林，柴彦威，蔡建明，等.1999.中国城市地理.北京：商务印书馆.

刘继生，陈涛.1995.东北地区城市体系空间结构的分形研究.地理科学，15（2）：23-24.

刘继生，陈彦光.2000.分形城市引力模型的一般形式和应用方法——关于城市体系空间作用的引力理论探讨.地理科学，20（6）：528-534.

王发曾，袁中金，陈太政.1992.河南省城市体系功能组织研究.地理学报，47（3）：274-283.

王发曾，袁中金.1994.省域新设城市综合研究.开封：河南大学出版社.

王发曾，刘静玉，徐晓霞，等.2007.中原城市群整合研究.北京：科学出版社.

许学强，周一星，宁越敏.1997.城市地理学.北京：高等教育出版社.

余建华.2004.南通市城镇空间结构研究.长江流域资源与环境，13（4）：311-316.

Lee Y. 1989. An allometric analysis of the US urban system: 1960-1980. Environment and Planning, 21 (4): 463-476.

Zipf G K. 1949. Human Behavior and the Principle of Least Effort. Reading, Mass: Addison-Wesley.

第四章
现代城镇体系的职能类型和空间布局结构

纵观城镇体系职能类型和空间布局结构的变化规律可发现，城市职能转型是城市空间结构演变的先导，即城镇的职能类型结构在一定程度上决定着城镇在空间的布局结构类型，如互补型、支撑型、复合型城市职能类型组合相应的形成"反磁力中心组合模式"、"双核型"、"雁行"空间结构类型。城市职能类型的外在体现即为城镇空间布局方式的不断变化，其发展演变的内在机制，本质上是出自于城镇空间结构形式不断适应变化着的城市职能调整与更新的需求。因此，城镇职能的转型相应会带来城镇之间空间布局结构的不断变化，而且职能和空间结构二者之间的适应程度影响着城镇体系的发展速度。

本书在第三章对中原经济区主体区现代城镇体系等级层次结构、规模序列结构研究的基础上，从职能类型结构、空间布局结构方面对主体区城镇体系的历史演变、现状特征进行了分析，针对其存在的主要问题，参照城镇体系等级层次、规模序列优化调整的设想以及各城镇的发展基础、发展态势，提出了主体区城镇体系职能类型、空间布局结构的整合组织方案与调控策略，为实现主体现代城镇体系的结构调整提供重要依据。

第一节 现代城镇体系的职能类型结构

一、城市职能的时代演变

1. 农业文明时代的城市职能

农业文明时代主要是指现代印刷术发明以前，即大致从奴隶社会到封建社会末期（19世纪初）。城市最初是手工业和农业分工的结果。19世纪以前，农业生产劳动是社会的主要活动，且发生在城市以外。19世纪早期，城市内部集中了规模不大的手工业和商业，城市的主要功能还是为军事防御和剩余私有产品的交换提供场所，同时为少数统治者提供生活和工作的场所。在农业文明昌盛时期，日益强大的农业生产需要手工业的技术支持，日渐频繁的农产品交换需要市场的支撑，城市逐渐成为为农业经济提供服务的中心地。这个时期手工业与商业的发展促进了城市的发展与繁荣，城市不仅仅是政治统治中心，更是为农业提供手工业和商业服务的中心，常态的军事防御职能有所弱化。农业文明时代的中原地区，无疑成就了我国城市文明史中辉煌的篇章。城镇强大的行政管理、军事防御职能在"逐鹿中原"的政治、军事风云中扮演了重要角色，逐渐兴盛的手工业和商业职能为生产力发展与社会进步作出了无可替代的巨大贡献。

2. 工业文明时代的城市职能

工业文明时代主要是指以工业革命为主要社会发展动力的一段时间，即19世纪初～20世纪70年代。19世纪初工业革命使城市发展的动力由农业生产转变为工业生产，城市数量不断增加，大量人口涌向城市。据联合国经济及社会理事会统计，工业文明时代的后半段，即1900～1970年，世界上人口在100万以上的城市从10个猛增到170个。农业生产已退居次要地位，手工业逐步被大机器工业替代，商业的业态发生根本性转变。城市的非农生产性职能逐步强化，各种门类的工业集聚于城镇，成为推动城市发展与建设的主体动力，工厂、工业集群、工业区等极大影响了城市的空间形态。其次，各种业态的商业活动在城市的集聚疏通了经济体系的脉络，造就了国民经济的骨干——强大的城市经济体。尤其是第二次世界大战后，相对和平年代与城市化浪潮使城市的非农产业职能突飞猛进，在支撑城市本身壮大与推动区域经济发展的同时，也伤害了城市生态环境与城市特色。中原地区的城镇在工业文明时代的相当长时期内（1949年以前），不仅远远落后于国外发达国家城市，也大大落后于我国沿海地带与东北地区的城市，工业化的时代气息对中原这个传统农区影响不大。1949年以后，国家工业化的战略布局逐步强化了中原地区城市的工业职能，商业职能也有了一定基础。但是，产业结构的失衡、生态环境的破坏以及城市特色的泯灭等工业文明时代的弊病却应有尽有。

3. 现代文明时代的城市职能

现代文明时代是科技革命以来的时期，即从20世纪70年代至今的现代社会阶段。从20世纪70年代开始，传统加工业生产在城市中的地位逐步下降，新兴产业地位日益上升。城市经济由物质生产为主转向物质生产与非物质生产并重，由第二产业为主转向第二产业与第三产业并重，由传统制造业转向技术密集、具有区位灵活性的现代制造业，由传统服务业转向新兴的现代服务业。发达国家城市职能转化的现代趋势是：资本主义进入信息化的阶段后，管理和加工处理信息的专业化城市将处于竞争的有利地位。在这一趋势下，纽约（仅是金融和商业中心）在美国国内和国际的地位逐渐下降，而波士顿（高校科研机构集聚地）、旧金山（高科技产业中心）、洛杉矶（国家军事科研基地）等一些地区中心城市正在崛起，成为新的国际大都市（孙婴，1995）。当前，随着社会生产力的进步，城市职能向专业型的综合服务职能转变。全球化是人类克服空间、制度、文化等自然和社会因素的障碍，在政治、经济、文化、技术、人才等多个领域、多个层面上发生的全球性的广泛合作，以及由此而引起的人类文化景观、生活方式和意识形态走向统一的过程（王建军等，2001）。与此同时，这个过程也导致了两个重要的结果：区域走向经济一体和城市竞争不断加剧。但区域一体并不是统一，而是形成一个密切联系的经济网，每个城市在这个经济网中分工越来越明确，社会分工逐步加深，城市之间的相互协作成为城市发展的主流（王建军和许学强，2004）。这一时期，中原地区城市的服务性职能与日俱增，服务的领域和程度不断拓宽和提高。但由于工业化基础不厚，物质生产部门仍在不断向城镇集聚，接受东部沿海地区产业转移仍是工业化进程的重要途径。虽然部分生产活动已开始向城市外围迁移，现代服务业再次向市中心区集聚，但服务的主体依然是生产活动。因此，中原地区现代城市仍是区域生产和服务的中心。

二、城市职能的分类方法

20 世纪 80 年代以来，先后有学者研究了河南省城市的职能分类问题，为本书提供了可贵的教益。

1. 基于 1986 年数据的城市职能分类研究

张文奎等发表在《人文地理》杂志上的"论中国城市的职能分类"一文（1990），基于 1988 年的统计数据，研究了我国城市的职能分类。他们借鉴 Harris (1943) 和 Nelson (1955) 研究城市职能定量分类的成果，在当时全国 434 个城市中确定了 299 个具有一种以上专业化职能的城市，共划分出 9 种类型：工业城市、交通运输城市、商业城市、教育科技城市、国际性旅游城市、行政管理城市、综合专门化职能城市、非综合专门化职能城市和无专门化职能一般城市，其中前六种是按单一职能分类的结果，后三种是在前六种分类的基础上进行复合职能分类的结果。其中对于行政管理职能，将全国的直辖市、各省的省会、自治区的首府确定为一级行政管理城市，把地区性中心城市确定为二级行政管理城市，即这些城市都具有行政管理职能。

主体区有 17 个城市进入了张文奎等的研究视野[①]（表 4-1）。考虑到郑州市

[①] 由于驻马店市 1986 年为驻马店地区，因此未进入研究视野。

为省会城市，应将其行政管理职能列为郑州市专业化极强职能，其他城市列为专业化较强的职能。表 4-1 显示，主体区有 10 个城市具备综合性专门化职能（即具有四个或四个以上专业化职能），分别是郑州市、开封市、洛阳市、安阳市、新乡市、焦作市、三门峡市、南阳市、商丘市和信阳市。6 个城市具有非综合专门化职能（即具有三个以内专业化职能），分别是平顶山市、鹤壁市、濮阳市、许昌市、漯河市、周口市，济源市不具有专业化职能。另外郑州市、新乡市的教育科技职能专业化极强，濮阳的工业职能突出，交通运输职能普遍较强。据此，主体区 17 个城市按职能分类见表 4-2。

表 4-1　1986 年主体区 17 个城市的职能

城市名称	单一职能			复合职能
	专业化极强职能	专业化较强职能	一般专业化职能	
郑州	教育科技、行政管理	国际性旅游	工业、交通运输、商业	综合专门化职能
开封	—	交通运输、行政管理	工业、商业、教育科技	综合专门化职能
洛阳	—	教育科技、行政管理、国际性旅游	工业、交通运输、商业	综合专门化职能
平顶山	—	行政管理	工业、交通运输	非综合专门化职能
安阳	—	行政管理	工业、交通运输、商业、教育科技	综合专门化职能
鹤壁	—	—	交通运输	非综合专门化职能
新乡	教育科技	行政管理	工业、交通运输、商业	综合专门化职能
焦作	—	行政管理	工业、交通运输、教育科技	综合专门化职能
濮阳	工业	行政管理		非综合专门化职能
许昌	—	—	工业、交通运输、商业	非综合专门化职能
漯河	—	交通运输、商业	工业	非综合专门化职能
三门峡	—	交通运输、行政管理	工业	综合专门化职能
南阳	—	行政管理	交通运输、商业、教育科技	综合专门化职能
商丘	—	交通运输、行政管理	商业、教育科技	综合专门化职能
信阳	—	交通运输、行政管理	商业、教育科技	综合专门化职能
周口	—	行政管理	交通运输、商业	非综合专门化职能
济源	—	—	—	无专门化职能

表 4-2　1986 年主体区 17 个城市的主要职能分类

城市主要职能	城市个数	城市名称
工业	11	郑州、洛阳、开封、平顶山、安阳、新乡、焦作、濮阳、许昌、漯河、三门峡
商业	11	郑州、洛阳、开封、安阳、新乡、许昌、漯河、南阳、商丘、信阳、周口

续表

城市主要职能	城市个数	城市名称
交通运输	15	濮阳、济源除外的15个城市
教育科技	9	郑州、开封、洛阳、安阳、新乡、焦作、南阳、商丘、信阳
国际性旅游	2	郑州、洛阳
行政管理	14	鹤壁、许昌、济源除外的14个城市

2. 基于1990年数据的城市职能分类研究

周一星继与其合作者先后发表两篇我国城市工业职能分类的文章（周一星和布雷德肖·R.，1988；田文祝和周一星，1991）以后，又在《地理研究》杂志发表论文"再论中国城市的职能分类"[①]（周一星和孙则昕，1997）。该文根据国家统计局1991年首次公布的1990年全国465个城市市区（不含辖县）分行业社会劳动者人数资料，并结合其他同级资料，利用多变量分析和统计分析结合的方法，把我国465个城市分成4个职能大类、14个职能亚类和47个职能组。

涉及主体区18个省辖市的城市职能分类情况见表4-3。需要说明的是，表中列出的各个城市的主要城市职能指的是高于该职能内部平均值的城市职能，这些城市职能在该地区中的专业化程度较高，并非该地区就不具有其他相关职能。比如郑州市，作为省会应具有行政管理职能，但其行政管理职能低于18个省辖市该职能的平均值，因此表中没有列出。由表4-3可知，1990年主体区18个省辖市中有4个具有综合性职能的城市，即郑州市、洛阳市、三门峡市、南阳市，其中南阳市为专业化不很突出的综合性城市。有14个城市具有极强专业化职能，即开封——工商业、平顶山——工业和采掘业、安阳——工业、鹤壁——工业和采掘业、新乡——工商业、焦作——工业、濮阳——石油工业、许昌——工商业、漯河——工商业、商丘——商业和交通运输、信阳——交通运输和商业、周口——商业和交通运输、济源——交通运输和工业、驻马店——商业和交通运输。主体区整体具有专业化程度较高的城市职能是工业和商业。据此，主体区18个城市按职能分类见表4-4。

表4-3 1990年主体区18个城市的主要职能与城市职能定性

城市名称	规模级	主要城市职能	城市职能定性
郑州市	特大	其他第三产业、交通、商业、旅游	以第三产业为主的省区级特大型综合性城市
开封市	大	工业、商业、旅游、其他第三产业	工商业城市
洛阳市	大	工业、建筑、旅游	以工业为主的综合性城市

[①] 由于数据问题，当时仅使用境外游客数来区分城市的旅游职能，势必排斥了以国内游客为主的旅游城市（周一星和孙则昕，1997）。

续表

城市名称	规模级	主要城市职能	城市职能定性
平顶山市	中	工业、采掘、建筑	专业化的工业、采掘业城市
安阳市	中	工业、商业	专业化的工业城市
鹤壁市	中	工业、采掘	专业化的工业、采掘业城市
新乡市	中	工业、商业、地质	工商业城市
焦作市	中	工业、采掘、行政、其他第三产业	专业化的工业城市
濮阳市	中	采掘、地质、建筑	高度专业化的石油工业城市
许昌市	中	工业、商业、交通、地质	工商业城市
漯河市	小	工业、商业	工商业城市
三门峡市	小	交通、建筑、工业、行政	以交通运输业、建筑业为主的综合性城市
南阳市	中	建筑、行政、商业、其他第三产业、地质、旅游	专业化部门不很突出的综合性城市
商丘市	小	交通、商业、行政、其他第三产业	高度专业化的商业、交通运输业城市
信阳市	小	商业、交通、地质、旅游	交通运输职能明显的商业城市
周口市	小	交通、商业、行政	高度专业化的商业、交通运输业城市
济源市	—	—	交通运输业职能明显的工业城市
驻马店	小	交通、商业、地质、行政、其他第三产业	高度专业化的商业、交通运输业城市

表 4-4 1990 年主体区 18 个城市的主要职能分类

主要职能	城市个数	城市名称
工业	10	开封、洛阳、平顶山、安阳、鹤壁、新乡、焦作、许昌、漯河、三门峡
商业	11	郑州、开封、安阳、新乡、许昌、漯河、南阳、商丘、信阳、周口、驻马店
交通	8	郑州、许昌、三门峡、商丘、信阳、周口、驻马店、济源
采掘	4	平顶山、鹤壁、焦作、濮阳
其他第三产业	6	郑州、开封、焦作、南阳、商丘、驻马店
行政	6	焦作、三门峡、南阳、商丘、周口、驻马店
建筑	4	洛阳、濮阳、三门峡、南阳
旅游	5	郑州、开封、洛阳、南阳、信阳
地质	6	新乡、濮阳、许昌、南阳、信阳、驻马店

3. 基于 1997 年数据的城市职能分类研究

季小妹、陈忠暖于 2006 年在《华南师范大学学报》发表"我国中部地区城市职能结构和类型的变动研究"一文，运用比较分析法、多变量聚类与纳尔逊统计分析等方法对比研究了 1997 年与 2003 年中部地区城市整体职能结构与类型变动特征，将中部地区城市分成 7 个大类、24 个亚类（季小妹和陈忠暖，2006）。

基于 1997 年数据，涉及主体区 13 个城市的职能分类见表 4-5。由于商丘市、信阳市、周口市、济源市和驻马店市 5 个省辖市统计资料的缺失，仅统计了部分主要城市的城市职能分类。1997 年主体区整体具有较强专业化的城市职能是制造业，其次是采掘业。据此，主体区 13 个城市按职能分类见表 4-6。

表 4-5　1997 年主体区 13 个城市的主要职能与城市职能定性

城市名称	主要职能	城市职能定性
郑州市	建筑	建筑专业化城市
开封市	商业、制造业	商业突出、制造业显著的中等城市
洛阳市	—	大型综合性城市
平顶山市	采掘业	采掘业专门化城市
安阳市	商业、制造业	商业突出、制造业显著的中等城市
鹤壁市	采掘业、制造业	采掘突出、制造业显著的城市
新乡市	交通、制造业	交通突出、制造业显著的中等城市
焦作市	采掘业、制造业	采掘突出、制造业显著的城市
濮阳市	采掘业、建筑	采掘专门化、建筑突出的中等城市
许昌市	交通、制造业	交通突出、制造业显著的中等城市
漯河市	商业、制造业	商业突出、制造业显著的中等城市
三门峡市	商业、制造业	商业突出、制造业显著的中等城市
南阳市	商业、制造业	商业突出、制造业显著的中等城市

表 4-6　1997 年主体区 13 个城市的主要职能分类

城市主要职能	城市个数	城市名称
制造业突出	7	开封、安阳、新乡、漯河、许昌、南阳、三门峡
商业突出	5	开封、安阳、漯河、三门峡、南阳
采掘业突出	4	平顶山、濮阳、鹤壁、焦作
建筑突出	2	郑州、商丘
综合	1	洛阳

4. 基于 2001 年数据的城市职能分类研究

闫卫阳和刘静玉于 2009 年在《河南大学学报（自然科学版）》发表"城市职能分类与职能调整的理论与方法探讨——以河南省为例"一文，基于前人研究成果明确提出了城市职能具有结构属性、空间属性和时间属性。该文基于城市经济基础理论，运用 Morre 回归方法、多变量聚类分析和纳尔逊统计分析相结合的方法，使用 2001 年数据，将主体区城市职能分为 8 个大类和 10 个亚类（闫卫阳和刘静玉，2009），并对各城市的城市职能的进一步发展进行了探讨。

2001 年主体区 18 个省辖市的主要的城市职能与城市职能定性见表 4-7。该表显示，2001 年主体区城市的主要职能为商业和工业，有 7 个城市具有综合性职能，即郑州市、开封市、南阳市、商丘市、信阳市、周口市和驻马店市，其他城市多以工业、商业、制造业和采掘业等为主要职能。据此，主体区 18 个城市按职能分类见表 4-8。

表 4-7　2001 年主体区 18 个城市的主要职能与城市职能定性

城市名称	主要职能	城市职能定性
郑州市	建筑业、商业服务业、金融房地产业、文教卫生业、旅游业、机关团体	特大型综合性城市
开封市	金融房地产业	大中型多职能综合性城市
洛阳市	制造业、旅游业	特大型工业、旅游城市
平顶山市	能源与采掘业	大中型能源工业城市
安阳市	—	大中型工业、商业城市
鹤壁市	能源与采掘业	大中型能源工业城市
新乡市	制造业、商业服务业	大中型工业、商业城市
焦作市	能源与采掘业	大中型能源工业城市
濮阳市	建筑业、地质勘探与科技服务业	中型地质勘探与科技服务城市
许昌市	—	大中型工业、商业城市
漯河市	商业服务业	大中型工业、商业城市
三门峡市	商业服务业	大中型工业、商业城市
南阳市	—	大中型多职能综合性城市
商丘市	商业服务业、文教卫生业、机关团体	大中型多职能综合性城市
信阳市	交通运输业、文教卫生业、机关团体	大中型多职能综合性城市
周口市	交通运输业、机关团体	大中型多职能综合性城市
济源市	制造业、地矿水与科技服务业	以制造业为主、其他职能较强的多职能小城市
驻马店市	交通运输业、机关团体	大中型多职能综合性城市

表 4-8　2001 年主体区 18 个城市的主要职能分类

城市主要职能	城市个数	城市名称
商业服务业	5	郑州、新乡、漯河、三门峡、商丘
机关团体	5	郑州、商丘、信阳、周口、驻马店
制造业	3	洛阳、新乡、济源
能源与采掘业	3	平顶山、鹤壁、焦作
交通运输业	3	信阳、周口、驻马店
文教卫生业	3	郑州、商丘、信阳
旅游业	2	郑州、洛阳
建筑业	2	郑州、濮阳
金融房地产业	2	郑州、开封
地质勘探与科技服务业	1	濮阳

5. 基于 2005 年数据的城市职能分类研究

徐建军和连建功的"河南省城市职能分类研究"与张静的"中原城市群的职能分类探讨"两篇论文，运用区位熵、多变量聚类和统计分析相结合的方法，基于 2005 年数据，对主体区 18 个省辖市进行职能分类，得到主体区城市的主要职能是商业、教育文化产业、制造业和公共管理等，其次是建筑业、综合服务业和信息产业（徐建军和连建功，2007；张静，2008），具体情况见表 4-9。

表 4-9　2005 年主体区 18 个城市的主要职能

城市名称	主要职能
郑州市	建筑业、教育与文体娱乐业、综合服务业、金融业、交通运输业
开封市	金融业、教育与文体娱乐业、公共管理
洛阳市	制造业、交通运输业、建筑业、综合服务业
平顶山市	采掘业
安阳市	建筑业、综合服务业
鹤壁市	采掘业
新乡市	制造业、金融业
焦作市	采掘业
濮阳市	采掘业
许昌市	制造业、公共管理
漯河市	制造业
三门峡市	采掘业
南阳市	建筑业、商业、公共管理、综合服务业
商丘市	商业、交通运输业
信阳市	交通运输业、商业
周口市	商业、交通运输业
济源市	制造业、教育与文体娱乐业
驻马店市	交通运输业、公共管理

　　上述学者在不同时间点的城市职能分类研究，虽然受限于当时所能获得的统计资料、所采取的研究手段，导致了划分城市职能类型的标准不同，但总体上都反映了当时社会背景下主体区主要城市的城市职能类型。具体而言，1986年主体区总体上交通运输职能专业化最强，行政管理和工商业职能次之；1990年以工业、商业和交通运输职能为主要职能；1997年制造业、商业职能比较突出；2001年主要城市的职能是商业服务业和机关团体，其次交通运输、制造业、采掘业和文教卫生业的专业化职能较强；2005年商业、建筑业、制造业的专业化职能较强。其中主体区核心城市郑州市的主要城市职能从1986年的教育科技、行政管理和国际性旅游，到1990年转变为第三产业、交通、商业和旅游，到1997年的建筑业的高度专业化，到2001年的建筑业、商业服务业、金融文教和旅游业，再到2005年的建筑业、教育交通金融和服务业。可以看出20世纪80年代以来，主体区的城市职能逐渐由单一职能向多元化职能转变，交通运输已不再是主导职能类型。为了适应21世纪经济发展的潮流，主体区建筑业、服务业等职能后来者居上，工业和商业职能的专业化进一步加强，城市职能结构变得越来越合理。

　　综上所述，主体区城市数量多、规模小、实力弱、分工不明确以及产业雷同等状况，导致区域内城市综合实力不强，整体效益欠佳，与周边省份相比还比较落后。具体表现为三方面：其一，第二产业超前明显，第三产业规模庞大，但吸引范围很小，效益很低，严重滞后；其二，主体区主要城市的职能结构趋同，缺乏独立的发展特色和职能之间的互补作用；其三，虽然城市的职能趋于多元化，但其主导职能的专业化程度显得不够突出。因此，在今后发展过程中，应突出城市的优势经济职能，加强城市之间的分工与合作，加快城市职能的综合与专业化，完善城镇体系整体功能建设。

三、职能类型结构的演变

本书运用统一的研究方法，透视20世纪90年代以来主体区城镇体系职能类型结构的今近变化。

1. 统一的研究方法

根据城市经济基础理论，一个城市的全部经济活动，按其服务的对象来分，可以分成两部分。一部分是为本城市的需要服务的，称为城市的非基本活动部分；另一部分是为本城市以外的需要服务的，称为城市的基本活动部分，是城市发展的主要动力（张复明和郭文炯，1993）。

以城市经济基础理论对城市职能进行分类，关键是要确定城市经济活动的基本部分与非基本部分。1960年Ullman E. L. 和Dacey M. F. 提出了划分基本/非基本部分的方法，即最小需求法。后来，穆尔对该方法进行了改进，将一个部门的实际职工比重减去最小需求量，即为该部门的基本活动部分比重（许学强等，1997）。最小需求法的数学表达式如下：

$$E_i = a_i + b_i \lg P \tag{4-1}$$

式中，E_i 是 i 部门 P 规模城市的最小需求量；a_i 和 b_i 是参数，a_i 和 b_i 由式（4-2）求得。

$$E_{ij} = a_i + b_i \lg P_j \tag{4-2}$$

式中，E_{ij} 是第 j 级规模级别城市中第 i 部门实际找到的最小职工比重，P_j 是第 j 级规模级别城市的人口中位数。

根据以上分析，基于1991~2008年《中国城市统计年鉴》和1996~2010年的《河南统计年鉴》提供的人口与劳动力数据（分行业的从业人员数据是从1990年开始提供的），采用城市经济基础的多变量聚类与统计分析相结合对主体区城市19年来的城市职能类型进行分析。具体计算可分为如下四步。

第一步，城市规模的分组。根据原始数据，按照市区非农业人口对城市进行规模分组，这里所采用的非农业人口，虽然口径相比之下有点小，但是比较贴切地反映了城市规模（陈忠暖和孟鸣，1999；陈忠暖和甘巧林，2001）。按照中国城市规模分类方法（徐晓霞，2003；闫卫阳和刘静玉，2009），将主体区城市按规模分为四组，即人口>100万为特大城市，人口在50万~100万为大城市，人口在20万～50万为中等城市，人口＜20万为小城市。

第二步，城市职能部门的划分。1991～1992年的《河南统计年鉴》将城市职能部门分为12个行业，1993～1995年没有相关的统计，1996～2003年为16个行业，2004～2009年为18个行业，不同年份在职能部门的划分上存在一定的偏差。在进行城市职能分类时，有必要进行进一步的归并（周一星和孙则昕，1997；闫卫阳和刘静玉，2009）。在1991～1992年的行业分类中，综合考虑各行业的特征，把商业、饮食业物资供销和仓储业合并为商业服务业；把金融保险业、房地产管理、公用事业、居民服务和咨询业合并为金融房地产业；把地质普查和勘探业科学研究和综合技术服务业合并为科技服务业；把卫生体育和社会福利事业、教育文化艺术和广播电视业合并为文教卫生业，保留工业、建筑业、交通运输业和机关社团。在1996～2003年的分类中，把批发和零售贸易、餐饮业和社会服务业合并为商业服务业；把金融、保险业、房地产业合并为金融房地产业；把地质勘查业、水利管理业科学研究和综合服务业合并为科技服务业；把采掘业，制造业，电力、燃气和水的生产和供应业合并为工业；把卫生体育和社会福利业，教育、文化、艺术和广播电影电视业合并为文教卫生业，保留建筑业、交通运输业和机关社团。在2004～2009年的分类中，把采矿业，制造业，电力、燃气及水的生产和供应业合并为工业；把批发和零售业、住宿和餐饮业以及居民服务和其他服务业合并为商业服务业；把金融业、房地产业、租赁和商务服务业合并为金融房地产业；把科学研究、技术服务和地质勘查业，水利、环境和公共设施管理业合并为科技服务业；把教育业，卫生、社会保障和社会福利业，文化体育和娱乐业合并为文教卫生业，保留建筑业、交通运输业和机关社团。综合以上分类，把1991～2009年的城市职能分为工业、建筑业、商业服务业、金融房地产业、科技服务业、文教卫生业、交通运输业和机关团体8个反映城市职能的部门。

第三步，各部门基本活动部分职工比重计算。为突出城市的非农业职能，减少由于农业从业人口在各城市中比重很不一致而造成的对其他部门比重的干扰，我们采用以非农就业人口为100％，以部门从业人数占非农业从业人数总数的比例来确定各部门的比重，这样更有利于在城市之间进行相互比较（周一星和布雷德肖，1988）。首先，确定每个规模组的中位城市，并计算每个城市各部门的职工比重和每个规模组各个部门的最低职工比重。其次，运用穆尔的回归分析方法，在4个规模组中，将各组的中位城市人口规模作为自变量，将各组某个部门的最小职工比重作为因变量，通过回归拟合得到9个部门的回归方程参数。再次，根据回归方程，通过代入每一个城市人口的对数，计算相应部门维持该城市非基本活动的最小必要量，再以城市各部门的实际职工比重减去各部门的最低必要量，即获得城市各部门的基本部门的职工比值。最后，城市职能多变量聚类，以 18 个省辖市为样本，以城市的基本部分的比重为变量，运用聚类分析的方法，将职能结构相似的城市归为一类。

第四步，城市职能类型的分析解释。聚类的结果并不能确切知道每个城市的职能特征，仅是把相似的城市归为一类。因此，有必要对聚类结果进行分析解释并加以命名。纳尔逊的城市职能统计分析方法是通过计算所有城市的每种基本活动的职工比重的算术平均值和标准差，以高于平均值 1 到几个标准差来表示该职能的强度。可以按式（4-3）计算每个部门的职能强度（陈忠暖和甘巧林，2001）。

$$Q = (X_i - \overline{X})/S_d \qquad (4-3)$$

式中，Q 为城市某部门的职能强度；X_i 为城市某部门基本部分的职工比重；$\overline{X}$ 为所有城市该部门基本部分职工比重的平均值；S_d 为标准差。根据 Q 值的大小，可以将城市职能分为 5 个等级：①突出职能（$Q>2$）；②主导职能（$1<Q\leq2$）；③较强职能（$0.5<Q\leq1$）；④一般职能（$0<Q\leq0.5$）；⑤弱化职能（$Q\leq0$）。以各城市的职能强度值分布特征为依据，对 8 个大类进行命名，并进一步细分为 10 个亚类。

2. 划分不同时期的职能类型

基于 1992~2010 年《中国城市统计年鉴》和《河南统计年鉴》提供的劳动力和就业数据，按照以上方法对主体区 18 个省辖市 1991~2009 年的城市职能进行分析。由于数据太多，这里只列出城市职能发生变化的年份分类情况。由于缺乏旅游的数据，故城市职能中不考虑旅游这一项。不同时期的职能类型分析结果见表 4-10~表 4-13。

表 4-10　1991 年主体区城市职能类型

类	亚类	类型名称	数量	城市
Ⅰ		综合性城市		
	Ⅰ₁	特大型综合性城市	1	郑州
	Ⅰ₂	大型综合性城市	2	开封、洛阳
	Ⅰ₃	中型综合性城市	4	安阳、鹤壁、新乡、许昌
	Ⅰ₄	小型综合性城市	1	漯河
Ⅱ		工业建筑业城市		
	Ⅱ₁	中型工业建筑业城市	2	平顶山、焦作
	Ⅱ₂	小型工业建筑业城市	1	三门峡
Ⅲ		小型地质勘探科技服务型城市	1	濮阳
Ⅳ		多职能城市		
	Ⅳ₁	中型多职能城市	1	南阳
	Ⅳ₂	小型多职能城市	4	商丘、信阳、周口、驻马店

表 4-11　1997 年主体区城市职能类型

类	亚类	类型名称	数量	城市
I		综合性城市		
	I₁	特大型综合性城市	1	郑州
	I₂	大型综合性城市	4	开封、洛阳、新乡、安阳
	I₃	中型综合性城市	4	鹤壁、许昌、漯河、濮阳
	I₄	小型综合性城市	2	济源、驻马店
II		大型工业建筑业城市	2	平顶山、焦作
III		小型工业金融地产城市	1	三门峡
IV		多职能城市		
	IV₁	中型多职能城市	2	商丘、信阳
	IV₂	小型多职能综合城市	1	周口

表 4-12　2002 年主体区城市职能类型

类	亚类	类型名称	数量	城市
I		综合性城市		
	I₁	特大型综合性城市	1	郑州
	I₂	大型综合性城市	3	开封、南阳、商丘
	I₃	中型综合性城市	3	周口、信阳、驻马店
II		特大型工业建筑业城市	1	洛阳
III		大型能源工业城市	3	平顶山、焦作、鹤壁
IV		工业商业城市		
	IV₁	大型工业商业城市	2	安阳、新乡
	IV₂	中型工业商业城市	3	许昌、漯河、三门峡
V		小型多职能城市	1	济源
VI		中型地质勘探与科技服务城市	1	濮阳

表 4-13　2008 年主体区城市职能类型

类	亚类	类型名称	数量	城市
I		综合性城市		
	I₁	特大型综合性城市	2	郑州、洛阳
	I₂	大中型综合性城市	4	新乡、焦作、商丘、许昌
II		多职能城市		
	II₂	大中型多职能城市	5	开封、三门峡、驻马店、周口、信阳
	II₂	大中型多职能综合城市	2	南阳、濮阳
III		单一职能城市		
	III₁	大中型工业城市	2	平顶山、鹤壁
	III₂	大型建筑业城市	1	安阳
	III₃	中小型文教卫生城市	2	漯河、济源

3. 职能类型结构的变化

根据 1991～2009 年数据的分类结果，可归纳出主体区城市职能类型的变化过程。从宏观上看，早期主体区城市的整体职能强度较弱，职能强度计算中出现的负值较多，随着快速城镇化的推进，城市规模迅速扩大，城市的职能也进一步强化，一部分城市的专业化职能开始凸现。

具体来说，郑州一直属于特大型综合性城市，其中1991年的建筑业职能较为突出，1997年的科技和建筑相对突出。

洛阳从大型综合性城市发展到特大型综合性城市，在其城市职能发展的时间序列中，工业和建筑业职能强度一直都相对较高。

开封的城市职能在2002年以前一直都属于大型综合性城市，在2008年的城市职能分类中属于多职能综合性城市，其突出的职能有商业服务、文教卫生和机关团体。

平顶山从中型工业建筑业城市发展到大型工业建筑业城市，职能变化不太明显，在工业就业职工当中，能源开发所占的比重比较大。

安阳的城市职能变化较大，从中型综合性城市演变到大型综合性城市、大型工商业城市，再到大型建筑业城市，在2008年的数据中，安阳的建筑业职能尤为突出。

鹤壁的城市职能由中型综合性城市演变成大中型的工业建筑业城市，工业职能较为突出，能源和采掘业所占的比重较大。

新乡的城市职能一直都属于综合性城市，其各个职能中工业和商业服务的职能稍微突出。

焦作的城市职能中工业和建筑业的职能强度一直都比较高，而在2008年的职能分类中，各部门的职能强度比较均衡，属于综合性城市。

濮阳的城市职能中，一直都是地质勘探和科技服务职能比较突出，而在2008年的分类中，金融地产和建筑业的职能最突出，属于多职能综合性城市。

许昌的城市职能比较稳定，一直都属于综合性城市，没有特别突出的职能。

漯河在20世纪90年代属于综合性城市，而2000年以后工商业和文教卫生职能较强。

三门峡的城市职能演变经历了工业建筑业城市、工业金融地产和工商业城市，现状的城市职能为多职能城市，建筑业、商业服务的职能强度较高。

南阳一直都属于综合性城市，在2008年的职能分类中，建筑业、商业服务、金融地产和文教卫生都是主导职能。

商丘也属于综合性城市，主导职能不明确。

周口在历年的城市职能分类中都属于多职能城市，主导职能有商业服务、金融地产和机关团体，突出职能为交通运输。

驻马店属于综合性城市，2008年的城市职能分类中属于多职能城市，主导职能有建筑业、商业服务和机关团体。

信阳属于多职能城市，其中建筑业、机关团体和商业服务的职能强度较高。

济源的城市职能变化较大，在 1997 年的城市职能分类中属于综合性城市，2002 年属于多职能城市，主导职能为工业和科技服务业，2008 年属于文教卫生城市。

四、职能类型结构的现状

1. 研究方法与数据处理

从整体上看一个城市的作用、分工和特点，城市职能是城市在国家或区域中所起的作用，所承担的分工（周一星，1995）。城市的基本活动反映了城市的职能，因此可运用最小需要量法对城市基本活动和非基本活动进行分析，并在此基础上计算专业化指数，进而以部门人口比重来得到城市的优势职能，以统计分析法求取城市的优势职能，最后加以综合分析。

本节主要依据《中国城市统计年鉴 2010》、《中华人民共和国分县市人口统计资料 2009》中的市区总人口、市区非农业人口、就业人口、就业人口的行业构成统计数据，作为分析计算城市职能分类的基本数据。为更好地体现分类的目的，我们对原始数据进行了必要的选择和加工处理。

统计资料中主要以市区总人口、市区非农业人口、市区全部就业人口 3 种总量指标来反映城市的规模。相对于本研究分类意义上的城市以及主体区的实际情况，以市区总人口作为城市规模人口的统计口径偏大，不少城市的农业人口比重过高，甚至超过非农业人口。以市区非农业人口作为城市规模人口的统计口径偏小，作为城市应该合理地包括一部分农业人口，如市郊的园艺农业、乳畜业的从业人口应属于农业人口，在城市人口中占有一定的比重。若以市区全部就业人口作为统计口径的话，只用就业人口反映城市的规模更不合适，但在反映城市外来人口上可以弥补前两种数据的不足。所以，我们采用以市区非农业人口为主体，再加上反映农业人口的修正部分来确定城市的规模。计算方法如下（王洪桥，2006；徐红宇等，2004）：

$$P = P_f + P_c \times 10\% \tag{4-4}$$

式中，P 为城市人口规模；P_f 为市辖区非农业人口；P_c 为市辖区总人口。城市中应该合理地包括一部分农业人口，这一方法在一定程度上反映了城市规模人口中农业人口所占的比例，比直接采用人口普查资料中的市区非农业人口来反映城市规模更贴近实际。

根据计算结果（表 4-14），结合聚类分析，将主体区的 18 个省辖市分为八组：第一组，郑州市（241.93 万），中位人口规模 241.93 万；第二组，洛阳市（130.70 万）、商丘市（107.43 万），中位人口规模 119.06 万；第三组，平顶山市（88.97 万）、新乡市（84.90 万）、安阳市（81.90 万），中位人口规模 84.90

万；第四组，南阳市（75.98万）、焦作市（73.47万），中位人口数74.73万；第五组，开封市（68.15万）、信阳市（63.25万）、漯河市（60.86万），中位人口规模63.25万；第六组，濮阳市（49.62万）、许昌市（45.29万）、鹤壁市（44.39万），中位人口规模45.29万；第七组，驻马店市（34.63万）、济源市（33.08万）、周口市（30.87万），中位人口规模33.08万；第八组，三门峡市（25.49万），中位人口规模25.49万。

表4-14　2009年主体区修正的城市人口规模　　（单位：万人）

城市名称	P	P_f	P_c
郑州市	241.93	213.43	285.01
开封市	68.15	59.61	85.38
洛阳市	130.70	114.69	160.07
平顶山市	88.97	78.78	101.86
安阳市	81.90	71.15	107.53
鹤壁市	44.39	38.29	60.97
新乡市	84.90	74.76	101.40
焦作市	73.47	65.12	83.52
濮阳市	49.62	42.91	67.14
许昌市	45.29	41.17	41.17
漯河市	60.86	46.94	139.17
三门峡市	25.49	22.57	29.20
南阳市	75.98	57.45	185.32
信阳市	62.35	45.03	173.20
商丘市	107.43	92.85	145.75
周口市	30.87	25.60	52.73
驻马店市	34.63	28.02	66.14
济源市	33.08	26.23	68.45

2. 确定行业部门与计算

《中国城市统计年鉴2010》将城市经济活动分为19个行业。为了分析需要，本节进行了选择、剔除和归并处理，并选取城市（不含所辖县）非农业人口作为反映城市规模的指标。首先，将"农林牧渔业"剔除，因为在城市劳动力结构中，农林牧渔业的比例普遍偏高，它们不能反映以非农业为主的城市职能。余下18个行业保留了采矿业、建筑业、交通运输仓储及邮政业、公共管理和社会组织4个部门。其余14个行业归并为5个部门：将制造业、电力煤气及水生产供应归并为工业；将金融业、房地产业归并为金融房地产业；将批发和零售业、住宿和餐饮业归并为批发零售餐饮业；将水利、环境和公共设施管理业，租赁和商务服务业、居民服务和其他服务业3个行业归并为服务业；将信息传输计算机服务和软件业，卫生、社会保障和社会福利业，文化、体育和娱乐业，科学研究、技术服务和地址勘查业，教育5个行业归并为科教文卫行业，相当于我国第三层次的第三产业。这样，反映城市职能活动的行业总共确定为9个部门。

根据上述城市职能活动的行业部门分类，统计18个省辖市9个基本行业部门的职工人数见表4-15。用该表数据除以表4-14的城市人口规模数，从而确定各部门的职工比重（表4-16）。然后，运用上述的穆尔回归方法，求出参数 a_i 和 b_i（表4-17），之后根据实际的人口规模数计算出每个城市各个行业部门的最小需求量（表4-18）。再以城市各部门的实际职工比重减去各部门的最低必要量，即获得城市各部门的基本职工比值（表4-19）。

表4-15　主体区18个省辖市各行业部门职工人数　（单位：万人）

城市	采矿业	工业	建筑业	交通运输仓储及邮政业	批发零售餐饮业	金融房地产业	服务业	科教文卫业	公共管理业
郑州市	5.08	13.28	12.69	2.35	6.31	5.18	3.11	16.00	6.59
洛阳市	0.15	11.99	2.82	1.40	1.57	1.49	1.38	6.29	2.59
商丘市	0.09	2.54	2.31	0.65	1.28	0.67	0.43	3.31	1.78
平顶山市	10.79	6.56	1.83	0.57	1.51	1.24	1.42	2.67	2.26
新乡市	0.00	8.85	1.62	0.54	1.84	0.76	0.45	3.27	1.68
安阳市	1.01	6.89	3.89	0.52	0.88	1.29	0.81	2.81	1.62
南阳市	2.91	8.09	3.92	1.14	2.12	1.82	1.78	5.84	1.92
焦作市	4.39	5.46	1.06	0.38	0.75	1.30	0.42	2.38	1.57
开封市	0.00	3.81	1.84	0.45	1.73	1.16	0.86	3.42	1.95
信阳市	0.00	2.78	1.85	0.77	1.47	0.48	0.46	3.16	2.70
漯河市	0.00	6.77	1.60	0.32	0.3	0.57	0.83	2.57	1.69
濮阳市	6.74	1.79	4.75	1.23	0.61	0.73	2.31	2.08	1.55
许昌市	0.00	3.60	0.48	0.32	0.69	0.46	0.27	1.40	1.10
鹤壁市	4.85	2.59	1.50	0.10	0.45	0.38	0.30	1.21	1.02
驻马店市	0.11	3.18	2.32	0.45	1.01	0.96	0.44	1.96	1.38
周口市	0.00	1.26	2.61	0.51	0.63	1.60	0.16	1.86	1.42
三门峡市	0.14	1.86	1.29	0.34	0.69	0.59	0.20	1.16	0.80
济源市	0.34	3.12	0.32	0.10	0.32	0.16	0.33	1.21	0.69

表4-16　主体区18个省辖市各行业部门职工比重　（单位：%）

城市	采矿业	工业	建筑业	交通运输仓储及邮政业	批发零售餐饮业	金融房地产业	服务业	科教文卫业	公共管理业
郑州市	2.10	5.49	5.25	0.97	2.61	2.14	1.29	6.61	2.72
洛阳市	0.11	9.17	2.16	1.07	1.20	1.14	1.06	4.81	1.98
商丘市	0.08	2.36	2.15	0.61	1.19	0.62	0.40	3.08	1.66
平顶山市	12.13	7.37	2.06	0.64	1.70	1.39	1.60	3.00	2.54
新乡市	0.00	10.42	1.91	0.64	2.17	0.90	0.53	3.85	1.98
安阳市	1.23	8.41	4.75	0.63	1.07	1.58	0.99	3.43	1.98
南阳市	3.83	10.65	5.16	1.50	2.79	2.40	2.34	7.69	2.53
焦作市	5.98	7.43	1.44	0.52	1.02	1.77	0.57	3.24	2.14

续表

城市	采矿业	工业	建筑业	交通运输仓储及邮政业	批发零售餐饮业	金融房地产业	服务业	科教文卫业	公共管理业
开封市	0.00	5.59	2.70	0.66	2.54	1.70	1.26	5.02	2.86
信阳市	0.00	4.46	2.97	1.23	2.36	0.77	0.74	5.07	4.33
漯河市	0.00	11.12	2.63	0.53	0.49	0.94	1.36	4.22	2.78
濮阳市	13.58	3.61	9.57	2.48	1.23	1.47	4.66	4.19	3.12
许昌市	0.00	7.95	1.06	0.71	1.52	1.02	0.60	3.09	2.43
鹤壁市	10.93	5.83	3.38	0.23	1.01	0.86	0.68	2.73	2.30
驻马店市	0.32	9.18	6.70	1.30	2.92	2.77	1.27	5.66	3.98
周口市	0.00	4.08	8.45	1.65	2.04	5.18	0.52	6.03	4.60
三门峡市	0.55	7.30	5.06	1.33	2.71	2.31	0.78	4.55	3.14
济源市	1.03	9.43	0.97	0.30	0.97	0.48	1.00	3.66	2.09

表 4-17 求得的参数 a_i 和 b_i

参数	采矿业	工业	建筑业	交通运输	批发零售餐饮业	金融房地产业	服务业	科教文卫业	公共管理业
a_i	−1.715	9.196	−1.265	0.148	−0.428	0.150	0.238	0.480	2.750
b_i	1.501	−2.003	2.089	0.267	0.944	0.591	0.258	1.860	−0.218

表 4-18 各城市的最小需要量 （单位：%）

城市	采矿业	工业	建筑业	交通运输仓储及邮政业	批发零售餐饮业	金融房地产业	服务业	科教文卫业	公共管理业
郑州市	2.3837	1.8629	4.4215	3.7145	0.7844	1.8222	1.5588	0.8530	4.9137
洛阳市	1.8335	1.0370	5.5236	2.5651	0.6375	1.3028	1.2336	0.7110	3.8902
商丘市	2.1163	1.4615	4.9571	3.1559	0.7130	1.5698	1.4007	0.7840	4.4163
平顶山市	1.9492	1.2108	5.2917	2.8070	0.6684	1.4121	1.3020	0.7409	4.1056
新乡市	1.9133	1.1568	5.3637	2.7319	0.6588	1.3781	1.2808	0.7316	4.0387
安阳市	1.6473	0.7576	5.8965	2.1762	0.5878	1.1270	1.1235	0.6630	3.5440
南阳市	1.9289	1.1803	5.3324	2.7645	0.6630	1.3929	1.2900	0.7357	4.0678
焦作市	1.8661	1.0860	5.4582	2.6333	0.6463	1.3336	1.2529	0.7195	3.9510
开封市	1.6957	0.8302	5.7996	2.2772	0.6007	1.1727	1.1521	0.6755	3.6339
信阳市	1.6560	0.7707	5.8790	2.1944	0.5902	1.1353	1.1287	0.6652	3.5602
漯河市	1.7843	0.9633	5.6220	2.4625	0.6244	1.2564	1.2045	0.6984	3.7989
濮阳市	1.4064	0.3960	6.3790	1.6729	0.5235	0.8996	0.9812	0.6008	3.0958
许昌市	1.8807	1.1079	5.4290	2.6638	0.6501	1.3474	1.2615	0.7232	3.9781
鹤壁市	1.7948	0.9790	5.6009	2.4844	0.6272	1.2663	1.2107	0.7011	3.8184
驻马店市	2.0311	1.3337	5.1277	2.9780	0.6903	1.4894	1.3504	0.7620	4.2579
周口市	1.4895	0.5208	6.2125	1.8466	0.5457	0.9781	1.0303	0.6223	3.2505
三门峡市	1.5395	0.5957	6.1125	1.9509	0.5590	1.0252	1.0598	0.6352	3.3434

表 4-19 主体区 18 个省辖市各行业部门的基本职工比值

城市	采矿业	工业	建筑业	交通运输仓储及邮政业	批发零售餐饮业	金融房地产业	服务业	科教文卫业	公共管理业
郑州市	0.2371	1.0685	1.5355	0.1856	0.7878	0.5812	0.4370	1.6963	0.4896
洛阳市	−0.9270	3.6464	−0.4051	0.4325	−0.1028	−0.0936	0.3490	0.9198	−0.3703
商丘市	−1.3815	−2.5971	−1.0059	−0.1030	−0.3798	−0.7807	−0.3840	−1.3363	−0.6287
平顶山市	10.9192	2.0783	−0.7470	−0.0284	0.2879	0.0880	0.8591	−1.1056	0.2149
新乡市	−1.1568	5.0563	−0.8219	−0.0188	0.7919	−0.3808	−0.2016	−0.1887	−0.3529
安阳市	0.4724	2.5135	2.5738	0.0422	−0.0570	0.4565	0.3270	−0.1140	−0.4109
南阳市	2.6497	5.3176	2.3955	0.8370	1.3971	1.1100	1.6043	3.6222	0.2005
焦作市	4.8940	1.9718	−1.1933	−0.1263	−0.3136	0.5171	−0.1495	−0.7110	−0.2032
开封市	−0.8302	−0.2096	0.4228	0.0593	1.3673	0.5479	0.5845	1.3861	0.4797
信阳市	−0.7707	−1.4190	0.7756	0.6398	1.2247	−0.3587	0.0748	1.5098	1.9410
漯河市	−0.9633	5.4980	0.1675	−0.0944	−0.7664	−0.2645	0.6616	0.4211	0.4190
濮阳市	13.1840	−2.7690	7.8971	1.9565	0.3304	0.4888	4.0592	1.0942	0.6766
许昌市	−1.1079	2.5210	−1.6038	0.0599	0.1726	−0.2415	−0.1232	−0.8881	0.0900
鹤壁市	9.9510	0.2291	0.8956	−0.3972	−0.2563	−0.3507	−0.0211	−1.0884	−0.0587
驻马店市	−1.0137	4.0523	3.7220	0.6097	1.4306	1.4196	0.5080	1.4021	1.6728
周口市	−0.5208	−2.1325	6.6034	1.1043	1.0619	4.1497	−0.1023	2.7795	2.1747
三门峡市	−0.0457	1.1875	3.1091	0.7710	1.6848	1.2502	0.1448	1.2066	0.7256
济源市	0.4641	3.2777	−0.9394	−0.2537	−0.0365	−0.5681	0.3700	0.3536	−0.3287
$\bar{X}$ 平均值	1.8919	1.6273	1.2990	0.3153	0.4791	0.4206	0.4999	0.6089	0.3739
标准差	4.6524	2.6720	2.6870	0.5853	0.7508	1.1291	1.0044	1.3838	0.8218
$\bar{X}+D$	6.5442	4.2993	3.9859	0.9006	1.2299	1.5497	1.5042	1.9927	1.1957

3. 城镇体系职能类型分析

首先，根据表 4-16、表 4-18 中的数值计算 18 个省辖市各行业部门的基本职工比值，计算结果见表 4-19。之后根据式（4-3）计算 18 个省辖市的突出职能。

最后运用纳尔逊统计分析法对计算结果进行分析并加以命名。一个城市所有经济活动部门中基本就业人口比例最高的那项经济职能就是该城市的优势职能，城市的突出职能采用纳尔逊的平均职工比重加标准差的方法确定，具体分析结果见表 4-20。

表 4-20 主体区 18 个省辖市的城市职能参照指标

城市	优势职能	突出职能	职能强度
郑州市	科教文卫业	—	—
洛阳市	工业	—	—
商丘市	工业	批发零售餐饮业	1.4306
		公共管理与社会组织业	0.4771
平顶山市	采矿业	采矿业	4.3750
新乡市	工业	工业	1.0183
		批发零售餐饮业	1.3971

续表

城市	优势职能	突出职能	职能强度
新乡市		服务业	0.1001
		科教文卫	1.6295
安阳市	工业	工业	0.7570
南阳市	工业	—	—
焦作市	采矿业	—	—
开封市	工业	—	—
信阳市	采矿业	采矿业	3.4068
漯河市	工业	工业	1.1987
濮阳市	科教文卫	—	—
许昌市	公共管理与社会组织业	—	—
鹤壁市	建筑业	—	—
驻马店市	建筑业	批发零售餐饮业	1.6848
周口市	建筑业	建筑业	2.6175
		交通运输仓储及邮政业	1.1043
		金融房地产业	2.600
		科教文卫	0.7868
		公共管理与社会组织业	0.9790
三门峡市	采矿业	采矿业	6.6398
		交通运输	1.0559
		服务业	2.5550
济源市	工业	—	—

注："—"表示无突出职能。

由表4-20可知，主体区城市工业部门比重较高，城市的优势职能不突出，郑州市的省会职能、金融业和交通运输职能，郑州、安阳、洛阳和开封的旅游职能，信阳的门户职能等，都没有得到体现。许多中心城市缺乏发展特色，城市职能结构趋同，城市的专业化程度不够突出，在城市部门经济结构上偏重于"大而全、小而全"。城市主导职能的趋异和互补是提高宏观经济效益的重要条件，相邻城市经济结构的总体差异越大，往往越有利于城市职能互补和集聚效益的发挥（周一星和孙则昕，1997）。这样一方面会降低城市基础建设的经济效果；另一方面由于相互竞争，彼此牵制，在很大程度上制约了城市社会经济效益。此外，经济发展水平低，工业还主要停留在对矿产资源的开发利用方面，工业结构多以传统工业部门为主，原材料和农副产品初加工部门多，深加工部门少。结果只能够提供一些初级产品，资源、原材料消耗多，科技含量和劳动力生产率低，经济效益差，环境污染严重。

五、职能类型结构的优化

1. 调整职能类型结构

随着中原经济区建设力度的不断加大，主体区河南省的经济发展地位将越来越突出，现有的城镇体系职能类型已不能满足区域经济发展的要求，优化主体区现代城镇体系的职能类型结构势在必行。基本原则和理念是：其一，参照2009年主体区18个省辖市的职能类型结构，从城镇体系等级层次结构优化的框架出发，结合108个城镇职能类型的主导产业、支柱产业、优势产业的现状与未来趋势，协调好城镇之间的产业联系和空间布局类型的互补，突出城镇发展的优势经济职能，强调城镇的趋异和互补。其二，明晰核心城市、区域性中心城市、区域性次中心城市向综合类型的城市定位发展，突出地方中心城镇、地方次中心城镇的主导经济职能，发挥一般性城镇的突出职能，促使现代城镇体系的城市职能类型向既有综合又含突出职能的高级城镇体系职能类型升级。

主体区调整现代城镇体系职能类型结构的思路是：首先，分析每一个城镇自然资源、区位条件、主导产业和现有的社会经济基础，确定其产业发展的方向和经济发展的优势行业。其次，根据城镇的优势行业，确定其城镇发展的优势职能，此类部门应具有良好的经济效益和全面的带动作用，并作为整个城市未来一个阶段经济发展的核心部门。然后，确定与主导优势产业、部门密切关联的产业部门，确定其城镇发展的突出职能。最后，从主体区与周围省份的区际经济协作关系和市场竞争的角度出发，协调主体区各个城镇的优势职能和突出职能，使之各具特色，搭配合理，既突出城镇自身和所在区域的优势，又避免水平的结构趋同，构成层次有序、结构合理的现代城镇职能体系。

为适应中原经济区经济、社会发展的总体要求，基于18个省辖市的定量分析结果，依据建立现代城镇体系的指导原则和整合思路，结合2005～2009年以来主体区126个城镇现实发展情况，本节提出到2020年主体区现代城镇体系职能类型结构的调整方案（表4-21）。

表4-21 2020年主体区城镇体系的职能类型

城镇等级	城市（县）	优势职能	突出职能	备注
核心城市	郑州市	建筑业 工业	工业 交通运输仓储及邮政业 批发零售餐饮业 科教文卫业	工业以高新技术产业为主，服务业以信息化服务业为主
核心城市	洛阳市	工业 服务业	服务业 科教文卫业 交通运输仓储及邮政业	工业以传统产业和高新技术产业相结合为主
区域性中心城市	新乡市	工业	服务业 交通运输仓储及邮政业	工业以化纤、化工、冶金、建材、制药业为主
区域性中心城市	南阳市	工业	批发零售餐饮业 服务业 科教文卫业	工业以油碱化工、机械电子、装备制造、电力能源、冶金建材、纺织、中医药为主
区域性中心城市	焦作市	工业	服务业 交通运输仓储及邮政业	工业以能源、化工、冶金、建材、制药为主

续表

城镇等级	城市（县）	优势职能	突出职能	备注
区域性中心城市	平顶山市	采矿业	工业 交通运输仓储及邮政业 服务业	工业以电力、钢铁、纺织、化工为主
	许昌市	工业	交通运输仓储及邮政业 服务业	工业以烟草机械制造、烤烟加工为主
	安阳市	工业	交通运输仓储及邮政业 服务业 科教文卫业	工业以能源、冶金、装备制造、高新技术产业为主
	信阳市	公共管理与社会组织业	工业 交通运输仓储及邮政业 服务业	工业以装备制造、食品加工和新型建材为主
	驻马店市	工业	建筑业 批发零售餐饮业 公共管理与社会组织业	工业以医药、机械化工、电子、建材、食品、粮油加工为主
	商丘市	工业	服务业 交通运输仓储及邮政业 科教文卫业	工业以能源、装备制造业、医药化工、冶金建材、食品、纺织服装业为主
	周口市	工业	建筑业 交通运输仓储及邮政业 金融房地产业 科教文卫业	工业以电办机械、纺织印染、食品酿造、裘皮制革为主
	三门峡市	工业	批发零售餐饮业 交通运输仓储及邮政业 服务业	工业以机械加工、电子、铝合金、轿车轮毂为主
	开封市	工业	批发零售餐饮业 交通运输仓储及邮政业 服务业 科教文卫业	工业以化工、空分、装备制造业为主
	济源市	工业	交通运输仓储及邮政业	工业以能源、化工、冶金为主
	漯河市	工业	交通运输仓储及邮政业	工业以食品加工等轻工业为主
	濮阳市	采矿业	服务业 科教文卫业 交通运输仓储及邮政业	工业以能源、石油化工、耐火材料为主
	鹤壁市	采矿业	服务业 科教文卫业	工业以能源工业、机械化工、纺织为主
区域性次中心城市	巩义市	工业	交通运输仓储及邮政业	工业以耐火材料、金属冶炼为主
	禹州市	采掘业	工业	工业以陶瓷业和烤烟业为主
	永城市	工业	交通运输仓储及邮政业	工业以能源工业、面粉加工为主
	新密市	工业	交通运输仓储及邮政业	工业以煤炭工业为主
	新郑市	工业	交通运输仓储及邮政业	工业以煤炭和烟草业为主

145

续表

城镇等级	城市（县）	优势职能	突出职能	备注
区域性次中心城市	荥阳市	工业	交通运输仓储及邮政业	工业以阀门和建筑机械为主
	林州市	建筑业	工业	工业以冶金、机械铸造、建材、轻纺、医药化工、农副产品为主
	登封市	采掘业	工业	工业以电力为主
	邓州市	工业	交通运输仓储及邮政业	工业以食品加工、化工医药、棉纺、建材、烟草加工为主
	灵宝市	工业	交通运输仓储及邮政业	工业以能源、农副产品加工业为主
	偃师市	工业	交通运输仓储及邮政业	工业以化工和农产品加工业为主
	项城市	工业	公共管理与社会组织业	工业以食品、皮革、纺织为主
	长葛市	工业	交通运输仓储及邮政业	工业以农用运输车、金刚石制造和制造业为主
	舞钢市	工业	交通运输仓储及邮政业	工业以钢铁业为主
	孟州市	工业	交通运输仓储及邮政业	工业以毛皮加工业和粮食加工为主
	辉县市	工业	交通运输仓储及邮政业	工业以能源、冶金和食品加工为主
	卫辉市	工业	交通运输仓储及邮政业	工业以机电和制造业为主
	沁阳市	工业	交通运输仓储及邮政业	工业以玻璃产业为主
	汝州市	工业	交通运输仓储及邮政业	工业以能源、建材、冶金、食品为主
	义马市	工业	交通运输仓储及邮政业	工业以煤气化、电力、铬盐化工、制造业为主
	固始县	工业	公共管理与社会组织业	工业以农产品加工业为主
	中牟县	工业	交通运输仓储及邮政业	工业以农副产品加工业为主
	临颍县	工业	交通运输仓储及邮政业	工业以食品加工业为主
	长垣县	工业	交通运输仓储及邮政业	工业以防腐、造纸、制药、起重、化工为主
	滑县	工业	公共管理与社会组织业	工业纺织、食品、新能源、塑料加工为主
	新安县	工业	交通运输仓储及邮政业	工业以陶瓷、水泥、电力、耐火材料、矿产资源加工为主
	武陟县	工业	交通运输仓储及邮政业	工业以食品、造纸、机械加工、皮革、医药化工、电线电缆为主
	潢川县	工业	交通运输仓储及邮政业	工业以新型建材、木材加工、纺织服装、电子信息为主
	太康县	工业	交通运输仓储及邮政业	工业以食品加工、纺织、医药化工、造纸、机械制造为主

续表

城镇等级	城市（县）	优势职能	突出职能	备注
区域性次中心城市	夏邑县	工业	交通运输仓储及邮政业	工业以打火机制造、农产品加工业为主
	睢县	工业	交通运输仓储及邮政业	工业以机械化工、造纸为主
	新蔡县	工业	交通运输仓储及邮政业	工业以棉纺、粮油加工、畜产品加工、医药化工为主
	兰考县	工业	交通运输仓储及邮政业	工业以板材加工、吊装机械、民族乐器、纺织为主
地方中心城镇	安阳县	工业	交通运输仓储及邮政业	工业以煤炭、冶金和轻纺为主
	濮阳县	工业	交通运输仓储及邮政业	工业以石油加工、纺织、建材为主
	许昌县	工业	交通运输仓储及邮政业	工业以食品加工、桐木加工、机械化工、玻璃制造为主
	镇平县	工业	交通运输仓储及邮政业	工业以玉雕产业为主
	舞阳县	工业	交通运输仓储及邮政业	工业以能源、造纸、电子、化工、建材为主
	西平县	工业	交通运输仓储及邮政业	工业以医药化工、纺织为主
	伊川县	工业	交通运输仓储及邮政业	工业以煤电铝产业为主
	上蔡县	工业	交通运输仓储及邮政业	工业以农产品加工业为主
	唐河县	工业	交通运输仓储及邮政业	工业以农产品深加工为主
	郸城县	工业	交通运输仓储及邮政业	工业以食品、纺织和建材为主
	新野县	工业	交通运输仓储及邮政业	工业以纺织、农产品加工、食品为主
	淮阳县	工业	交通运输仓储及邮政业	工业塑料、纺织、食品、皮革、医药、化工为主
	鹿邑县	工业	交通运输仓储及邮政业	工业以农产品加工业为主
	沈丘县	工业	交通运输仓储及邮政业	工业以农产品加工、纺织为主
	新乡县	工业	交通运输仓储及邮政业	工业以造纸、机械、医药、纺织、化工为主
	淅川县	工业	交通运输仓储及邮政业	工业以新材料、化工产业为主
	泌阳县	工业	交通运输仓储及邮政业	工业以医药化工、棉纺、食品、饲料为主
	尉氏县	工业	交通运输仓储及邮政业	工业以棉纺加工、橡胶制品、机械制造、香精香料为主
	商水县	工业	交通运输仓储及邮政业	工业以化工、机电、棉织、粮加工等轻工业为主
	民权县	工业	交通运输仓储及邮政业	工业以农产品加工、制冷业为主
	西峡县	工业	交通运输仓储及邮政业	工业以机械、医药、电子、建材、轻工、冶金为主

续表

城镇等级	城市（县）	优势职能	突出职能	备注
地方中心城镇	平舆县	工业	交通运输仓储及邮政业	工业以皮革、农产品加工为主
	西华县	工业	交通运输仓储及邮政业	工业以板材、食品、农产品加工、化工机械制造
	鄢陵县	工业	交通运输仓储及邮政业	工业以纺织、食品饮料、机械制造、有色金属精细加工为主
	方城县	工业	交通运输仓储及邮政业	工业以机械化工、化纤为主
	杞县	工业	交通运输仓储及邮政业	工业以化工纺织、制革造纸、机械制造、农产品加工为主
	汝南县	工业	交通运输仓储及邮政业	工业以制革、机械铸造、农副产品加工、工艺制造为主
	宝丰县	工业	交通运输仓储及邮政业	工业以能源、食品、机械、冶金、建材、制药、陶瓷、轻纺、电力为主
	桐柏县	工业	交通运输仓储及邮政业	工业以金银、碱化工、机械电器、非金属、石材、农产品加工为主
	新县	工业	交通运输仓储及邮政业	工业以机械加工、陶瓷、轻工业为主
地方次中心城镇	息县	工业	交通运输仓储及邮政业	工业以农副产品加工、建材、造纸、化工、纺织为主
	虞城县	工业	交通运输仓储及邮政业	工业以肠衣、汽车配件、机械制造为主
	光山县	工业	交通运输仓储及邮政业	工业以能源、新材料、轻工业为主
	博爱县	工业	交通运输仓储及邮政业	工业以农产品加工、化工、汽车配件为主
	罗山县	工业	交通运输仓储及邮政业	工业以机械电料、化工制药、轻纺、陶瓷产建材、造纸印刷为主
	淮滨县	工业	交通运输仓储及邮政业	工业以轻纺、造船、食品为主
	襄城县	工业	交通运输仓储及邮政业	工业以机电加工、建筑建材、农产品加工、纺织为主
	修武县	工业	交通运输仓储及邮政业	工业以机械、化工、水泥、纺织、造纸为主
	宜阳县	工业	交通运输仓储及邮政业	工业以能源、建材化工、冶金、机械制造、烟花爆竹为主
	温县	工业	交通运输仓储及邮政业	工业以机械、电子、化工、医药为主
	叶县	工业	交通运输仓储及邮政业	工业以化工、农产品加工、农用三轮摩托车、机械为主

续表

城镇等级	城市（县）	优势职能	突出职能	备注
地方次中心城镇	商城县	工业	交通运输仓储及邮政业	工业以农产品加工、机械制造、纺织为主
	栾川县	工业	交通运输仓储及邮政业	工业以机械制造、医药、纺织为主
	原阳县	工业	交通运输仓储及邮政业	工业以汽车零部件、综合化工、农副产品精深加工、乳产品生产、棉纺、酿酒为主
	渑池县	工业	交通运输仓储及邮政业	工业以酿酒、电力、煤炭、建材、冶炼、化工、制药、食品为主
	鲁山县	工业	交通运输仓储及邮政业	工业以能源、冶金、建材、化工、食品加工为主
	柘城县	工业	交通运输仓储及邮政业	工业以食品、酿酒、医药、化工、造纸、机械、建筑为主
	内乡县	工业	交通运输仓储及邮政业	工业以造纸、机械加工、软木产业为主
	正阳县	工业	交通运输仓储及邮政业	工业以精细化工、木业加工、食品加工、服装加工、建筑建材为主
	扶沟县	工业	交通运输仓储及邮政业	工业以机械制造、制革、食品加工、棉纺、化工、电力、饲料、建材、造纸、服装为主
	封丘县	工业	交通运输仓储及邮政业	工业以建材、化工、食品加工、酿酒、机械制造为主
	遂平县	工业	交通运输仓储及邮政业	工业以造纸、化工、建材、农副产品深加工为主
	淇县	工业	交通运输仓储及邮政业	工业以纺织服装、电力化工、造纸卫材、机械制造、食品加工为主
	嵩县	工业	交通运输仓储及邮政业	工业以采矿、制药、建材、化工、农产品加工为主
	开封县	工业	交通运输仓储及邮政业	工业以农产品加工、板材、化工、造纸为主
	确山县	工业	交通运输仓储及邮政业	工业以建材、水泥、机械、电子为主
	通许县	工业	交通运输仓储及邮政业	工业以棉纺、皮革、机械、化工、建材、食品、造纸、印刷、制药、板材加工为主
	宁陵县	工业	交通运输仓储及邮政业	工业以酿酒、食品、皮革、工艺品、造纸、纺纱、木材加工为主

续表

城镇等级	城市（县）	优势职能	突出职能	备注
地方次中心城镇	汤阴县	工业	交通运输仓储及邮政业	工业以农产品加工、食品、能源、电力为主
	浚县	工业	交通运输仓储及邮政业	工业以农产品加工、能源化工、机械制造、建筑材料为主
	孟津县	工业	交通运输仓储及邮政业	工业以电力、钢铁、机械制造、冶金建材、化工化纤为主
	获嘉县	工业	交通运输仓储及邮政业	工业以煤化工、机械制造、阀门、纺织为主
	陕县	工业	交通运输仓储及邮政业	工业以能源、化工、机械、轻纺、皮革加工为主
	南召县	工业	交通运输仓储及邮政业	工业以矿产资源、玉石加工、农产品加工业为主
	清丰县	工业	交通运输仓储及邮政业	工业以机械加工、医药化工、生物能源、农副产品加工为主
	内黄县	工业	交通运输仓储及邮政业	工业以啤酒、农产品加工、医药化工、机械制造为主
	社旗县	工业	交通运输仓储及邮政业	工业以酿酒、医药、化工、汽车配件、淀粉、皮革和农副产品加工为主
	延津县	工业	交通运输仓储及邮政业	工业以油食品加工、轻纺、化工、酿酒为主
	郏县	工业	交通运输仓储及邮政业	工业以原煤、建材、机械制造、磨料磨具、造纸、皮革、食品为主
	洛宁县	工业	交通运输仓储及邮政业	工业以矿山采选、金属冶炼、农副产品、水电为主
	范县	工业	交通运输仓储及邮政业	工业以造纸、木材加工、现代物流、石油化工、机械制造、防水保温材料为主
	卢氏县	工业	交通运输仓储及邮政业	工业以制药、矿山采选、小水电、农副产品加工为主
	南乐县	工业	交通运输仓储及邮政业	工业以化工、轻工、纺织、电子、酿造、机电、食品、抽纱工艺、草制工艺为主
	汝阳县	工业	交通运输仓储及邮政业	工业以酿酒、采矿冶炼、建材、化工、机械加工、陶瓷为主
	台前县	工业	交通运输仓储及邮政业	工业以羽绒、化工、食品加工、造纸、橡胶、林木加工、制药为主

展望2030年，主体区城市、城镇之间的区内、区际联系更为密切，分工协作经过职能的优化调整逐步向理想化方向发展。核心城市、区域中心城市的职能综合性大为加强，辐射范围进一步扩大，中心功能的集聚效应明显。区域性次中心城市的服务业、科教文卫业、批发与零售贸易餐饮业、公共管理与社会组织业等职能在工业职能、交通通信职能的基础上逐步突出，由此形成的产业群对城市与区域的互动发展带动力增强。地方中心城镇、地方次中心城镇的职能专业化程度较高，城镇发展的优势经济职能突出，城镇产业化迅速发展。总之，主体区高等级层次城市向综合性发展，中等级层次的城市的突出职能强度进一步提升，低等级层次城镇逐步向专业化、职能化方向发展，现代城镇体系的整体功能得到了最大程度的发挥。

2. 强化城镇的职能[①]

第一，加强技术创新，大力发展战略性新兴产业。新兴产业是指随着新的科研成果和新兴技术的发明、应用而出现的新的部门和行业。现在所讲的新兴产业，主要是指随着电子、信息、生物、新材料、新能源、海洋、空间等新技术的发展而产生和发展起来的一系列新兴产业部门。战略性产业是指通过政府支持能够获得内生的竞争优势，对国民经济具有强烈带动作用的新兴产业，产业的政策支持具有一定的前瞻性。综上，战略性新兴产业是指以培育区域新的先导产业、主导产业等战略产业为目的，以重大技术突破和重大发展需求为基础，对经济社会全局和长远发展具有重大引领带动作用的快速兴起的新兴产业。发展战略性新兴产业对于促进现代城镇体系职能类型的转型和强化区域内核心城市、区域性中心城市的职能定位尤为重要。因此，主体区经济发展应选择产业比较优势系数高、产业的感应度系数和影响力系数高、需求收入弹性高、生产率上升率高，能有效地带动主体区其他关联配套产业的发展，同时也是其他基础性产业发展的重要支撑（刘勇，2011）。增强产业的自主创新能力是培育和发展战略性新兴产业的重要环节，主体区必须完善以企业为主体、市场为导向、产学研相结合的高新技术创新体系，发挥科技重大专项的核心引领作用，实施产业发展规划，突破核心技术，加强产业创新成果产业化，提升产业核心竞争力。三个梯度的产业都应加强产业技术创新联盟的参与和组建，依托产业集聚区、高校和科研院所，提高战略性新兴产业研发投入比重，搭建一批技术创新和技术服务平台，建设完善创新体系，特别要在生物产业、新能源汽车产业等重点领域突破一批产业发展的核心关键技术，提高自身的技术创新能力，积极培育具有国际市场竞争力的品牌产品。

[①] 本部分内容参考了河南省政府2012年1月14日制定的《河南省建设中原经济区纲要（草案）》。

第二，集聚资源优势，促进高新技术产业发展。结合中原经济区主体区现有的职能类型结构，可以核心关键技术研发、自主技术产业化为着力点，适时、有序地发展高新技术产业，推动城镇体系职能类型的更新与升级。主体区应将产业关联度较大、对传统产业渗透力强、在技术上取得重大突破的项目作为发展的重点，集聚资源优势，形成产学研有机结合的链条。高新技术产业发展的方向和重点为：重点培育壮大生物技术工程、新能源、新材料、新能源汽车等战略新兴产业，大力发展高端装备和节能环保产业，培育郑州新区、洛南新区、新乡高新区等战略性新兴产业基地；推进生物医药、生物育种等优势产业的发展，建设郑州国家生物产业基地；发展壮大太阳能光伏、生物质能源和新能源装备等新能源产业，推进南阳国家生物质能源示范区建设；发挥资源和原材料优势，重点发展单晶硅、多晶硅等信息化材料，锂电子电池等二次电池材料和产品，高品质石英晶体、超薄超窄金属膜等电子材料，高品质金刚石、高品级陶瓷立方氮化硼、高强轻型合金等新型材料，推进洛阳新材料产业基地的发展；加快推进汽车零部件装备制造和制造业信息化的发展，提高动力电池及关键零部件的配套水平。此外，在经济全球化的今天，人才成为影响区域产业发展的重要因素之一。主体区应尽快建立科研机构、高校创新型人才向企业的流动机制，发挥研究型大学和科研院所的引领和支撑作用，加强战略性新兴产业相关专业学科建设，增加急需的专业学位；改革人才培养模式，建立企校联合培养人才的新机制，促进技能型、创新型、复合型、应用型人才的培养。完善科研机构和高校知识产权转移转化的实现和利益保障机制，加大对具有重大社会效益创新型成果的奖励力度。

第三，推动产业集群化，壮大主导优势职能。按照主体区产业集群规划和现代产业体系建设的要求，促进企业向园区集中、产业向集群化的发展转变，凸显现代城镇体系中各等级层次城市的主导职能、优势职能、突出职能。具体而言，应重点抓好以下几个方面的工作：以做大做强为方向，争创产业新优势，大力发展汽车、电子信息、装备制造、食品、轻纺、新型建材等高成长性产业，推动生产规模由小到大、产业链由短向长、产业层次由低到高、企业关联由散到聚，形成带动能力强的主导产业群；重点发展轿车、轻型商用车、中高端客车和中重卡车等四大系列优势产品，建设郑州汽车制造基地，壮大整车及零部件产业集聚规模；推进郑州、漯河、鹤壁、信阳、南阳等电子信息产业基地建设，培育壮大信息家电、半导体照明、新型显示和新一代信息通信等产业；提升输变电、大型成套设备、现代农机和轨道交通等产业竞争力，推动基础部件和配套产品集群化发展，打造全国重要的现代装备制造业基地；扩大面制品、肉制品与乳品果蔬饮料产业优势，提升主食工业化水平，建设食品工业强省；推动产品升级，提升黄金叶卷烟品牌影响力。加快培育一批家用电器、家具厨卫等轻工业集群，大力发展节能、环保和绿色建筑材料；发挥煤盐资源综合优势，大力推进煤化工、盐化工和石油化工融合发展，积极发展高端石油和精细化产品；加快骨干企业实施煤电铝加工一体化发展，延伸铅锌镁钼钨钛铜等产业链，建设精深加工为主导的有色工业基地；提升服装、面料、家用纺织品规模和水平，形成产业链和集群化发展优势。

第四，运用先进技术，改造、提升传统产业。主体区传统产业主要以资源型、劳动密集型产业为主，推动传统产业的改造和升级对中原经济区的城市职能类型结构的优化至为关键。为推动城市的传统职能向现代综合化、专业化职能转变，应做好以下工作：运用先进技术改造装备制造、冶金、建材、医药和食品等传统产业，通过技术改造和产品升级，推动主体区传统产业向资源依赖低、知识技术含量高的技术密集型、高附加值型产业转型；继续推进制造业信息化工程，在工业企业中加紧推广CAD、CAM、CIMS技术改造和ERP管理系统，提升企业的创新能力和生产、管理水平；加大产业结构调整力度，限制落后生产技术和过失产品，完善企业推出机制，逐步淘汰落后生产能力的企业（王发曾等，2007）；调整传统产业产品结构，进一步拉长小麦、畜产品深加工链条，推进石油、煤炭和天然气等资源的深加工，发展铝深加工产品，加快林纸一体化项目建设，发展高档文化、生活和特种用纸等产品；积极引进先进技术，提升纺织、服饰和装饰面料等产品档次，加快发展汽车总装机零部件生产，提升装备工业数字化水平，拉长传统产品链条，最终实现传统产业、产品的改造和升级；加快用战略性新兴产业和高新产业领域的新技术改造、提升传统产业，如拉长产业链条、延伸上下游产业等，在更多领域催生更多的经济增长点，可通过合资合作、技术引进和技术改造推动相关产业升级、城市职能转型，调整产业结构，提高产业的效益和竞争力，促进发展方式转变，推动经济社会的全面发展和可持续发展。

第五，大力发展第三产业，提升现代服务业的功能。城镇的现代服务功能是整个社会再生产过程中不可缺少的组成部分，对中原经济区整个区域的经济发展和产业现代化的实现都有重要影响和作用。根据当前主体区的城镇职能结构调整和城市、产业转型的需要，需提升主体区城镇的职能效率，加快第三产业的发展，提高第三产业在国民经济中的比重。根据主体区的基础和优势，通过深化改革、落实政策，进一步调动社会各方面兴办第三产业的积极性，引导社会资源合理流向第三产业，大力发展现代服务业。在物流业建设方面，要实施大交通大物流战略，建设以郑州为中心、其他省辖（管）市为节点、专业物流企业为支撑的现代物流体系。强化国际物流、区域分拨、本地配送功能，建设郑州内陆无水港，成为辐射中西部、辐射全国、联通世界的内陆型现代物流中心。同时推进洛阳、安阳、商丘等省辖（管）市的区域物流枢纽中心。在旅游业发展方面，整合中原地区的自然、人文特色旅游资源，重点培育文化体验游、休闲度假游和保健康复游等特色产品，打造旅游"文化"精品以增加中原文化旅游区的文化底蕴，建设中原历史文化旅游区、黄河文化旅游带和南水北调中线生态文化旅游等重点景区和观光线路。在金融业发展方面，要提升郑州区域性金融中心功能，吸引国内外金融机构设立分支结构，推动符合条件的企业上市和发行债券，规范发展各类投资融资平台，建设金融服务中心、票据市场中心，推动郑州商品交易的增加期货品种。在其他服务业方面，应大力发展电子商务、信息服务、科技服务、会展服务、服务外包和法律服务等生产性服务，拓展生活性服务业领域，提高生产性、生活型服务业的服务质量，促进服务业的全面发展。

第六，加强区域中心职能，发挥"三化"协调发展枢纽作用。为适应区域城市化、城市区域化、区域经济一体化发展的新形势，在保证发挥城镇体系各等级层次城市优势职能、突出职能的同时，建立完整而又富有中原特色的区域中心职能，提高中原城市群、中原经济区在区域分工协作中的地位和市场竞争力，发挥新型城镇化引领下的"三化"协调发展作用，提升中原地区城市的客货周转、市场流通、科技推广和信息传输能力，在全国区域发展格局中发挥独特的作用。推动新型工业化、加快转型升级、提升支撑能力是主体区职能类型转型、产业结构升级的重要依托。坚持做大总量和优化结构并重，推动工业化与信息化、制造业与服务业融合、新兴科技与新兴产业融合，构建结构合理、特色鲜明、节能环保、竞争力强的现代产业体系，走以科技含量高、信息化涵盖广、经济效益好、资源消耗低、环境污染少、人力资源得到充分发挥为主要内涵的新型工业化道路，增强现代产业的主导作用，发挥新型"三化"协调发展的枢纽作用，调整主体区城镇体系的职能组合类型，以适应中原经济区的全方位开放和非均衡发展的战略。

第二节 现代城镇体系的空间布局结构

一、空间布局结构的演变

1. 研究空间布局结构演变的着眼点

我国的市政制度是从民国初期开始的。1921年7月，北洋政府以"大总统教令"的形式颁布了《市自治制度》，设特别市和普通市两种。当时的"市"只是一种自治性的团体组织，而不是一种地方行政实体（王建军，2001）。考虑到城镇体系空间结构研究的需要，本节以新中国成立后主体区城镇在空间上的发展过程为研究时序，将城镇体系的空间演化过程分为以下四个阶段：1949～1954年、1954～1978年、1978～1995年、1995年之后（丁志伟，2011）。

城镇密集区是不同层次的城镇在空间上相互联系并组合而成的城镇体系高级空间形式，同时也是区域中城镇高度密集和城镇化高度发达的地区（刘荣增，2003）。Kernel密度分析方法是一种新型的测度城镇密集区范围的方法，通过kernel密度分析可以将城镇密集区和城市化高度发达区的范围以等值线的方式直观地呈现出来（Diggle P，1985；Cressie N，1991；West M，1991）。研究城镇密集区可更直观地了解城镇在空间上的集聚状态，对于研究城镇体系中高度城镇化区域的空间结构具有重要的辅助作用。因此，本研究将市区非农业人口密度作为界定城镇集聚区范围的简化指标，以此确定城镇集聚区空间分布状态，并对主体区1949～2009年城镇集聚区时间演化历程进行阶段划分与空间分析。

2.1949年以来空间结构演变的基本状况

1949～1954年。1949年5月5日，撤销中原省临时政府，设立河南省人民政府，开封为省会。1949年底，主体区设开封（辖7个区）、郑州（辖5区）两个省辖市，郑州专区、陈留专区、商丘专区、许昌专区、淮阳专区、洛阳专区、陕州专区、南阳专区、信阳专区、潢川专区10个专区，具体包括8个普通市、86县、12市辖区、660县辖区、13 148乡[①]。1951年中央人民政府批准河南省省会由开封迁至郑州，1954年实施。1954年底，河南省共有8个省辖专区、5个省辖市（新乡、安阳、洛阳升为省辖市）、7市、110县、20市辖区、1工矿区、1083县辖区、58县辖镇、15 239乡、109镇，奠定了以后主体区初期的空间格局。这一时期，城镇布局以点状分布为主，地域空间上的变动较大，城镇经济规模总量小，城镇彼此之间缺乏联系，城镇体系的空间组织只是以点的形式散布，中心城市之外的地域没有得到有效的辐射与影响。

1955～1978年。1955年后，京广、陇海铁路开始了复线建设，主体区省会郑州作为我国两大铁路动脉的枢纽城市，区位优势得到了很大的提升。1969年取消专区变为地区，至1978年共拥有省辖10地区、6省辖市、8市、111县、35市辖区、1矿区、2镇（相当于县），另外还有43个建制镇、2050个人民公社。至此主体区的城镇空间分布格局已基本上确定。这一时期主体区的主要城镇位于我国中部的枢纽地带，京广、陇海等国家级动脉贯穿而过，促进了主体区交通网络的完善。在这样的空间背景下，主体区的城镇"发展轴"开始形成并发育，逐步形成了以京广线、陇海线为铁路框架，各种公路为动脉的空间格局。这一时期城镇之间交通廊道联系日益密切，中心城市的辐射作用开始增强。

---

① 行政区划的有关内容来源于中国行政区划网。

1978~1995年。1978年改革开放之后，我国逐步进入了社会主义市场经济建设时期，全国的经济发展迈进了一个崭新的发展阶段。主体区以经济建设为中心，坚持改革开放，经济得到了明显的恢复和发展。至1995年，主体区国内生产总值达到3002.74亿元，比1978年增长18.4倍，年均增长37.5%。另外，乡镇企业异军突起，成为国民经济的重要支柱。在经济稳定、快速发展的背景下，工业企业开始沿着主要的交通动脉布局与汇聚，逐步形成了具有一定规模、产业关联性较强、企业合理分工组织的工业连绵带，如"郑汴洛工业走廊"、"陇兰经济增长带"等，对沿线城镇的发展起了重大促进作用。截至1995年底，主体区辖4地区、13省辖市、23市、93县、41市辖区。这个时期，城镇自身与城镇之间的发展开始依托省内重要的铁路、公路走廊，主体区城镇体系逐渐形成了以汴—郑—洛、新—郑—许—漯交通走廊内产业轴的"带"状发展。

1995年至今。这一时期尽管城镇布局几经调整，但大格局是稳定的。截至2009年底，主体区设有18个省辖市、20个县级市、88个县以及50个市辖区。除市辖区在各中心城区内部外，主体区城镇体系由126个城镇组成，其空间布局结构逐渐形成了"一极、双核、两圈、四带、一个三角"的空间布局与功能组织的整体格局。

改革开放以后，主体区城镇体系最引人瞩目并产生重大影响的事件，是中原城市群战略的实施。早在20世纪80年代末、20世纪90年代初，学术界关于以郑州为中心的"黄金十字交叉"城镇密集区的研究开始发端，如王发曾等提出了构建以郑州为中心的"核心城市圈"的设想（王发曾等，1992；王发曾，1994）。1995年以后，中原城市群开始成为主体区城镇体系空间发展战略的重要载体与平台，政府部门与学术界开始共同探寻中原城市群的未来发展之路（王发曾等，2007）。1995年中共河南省委第六次代表大会提出：加快以郑州市为中心的中原城市群发展步伐，着力培植主导产业，使之逐步成为亚欧大陆桥上的一个经济密集区，在河南省经济振兴中发挥辐射带动作用。21世纪以来，中原城市群战略成为主体区经济发展的重要支撑。2003年，《河南省全面建设小康社会规划纲要》中将中原城市群作为主体区实施中心带动战略的重要平台。2004年，河南省《政府工作报告》再次强调在中原城市群的发展规划、发展机制、城镇体系结构与功能等方面展开研究。同年，河南省发展与改革委员会组织编写了《中原城市群发展战略构想》。2006年《河南省国民经济与社会发展第十一个五年规划纲要》提出了把中原城市群作为带动中原、促进中部崛起的重要增长极。2011年，中原经济区战略与主体区"十二五"规划均将中原城市群建设放在了极其重要的战略位置。

3. 1949年以来的城镇密集区演变

Kernel分析方法主要是借助一个移动的单元格（相当于窗口）对点格局密

度进行估计。在 kernel 密度估计方法的基础上生成等值线密度图，以此鉴别空间面域上的峰值区。Kernel 密度分析的具体步骤（顾朝林等，2008）如下：①定义一个搜索半径的"窗口"，依次将其覆盖到各个空间点之上；②根据格局密度输出的精度要求，将区域划分为微小的栅格细胞（ArcGIS 中称之为 output cell）；③通过 kernel 函数计算出每个空间点对窗口内各个栅格获得的密度贡献值；④对每个栅格的密度值进行赋值，其值为该栅格搜索半径范围内各个空间点对该栅格的密度贡献值的累加；⑤输出每个栅格的密度值，由于 kernel 密度是一定尺度上的连续性密度，因此输出结果呈等值线形式。

依据上述原理和计算方法，基于主体区城镇的市（镇）辖区非农业人口的 kernel 密度，对城镇集聚区的空间边界和形态进行搜索。具体数据和参数设置如下：①选取主体区城镇市（镇）辖区非农业人口指标，即用城镇市（镇）辖区非农业人口分布的高低来测度城镇体系的空间密度。②设定 125 千米的 kernel 密度搜索半径，即假定只有城镇间距离小于或等于 125 千米时才形成结构紧密的城镇密集区，也就是说，每个城镇只影响自己周围 125 千米范围内的城镇密集程度。③设定 k 值，参照以往的研究设定城镇市辖区非农业人口的 kernel 密度 $k \geqslant 75$ 人/千米^2（$r=125$ 千米）时形成城镇密集区，进一步设定城镇市辖区非农业人口的 kernel 密度 $k \geqslant 150$ 人/千米^2（$r=125$ 千米）时形成城镇密集区的核心区。

根据 kernel 密度方法的原理，按照参数设置要求，运用 ArcGIS9.3 软件进行计算和分析，在主体区行政区划范围内生成城镇密集区的范围边界，并区分出集聚核心区范围，进而可分析出主体区城镇密集区的演变规律。

根据计算结果分析，1949 年以来主体区的城镇密集区的演变经历了如下四个阶段：①萌动时期。1949～1975 年前后，我国在京津唐、辽中南和长三角地区开始出现城市集聚并逐渐发育，主体区城镇密集区尚未形成，处于低水平、分散式发展。②发端时期。1975～1985 年前后，伴随着经济的稳步发展和乡镇企业的快速成长，主体区出现了以郑州为核心的集聚。③延伸时期。1985～1996 年前后，以郑州为核心的大、中城市集聚区快速扩展，向北绵延至安阳，向南延伸至漯河、平顶山，向西至洛阳，向东到开封（图 4-1）。④发展时期。1996 年前后至今，以郑州为核心的主体区城镇密集区稳定成形，密集程度不断加强。2000 年以后，由于快速城镇化进程以及城市之间联系程度的日益密切，在城镇密集区的中间又形成了高度密集的集聚核心区（图 4-2）。

二、空间布局结构的特征

1. 城镇分布有明显的空间指向性

主体区 126 个城镇的空间分布的区域差异很显著，有明显的空间指向性。

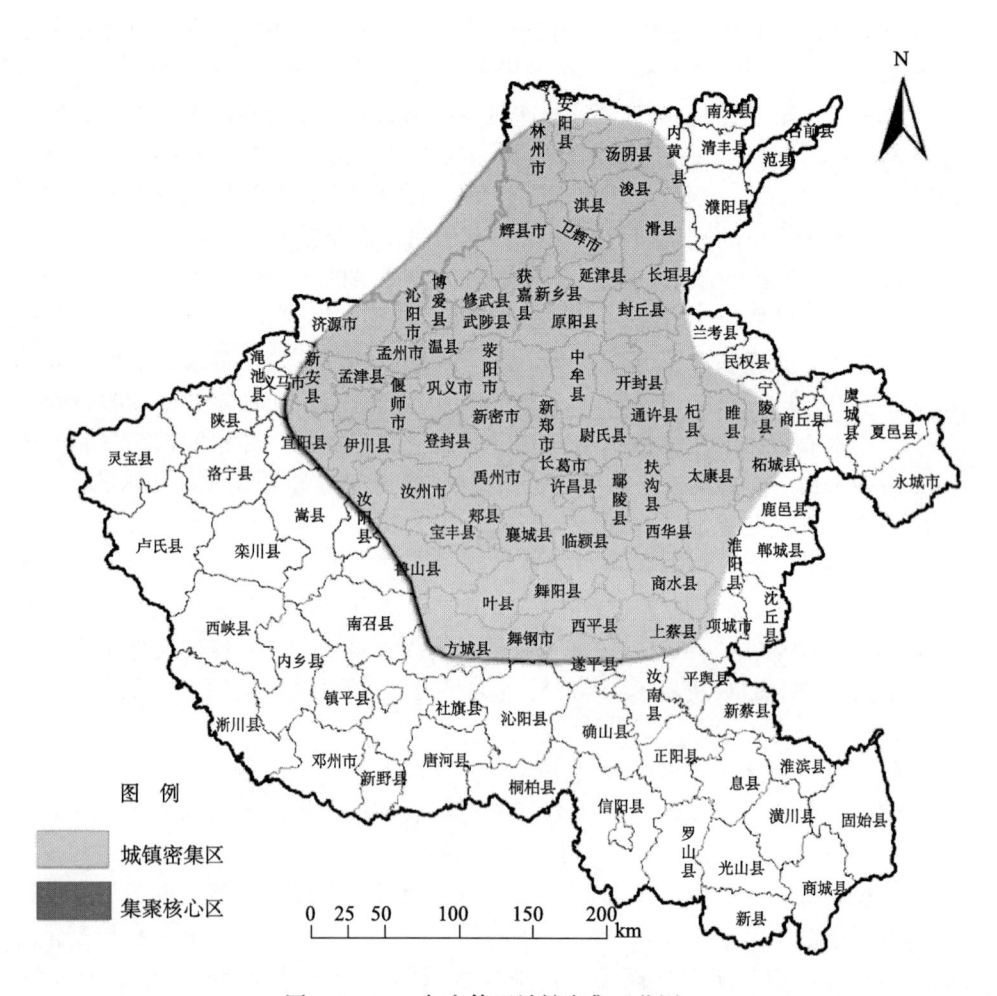

图 4-1 1996年主体区城镇密集区范围

首先，有明显的中心指向性。主体区的城镇分布密度为 2.28 座/万千米^2，而在其中心区域，即主体区重要的经济发展核心增长板块的中原城市群地区内，城镇分布密度为 3.92 座/万千米^2。依据城镇体系空间布局分形特征理论（刘继生和陈彦光，1999），将主体区地图做矢量化处理，并借助 ArcGIS9.3 测算出各城镇到中心城市郑州的欧氏距离（r_i），而后求出平均半径（R_s），再将点（R_s, S）转绘成"ln-ln"坐标图（图 4-3）。可以看出，主体区城镇体系具有较为明显的分形几何特征，区域城市空间分布的集聚维数为 1.8348（测定系数 R^2 = 0.943）。这表明主体区城镇体系的空间格局是以郑州为中心进行自组织演化的，城市密度呈现从四周向中心城市渐增的特征。

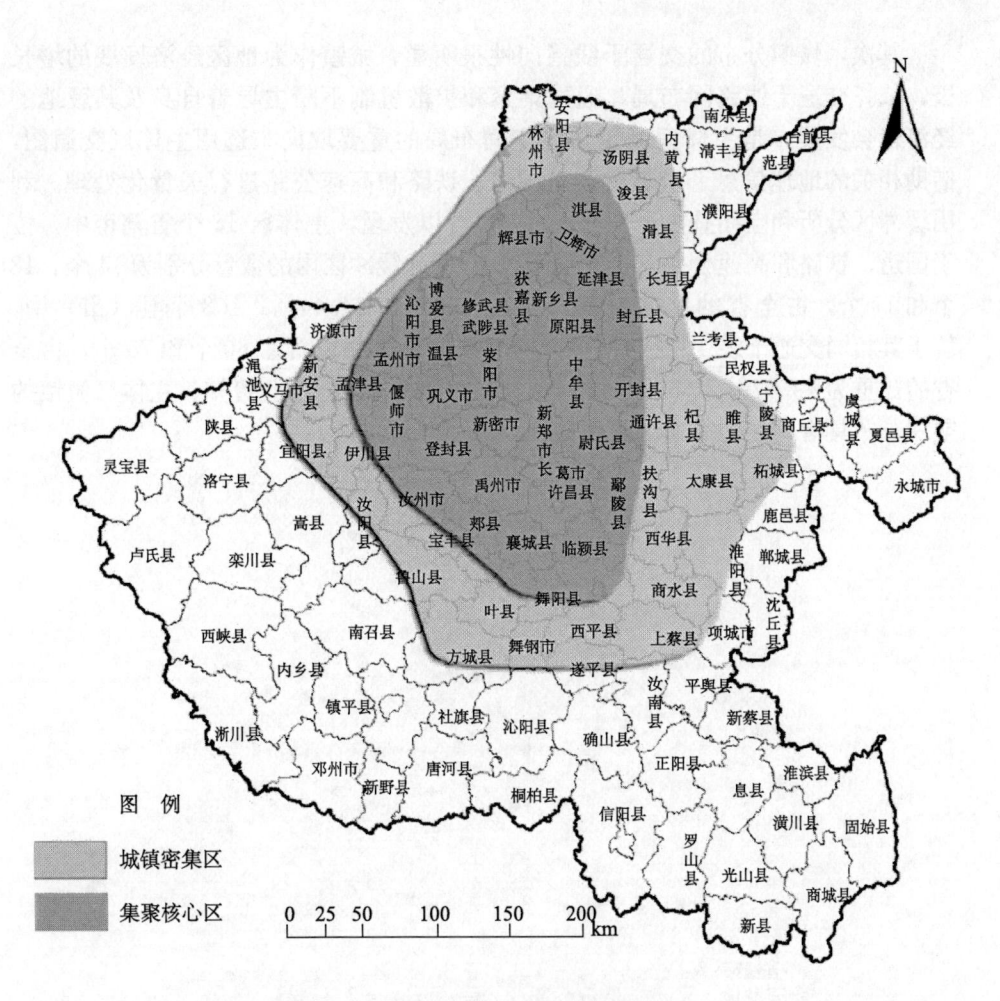

图 4-2 2009年主体区城镇密集区范围

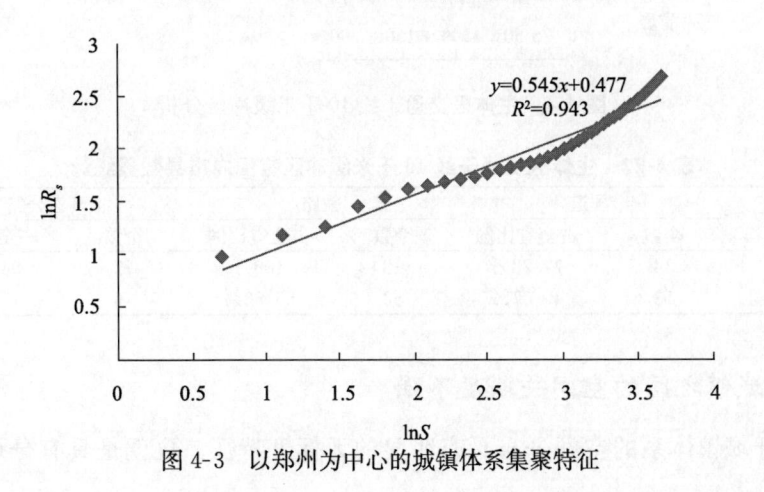

图 4-3 以郑州为中心的城镇体系集聚特征

其次，城镇分布的交通干线指向性很明显。城镇作为地区经济发展的增长极，依托交通干线路网布局，通过集聚和扩散机制不断主导着自身及其腹地的经济社会发展，是主体区城镇体系空间布局的重要取向。选用主体区交通图，借助相关的地理信息系统软件，对国道、铁路和高速公路进行矢量化处理。利用缓冲区分析和空间叠加分析（图4-4）可以发现，主体区18个省辖市中，位于国道、铁路和高速公路三类交通干线10千米缓冲区内的数量分别为14个、18个和17个，占全省的比重为77.78%、100%和94.44%；108个县（市）中，位于其相同交通干线10千米缓冲区内的数量分别为53个、60个和76个，占全省的比重为49.07%、55.56%和70.37%（表4-22）。由此可知，主体区城镇的空间分布具有明显的交通干线指向性。

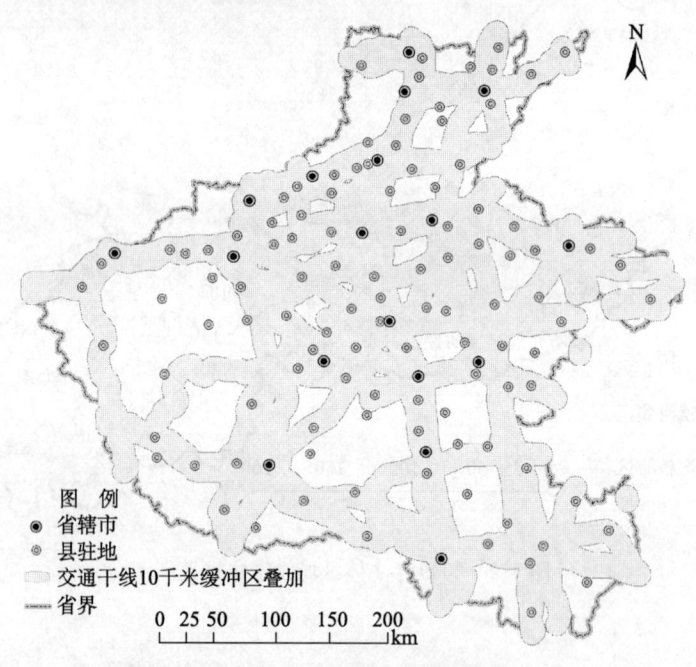

图4-4 主体区交通干线10千米缓冲区分析

表4-22 主体区交通干线10千米缓冲区范围内市县数量统计

区域	国道		铁路		高速公路	
	个数	占全省比例	个数	占全省比例	个数	占全省比例
省辖市	14	77.78%	18	100%	17	94.44%
县级市、县	53	49.07%	60	55.56%	76	70.37%

2. 城镇之间的空间关联度不强

由于城镇体系的空间分布具有明显的无标度特征，也就是具有分形特征，因此可用分形理论中的关联维数模型解释城镇之间的空间分布状态（刘继生和陈涛，1995；陈彦光和罗静，1997；谢和平和薛秀谦，1997），基本算式为

$$D = \lim_{r \to 0} \ln C(r)/\ln r \tag{4-5}$$

式中，$C(r)$ 为城镇体系的空间相关函数，r 为给定的距离刻度。$C(r)$ 的计算公式为

$$C(r) = 1/N^2 \sum_{i,j=1}^{N} H(r-d_{ij}) \quad (i \neq j) \tag{4-6}$$

在具体计算过程中，为了计算方便，通常将公式改为

$$C(r) = \sum_{i,j=1}^{N} H(r-d_{ij}) \quad (i \neq j) \tag{4-7}$$

在 $C(r)$ 的计算公式中，H 为 Heaviside 阶跃函数，即

$$H(r-d_{ij}) = \begin{cases} 1 & d_{ij} \leqslant r \\ 0 & d_{ij} > r \end{cases} \tag{4-8}$$

式中，r 为距离标度；d_{ij} 为第 i 个城镇到第 j 个城镇的欧氏距离。距离标度 $r \to 0$ 只是代表变化方向，并不一定真要趋近于 0，其变化范围限制在最小距离和最大距离之间。

式（4-5）中，D 反映了城市-区域系统中城镇空间分布的均衡性，一般情况下其值在 0~2 变化。当 $D \to 0$ 时，表明城镇分布高度集中于区域一个地区（如首位城市、核心城市）；当 $D \to 1$ 时，城镇在空间上分布集中于一条地理线（如河流、铁路和海岸等）；当 $D \to 2$ 时，表明城镇的空间分布很均衡，以至于以任何一个城镇为中心，每个城镇的分布密度都是均匀的。D 值越小，表明区域内各城镇间联系和空间关联越紧密，分布越集中；D 值越大，说明城镇之间的空间作用力越小，城镇空间布局越离散甚至到均匀的程度（刘继生和陈涛，1995；陈彦光和罗静，1997；靳军，2000；谢和平和薛秀谦，1997）。

参照城镇体系分形理论空间关联维的计算方法，根据城市间欧氏距离的需要，选择河南大学环境与规划学院提供的矢量化主体区行政区划地图，投影为 Krasovsky_1940_Albers。采用 ArcGIS 9.3 软件中的 Distance 分析工具，来测算 38 个城市之间的距离相关关系。考虑到研究尺度下地图投影变化造成的距离影响较小，故由于地图投影引起的距离差别可忽略。根据 Heaviside 阶跃函数的计算方法，选择刻度 $r=10$（千米），计算城镇在主体区空间分布的相关函数 $C(r)$，结果见表 4-23。

表 4-23　标度 r 及对应的 $C(r)$

序号	r	$C(r)$	序号	r	$C(r)$	序号	r	$C(r)$
1	30	20	6	80	224	11	130	466
2	40	54	7	90	280	12	140	532
3	50	80	8	100	322	13	150	574
4	60	130	9	110	378	14	160	632
5	70	180	10	120	420	15	170	690

续表

序号	r	C(r)	序号	r	C(r)	序号	r	C(r)
16	180	732	28	300	1238	40	420	1390
17	190	782	29	310	1266	41	430	1352
18	220	828	30	320	1288	42	440	1398
19	210	876	31	330	1302	43	450	1402
20	220	932	32	340	1320	44	460	1402
21	230	992	33	350	1326	45	470	1404
22	240	1042	34	360	1344	46	480	1404
23	250	1076	35	370	1358	47	490	1404
24	260	1100	36	380	1364	48	500	1404
25	270	1154	37	390	1372	49	510	1406
26	280	1192	38	400	1378			
27	290	1224	39	410	1384			

根据城镇体系空间分形理论的计算方法，分别取 r、$C(r)$ 的对数，以 $\ln r$、$\ln C(r)$ 为横、纵坐标作双对数散点分布图（图4-5），再模拟成线性回归函数 $y=1.2677x-0.2441$，其中 $R^2=0.9175$，相关性较好。由分形理论及图4-2可知，主体区38个城市在空间上具有明显的分形特征，空间关联维系数 D 为 1.2677。

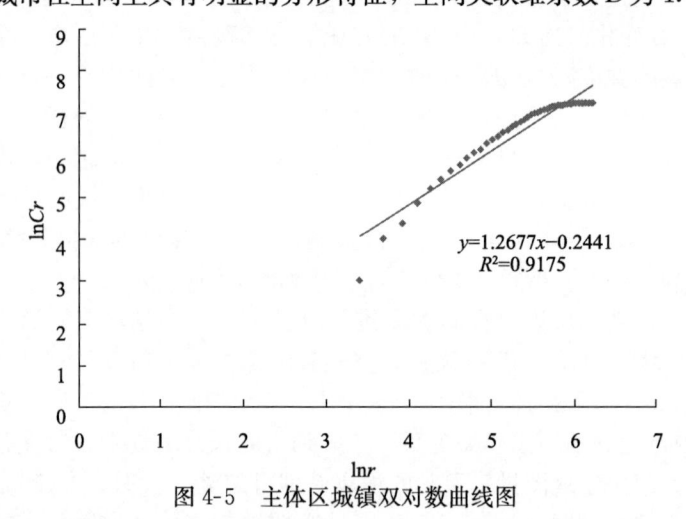

图4-5 主体区城镇双对数曲线图

由空间关联系数1.2667分析可知，主体区38个城市之间的空间相互作用关联性处于一般水平，既不是离散至均匀分布，也不是很集中，以至于空间各要素汇聚到首位城市郑州，而是处于较集中但不至于离散的地步。主体区整体城镇的布局呈现以交通廊道为基础，以郑州市为核心的中心—外围圈层式分布。这种空间布局结构有利于城市之间沿交通轴以圈层状推进城市职能的分工与协调，也有利于城市在廊道发挥其扩散效应并带动周围小城镇。但另一个方面也造成了中心城市之间疏离，空间关联程度的松散，使得城市的整体功能不能较好地发挥，给主体区城镇体系的空间拓展带来一定的难度。

自然环境条件对主体区城镇体系空间布局结构起着制约作用，其中地貌结构和水流等决定着自然系统中各种"流"的方向，对城镇发育影响很大。从地形上看，郑州、许昌、漯河、平顶山、驻马店等城市位于西部山地向黄淮平原过渡地带，漯河、开封、新乡、周口等城市位于黄河、淮河两岸，这就是地形、水系形成"流"的综合效应。地形和河流均具有分形特征，它们的结构肯定要影响城镇体系内部空间结构的分形维数。以郑州、洛阳为核心的中原城市群内部的城市，位于黄河流域、淮河流域，水系复杂（分维系数较大），且大部分城镇位于山地向平原的过渡地带，这样在中原城市群区域内生成的城市密度较大。中原城市群外围的城市（南阳、信阳、商丘等）由于水系结构较简单（分维系数较小），加之山地地形的阻挡，这部分城市的城镇密度较小。这在一定程度上使主体区空间上呈现中部紧凑、外围松散的区域空间结构。

3. 城市空间影响范围与行政区界线不符

扩展断裂点理论是结合常规 Voronoi 图和传统的断裂点理论利用计算机程序开发确定城市空间影响范围的一种方法。关于城市空间影响范围边界的确定，断裂点理论应用的例子较多，但该理论只能确定边界距城市的距离，具体的空间影响范围仍不确定。为此闫卫阳、郭庆胜、李圣权等对断裂点理论进行推导，得出发生元的速度不是以城市中心性强度值向外扩展，而是以其中心性强度值的平方根向外推移。根据加权的 voronoi 图的性质和几何特征可知，相邻两个城市的吸引范围的界线是一条弧段，这条界线能反映城市相互作用影响的范围（闫卫阳等，2003；王新生等，2000；王新生等，2002）。根据权扩展断裂点理论的计算方法，参照闫卫阳等建立的城市综合实力评价指标体系，选取《河南省统计年鉴 2010》、河南省统计局和河南省环保厅等官方的统计数据，对主体区 18 个省辖市为城市发生元进行扩展断裂点模型的计算生成加权的 voronoi 图，结果如图 4-6 所示。该图代表了不同城市以综合实力值在空间的势力划分与影响范围，刻画了不同实力城市间的空间相互作用强度。一般来说，城市的综合实力与城市的影响范围一致，但不会完全一致。例如，主体区的南阳市的综合实力小于洛阳市，但南阳市却比洛阳市的空间影响范围大得多。究其原因，一方面由于洛阳周围的城市距离较近，而且受到首位核心城市郑州的扩展影响，其影响空间范围受到了挤压；另一方面，南阳离郑州市较远，周围的城市稀疏，未计算与其相邻省份城市的空间范围影响，故其影响的空间范围较大。

图 4-6 反映了 18 个省辖市的综合实力在主体区地域空间上的布局特征，空间影响范围与行政区界线明显不符。主体区核心城市郑州市的影响范围最大，北侧影响范围到达新乡的南部、焦作的东南大部，西侧影响范围接近洛阳市区，东侧影响范围经过开封延伸至周口市、商丘市的过渡地带。而许昌、漯河等地由于综合实力过小，不能发挥其应有的区域性中心城市的作用，空间影响范围受到压缩与排挤。开封、周口、济源、焦作根据自身实力只能影响其扩散的圆形区域；平

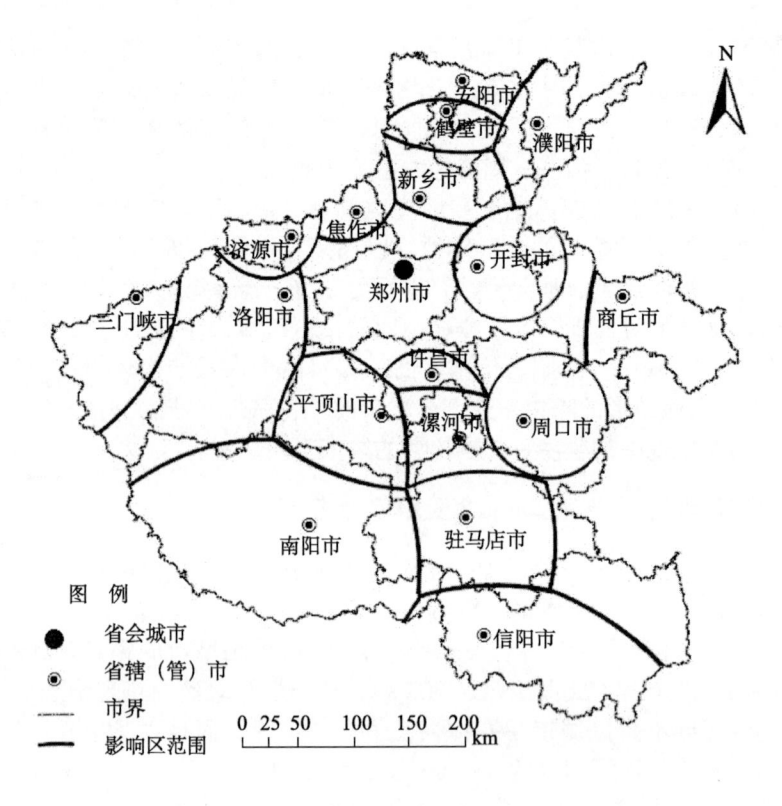

图 4-6 主体区 18 个省辖市的加权 voronoi 图

顶山、许昌、鹤壁受自身影响范围和其他城市（如郑州）的挤压呈现不规则的多边形形态。南阳、濮阳、商丘由于其周边城市较少、综合实力较大，影响范围扩展至主体区行政区域边界；驻马店、信阳的综合实力较小，其空间影响范围未能扩展至整个行政区划范围，在主体区东南部一隅出现了没有城镇影响到的空白地域。

4. 城市空间相互作用强度差异大

根据物理学中的物体间相互作用的引力公式，将城市看作是能够相互作用的物体，以人口规模、国内生产总值指标为城市的质量表征，以城市间的欧氏距离为半径，通过引力强度来解释城市间的相互作用强度（王发曾等，2007）。参考以往学者关于城市之间相互作用的有关计算方法，采用空间相互作用强度 E 来测度城市彼此之间的相互作用强度。其公式如下：

$$E = \frac{\sqrt{P_1 V_1 \cdot P_2 V_2}}{r^2} \quad (4-9)$$

式中，P_1、P_2 分别表示两个城市的人口数；V_1、V_2 表示两城市的国内生产总值；r 表示两个城市间的距离。根据上述城市间相互作用强度的计算方法，计算出主体区 18 个省辖市的相互作用强度矩阵，结果见表 4-24。

表 4-24 主体区 18 个省辖市之间的相互作用强度

城市	郑州	开封	洛阳	平顶山	安阳	鹤壁	新乡	焦作	濮阳	许昌	漯河	三门峡	南阳	商丘	信阳	周口	驻马店	济源	总计
郑州	0.00	207.85	120.28	78.65	42.72	17.50	251.77	194.34	25.68	148.96	29.43	11.18	39.97	36.19	13.84	62.05	30.03	18.82	1329.26
开封	207.85	0.00	20.51	19.55	21.76	8.54	82.42	27.18	19.26	44.64	11.99	2.78	11.89	33.33	5.65	35.88	12.17	3.08	568.50
洛阳	120.28	20.51	0.00	47.02	15.16	5.51	34.58	66.20	7.66	34.75	11.13	36.11	43.67	10.85	8.93	20.48	16.03	60.52	559.38
平顶山	78.65	19.55	47.02	0.00	7.42	2.60	7.97	15.87	4.91	156.20	55.11	5.64	83.00	12.24	16.39	49.27	51.69	3.88	617.41
安阳	42.72	21.76	15.16	7.42	0.00	246.53	59.31	24.23	76.03	9.86	3.71	2.92	7.14	14.30	3.31	10.59	5.39	2.85	553.24
鹤壁	17.50	8.54	5.51	2.60	246.53	0.00	31.95	10.60	18.58	3.54	1.27	0.98	2.38	4.46	1.06	3.54	1.78	1.08	361.92
新乡	251.77	82.42	34.58	7.97	59.31	31.95	0.00	124.89	27.37	25.25	7.40	4.49	12.10	17.96	4.84	18.96	9.10	7.13	727.49
焦作	194.34	27.18	66.20	15.87	24.23	10.60	124.89	0.00	10.05	19.64	5.65	6.30	12.12	9.21	3.95	12.59	7.26	22.61	572.69
濮阳	25.68	19.26	7.66	4.91	76.03	18.58	27.37	10.05	0.00	7.11	2.81	1.45	4.55	17.66	2.41	8.96	4.01	1.28	239.77
许昌	148.96	44.64	34.75	156.20	9.86	3.54	25.25	19.64	7.11	0.00	88.41	4.16	34.29	20.12	12.87	93.91	41.58	3.65	748.91
漯河	29.43	11.99	11.13	55.11	3.71	1.27	7.40	5.65	2.81	88.41	0.00	1.70	21.48	10.60	12.28	127.02	72.60	1.14	463.74
三门峡	11.18	2.78	36.11	5.64	2.92	0.98	4.49	6.30	1.45	4.16	1.70	0.00	9.57	2.03	2.04	3.44	2.99	3.15	100.91
南阳	39.97	11.89	43.67	83.00	7.14	2.38	12.10	12.12	4.55	34.29	21.48	9.57	0.00	10.80	36.92	32.16	57.27	3.48	422.80
商丘	36.19	33.33	10.85	12.24	14.30	4.46	17.96	9.21	17.66	20.12	10.60	2.03	10.80	0.00	8.30	53.52	15.05	1.46	278.09
信阳	13.84	5.65	8.93	16.39	3.31	1.06	4.84	3.95	2.41	12.87	12.28	2.04	36.92	8.30	0.00	28.17	79.12	0.91	240.99
周口	62.05	35.88	20.48	49.27	10.59	3.54	18.96	12.59	8.96	93.91	127.02	3.44	32.16	53.52	28.17	0.00	103.65	2.33	666.54
驻马店	30.03	12.17	16.03	51.69	5.39	1.78	9.10	7.26	4.01	41.58	72.60	2.99	57.27	15.05	79.12	103.65	0.00	1.61	511.32
济源	18.82	3.08	60.52	3.88	2.85	1.08	7.13	22.61	1.28	3.65	1.14	3.15	3.48	1.46	0.91	2.33	1.61	0.00	139.00

由表 4-24 可知，郑州与其他 17 个省辖市的相互作用强度最大，联系最紧密，相互作用强度之和最大，为 1329.96，明显地高于其他 17 个城市，基本上确立了郑州在主体区地域空间上、组织上与功能上的中心地位。郑州之外的城市，与其余城市相互作用总强度排名由高到低依次是许昌（748.91）、新乡（727.49）、周口（666.54）、平顶山（617.41）、焦作（572.69）、开封（568.50）、洛阳（559.38）、安阳（553.24）、驻马店（511.32）、漯河（463.74）、南阳（422.80）、鹤壁（361.92）、商丘（278.09）、信阳（240.99）、濮阳（239.77）、济源（139.00）、三门峡（100.91）。与郑州相互作用强度值由高到低的城市排名依次是新乡（251.77）、开封（207.85）、焦作（194.34）、许昌（148.96）、洛阳（120.28）、平顶山（78.65）、周口（62.05）、安阳（42.72）、南阳（39.97）、商丘（36.19）、驻马店（30.03）、漯河（29.43）、濮阳（25.68）、济源（18.82）、鹤壁（17.50）、信阳（13.84）、三门峡（11.18）。

主体区城市间作用强度大于 200 的有郑州↔开封（207.85）、郑州↔新乡（251.77）、安阳↔鹤壁（246.53）；大于 100 的有郑州↔焦作（194.34）、郑州↔洛阳（120.28）、郑州↔许昌（148.96）、周口↔漯河（127.02）、焦作↔新乡（124.89）、平顶山↔许昌（156.20）、周口↔驻马店（103.65）；大于 50 的有郑州↔平顶山（78.65）、郑州↔周口（62.05）、开封↔新乡（82.84）、洛阳↔焦作（66.20）、平顶山↔漯河（55.11）、平顶山↔南阳（83.00）、平顶山↔驻马店（51.69）、安阳↔新乡（59.31）、安阳↔濮阳（76.03）、许昌↔漯河（88.41）、许昌↔周口（93.91）、漯河↔驻马店（72.60）、驻马店↔南阳（57.27）、周口↔商丘（53.52）、驻马店↔信阳（79.12）。由此可见，主体区 18 个省辖市彼此间的空间作用强度梯度差异较大，大于 50 小于 100 以及 50 以下的占了绝大多数，大于 100 小于 200 与大于 200 的较少。

以主体区矢量化地图为底图，将大于 200、100～200、50～100 相互作用强度值分别连接起来，可分析主体区城市空间联系的轴带。由图 4-7 可知：主体区在整个地域空间上形成东西方向的汴—郑—洛与南北方向上的安—新—郑—许—平—南、安—新—郑—许—漯—驻—信和安—新—郑—许—周 4 个主要相互作用紧密联系带。除了在主体区中部形成以郑州为中心的紧密联系区域外，主体区在地域空间上还形成了北部以安阳为中心、西部以洛阳为中心、西南部以平顶山为中心、南部以驻马店为中心、东南部以周口为中心的紧密联系区域。而在主体区西部、东部没有形成以某个中心的紧密联系区域。

与我国其他省份的城镇体系空间布局相比，主体区的首位城市、中原城市群的核心城市郑州，其经济首位度、城市首位度和中心性强度值还较低，其规模和综合实力还不足以担负起中原城市群、河南省、中原经济区的"龙头"重任，形成了我国城市群（城镇密集区）中少见的"弱核牵引"的局面。主体区周边省份的大城市较多,如陕西的西安,湖北的武汉,江苏的南京、徐州,山东的济南等,实力均比郑州要强。郑州位居我国中部的中间地带,形成了中部地区城市中心性强度的"凹陷"。

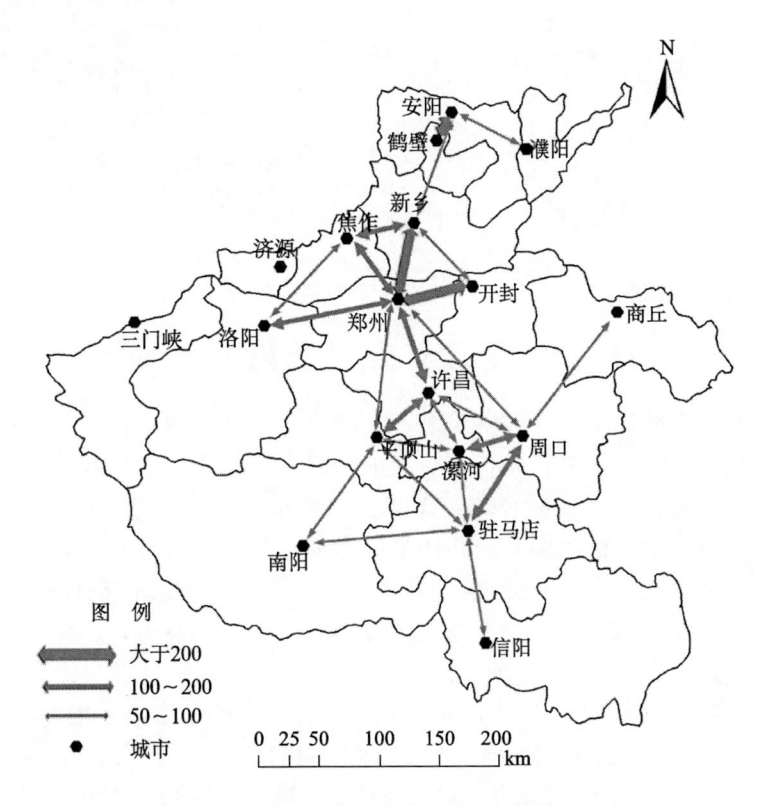

图 4-7 主体区 18 个省辖市的相互作用强度图

三、空间布局结构的模式

基于城市之间空间布局结构的理论模式(王发曾等,2007;刘晓丽等,2008),考察主体区城市-区域系统中城市的空间发展态势,对主体区现代城镇体系空间布局的整合模式作出战略选择,从而为空间布局结构的优化打下基础。

1. 空间布局结构的理论模式

单核向心增长模式。该模式以一个中心城市为核心,周边形成若干个与中心城市保持密切联系的城镇为基础的功能地域模式(陈玮玮和杨建军,2006)。一般而言,主要包括两种形式:①圈层模式,以位于整个功能地域的中心地带的中心城市为"增长核心",其他城镇则根据离中心城市的距离不同、发展阶段不同而形成的同心圆圈模式或者类似同心圆的圈层模式(图4-8)。②放射性轴带模式，以中心城市为"增长核心"，在中心城市的辐射方向形成集中的发展轴线，是与中心城市紧密联系、职能分工不同的城镇发展模式（图4-9）。

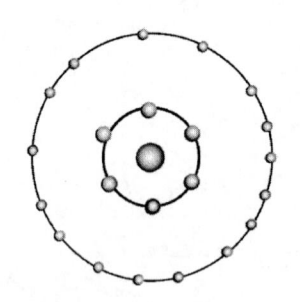

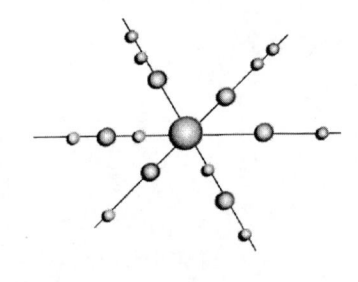

图4-8　圈层模式　　　　　　　图4-9　放射性轴带模式

多核非均衡增长模式。该模式以一个城市为主核，两个或者两个以上的城市为副核共同组成一个复合增长核，周围形成若干个以复合增长核为支撑的城市发展模式。包括以下三种形式：①成长三角模式，以一个中心城市为主核，距离较近的另两个城市为副核，共同组成形如三角的复合增长核，因其处于不断的成长之中，故名为"成长三角"模式（图4-10）。作为区域的增长极带动功能地域的共同发展，其带动关系是主核带动副核、三角发展，成长三角带动整个功能地域发展。②成长多边形模式，以一个中心城市为主核，距离较近的另外三个或和三个以上的城市为副核，共同组成一个形似多边形的复合增长核，并通过其带动整个功能地域发展的模式（图4-11）。③雁行模式，以一个核心城市作为整个功能地域的"发展极"，其他不同规模、功能的大中城市作为"协调极"，利用发达的交通、通信通道连成网络，形成整体的经济网络与地域生产组织方式。由于其空间结构形如空中飞行的群雁，故称之为"雁行"模式（图4-12）。

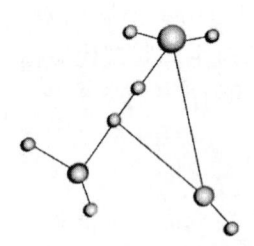

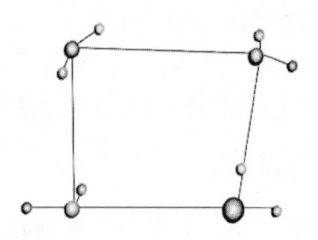

图4-10　成长三角形模式　　　图4-11　成长多边形模式　　　图4-12　雁行模式

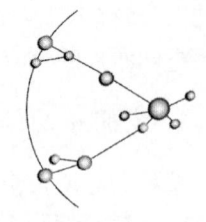

多核相对均衡增长模式。该模式以两个或者两个以上地位、实力相当的城

市为核心进行空间组织。主要有四种模式：①双核模式，两个中心城市的经济实力接近并且在空间距离上临近，自然、经济、文化状况也比较接近，形成一体化的发展趋势明显。主核与副核通过建立优势互补的合作关系，并通过副核的超常规发展与主核共同带动整个功能地域的发展，形成"双核牵引"的地域空间组织形式（图 4-13）。②反磁力中心组合模式，在离核心城市一定距离的地方培育、形成一个与核心城市经济实力、功能、地位相当的城市，共同承担整个功能地域的职能并带动区域整体发展的一种增长模式（图 4-14）。③平行长廊模式，在中心城市之间通过两边缘切线扩张的方式形成平行的发展轴线，培育新的中心城市或者组团城市增长带，这些新兴中心城市或者组团城市增长带与原有的中心城市一起形成"走廊城市"结构，共同带动城市的整体发展（Whebell，1969；曹小曙和阎小培，2003）（图 4-15）。④星座模式，若干规模不等、地域临近的中小城市形成具有一定地域分工、彼此间相互协作的城市聚集体，各个城市如同星空中职能明确的"星座"，通过"星座"的聚集优势，形成一种"多极"协同带动功能地域发展的空间组织形式（图 4-16）。这种模式普遍存在于中小城市密集的地区。

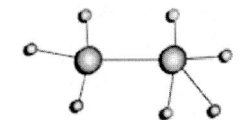

图 4-13　双核模式　　　图 4-14　反磁力中心组合模式

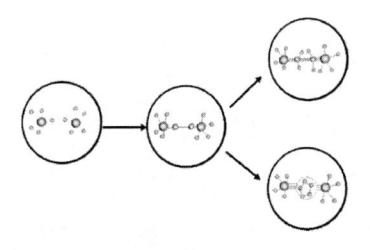

图 4-15　平行长廊式模式　　　图 4-16　星座模式

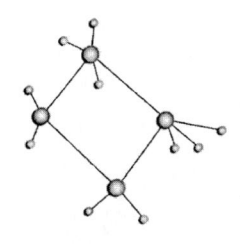

2. 主体区城镇体系的空间发展态势

城镇如同生命一样始终处于成长发育的状态。在研究城镇发展基础、发展条件和成长能力的基础上，可探索城镇、城镇体系、城市群和城市-区域系统未来的发展态势（高汝熹和罗守贵，2006；季斌等，2007；罗世俊等，2009；丁志伟等，2010）。本节根据科学性、系统性和主导性的原则，在总结相关研究成果的基础上，结合主体区的具体情况，从城镇的成长实力、成长潜力和成长基础三个方面，构建城镇成长能力的指标体系，进而研究城镇体系的空间发展态势。指标体系包括3个二级指标、10个三级指标和32个四级指标（表4-25）。

表4-25 城镇成长能力的指标体系

目标	准则	领域	指标
城市成长能力评价指标体系	A_1 成长实力	B_1 经济水平	C_1 人均GDP C_2 城市化水平 C_3 人均消费品总额 C_4 规模企业增加值
		B_2 经济基础	C_5 年货运总量 C_6 年客运总量 C_7 年邮电总量 C_8 货物周转量 C_9 旅客周转量
		B_3 经济活力	C_{10} 年实际利用外资 C_{11} 进出口贸易年增长率 C_{12} 入境旅游创汇 C_{13} 居民存款年末余额
	A_2 成长潜力	B_4 科研基础	C_{14} 财政收入占GDP比重 C_{15} 城镇固定资产总额 C_{16} 固定资产投资占GDP比重
		B_4 科研基础	C_{17} 科研活动支出占财政支出比重 C_{18} 人均科研经费
		B_6 科技活力	C_{19} 万人拥有图书馆书数 C_{20} 万人拥有高校在校生数 C_{21} 发明专利申请数 C_{22} 拥有发明专利数
	A_3 成长基础	B_7 交通通勤	C_{23} 公路通车里程 C_{24} 市民拥有民用汽车数
		B_8 信息水平	C_{25} 万人拥有互联网数 C_{26} 万人移动电话数 C_{27} 人均邮电业务总额
		B_9 能源利用	C_{28} 单位GDP能耗 C_{29} 单位工业增加值能耗
		B_{10} 环境状况	C_{30} 建成区绿化面积 C_{31} 城镇生活污水处理率 C_{32} 工业废水处理率

根据上述指导思想，用熵权法确定各项指标的权重，在确定权重的基础上通过灰色关联模型计算综合成长能力指数，最后将结果进行聚类分析。以18个省辖市成长能力的聚类结果为基础，结合各个城镇发展的实际情况划分等级，从而分析主体区城镇体系的空间发展态势，有以下四个计算步骤。

第一步，计算熵权。信息熵可用于反映指标的变异程度，并可进行综合评价。

设有 m 个城市，n 项评价指标，这样就形成了一个原始数据的矩阵 $(x_{ij})_{m \times n}$。对于某项指标 x_j，指标值 x_{ij} 的差距越大，该指标提供的信息量越大，其在综合评价中所起的作用越大，相应的信息熵越小，权重越大；反之，该指标的权重也越小，所起的作用也就越小（张先起和刘慧卿，2006；侯保灯等，2008）。通过标准化处理，计算第 j 项指标的熵值 E_i 和偏离度 d_j 之后，确定指标的权重：

$$w_j = \frac{d_j}{\sum_{i=1}^{n} d_{ij}} \tag{4-10}$$

式中，d_j 为偏差度；d_{ij} 为标准化后的第 m 个城市的 j 项的指标值。

第二步，计算灰色关联系数。灰色关联系数可反映各项指标的关联程度，并可与熵权值进行矩阵运算，从而计算城市的成长能力。通过建立增广矩阵 $(x_{ij})_{(m+1) \times n}$，求绝对差序列和两极最大差、最小差，进而计算灰色关联系数。灰色关联系数计算公式如下：

$$\xi_{ij} = \frac{\Delta_{\min} + k \Delta_{\max}}{\Delta_{ij} + k \Delta_{\max}} \tag{4-11}$$

式中，ξ_{ij} 为关联系数；k 为分辨系数（其值在 0.5～1.0，一般取 0.5）。

第三步，计算城市成长能力。根据灰色关联分析方法，计算出城市成长实力、成长潜力与成长基础的关联系数矩阵，结合熵权计算的指标权重，构建城市成长能力评价模型，计算公式为

$$E_i = \sum_{j=1}^{n} w_j \xi_{ij} \tag{4-12}$$

式中，E_i 为城市成长能力指数；w_j 为 j 项指标的权重；ξ_{ij} 为关联系数。

第四步，进行聚类分析。其基本原理是，根据样本间的属性关系，用数学方法按照某种相似性（差异性）指标，定量确定样本间的亲疏关系，并根据这种亲疏关系进行聚类（徐建华，2006）。本节用 SPSS17.0 软件将城市成长能力的结果进行聚类，分析城市空间发展的态势。

按照以上步骤，采用《河南省统计年鉴 2010》、2009 年 18 个省辖市的统计公报、河南省统计局等官方网站的数据，对主体区 18 个省辖市的综合成长能力指数进行计算，结果见表 4-26。

表 4-26 主体区 18 个省辖市的综合成长能力得分

城市	城市实力	城市潜力	成长基础	综合成长能力
郑州	0.3833	0.2790	0.2479	0.9102
洛阳	0.3484	0.1831	0.1286	0.6601
焦作	0.3390	0.1688	0.1282	0.6361
济源	0.3137	0.1673	0.1339	0.6149
安阳	0.3051	0.1666	0.0982	0.5699

续表

城市	城市实力	城市潜力	成长基础	综合成长能力
新乡	0.2917	0.1650	0.1085	0.5652
三门峡	0.2592	0.1643	0.0986	0.5220
鹤壁	0.2335	0.1501	0.0718	0.4555
平顶山	0.2087	0.1420	0.0856	0.4362
许昌	0.1895	0.1235	0.0931	0.4061
南阳	0.1796	0.1010	0.0854	0.3660
开封	0.1838	0.1028	0.0777	0.3644
濮阳	0.1753	0.0973	0.0778	0.3505
漯河	0.1725	0.0953	0.0721	0.3399
信阳	0.1500	0.0896	0.0643	0.3039
商丘	0.1436	0.0790	0.0665	0.2890
驻马店	0.1154	0.0724	0.0489	0.2367
周口	0.1159	0.0685	0.0495	0.2339

用 SPSS 17.0 软件对主体区 18 个省辖市的综合成长能力指数进行聚类分析,在聚类方法中选择中位数法 (Median Clustering),针对间隔适度数据在相似性测度中选择欧氏距离 (Euclidean Distance),聚类树图谱如图 4-17。由该图可知,聚类结果与主体区城镇体系发展实际情况较吻合。结合城市成长能力指

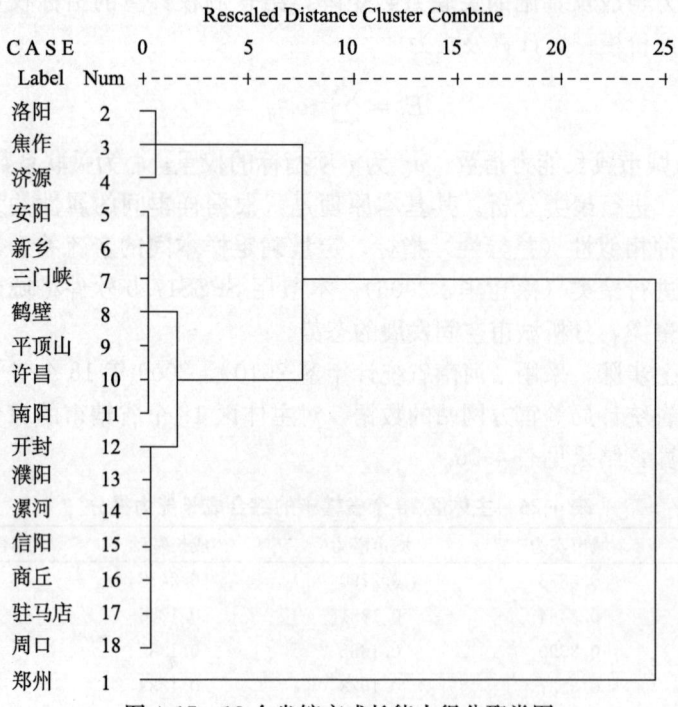

图 4-17 18 个省辖市成长能力得分聚类图

数排名，可将18个省辖市分为四类：第一类地区是郑州，其成长能力综合得分最高，为0.9102，远高于其他地区。第二类地区是洛阳、焦作和济源，三市城市发展实力、城市成长潜力和城市发展基础都较接近，与三市实际情况较为吻合。第三类地区是安阳、新乡、三门峡、鹤壁、平顶山、许昌和南阳，七市城市实力、城市潜力、成长基础和综合成长能力的情况都较为接近，划归为一类，符合事实。第四类是开封、濮阳、漯河、信阳、商丘、驻马店和周口，该类城市综合成长能力较为接近，城市发展速度相对缓慢，辐射范围有限，城市发展潜力不强。

3. 主体区城镇体系空间布局结构模式的整合

以主体区18个省辖市的成长能力的计算结果（表4-26）为基础，结合图4-17城市成长能力聚类结果划分等级，来探讨主体区城镇体系的空间发展态势；根据城镇体系的空间组织的基本规律，从主体区城镇体系的空间结构现状和城镇空间发展态势出发，结合城镇之间空间整合的"单核向心增长模式"、"多核非均衡增长模式"和"多核非均衡增长模式"来分析主体区城镇体系的空间布局结构模式的整合。

"一极"整合模式。郑州作为我国中部重要的中心城市，在发展自身、提升综合实力的过程中，必须选择距离较近、有合作基础的开封作为其构建一体化大都市区的重要伙伴，以提升其综合竞争力，扩展辐射带动效应。开封与郑州两市建成区距离仅有30千米，且有陇海铁路、310国道、郑开大道和连霍高速四条交通主干道相连，二者几乎已经融城。根据国务院《关于支持河南省加快建设中原经济区的指导意见》，加快郑汴都市区建设已然为河南乃至中原经济区建设的重要内容。郑州与开封应积极利用现有的四条主要交通联系通道以及未来的城际快速轨道，加强交流与合作，实现两城在经济、政治和文化等方面的对接，加快郑汴一体化进程，完善郑汴区域的功能组织（王发曾等，2011），使郑汴都市区快速成长为中原经济区主体区的核心增长极（图4-18）。

"一廊道"整合模式。郑汴洛城市廊道位于我国京广、陇海铁路相交的中部"黄金大十字"的横向地带，并且郑汴洛发展轴是中原城市群经济联系强度最强的主动脉，发展实力和潜力巨大。由于过去交通条件和人为因素的限制，沿轴发展走廊一直没有实质性的发展。在主体区提出构建现代城镇体系、郑汴一体化发展战略以及沿线地带发展潜力不断显现的背景下，沿线地区城市的发展步伐不断加快，综合实力显著增强。随着郑—汴—洛轻轨、郑汴新区的建设以及沿线地带工业园区、农业示范区的发展，郑汴洛城市廊道将成为主体区经济快速增长的核心区（丁志伟等，2011）。通过郑汴洛城市走廊的建设，使该地带最终形成中原经济区中部的现代化城镇密集区、经济集聚核心区和都市连绵带（图4-19）。

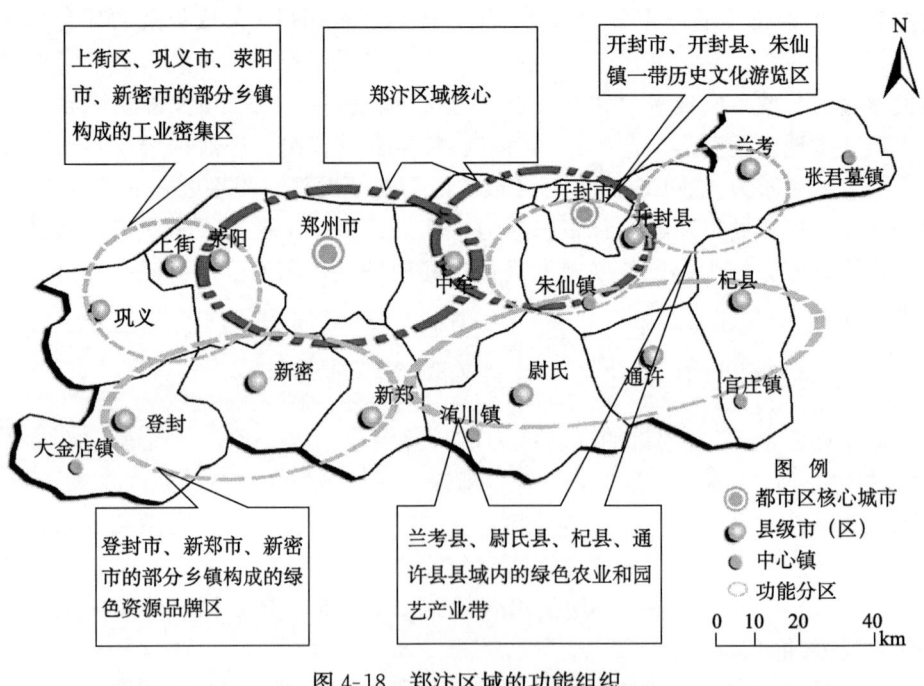

图 4-18 郑汴区域的功能组织

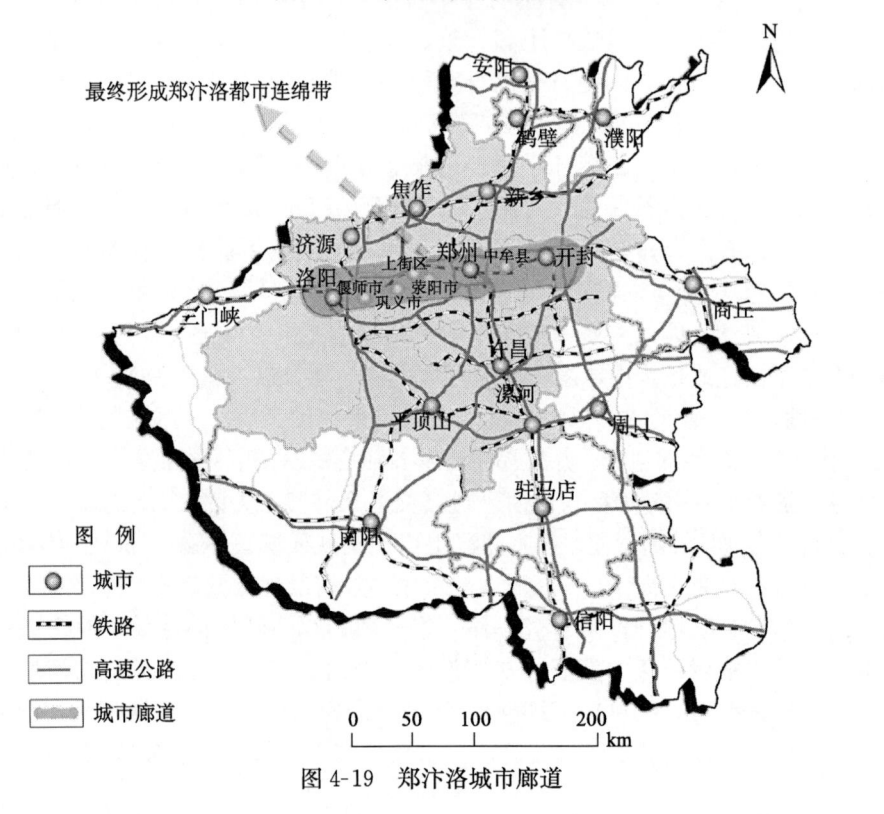

图 4-19 郑汴洛城市廊道

"双核"整合模式。主体区城镇体系空间布局结构在未来的空间整合方面采取"双核"型的整合模式也是符合实际发展情况的,原因有二。一方面虽然郑州市作为主体区的核心城市和"发展极"不可取代,但其发展的历史较短,城市综合实力、城市规模和城市竞争力等方面与周边的省会城市相比,不占明显优势。仅依靠郑州市牵引整个中原经济区的整体发展,力量显得单薄,需要其他城市进行支持。另一方面,郑州市西侧117千米的洛阳市,历史文化积淀丰富、工业基础雄厚,对郑州市的牵引力可以提供强有力的支撑。另外其经济综合实力、城镇规模等方面仅次于郑州,如果以郑州为主核、以洛阳为副核(图4-20),主体区城镇体系的增长极将会得到巨大的动力支持,主体区在中部崛起的地位也将有所改观,对中原经济区建设、中部崛起大有裨益(王发曾等,2007)。

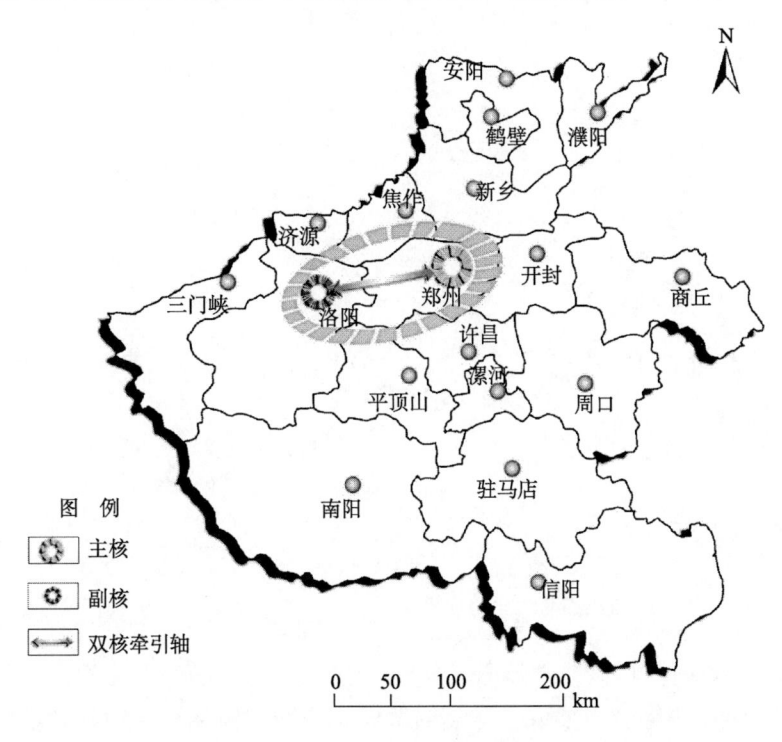

图 4-20 "双核"整合模式

"三圈层"整合模式。目前,主体区城镇体系内部正在形成以郑州市为核心的"三圈层"结构。"三圈"即核心圈、紧密联系圈和外围辐射圈。核心圈以郑州为核心,以周围辐射的6个卫星城镇为节点的郑州市都市圈;紧密联系圈是以郑汴都市区为核心,以洛阳、开封、新乡、焦作、济源、许昌、漯河和平顶山为节点的紧密联系圈(即中原城市群区域);外围辐射圈是以中原城市群为核心,影响中原城市群外其他9个省辖市的外围辐射圈(图4-21)。"三层"即核心层、紧密层和辐射层。核心层指郑汴一体化地区，紧密层包括中原城市群内半小时交通圈的其他城市，辐射层包括中原城市群以外1小时交通圈的9个城市（图4-22）。中原经济区的建设不仅要发挥中原城市群核心增长板块的牵引作用，还应联动各具特色和优势的黄淮4市及豫北、豫西、豫西南5市，只有彻底融入主体区城镇体系的大格局，形成与中原城市群核心圈层、紧密圈层和外围辐射圈层良性互动的发展局面，河南振兴、中原崛起的宏愿才能真正实现。

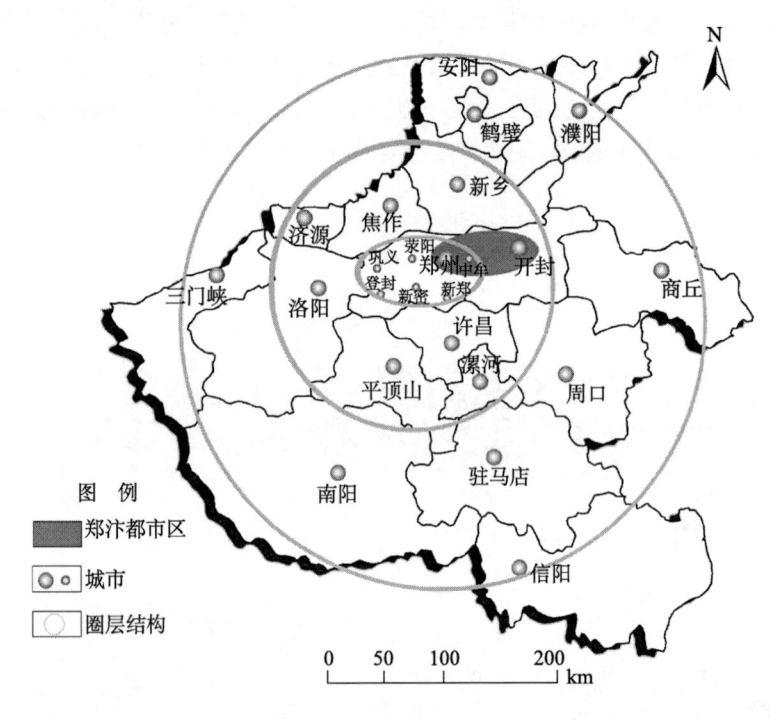

图4-21 "三圈"整合模式

"四组团"整合模式。主体区城镇体系内部的平顶山、漯河和许昌3个城市空间临近，职能分工明确，空间形态上呈现明显的"三角形"，可根据成长三角形模式进行组团式整合，形成一体化的发展态势和主体区重要的区域增长"三角"。另外主体区中部地区的许昌、周口和漯河地理空间临近，传统经济往来密切，也可按许昌—周口—漯河的成长三角形进行整合优化，同时与许昌—平顶山—漯河共同组成的有许昌—平顶山—漯河—周口成长四边形。主体区中北部依托陇海线的郑州、洛阳、开封，结合北部的焦作、济源、新乡，可构成区域发展的"多边形"组团模式（图4-23）（丁志伟，2011）。豫北地区的安阳、濮阳、鹤壁也可根据空间形态形成"三角形"进行组团式空间整合。另外主体区中小型城镇比较多，中小城市、城镇之间也可根据"三角"、"多边形"、"卫星"等模式进行整合，使主体区整个城镇形成组团式、层次分明的现代城镇体系。

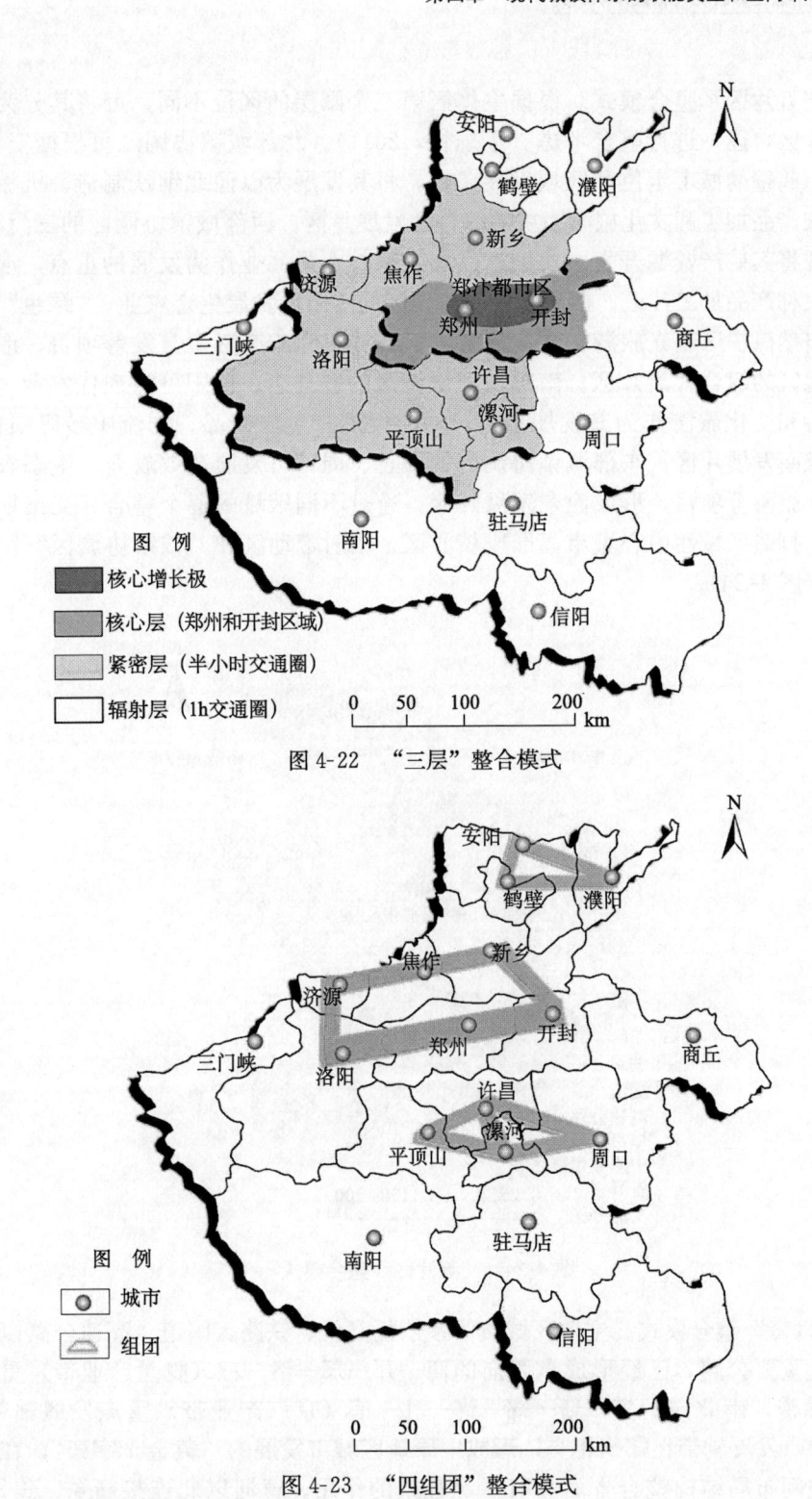

第四章 现代城镇体系的职能类型和空间布局结构

图 4-22 "三层"整合模式

图 4-23 "四组团"整合模式

"五片区"整合模式。根据主体区第三个圈层的区位不同，可将其分为不同的片区，逐一进行整合考虑（丁志伟，2011）。北部城镇协调区可根据安阳、濮阳、鹤壁的城市定位和区域发展条件，将其发展为以豫北钢铁制造、机械加工、农产品加工和文化旅游为主的综合性发展片区。西部城镇协调区的三门峡，可考虑将其矿产资源开发、农副产品加工和林业果品业作为发展的重点，形成豫西农林产品加工片区。西南部城镇协调区的南阳可发展生态农业、"绿色"林业、自然保护区观光旅游、文化旅游、玉石加工和矿产资源开发等项目，形成西南地区的综合发展片区。南部城镇协调区的驻马店、信阳可将现代农业、生态旅游和文化旅游作为其发展重点，同时发展特色农产品、物流中转等项目，形成豫南发展片区。东部城镇协调区的商丘、周口可发展高效农业、生态农业和文化旅游等项目，形成豫东发展片区。通过不同区域的逐个整合，突出地方特色，打造区域性中心城市，形成核心区、辐射带动区和"城镇协调区"协同发展（图4-24）。

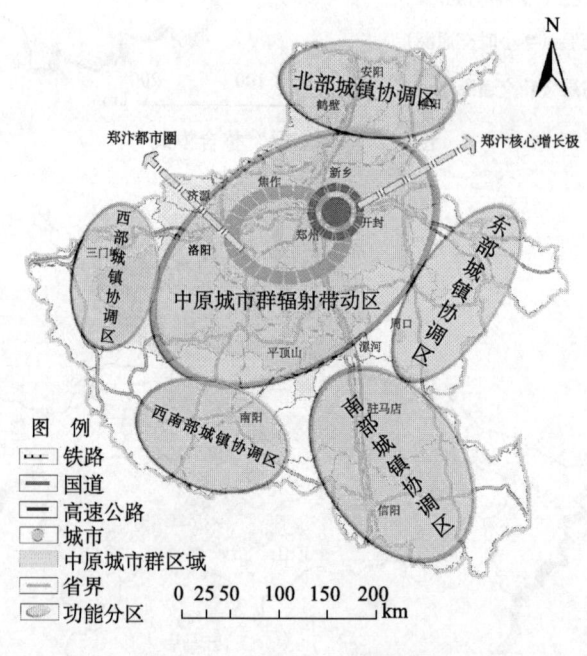

图4-24 "五片区"整合模式

"六带"整合模式。主体区城镇体系依托高铁、铁路、国道、高速公路以及区域性重要公路，已经形成东西向的商—开—郑—洛—三（陇兰产业带）重点发展轴带，南北向的安—新—郑—许—驻—信（京广产业带）重点发展轴带。两大重点发展轴带在郑州相交，形成中原地区城市发展的"黄金十字架"，在主体区空间布局结构整合方面具有举足轻重的作用。黄河以北连接新乡、焦作、济源、洛阳的铁路、公路以及沿线重要的省道组成的复合发展轴带，洛阳、平顶山、漯河、周口方向上在漯阜铁路的基础上，依托沿线重要的铁路、公路也形成了重要的复合发展轴带。另外依托宁西铁路和京九铁路及其沿线的重要铁路也正逐渐形成两条重要的发展轴带。以上6个发展轴带与主体区的产业发展轴带相对应，成为主体区空间结构整合发展的6条重要经脉，主体区城镇体系可根据这6条轴带进行空间整合（图4-25）。

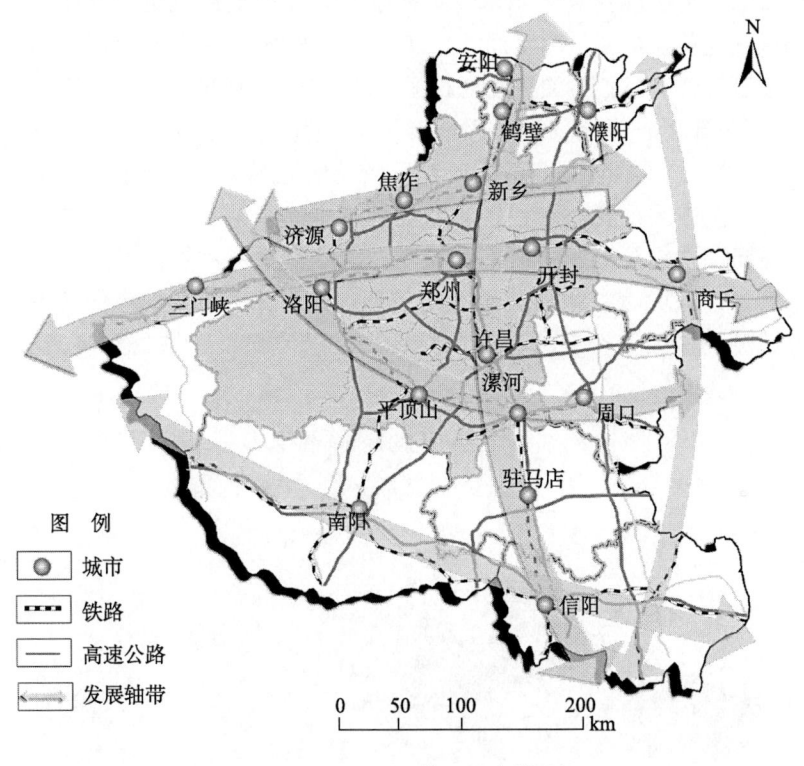

图4-25 "六带"整合模式

四、空间布局结构的优化

1. 优化空间布局结构的考虑因素

第一，主体区经济发展水平的地域差距明显，区域经济对城镇体系的空间布局有重要影响。2009年，主体区全年国内生产总值22 942.68亿元，较上年增长12.2%；三次产业结构为14.2∶57.7∶28.1。各市、县因在发展历史、自然资源和经济基础等方面存在结构性差异，境内经济发展存在明显的区域分异性。对主体区126个市（县）2009年的国内生产总值求平均值，将高于平均值1

倍的地区作为经济发达区，接近平均值的地区为经济较发达区，低于平均值的地区为经济欠发达区，进行类型归属划分，从而得到各地区的对应发展类型（图4-26）。主体区有26个经济发达市（县），43个较发达市（县），57个欠发达市（县）。经济发达市（县）主要分布在中部的中原城市群区域内；较发达城镇主要分布于主体区的中东部、西北部和西南部；欠发达地区主要位于主体区新乡市的西北部、濮阳市的西南部、中部经济发达区的周边、南阳市的西南部、周口与信阳的东南部和商丘的东部。许多学者多年来的研究也反映了这一经济发展格局（张世英，1996；胡良民等，2002；代琳琳，2007；彭宝玉和覃成林，2007；彭宝玉等，2007；蒋国富和刘长运，2008）。从县域经济发展来看（图4-27），主体区东部和南部市（县）因能源匮乏、经济基础薄弱（孟德友和陆玉麒，2011），第一产业在国民经济中的比重较其他地域高，而产值对主体区的贡献度较大，是主体区重要的产粮区和农业区。主体区中北部地区的城镇，尤其是郑州、洛阳和许昌等地所属的部分城镇，因区位优势和资源优势突出（孟德友和陆玉麒，2011），第二产业产值相对较高，是主体区重要的产业集聚区和工业区。县域经济是区域经济的基础，其发展水平反映了区域的经济发展水平。

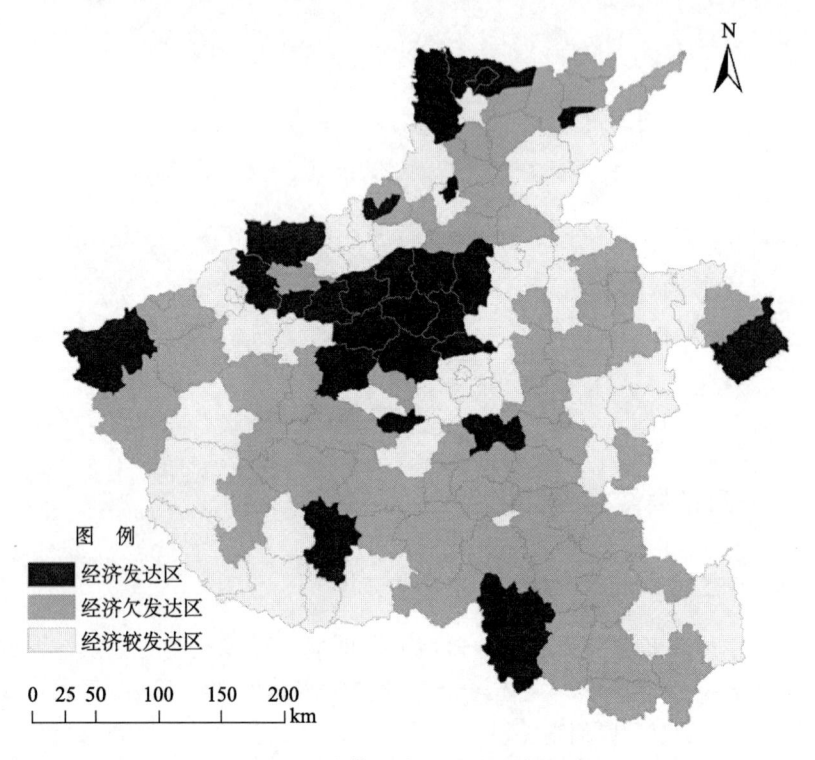

图4-26　主体区市、县的经济类型

经济欠发达的县份，其所在省辖市整体经济也相对滞后，反之，区域经济相对发达（张可远和沈正平，2005）。主体区的 57 个欠发达市（县）所在的省辖市，其整体经济发展实力在河南就比较弱，而中原城市群内县域经济相对发达的城镇，其整体的市域经济水平相对就高，表现出区域间的经济溢出效应（李小建和樊新生，2006）。

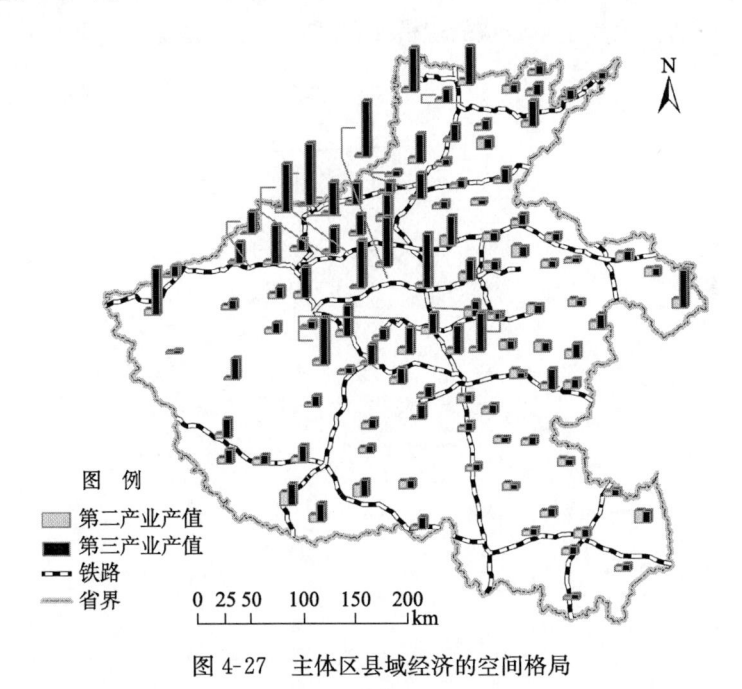

图 4-27 主体区县域经济的空间格局

第二，主体区城镇化水平不高，城镇规模偏小，对城镇体系空间布局结构的调整有一定的限制作用。主体区是人口大省和农业大省，城镇化滞后于工业化，城镇规模普遍偏小。根据第三章城镇规模序列七级划分方法，主体区现有超大城市 1 个、特大城市 1 个、大城市 7 个、中等城市 14 个、小城市 15 个、人口超过 10 万的县城有 39 个、人口小于 10 万的县城 49 个，所占比重分别为 0.79%、0.79%、5.56%、11.10%、11.90%、30.95% 和 38.89%，小城市数量明显偏多。主体区城镇带动能力的相关研究表明，带动能力强的城市仅有郑州，较强的有洛阳、焦作、三门峡、漯河和安阳，其他城镇的带动能力相对较弱（陈鸿彬等，2010）。由于小城镇数量居多，导致对区域内各类资源的极化效应降低，难以产生集聚效应和规模效益。从空间分布看，主体区的大中城市主要分布在京广发展轴带附近及其以东地区（图 4-28），占据了中等城市以上规模城镇数量的 80%。城镇规模的大小影响城市的集聚和辐射带动效应，对其腹地的经济发展产生不同程度的影响。城镇经济的集聚效应以规模效益为特征，当城镇人口低于10万时,其经济效益较低(张鸿雁,2005)。相关理论和实证研究表明,随着城镇规模的逐步扩大,其经济效益将有所提高,这是我国大中城市普遍扩展的内在原因(秦尊文,2003)。同时,在区域空间结构演化中,对集聚经济效益的追求是其内生动力(刘勇,2009)。因此,主体区城镇无论是为了实现区域经济的集聚效益,还是构建科学合理的区域空间结构,必须先提高其城镇的规模级别,尤其是小城镇的规模级别(郭志富和张竟竟,2012)。

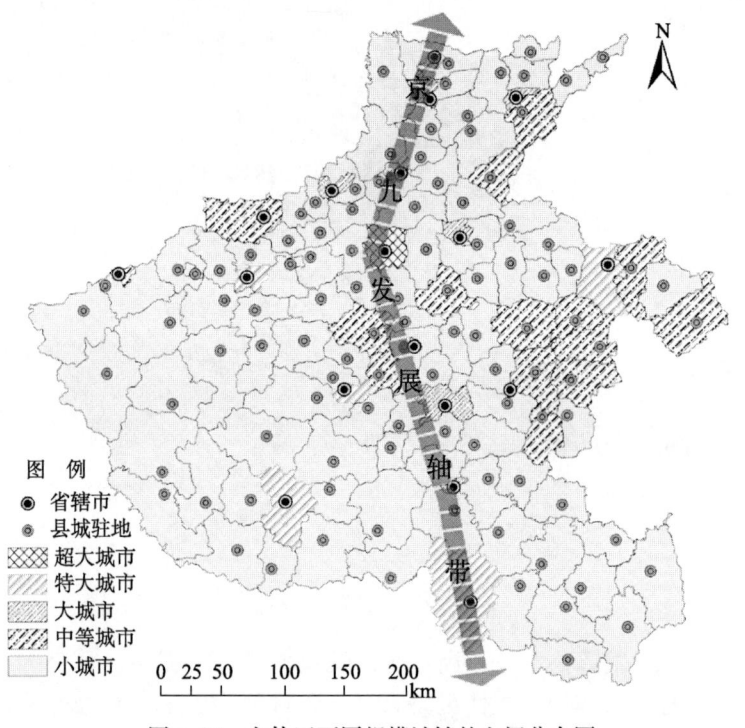

图4-28 主体区不同规模城镇的空间分布图

第三,主体区陆路交通比较发达,综合交通运输网络的布局与城镇体系空间布局结构的优化有重要关联。截至2009年底,主体区铁路通车里程为3898千米,公路通车里程为242 314千米。铁路已基本形成由四条横线(焦菏线、陇海线、漯阜线、宁西线)和三条纵线(京广线、焦枝线、京九线)以及多条地方铁路组成的铁路网;公路已基本形成由国道五纵(105、106、107、207、209)、四横(202、310、311、312)和高速四纵(G35、G45、G4、G55)、三横(G30、G36、G40)以及其他高速和省道组成的公路网。二者相互交织,共同组成主体区综合陆路交通运输网,为城镇体系空间布局结构的优化提供了良好条件。尤其是京广、徐兰和郑西客运专线河南段的运行,使得从郑州出发1小时到达主体区,中原城市群外9个省辖市的交通圈基本形成,同时沿线位于省域边界市（县）的边缘化趋势会逐步扭转，门户区位优势逐渐显现（孟德友和陆玉麒，2011）。相关研究表明，中原城市群是主体区公路交通可达性最好的地区（李亚婷等，2010），并且区域内高速公路网络发育在空间上正在打破"核心—边缘"格局，呈现出均衡化发展趋势（李红等，2011）。交通基础设施的发展为中原城市群成为重要的经济牵引板块提供了基础，也为城镇体系空间布局结构的优化开辟了新的空间。未来，随着中原经济区建设的不断推进，由西北东南向客运专线（太原—郑州—合肥）、东北西南向客运专线（济南—郑州—重庆）以及当前的重要陆路交通干线组成的"米"字形复合交通轴，将是主体区经济社会发展的重要牵引轴带，也是城镇体系空间布局结构的展开脉络。

2. 优化空间布局结构的路径

第一条路径，壮大结点。城镇作为区域发展的重要"结点"，是城市-区域系统的主体，在城镇体系空间布局结构演化中起着重要的组织作用。尤其是作为区域经济中心的城市，通过其协作和扩散效用可带动外围腹地的经济发展（姚士谋等，2004）。因此，城镇结点的壮大是优化主体区城镇体系空间布局结构的起点。壮大结点时，要依据各城镇的经济发展基础、城镇规模以及交通区位等因素有序推进。首先主体区应考虑那些经济发展基础较好、具有一定规模的38个建制市；其次是处于省界边缘区、与周边省份紧邻的城镇；最后是发展基础弱、规模小的城镇。郑州作为主体区最具活力的经济增长点和集聚地，是中原经济区的首位中心城市，是主体区发展的"领头羊"，但其城市综合实力低于中部地区的武汉等城市（张艳等，2010）。郑州应积极扩大规模，构建以郑州为中心，以与其联系紧密的中小城市———巩义、新密、新郑、荥阳、登封市为结点，以各级交通和通讯线路为网络的都市圈，形成网络化与极化共同发展的都市圈空间结构（王发曾等，2007）。其余特大城市、大城市和中等城市，应充分发挥自身在经济、区位、文化和资源等方面的优势，继续扩展城市规模，积极更新城市功能，优化升级产业结构，提升综合发展能力和综合竞争力，同时依托都市成长区中的城镇，采用多元化的空间组织模式优化空间结构（吴一洲等，2009）。对于省界边缘区城市，应积极与临近的大中城市开展广泛合作，找准自身比较优势，发展特色产业，不断提高自身的规模级别和综合竞争力，为实现与邻近省份的有效地域对接做好准备。对于规模小、基础弱的小城市，尤其是位于商丘、周口和驻马店这类在城镇化进程中正被边缘化的传统农区中的城镇，应积极推进城镇化进程，扩展城镇规模，优化产业布局，不断提升其经济发展能力。

第二条路径，组织轴带。选取开发轴带，一般考虑的对象为城镇的工业带、水路交通干线、矿产资源和水资源丰富地带等（崔功豪等，2006）。在区域发展过程中，交通轴线是区域产业经济带形成的空间基础，也是区域内资源要素向城镇集聚的通道（韩增林等，2000）。沿交通干线展开的开发轴带通过对区域内部各要素的整合功能，提高要素配置效率，实现城镇间的功能互补和功能更新，推动城镇的错位发展和集群发展。主体区有发达的陆路交通网络，依托由多条交通干线组成的复合交通轴和沿线"结点"城市，构建交通经济带，是优化主体区城镇体系空间布局结构的重要策略取向。在原有成熟的京广经济带、陇海经济带基础上，依托京九铁路、济广高速和105国道组成的复合交通轴及沿线城镇，全力构筑京九经济带，实现与安徽、山东的地域对接。依托宁西铁路、沪陕高速和国道312线组成的复合交通轴及沿线城镇，积极构建宁西经济隆起带（宋松岩，2005），实现与长江经济带陕西的地域对接。依托焦枝铁路、二广高速和207国道组成的复合交通轴及沿线城镇，全力构建南阳—济源的经济隆起带，实现与湖北、山西的地域对接。由两横三纵复合交通轴及其沿线城镇共同构筑的经济发展带，是主体区承东启西、联南通北的重要联系通道（图4-29），将成为主体区城镇体系空间布局结构的主干，为助推中部崛起发挥重要的组织作用。

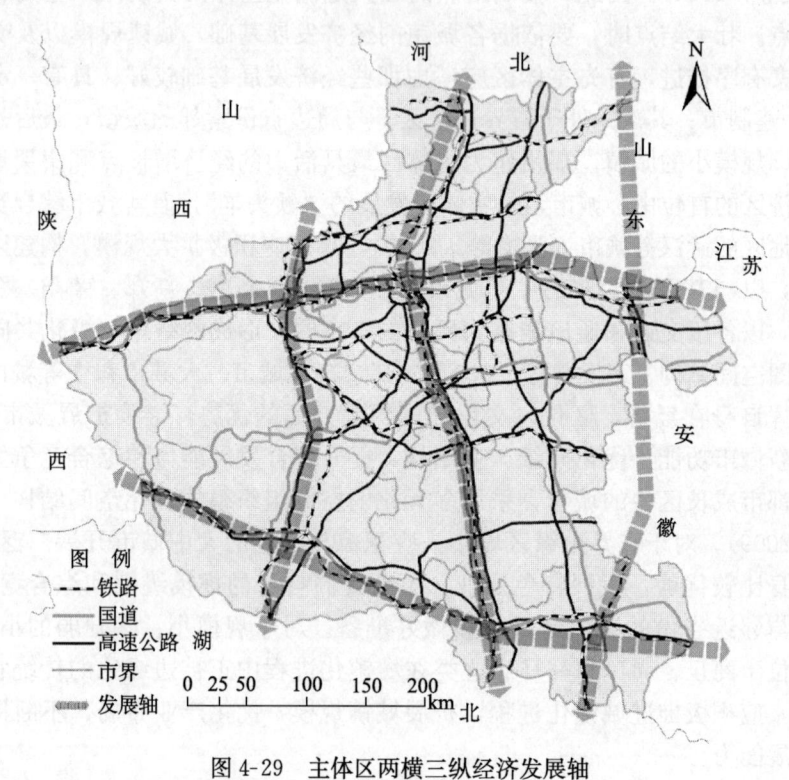

图4-29 主体区两横三纵经济发展轴

第三条路径，扩展面域。随着区域经济、社会的不断发展，"点—轴"空间结构必然发展到"点—轴—集聚区"结构（陆大道，2002）。主体区境内存在着两个发展基础和发展条件相对优越的地区——郑汴都市区和中原城市群。两者是中原经济区发展的核心区、核心增长板块和中部崛起战略的重要引擎，主体区地域空间组织的首要引领地。伴随着中原经济区建设进程的日益加快，主体区新型城镇化引领"三化"协调发展逐渐深入，中原城市群与中原经济区互动发展效应更加显现，郑汴一体化进程更加强力推进，两个重点区必将进一步扩张面域，郑汴都市区将向大郑州都市区（由郑州、开封、洛阳、新乡、焦作和许昌所组成的区域）扩展，中原城市群将扩容至"一极两圈三层"战略的主体区全部区域。与此同时，主体区域边缘区将通过跨界轴带与周边省份进行有效对接，与周边省份临近城镇进行区际合作，形成跨省界的经济协调区（郭志富和张竟竟，2012）。

3. 优化空间布局结构的战略选择

第一，加快郑汴的联体发展，培育郑汴洛城市廊道。

在主体区构建现代城镇体系和郑汴一体化发展背景下，郑汴洛城市走廊应结合主体区中心带动战略，以郑汴联体发展为契机，打造全国重要的现代物流中心、区域性金融中心和先进制造业基地、科技创新基地。郑州应充分发挥其生产、服务平台和金融贸易平台的优势，联手开封并带动郑、汴之间的中牟县，促进金融、贸易和化工业的发展。开封应提供生产协作、市场区和服务支持以促进郑州经济、贸易的更快发展。郑州应通过其先进的制造业平台和高新产业平台，引领郑洛产业轴向全国高新产业带发展。洛阳应充分给予郑州资源、技术上的支持，以及建立市场信息共享机制，推动郑洛高新产业的联动发展，使郑洛产业带成为主体区经济社会发展的中坚力量（丁志伟等，2011），如图 4-30 所示。

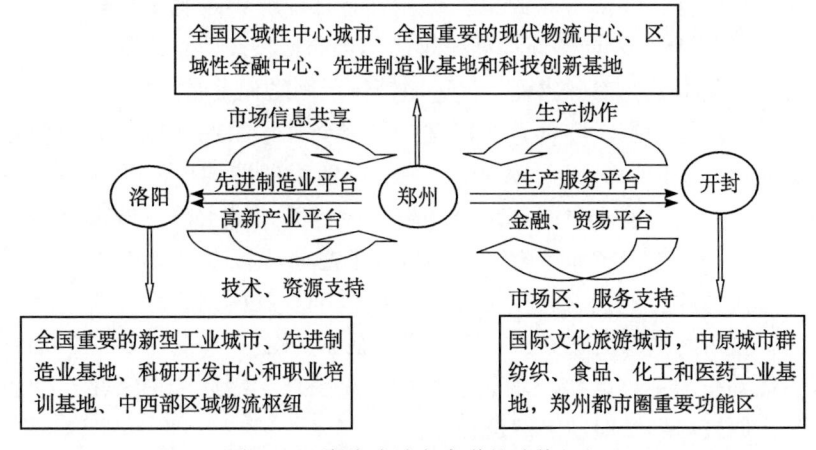

图 4-30 郑汴洛城市廊道的功能组织

郑州和洛阳是中原经济区、中原城市群的主、副核心，两城市之间交通、经济、社会等方面应该有紧密的互动。但由于核心城市的极化效应太强，使得两者之间的中小城市发育不完善，经济实力远低于核心城市，形成经济发展程度相对较弱的经济低谷。随着郑汴洛一体化进程的加快，在郑洛之间的低谷城市将迅速成长，出现新的城市走廊，并通过高速通信网络连接起来形成共同发展的空间态势。基于《中华人民共和国全国分县市年人口统计资料2009》中郑州市、洛阳市的非农业人口数据，使用断裂点公式计算出两市之间的断裂点位于距郑州市79千米左右的巩义市、偃师市的交界处。巩义市是主体区县级市中综合实力最强、发展势头最快、发展潜力最大的城市，2009年在"全国县域经济竞争力百强县"中位列第39名。按照"城市走廊"发展模式，结合中原城市群"双核多点、点轴结合、层次拓展、网络推进"的构架，可着力打造新的"生长极点"，巩义市为郑、洛之间的"城市走廊"提供了新的空间支撑（丁志伟，2011）。在以巩义市为核心城市的辐射带动下，郑、洛之间依托现有的产业布局发展相关的工业园区及特色产业集群，形成主体区最具活力的产业发展带，带动郑洛城市廊道的快速发展。

郑州和开封之间的地区，包括中牟县境内的沧浪、白沙、官渡、雁鸣湖和开封境内的刘集、杏花营等，过去由于缺乏快速交通通道以及区位条件的限制，经济发展一直比较落后。基于《中国分县市年人口统计资料2009》中郑州、开封市区非农业人口数据，根据断裂点公式计算郑、汴之间的断裂点位于距开封中心城区质心21千米处的杏花营镇。由此可见，郑州的涓滴、乘数效应和产业吸附效应太强，确实给开封市发展带来一定程度的"灯下黑"效应。因此，在郑汴都市区建设中，郑、汴之间各个城镇应相互协作，抓住郑汴新区建设的"区位机会窗口"优势，营建郑汴产业带、物流园区和现代农业示范区，发挥官渡镇、刘集乡、杏花营镇等乡镇枢纽作用，在郑汴城市走廊中形成"组团增长带"，开创郑汴一体化发展的新局面（丁志伟，2011）。

第二，强化中原城市群建设，促进城镇体系网络化发展。

随着城市功能的不断完善，城市间的网络交互作用在区域空间组织过程中将发挥重要的作用（Taylor，2009），并将有助于塑造均衡、开放的区域空间（赵渺希，2011）。当前，中原城市群相较于中部其他城市群，城市普遍有较高的经济发展水平（王发曾和吕金嵘，2011；张艳等，2010），整体实力不弱。随着城市综合实力的普遍提升，中原城市群内基础设施网络、生产要素流通网络不断完善，城市间联系更加紧密，圈层边界逐渐模糊，"轴带＋圈层"的开发模式难以适应其作为主体区核心增长板块的战略要求，因此，网络化空间组织模式将成为中原城市群发展的必然选择。

实施网络化开发模式，中原城市群内各城市应走功能互补与错位发展之路

（王发曾等，2007），并借助城市联盟的集体行动有效地提升区域整体竞争力，促进城市群内部的一体化发展（杨迅周等，2004），构建一个能拉动周围腹地经济发展的强大辐射源。中原城市群城市网络的"主动脉"为上述六条发展轴带，"支脉"为其他等级的公路、铁路和通信等基础设施交织而成的复合网络。综合竞争力位于中原城市群前两位的郑州和洛阳为一级网络结点（王发曾和吕金嵘，2011），新乡、焦作、平顶山、开封等大中城市为二级网络结点，巩义、新郑、荥阳、新密等区域性次中心城市为三级网络结点，卫辉、辉县、沁阳、孟州等中小城市为四级网络结点。各城市要结合自身比较优势，整合异质性要素，助推产业集聚，培育城市群整体竞争优势，跨越低层次的基础设施网络化发展阶段，向以内生联系为主导的分散式网络化发展阶段转化，逐步形成一个多层次的、功能互补的、结构有序的、开放式的空间结构体系。

第三，建设产业集聚区，引导空间整合方向。

主体区城镇体系的空间整合必须以区域工业化、城镇化以及由此产生的产业规模化为原始动力，按照产业链条的内在客观规律，引导企业集群发展，以城镇规模的扩大、城镇职能的改变来实现城镇内部、城镇之间的空间布局调整与优化（河南省委宣传部，2011）。当今，我国东南沿海的加工制造业正在向中西部转移，新的产业领域、产业集聚区在中西部地区已逐步形成。一方面，中原经济区主体区作为中部地区经济、社会发展的区域性增长板块，是东南沿海发达地区产业转移的主要目标区；另一方面，当前也是主体区城镇根据自身优势与产业基础，建设有中原特色的自主产业体系，参与外部市场竞争的绝佳时期。主体区的产业发展要逐步摆脱孤立、各自为政的局面，加强区内城镇与区外城镇（东南沿海地区）的合作，合理配置区域内的生产要素、集群式发展产业带，提高产业集聚区的规模效益，形成区域产业发展的有序竞争和协同合作局面，提高主体区整体的产业竞争力。要改善区域内产业集聚区发展的投资环境和创新产业集群发展的机制，推动产业集群的产业化、专业化分工，降低生产成本与交易费用，在主体区内形成若干具有地方特色、产业持续竞争力较强的产业集聚区与文化创意产业园区，并注重产业基础设施的完善和城市综合生产、服务功能的提高，为主体区的空间整合提供良好的基础服务条件。

主体区沿主要交通轴带的城镇布局较为集中，这为区域内产业轴带的形成创造了有利的条件。立足主体区区域经济发展的实际，综合考虑产业发展的基础条件、空间布局与城镇发展潜力，今后主体区城镇应重点发展4个产业轴带：陇海复合产业发展轴带、京广复合发展产业轴带、新—焦—济南太行复合产业轴带和洛—平—漯复合产业发展轴。以上产业发展轴带城镇分布密集，工业基础较好，是主体区产业发展的重点轴带。但由于地方政府干预较强，缺乏统一的科学管理与统一的发展规划，产业发展缺乏合理的秩序，规模效益不强，有的地区甚至出现了离散化的趋势。这些轴带的发展应依托自身的优势条件，整合区域间的资源、资金和技术等要素源，建立区际的协作发展机制，以集体的力量共同发展参与区域竞争，提高产业集群在全国市场的竞争力。

第四，明确城镇发展方向，分类指导城镇规划建设。

城镇的发展一方面要基于自身实力的积累、开发，另一方面也要着眼于城镇体系空间布局的整体要求，两方面相辅相成、相互影响。在主体区地域范围内，为走出一条全面开放、城乡统筹、经济高效、资源节约、环境友好、社会和谐的新型城镇化道路，必须以中原城市群为主体形态与核心增长板块，形成全国区域中心城市、省域中心城市、省域次中心城市、地方中心城镇、地方次中心城镇、县城、中心镇与农村新型社区等多级城乡协调发展的现代城乡体系（河南省委宣传部，2011）。其关键问题是明确城镇发展方向，分类指导城镇规划建设。

主体区现代城镇体系应着力构建以郑州、洛阳为主、副核心，以其他16个省辖市为重要支点，以中小城市和重要城镇为支撑的多层次、网络状的城镇体系。郑州市要充分发挥其交通、物流、信息枢纽的区位优势，建设我国重要的现代物流中心、区域性金融中心、金融机构聚集区、高新产业服务中心、现代化制造业基地和全国区域性中心城市。洛阳市应建成主体区的副核心城市，充分发挥工业基础、科研潜力、交通区位和历史文化等方面的优势，建设成为我国重要的现代制造业基地、原材料和能源生产基地、历史文化名城、优秀旅游城市以及中西部区域性物流枢纽。在此基础上，积极发展商贸、金融、科技、服务等第三产业，扩大对豫西地区和中西部的影响，提升自身的区位优势。其他省辖城市要以高标准进行规划，注重远景设计，重点加强城市的经济影响力与区域影响力，明确各城市的职能分工、功能定位和发展重点。在城市土地开发利用方面，要在集约用地、优化结构、保护农田和保护环境的基础下适度放开建设，形成合理的城市规模。

县级市、县城层面要集中力量发展第二产业，完善城镇的基础设施建设，提高城镇的综合服务水平，创造条件培育一批能发挥增长极作用的重点城镇。2009年上半年，主体区开始推行村镇体系和新农村建设任务，预计乡镇总体规划和新型农村社区建设规划于2012年完成。按照规划要求，主体区各个城镇、乡镇都陆续开展村镇体系建设和新农村建设工作，最终要形成中心城（县城）—中心镇—新型农村社区等乡村居民点等级结构模式，这为主体区构建现代城镇体系打下了很好的基础。

第五，合理构建城市组团，形成集聚优势。

城镇发展的规律显示，城镇一直是在集聚—扩散—再集聚—再扩散的循环交替上升中不断地进行强化与提升（王发曾等，2007）。集聚与扩散是区域内城市空间扩展和深化的内在机制，两者相互联系、缺一不可。目前，主体区的城镇发育处于集聚后的初级扩散状态，新的集聚"极点"尚未开始发力。郑州作为主体区的首位城市，城市首位度指数较低，难以发挥核心城市的影响力和空间扩张力。在主体区周边的大城市，北有北京、天津，南有武汉、广州，东有徐州、济南，东南有南京，西有西安，这些城市无论从规模、综合实力，还是从经济影响力都比郑州强，郑州正处于这些特大城市包围的低谷地带。所以主体区应以郑州为核心，加强郑州与周边城市的经济联系，形成主体区中部地区的一个"组团"核心区，以整体的力量对外进行竞争与合作，以"组团"的力量带动主体区的发展。因此，郑汴一体化发展与郑汴都市区建设在城镇体系空间布局结构优化中依然是带有战略性的重大课题。

主体区中许多城镇空间距离临近、经济联系密切，可根据城镇之间空间组合的一般模式进行组团整合。在许昌、漯河和平顶山三个城市组成的"三角形"空间结构中，许昌是主体区京广发展轴上的重要节点城市、轻工业制造基地和历史文化名城，漯河是主体区中南部重要的商贸物流中心、轻工制造业基地、食品加工制造业基地和高效农业示范基地，具有建设全国层面的食品制造业、高效农业基地的优势，平顶山煤炭资源丰富，是重要的能源基地和原材料基地，同时也是历史文化名城和优秀旅游城市。三市按照"三角形"的模式进行整合，作到一体化发展和形成集聚优势，最终形成主体区一个重要的"金三角"。

在主体区中北部可以建设郑汴、洛阳、新乡、焦作、许昌的"组团"式大都市圈，形成中原经济区新的、规模更大的核心增长板块。其基础条件有（王发曾等，2007）：①空间上临近。以郑州市为中心到这些城市的平均距离约80千米，城市间的铁路、高速公路、城际公路等交通线路密集，经济往来方便、快捷。②城市间功能互补。郑州是全国区域性中心城市，是全国重要的综合交通枢纽、现代物流中心、区域性金融中心、先进制造业基地和科技创新基地，是主体区和中原城市群的首位核心城市。开封是国家历史文化名城，国际文化旅游城市，主体区纺织、食品、化工和医药工业基地，郑汴都市圈的重要功能区，郑汴一体化的核心组织区。洛阳是全国重要的新型工业城市、先进的制造业基地、中西部区域物流枢纽、区域性科研开发中心、主体区和中原城市群的副核心城市。新乡为主体区高新技术产业、汽车零部件、轻纺和医药工业基地，现代农业示范基地和主体区北部区域物流中心。焦作是转型成功的工业、旅游城市，主体区重要的能源、原材料、重化工和汽车零部件制造基地。许昌是主体区高新技术产业、轻纺食品、电力装备制造基地，农业科技示范基地和生态观光区。③具有共同的历史文化积淀。黄河两岸是华夏文明的发源地，也是中原文化的核心地带，深厚的历史文化积淀为区域的发展奠定了强大的凝聚力与腾飞潜力。另外，安阳、濮阳、鹤壁可以组团形成北部的增长核心区，南阳、驻马店、信阳也可以组团形成主体区南部宏观层面的增长核心区。

第六，加强区际的联系与互动，打造跨省界经济协作区。

跨越行政区障碍，实现由行政区经济向自由经济区经济的转变，是我国区域经济快速发展、经济体制深化改革的必然选择（林其屏，2005）。尤其是在区域竞争日益激烈的背景下，区域间的合作共赢态势更加明显，通过地方政府间的跨界合作，形成合理的产业地域分工体系是区域经济快速发展的重要途径（朱华晟等，2005）。区域间可以以龙头企业为联动主体、以畅通的交通运输通道为纽带联动优化区域空间结构（聂华林和赵超，2008），构建跨界经济协作区。

中原经济区本来就是一个跨省界的地域经济综合体。其主体区边缘区的市（县）应与紧邻的外省城镇加强地方政府间的跨界合作，协调好区际利益关系，构建跨界经济协作区，实现生产要素和资源跨界自由流动，提高资源配置效率，逐步在合作城镇间形成相互牵引、相互助推的发展格局。当前，主体区进行跨省界合作的典型经济协作区是地跨晋陕豫三省的"黄河金三角"。此经济区由主体区三门峡市与山西省运城市、临汾市，以及陕西省渭南市组成，所展示的区域互动效应和区域焊接功能为我国现阶段"以东带西、东中西共同发展"的战略布局提供了极具可操作性的现实价值。主体区其他边缘城市可以借鉴"黄河金三角"的组织模式构建跨界经济协作区。南部的信阳和南阳等可依托宁西经济隆起带（宋松岩，2005）、京广经济带和南阳—济源经济隆起带，以湖北的襄樊、随州等紧邻市（县）为合作对象，建立"襄南经济协作区"和"随信经济协作区"。东部的商丘及其周边市（县），可依托宁西经济带，以安徽的亳州等邻近城镇为合作对象，建立"商亳经济协作区"。北部的安阳等城镇，可依托京广经济带，以河北的邯郸等紧邻城镇为合作对象，建立"安邯经济协作区"。济源、焦作及其周围城镇可依托便捷的复合交通轴线与山西的晋城进行合作，构建"南太行金三角"经济协作区（王发曾等，2007；王发曾等，2011）。这些跨界经济协作区的外联效应与中原城市群的辐射带动效应合并叠加，将大大增强助推中原崛起的发展合力。

参 考 文 献

曹小曙, 阎小培. 2003. 20世纪走廊及交通运输走廊研究进展. 城市规划, 27（1）: 50-56.

陈鸿彬, 王兢, 陈娟. 2010. 河南中心城市带动能力评价及提高对策. 经济地理, 30（4）: 591-595.

陈玮玮, 杨建军. 2006. 浙中城市群体空间发展模式. 现代城市研究, （4）: 59-63.

陈彦光, 罗静. 1997. 城镇体系空间结构的信息维分析. 信阳师范学院学报（自然科学版）, 10（1）: 64-68.

陈忠暖，孟鸣．1999．云南城市职能分类探讨．云南地理环境研究，11（2）：39-45．
陈忠暖，甘巧林．2001．华南沿海4省区城市职能分类探析．热带地理，21（4）：291-294．
崔功豪，魏清泉，刘科伟，等．2006．区域分析与规划．北京：高等教育出版社．
代琳琳．2007．河南省区域经济发展差异分析．经济研究导刊，(8)：165-167．
丁志伟，王发曾，殷胜磊．2010．基于成长能力评价模型的中原城市群空间发展态势．河南科学，28（10）：1348-1352．
丁志伟．2011．河南省城市-区域系统空间结构分析与优化研究．开封：河南大学硕士学位论文．
丁志伟，徐冲，王发曾．2011．郑汴洛城市廊道的"走廊城市"建设．国土与自然资源研究，(2)：14-15．
高汝熹，罗守贵．2006．论都市圈的整体性、成长动力及我国都市圈的发展态势．现代城市研究，(8)：5-11．
顾朝林，于涛方，李王鸣，等．2008．中国城市化格局·过程·机理．北京：科学出版社．
郭志富，张竟竟．2012．基于中部地区崛起战略的河南省地域空间组织研究．经济地理，32（8）：8-13．
韩增林，杨荫凯，张文尝，等．2000．交通经济带的基础理论及其生命周期模式研究．地理科学，20（4）：295-300．
河南省委宣传部．2011．解读中原经济区．郑州：河南人民出版社．
侯保灯，李佳蕾，潘妮，等．2008．基于改进熵权的灰色关联模型在湿地水质综合评价中的应用．安全与环境学报，8（6）：80-83．
胡良民，苗长虹，乔家君．2002．河南省区域经济发展差异及其时空格局研究．地理科学进展，21（3）：268-274．
季斌，张贤，孔善右．2007．都市圈成长能力评价指标体系研究．现代城市研究，(6)：68-74．
季小妹，陈忠暖．2006．我国中部地区城市职能结构和类型的变动研究．华南师范大学学报（自然科学版），(4)：128-136．
蒋国富，刘长运．2008．河南省县域经济的空间分异．经济地理，28（4）：636-639．
靳军．2000．分形理论及其在地理研究中的应用．信阳师范学院学报（自然科学版），13（4）：425-428．
李红，李晓燕，吴春国．2011．中原城市群高速公路通达性及空间格局变化研究．地域研究与开发，30（1）：55-58．
李小建，樊新生．2006．欠发达地区经济空间结构及其经济溢出效应的实证研究——以河南省为例．地理科学，26（1）：1-6．
李亚婷，秦耀辰，闫卫阳，等．2010．河南省公路网络的可达性空间格局及其演化特征．地域研究与开发，29（1）：60-64．
林其屏．2005．从行政区经济向经济区经济转化：我国区域经济快速发展的必然选择．经济问题，(2)：2-4，27．
刘继生，陈涛．1995．东北地区城市体系空间结构的分形研究．地理科学，15（2）：23-24．
刘继生，陈彦光．1999．城镇体系空间结构的分形维数及其测算方法．地理研究，18（2）：

171-178.

刘荣增.2003.城镇密集区及其相关概念研究的回顾与再思考.人文地理,18(3):16-17.

刘晓丽,方创琳,王发曾.2008.中原城市群空间组合特征与整合模式.地理研究,27(2):410-415.

刘勇.2009.区域空间结构演化的动力机制及影响路径探讨.河南师范大学学报(哲学社会科学版),36(6):60-64.

刘勇.2011.河南省战略性新兴产业发展研究.开封:河南大学硕士学位论文.

陆大道.2002.关于"点—轴"空间结构系统的形成机理分析.地理科学,22(1):1-6.

罗世俊,焦华富,王秉建.2009.基于城市成长能力的长三角城市群空间发展态势分析.经济地理,29(3):410-413.

孟德友,陆玉麒.2011.基于基尼系数的河南县域经济差异产业分解.经济地理,31(5):799-804.

聂华林,赵超.2008.区域空间结构概论.北京:中国社会科学出版社.

彭宝玉,覃成林.2007.河南县域经济实力评价及空间差异分析.地域研究与开发,26(1):45-49.

彭宝玉,覃成林,阎艳.2007.河南县域经济发展分析.经济地理,27(3):409-412.

秦尊文.2003.论城市规模政策与城市规模效益.经济问题,(10):1-3.

宋松岩.2005.宁西铁路(河南段)经济带经济发展战略构想及对策建议.经济师,(1):246-247.

孙婴.1995.试论新时期城市职能研究的必要性.城市规划,19(6):22-24.

田文祝,周一星.1991.中国城市体系的工业职能结构.地理研究,10(1):12-23.

王发曾,袁中金,陈太政.1992.河南省城市体系功能组织研究.地理学报,47(3):274-283.

王发曾.1994.河南城市的整体发展与布局.郑州:河南教育出版社.

王发曾,袁中金.1994.省域新设城市综合研究.开封:河南大学出版社.

王发曾,郭志富,刘晓丽,等.2007.基于城市群整合发展的中原地区城市体系结构优化.地理研究,26(4):637-650.

王发曾,刘静玉,徐晓霞,等.2007.中原城市群整合研究.北京:科学出版社.

王发曾,吕金嵘.2011.中原城市群城市竞争力的评价与时空演变.地理研究,30(1):49-60.

王发曾,闫卫阳,刘静玉.2011.省域城市群深度整合的理论与实践研究——以中原城市群为例.地理科学,31(3):280-285.

王洪桥.2006.东北三省城市职能分类探析.长春:东北师范大学硕士学位论文.

王建军,刘红卫,李玉江.2001.21世纪中国区域经济发展战略调整初探.山东师范大学学报,16(3):293-296.

王建军.2001.山东省城市体系结构及其优化.济南:山东师范大学硕士学位论文.

王建军,许学强.2004.城市职能演变的回顾与展望.人文地理,19(3):12-16.

王新生,郭庆胜,姜友华.2000.一种用于界定经济客体空间影响范围的方法——Voronio图.地理研究,19(3):312-315.

王新生，李全，郭庆胜，等.2002.Voronoi 图的扩展、生成及其应用于界定城市空间影响范围.华中师范大学学报（自然科学版），36（1）：107-111.

吴一洲，陈前虎，韩昊英，等.2009.都市成长区城镇空间多元组织模式研究.地理科学进展，28（1）：103-110.

谢和平，薛秀谦.1997.分形应用中的数学基础与方法.北京：科学出版社.

徐红宇，陈忠暖，李志勇.2004.广东省地方性城市职能分类.热带地理，24（1）：37-41.

徐建华.2006.计量地理学.北京：高等教育出版社.

徐建军，连建功.2007.河南省城市职能分类研究.国土与自然资源研究，（4）：9-10.

徐晓霞.2003.河南省城市职能结构的有序推进.地域研究与开发，22（2）：31-35.

许学强，周一星，宁越敏.1997.城市地理学.北京：高等教育出版社.

闫卫阳，郭庆胜，李圣权.2003.基于加权 Voronoi 图的城市经济区划分方法探讨.华中师范大学学报（自然科学版），37（4）：568-570.

闫卫阳，刘静玉.2009.城市职能分类与职能调整的理论与方法探讨——以河南省为例.河南大学学报（自然科学版），39（3）：265-270.

杨迅周，杨延哲，刘爱荣.2004.中原城市群空间整合战略探讨.地域研究与开发，23（5）：33-37.

姚士谋，汤茂林，陈爽，等.2004.区域与城市发展论.合肥：中国科学技术大学出版社.

张复明，郭文炯.1993.城市职能体系的若干理论思考.经济地理，13（3）：19-24.

张鸿雁.2005.地区空间整合与地域生产力重组——江苏经济与社会和谐发展的优先战略选择.公共管理高层论坛，(1)：13-26.

张静.2008.中原城市群的职能分类探讨.许昌学院学报，27（5）：139-143.

张可远，沈正平.2005.欠发达地区县域经济发展问题与对策研究——以苏北县域为例.人文地理，20（3）：126-128.

张世英.1996.新亚欧大陆桥与河南经济发展.地域研究与开发，15（4）：1-5.

张文奎，刘继生，王力.1990.论中国城市的职能分类.人文地理，5（3）：1-8.

张先起，刘慧卿.2006.基于熵权的灰色关联模型在水环境质量评价中的应用.水资源研究，27（3）：17-19.

张艳，程遥，刘婧.2010.中心城市发展与城市群产业整合——以郑州及中原城市群为例.经济地理，30（4）：579-584.

赵渺希.2011.长三角区域的网络交互作用与空间结构演化.地理研究，30（2）：311-323.

周一星，布雷德肖 R.1988.中国城市（包括辖县）的工业职能分类——理论、方法和结果.地理学报，43（4）：287-298.

周一星.1995.城市地理学.北京：商务印书馆.

周一星，孙则昕.1997.再论中国城市的职能分类.地理研究，16（1）：11-22.

朱华晟，王玉华，彭慧.2005.政企互动与产业集群空间结构演变——以浙江省为例.中国软科学，(1)：107-113.

Cressie N. 1991. Statistics for Spatial Data. New York：John Wiley and Sons.

Diggle P. 1985. A kernel method for smoothing point process data. Applied Statistics, 34（2）：138-147.

Nelson H J. 1955. A Serrice classification of American cities. Economic Geography. 31 (3): 189-210.

Harris C D. 1943. A fuctional classification of cities in the United States. Geographical Review, 33 (1): 86-99.

Taylor P J. 2009. Urban economics in thrall to Christaller: A misguided search for city hierarchies in external urban relations. Environment and Planning A, 41 (11): 2550-2555.

West M. 1991. Kernel density estimation and marginalization consistency. Biometrika, 78 (2): 421-425.

Whebell C F J. 1969. Corridors: A theory of urban systems. Annals of the Association of American Goegraphers, 59 (1): 1-26.

第五章
现代城镇体系功能组织的基础

　　城镇体系的功能是指在城镇体系等级层次结构、规模序列结构、职能类型结构和空间布局结构的制约下，区域内各级中心城市对周围区域在资源开发、经济发展和社会进步等方面的推动和调控作用。功能组织的基本任务是：在正确认识区域发展机理和科学调整城镇体系内部结构的基础上，建立合理的功能地域结构，以城市的等级层次为主线，充分发挥各级城市之间、城市与区域之间、区域与区域之间的共生互控效应，促进城市-区域系统进入良性循环发展阶段（王发曾，1994）。河南省作为中原经济区的主体区域，其现代城镇体系功能的合理组织，对促进中原崛起，加快中原经济区经济增长板块的形成和发展，乃至推动全国整体发展战略的实施，均具有重要意义。

　　城镇体系作为一个国家或地区范围内由一系列规模不等、职能各异，并具有一定的时空结构、相互联系的城镇组成的有机体，其功能的发挥一方面有赖于自身结构的优化，另一方面有赖于其功能组织的形式。因此，正确认识并科学处理城镇体系自身内部关系、城市与腹地关系以及城市-区域子系统之间的关系，使整个城镇体系的功能最大化、最优化，是城镇体系功能组织的宏观理念和总体思路，而城市空间相互作用理论、城市与区域关系理论、区域协调发展理论无疑成为处理这些关系的理论基础。城镇体系的功能组织必定作用、落实在一定的地域上，构成不同等级、层次的功能地域，科学划分功能区域是功能组织的前提。城镇体系的功能组织又必须以一定的方式进行，而增长极模式、点轴模式、网络模式和圈层模式是常用而且比较成熟的组织模式，根据其特点和适用性，选择整个区域和各功能区的功能组织模式，成为功能组织的有效手段。

第一节　城镇体系功能组织的理论基础

一、功能组织的理论

1. 城市空间相互作用理论

　　正是由于城市之间的相互作用，才把空间上彼此分离的城市结合为具有一定结构和功能的城镇体系（许学强等，2003）。空间相互作用是极其复杂的，在作用的主体上，包括各级城市，也应当包括城市内部的商业网点，文化设施，园林绿地及其他服务设施；在作用的内容上，包括物质、能量、人员和信息的交换，或者说，包括生产、生活的各个方面；在作用的形式上，表现为一种交换、联系和互动，可用一个作用量来表达，在地域空间上则综合表现为地理实体作用空间的分割，可用吸引范围来表达（闫卫阳等，2009）。由于现实世界的复杂性，人们往往用一种理论模型来刻画和描述。模型是现实世界的本质的反映或科学的抽象，反映事物固有特征及其相互联系或运动规律（毋河海，2000；秦耀辰，2005）。刻画城市之间空间相互作用的模型主要有以下三种。

第一，传统的空间相互作用理论模型。常用的理论模型有赖利模型（Reilly，1929）、康佛斯模型（Converse，1949）、引力模型和潜力模型（许学强等，2003）。这些模型均来自牛顿万有引力定律，只是在表达形式、变量定义、参数取值上有所不同，几种城市相互作用模型的特点见表5-1（闫卫阳等，2009）。实际上，空间相互作用的理论模型还有很多，如基于随机概率的胡夫模型（Huff，1964）、基于热力学定律的威尔逊模型（Wilson，1967）和基于布朗运动的口粒子模型（王铮和丁金宏，2000）等。这些模型不局限于研究城市之间的相互作用，而且还旨在探索一般地理空间之间相互作用的普遍形式。显然，这些理论在没有得到验证之前，只能算是假说，因为城市并不是物理学中的物质，而是包含复杂的人文和自然要素的地域综合体。

表5-1 传统的城市相互作用理论模型特点对比

模型	形式	优点	缺点
赖利模型	$\frac{T_a}{T_b}=\frac{P_a}{P_b}\left(\frac{d_b}{d_a}\right)^2$	从大量的实证研究出发，指标明确，参数容易确定，对于商业网点的分析与布局具有指导作用	没有解决相邻城市吸引范围的界限
康佛斯模型	$d_A=D_{AB}/(1+\sqrt{P_B/P_A})$	从赖利模型发展而来又经过大量实际验证，基本符合实际情况，适合城市影响空间划分	利用人口表达城市实力，指标单一，仅给出了相邻两个城市的一个断裂点，在划分城市影响空间时出现多解情况
引力模型	$I_{ij}=\frac{(W_iP_i)(W_jP_j)}{D_{ij}^b}$	从牛顿万有引力得出，用作用量表达两个城市的相互作用，简单明了	参数难以确定，不宜应用
潜力模型	$I_i=\sum_{j=1}^{n}I_{ij}=\sum_{j=1}^{n}\frac{P_iP_j}{D_{ij}^b}+\frac{P_iP_i}{D_{ii}^b}$	从引力模型引申得出，用作用量表达一个城市与其他所有城市总的相互作用，简单明了	参数难以确定，不宜应用

第二，基于空间分割原理的城市空间相互作用描述。如前所述，城市之间的相互作用可以用作用量来表达，也可以用每个城市的吸引范围（或影响范围）来描述。显然，在地图上把每个城市的吸引范围标示出来更为直观，在地理学

中的应用也更为广泛。这也是康佛斯断裂点模型备受关注的原因之一。但是，由于该模型仅给出了计算相邻两个城市之间吸引范围的一个平衡点，而其吸引范围实际上是一条界线，使得在具体划分时就出现了多种方法，如过每个断裂点作垂线，用平滑曲线连接断裂点（张伟和顾朝林，2000）等。因此，该模型具有很大的主观性和不确定性。

根据 Voronoi 图的空间分割原理，王新生等提出用常规 Voronoi 图和加权 Voronoi 图来表示区域内每个城市的影响空间或吸引范围，进而反映城市之间空间相互作用的特征（王新生等，2000；王新生等，2002）。但是常规 Voronoi 图仅考虑距离远近这个唯一的因素，并没有体现城市中心性强度大小这一重要特征，与实际情况也相差太远。图 5-1 为主体区 17 个地级市的常规 Voronoi 图，其中每个城市点的权重是相同的（郭庆胜等，2003）。用加权 Voronoi 图来刻画城市的影响空间是一大进步。但应该考虑到，城市作为自然、经济、社会综合作用的产物，有其独特的运动规律，除了考虑制图的科学性外，还应该考虑结合城市地理学的基本理论，合理的确定每个城市影响力扩张的权重。图 5-2 为主体区 17 个地级市的加权 Voronoi 图，其每个城市点的权重是其中心性强度值（闫卫阳等，2003）。

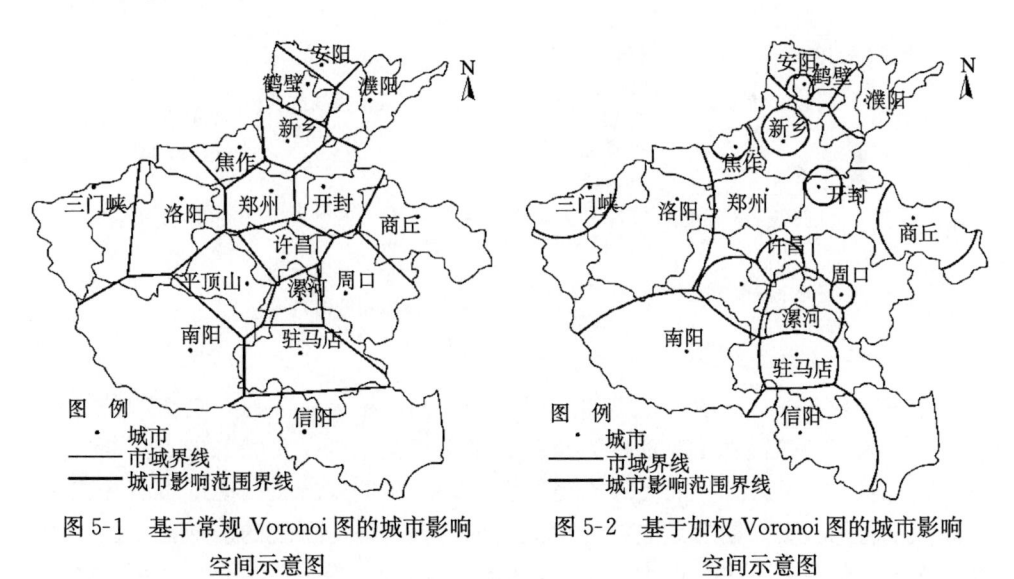

图 5-1 基于常规 Voronoi 图的城市影响空间示意图

图 5-2 基于加权 Voronoi 图的城市影响空间示意图

第三，城市扩展断裂点模型。闫卫阳等以康佛斯断裂点模型为基础，通过数学推理与证明，提出了扩展断裂点模型（闫卫阳等，2004）：在匀质平面区域内，如果两个城市点的权重相同，那么其影响范围的分界线是这两个城市点连线的垂直平分线；如果它们的权重不同，那么其影响范围的分界线是一个圆弧，平面内所有城市点的影响范围分别构成常规 Voronoi 图和加权 Voronoi 图，并且

每个城市点的权重分别等于其中心性强度值的平方根。其数学表达式为

$$d_A/d_B = \sqrt{P_A/P_B}$$

式中，d_A、d_B 分别为断裂点到两城的距离；P_B、P_A 分别为两城的中心性强度值。

该模型与单纯应用 Voronoi 图表示城市的作用空间有明显不同，它是断裂点模型与空间分割原理的有机结合，既体现了断裂点理论所反映的地理学规律，也体现了加权 Voronoi 图的空间分割的科学性。这里，发生元的扩张速度不再是每个城市的中心性强度值，而是中心性强度值的平方根。表 5-2 为几种空间相互作用理论模型的比较（闫卫阳等，2009）。

表 5-2　扩展后的城市空间相互作用理论模型与传统模型的特征对比

特征	常规 Voronoi 图模型	加权 Voronoi 图模型	Converse 断裂点模型	扩展断裂点模型
理论基础	基于常规 Voronoi 图的空间分割原理	基于加权 Voronoi 图的空间分割原理	牛顿万有引力	同时遵守牛顿万有引力和加权 Voronoi 图空间分割原理
数学表达	$d_A/d_B=1$	$d_A/d_B=P_A/P_B$	$d_A = D_{AB}/(1+\sqrt{P_B/P_A})$ 或 $d_B = D_{AB}/(1+\sqrt{P_A/P_B})$	$d_A/d_B = \sqrt{P_A/P_B}$
断裂点特征	直线	若干条断裂弧	有限个断裂点	若干条断裂弧
城市影响空间划分	过相邻两个城市之间连线的中点作垂线	以每个城市的中心性强度值为权重向四周扩张形成 Voronoi 图	过断裂点作垂线或者用平滑曲线连接断裂点	以每个城市的中心性强度值的平方根为权重向四周扩张形成 Voronni 图
成图方法	计算机自动生成，结果唯一	计算机自动生成，结果唯一	手工操作，具有多种划分结果	计算机自动生成，结果唯一
主要缺陷	把每个城市的影响力设为相同	没有考虑地理学独特的规律	只计算了有限个断裂点，具体划分时具有任意性	无

根据加权 Voronoi 图的性质和几何特征可知，每个城市的影响范围的界线由一条或若干条弧段构成，而断裂点仅是这条弧段上的一个特殊的点，断裂点的概念应该由"断裂弧"来代替更为科学合理。在扩展断裂点模型没有提出之前，人们普遍认为，断裂点连接时"人为地勾画出各中心地的腹地范围。这难免主观性，但又是不得已而为之"（吴殿廷，2003）。而扩展断裂点模型从理论上证明了每个城市理论上的影响范围（腹地范围）具有明确唯一的界线，并且是以城市中心性强度值开平方为权重的加权 Voronoi 图，使这种"不得已"的问题得以解决。图 5-3 为 2001 年主体区 17 个地级城市基于扩展断裂点模型的影响空间。

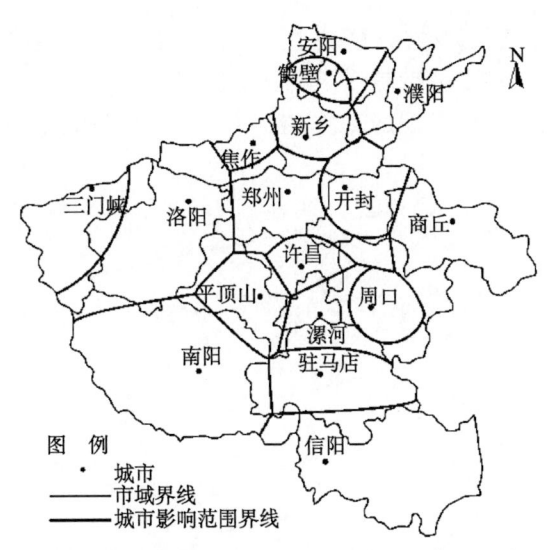

图5-3 基于扩展断裂点模型的城市相互作用示意图

2. 城市与区域关系理论

城市作为人类各种活动的集聚场所，通过人流、物流、能量流和信息流与外围区域（腹地）发生多种联系，通过对外围腹地的吸引作用和辐射作用，成为区域的中心。外围区域则通过提供农产品、劳动力、商品市场、土地资源等而成为城市发展的依托。因此，可以说城市与区域相互依存，城市借区域而立，区域依城市而兴（汤茂林和姚士谋，2000）。

城市与区域关系的演变是一个具有阶段性的动态过程（徐海贤，1999）。初期，区域处于无序均质状态，某些优势产业和部门在空间集中，周围的物质、能量流向该集聚点，通过极化过程形成增长极。城市更多依靠区域，极化作用大于扩散作用。随着城市的发展，更多的是向区域扩散它的经济、文化、信息，扩散效应大于极化效应，区域经济得到发展。总体上讲，城市与区域关系的发展可归纳为四个阶段：①离散阶段：对应于以农业经济为主的阶段，小城镇居多，缺少大中城市，尚未形成城镇等级结构，没有明显的增长极，整个区域处于低水平的均衡状态；②极化阶段：对应于工业化兴起、工业迅速增长并成为主导产业的阶段，中心城市强化，增长极形成；③扩散阶段：对应于工业结构高度化阶段，中心城市沿轴向扩散带动中小城市的发展，点-轴系统形成；④成熟阶段：对应于信息化与产业技术创新阶段，区域生产力均衡发展，空间结构网络化，形成点-轴-网络系统，整个区域成为一个高度发达的城市化区域。

城市与城市、城市与区域的联系日益紧密，使得城市区域化、区域城市化趋势明显。这种城市、区域融合发展的模式逐渐形成新的空间形式——城市-区域系统（丁志伟，2011）。城市-区域系统是由城市、城市边缘区和乡村地域共同组成的空间单元，其中城市是系统的核心，城市边缘区和乡村地域是城市影响范围和腹地，也是城市发展的基质，各种交通通道是其辐射和影响廊道（图5-4）。

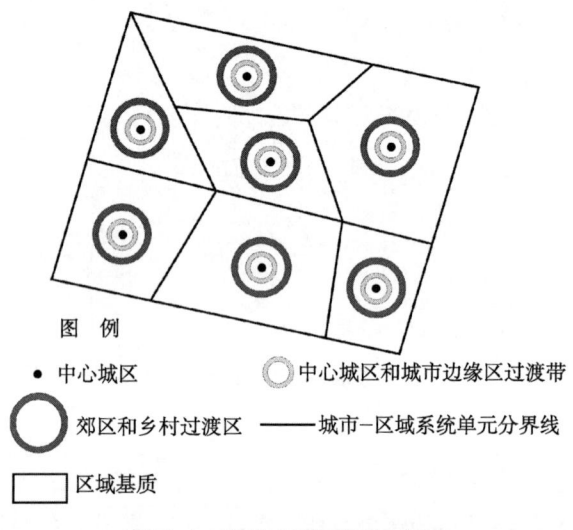

图 5-4　城市-区域系统示意图

城市-区域系统具有如下特点（刘晨阳和雷劲松，2005）：①系统的整体性。城市-区域系统是由各组成部分和相对独立的子系统构成，包括城镇空间（城镇建设、交通线路和基础设施等实体要素所占据的空间）和区域基质（城镇空间以外的乡村空间和生态空间）等空间要素，也包括经济、社会和技术等非空间要素。整个系统的良性运作不仅取决于各构成要素的自身品质，同时更有赖于它们彼此之间的有机整合。不同的构成要素通过协调运作，可以实现系统功能的整体优势。②系统的层次性。城市-区域系统是一个相对独立的系统，一方面是由不同级别的子系统构成；另一方面其本身又是高一层次系统的子系统。城市与区域系统中处于相对较低层次的系统往往受到高一层次系统的决定性影响，而子系统相互间的构成方式也会影响到整个系统的运行效果。因此，在城市与区域规划中需要以一种全局性思维，统筹兼顾。③系统的动态性。系统内部和外部的存在与发展条件总在不断变化，对于某一特定的城市与区域，无论是规划的提出还是发展政策的制定都只是暂时性的解答，经过一定时期应对系统的整体发展和运行予以调整。④系统自构与被构过程的统一性。城市-区域系统的形成发展存在着两种过程：一是城市和区域内部的自发协调，即自组织过程，使系统呈现出一定的秩序性；二是人为的规划预置和控制，即被构过程，使系统呈现出一定的约束性。城市-区域系统就是自发建构与人为建构交互作用的产物。

城市-区域系统的综合发展本质上是城市与乡村的统筹发展。发达国家城乡关系的演进大致经历了城市依托乡村、城乡分割和城乡融合三个大的阶段。大多数发展中国家在独立后，为了实现更快的经济增长，都把工业化作为追求的主要目标。一方面把发展资金的大部分用于发展城市工业部门，走以重工业为主导的赶超型工业化道路；另一方面过分榨取农业剩余价值用作工业和城市发展积累，忽视了农业和乡村发展，结果导致工业化与城市化失调，形成明显的城乡二元经济结构（石忆邵，2002）。这种结构势必造成城乡资源开发利用、技术扩散与进步、经济社会发展的藩篱，从长远来看，必将制约两种地域的可持续发展。因此，无论一个国家或区域处于何种发展阶段，都应将城乡统筹发展作为终极目标，未雨绸缪，实施相应的发展战略。

城乡统筹发展主要是指城市与乡村在经济、社会、文化、生态环境和空间布局等方面实现整体性的协调发展与共同繁荣的发展过程，具体包括如下五个方面（肖良武和张艳，2010；涂玮，2010）：①城乡空间融合统筹。这是城乡统筹发展的空间平台和基础。要把城乡作为一个整体，统一编制土地利用、城乡交通、通信和基础设施等专项规划，形成城乡衔接、管理有序的空间格局，缩短城乡之间的"空间距离"和"设施落差"。②城乡产业优化统筹。按照统筹城乡区域经济协调发展的要求，优化产业布局、产业分工与合作，使三大产业在城乡之间进行广泛联合，构建城乡产业优势互补的一体化经济结构，最终使城乡经济相互渗透，相辅相成，最终实现共同繁荣。③城乡资源配置统筹。坚持以市场为导向，取消政府对市场不合理的干预和管制，实现城乡市场对接，推动城乡之间商品、资金、信息和人才等要素的流通，促进城乡资源的优化利用与整合，使城市和乡村通过市场发挥各自的比较优势，享受市场带来的利润，实现优势互补和协调发展。④城乡社会事业统筹。通过有效的传导机制将城市先进的科学技术向农村转移，从整体上提高农民的科技与文化素质；通过建立多元化的投入机制，发展农村教育、卫生和文化等社会事业，使农民能够享受更多的公共产品。形成城乡人民生活质量普遍提高，城乡人民享受同等社会福利与保障的社会发展格局。⑤城乡生态建设统筹。要将城市与农村生态环境统一纳入到一个大系统中考虑，全面治理，彻底改变城乡生态现状，形成城乡生态环境高度融合互补、经济社会与生态协调发展的城乡生态格局，使城市与农村、人类与自然生态和谐相处。

3. 区域协调发展理论

从微观上看，城市也是一种区域，只是社会经济活动、人口分布高度聚集、密集而已；从宏观上看，城市-区域系统也是一种区域，只是城市与其腹地联系紧密、内部要素复杂而已。一个国家或地区正是由这些多层级、多类型的区域构成的复杂系统。不同区域发展的状态、过程与手段的统一是实现区域协调发展的根本（李晓冰，2010）。从"状态"的角度看，区域协调发展体现为区域之间联系密切，区域分工合理，区域经济整体高效增长，区域之间的发展差距在合理、适度的范围内。从"过程"的角度看体现为经济交往日益密切，区域分工趋向合理，区域间发展差距逐步缩小。从"手段"角度看表现为各级政府为促进区域经济社会的各个部分、各个层面、各个环节有序、高效运行，所进行的调节和引导。据此，我们认为区域之间的非均衡发展未必就是不协调，区域之间的均衡发展也未必就是协调，只要有利于区域系统整体发展，只要有利于区域自身发展，只要区域之间的发展差距控制在适度范围之内，就认为是协调发展。采取何种发展模式应根据每个国家或地区所在的不同发展阶段进行科学选择。

区域协调发展的协调机制来自于市场与政府。区域发展的核心是经济发展，区域经济的运行既受市场机制的约束，也受政府的干预，实现区域的协调发展应从市场和政府两个调控主体考虑（吴殿廷，2003）。这就要求：①构建有利于区域协调发展的体制环境。只有建立区域之间统一的市场经济体制环境，打破区域壁垒，各个区域才能按照市场规律，自主发展、公平竞争，依据比较优势，合理配置资源，实现各自利益最大化，形成共赢、多赢的发展格局。②推动和规范地方政府之间的区域合作。制定区域之间发展合作的法律法规，使之有法可依、有章可循，保护地方政府参与区域合作的积极性和正当权益，充分发挥地方政府在区域资源配置中的组织和调控作用。③重点加快欠发达区域的经济发展。在继续支持相对发达区域经济发展的同时，加强对欠发达区域的基础建设、基础教育和职业教育、科技开发的投入，加大财政转移支付力度，引导外资投向，优先布局重点建设项目，真正体现效率与公平。

竞争与合作为区域协调发展注入了巨大动力和活力。区域竞争主要表现为地方政府之间的竞争。地方政府是所在区域的经济利益的代表者，拥有管理区域微观经济主体行为、协调资源配置的权力。同时，地方政府担负着发展区域经济，促进社会进步，提高人民生活水平的职责。区域竞争是市场经济下的必然现象，对于发挥各个区域的发展积极性、激发区域制度创新、提高区域经济管理水平、促进区域经济发展具有十分重要的意义（吴殿廷，2003）。但是，竞争并不总是有序的，无序竞争以单个区域的经济利益为导向，不可避免地会损害其他区域的经济利益，导致国家或地区全局效益的下降。由于区域在自然条件、资源优势、劳动力状况和历史基础及经济发展程度等方面存在明显差异，导致生产部门在地域上的分工和比较优势的存在，构成区域合作的客观基础。尊重并自觉遵守劳动地域分工规律，在产业企业层面，开展区域产业之间生产合作、商业合作、物资合作、金融合作和综合性的行业合作；在政府层面，联合开发资源、改善区域交通条件、开展资金横向融通、建立信息网络、协调跨区域环境保护等。形成区域之间有序竞争、紧密合作、正向促进的新型关系，使参与合作的各个区域获得更好的发展平台，获得更大的经济利益，同时提高整个区域系统的综合效益。

研究区域协调的主要标志并测度其发展水平，是一项很有科学与实践意义的工作。区域发展的协调性评价指标有很多（国家发改委宏观经济研究院国土开发与地区经济研究所课题组，2003），通常用下述四个指标进行检测（陈栋生，2005）：①区域经济发展水平。从共同发展的愿望出发，以人均地区生产总值标识的区域发展水平尽可能接近为好。但受各地区发展要素禀赋差异等的影响，地区发展水平的差距很难完全消除，特别是在受自然条件影响，生存成本和发展成本很高的地区，或在维护国家生态环境安全上负有重要使命的地区，考虑适当的人口政策和环境补偿政策，使实际人口密度与地区人口承载力趋近。②区域居民收入水平。这是城乡居民感受更直接的指标，除受本地区经济发展水平、就业机会等影响外，还受地区劳动力异地就业务工的影响。对于土地承载力处于超负荷状态，发展条件难以尽快改观，当地就业岗位近期难以大幅度增加的地区，组织异地就业，不失为重要的举措。③地区公共产品享用水平。居民生活水平除取决于收入水平外，还与所在地区各种公共产品的提供能力有关。各种公共产品的服务能力与水平，既反映了公民生存权与发展权的实现程度，又从源头上决定了地区可持续发展的能力，是不发达地区缩小与发达地区多方面差距中需优先着力缩小的根源性差距。④区际分工协作的发育水平。如前所述，各个地区要素禀赋的差异和发展所处阶段的不同，决定了不同地区各自的比较优势。充分利用区际分工协作利益，就可以兼收协调、高效之利。反之，如果盲目重复建设、地区结构趋同，则既丧失了地区分工协作之利又导致过度竞争的内耗，造成区域自身与全局利益的双重损失。

二、功能组织的理念

城镇体系的功能实质上是所有城镇职能的总和效应。现代城镇体系的功能组织就是发挥各级城镇的中心带动职能，通过吸引、辐射等影响作用，整合城镇体系在区域发展中的增长极、轴线与网络效应。城镇体系作为一个国家或地区范围内由一系列规模不等、职能各异，并具有一定的时空结构，由相互联系的城镇组成的有机体，其功能的发挥一方面有赖于自身结构的优化，另一方面有赖于其功能组织的形式。因此，应根据城市空间相互作用理论、城市与区域关系理论、区域协调发展理论，正确处理城镇体系自身内部关系、城市与腹地关系以及城市-区域子系统之间的关系，充分发挥整个城镇体系的整体功能效益。

1. 城镇体系结构优化是功能组织的基础

城镇体系的各种结构形态（见本书第三章和第四章）应相互关联、相互依托、整体协调，使整个体系的功能大于单个城镇的功能，使整体功能效益最大化、最优化。一个区域合理的城镇体系在等级与规模上表现为形成大中小城市、小城镇等级层次分明的网络结构；在时间序列上表现为不同规模城镇互为依托、相互竞争、此消彼长的动态发展过程；在产业关联上表现为相互协作、分工互补的统一体（石忆邵，2002）。就一个省区而言，按照行政级别，现代城镇体系由省会城市、地级城市、县级市（县城）、片中心镇与一般建制镇五级构成；按照人口规模，一般分为超大城市、特大城市、大城市、中等城市和小城镇；按照中心性强度，又分为区域中心城市、区域次中心城市、地方性中心城市和一般性中心城镇等。应按照规模分布理论，遵守分形优化规律，构建层次分明的等级结构。

城市职能是城市对城市以外的区域在政治、经济和文化等方面所起的作用，具有三大属性（闫卫阳和刘静玉，2009）：①结构属性。任何一个城市的职能都是由若干个职能组分所构成。根据职能组分及其组合状况所反映的城市职能结构特征，可以将城市划分为单一职能城市、专业化城市、多样化职能城市、综合城市。②空间属性。一个城市，从腹地范围来讲，应该是综合性城市，从更大区域范围来讲，可能是单一的职能城市，也可能是具备若干个职能的城市。③时间属性。在不同的历史时期，随着生产力的发展，其所承担的职能是不尽相同的，如农业时期城市职能体系、工业时期职能体系和当代城市职能体系。城镇体系职能结构的调整应根据三大属性，按照世界经济全球化发展的趋势，国家或区域宏观经济发展的战略部署，以及城市本身现有的基础，进行优化和调整。

城镇体系空间布局结构是指区域内各城市在地域空间中的组合形式和构造，相互的分布位置及联系的网络状况（陈志和刘握彬，2005），其形成受自然、历史、社会、经济和交通等多方面的影响。应根据区域经济发展的基础、区域总体发展战略以及城市空间影响范围特征，优化和调整城镇的空间分布，及时设置新的城市和镇。

2. 发挥各级城镇的中心带动作用是功能组织的核心

区域中心城市是一个区域的政治中心、经济中心和文化中心，通过其物质和能量的集聚和扩散效应，带动整个区域协调运转。一般城镇则是域面中的基点，它们一方面接纳区域次中心城市的物质和能量向周边乡村地区辐射，另一方面又集中周边乡村地区的要素向上一级城市输送，区域次中心城市在其间起着承上启下的纽带作用。

今后20年左右的时间里，我国的工业化、城镇化将处于一个快速发展的时期。但目前，城乡差距包括城乡居民的收入差距、消费差距、城乡基础设施差距和社会事业发展差距等，呈扩大的趋势。这个差距不是由城乡自身发展的规律决定的，而是由城乡分割的二元体制造成的。城市依靠征用农村用地扩大建设，依靠农民工廉价劳动进行资本积累，依靠资金流向城市增加资本投入，三大生产要素从农村地域流向城市，是造成城乡差距的根本原因（段应碧，2010）。因此，城镇体系功能组织的核心是要在工业现代化、城市现代化的同时，还要实现农业现代化，逐步缩小城乡差距，实现城市和农村地域的统筹发展。

当然，城镇体系的功能组织也不能牺牲城镇的发展机会和发展能力。按照城市发展理论，一个城市全部经济活动分为两部分：为城市本身服务的基本活动和为城市以外服务的非基本活动。如果基本活动的内容和规模日渐扩大，这个城市就势不可挡地要发展；如果城市的基本活动由于某种原因而衰落，同时又没有新的基本活动补充，那么这个城市就无可挽回地要趋向衰落。因此，城镇体系只有在服务区域发展中、在功能发挥中不断壮大和完善。

3. 搞好区域分工与合作是功能组织的手段

按照系统论观点，城市-区域系统由不同层次、不同级别的城市-区域子系统构成。整个系统的良好有序运行离不开各子系统的自组织能力，也离不开个子系统之间的协调运行能力。因此，城镇体系功能组织，应在分析城镇空间相互作用的基础上，进行城镇体系的功能分区，协调各个区域之间的关系。

建立功能明确、分工合理、优势互补的区域协调发展格局，是有效使用功能组织手段的前提。在社会、经济、生态环境等诸多功能中，经济功能决定着各功能区的发展方向及其在区域发展中的战略地位。在分析各功能区发展现状的基础上，考虑发展潜力与方向、资源禀赋与产业优势，最终确定每个功能区的主导产业和功能定位。摒弃各自为政、各自为战的区域功能定位思想，杜绝产业结构雷同、恶性争夺有限经济资源的现象。

构建整个城市-区域系统以及各子系统内部公共资源统一配置的市场和协调机制，以便统一规划、统一开发、统一管理（王发曾、刘静玉等，2007）。通过组建有股份合作制形式的区域性实业公司，加强区域之间的产业联系和资产重组；建立建设用地的一体化供应和利用体系，鼓励建设用地指标的区域统筹，确保重点园区、重大基础设施和重要工业项目的土地供应，提高土地利用效率。构建公共基础设施建设和环境保护的协调机制，联合规划建设区际交通运输、通信网络、能源保障、生态环境工程，实现资源共享、信息公用和环境共护，避免重复建设及系统性和网络性差的状况。

三、功能组织的模式

如前所述，城镇体系的功能组织必定作用、落实在一定的地域上，构成不同等级、层次的城市-区域系统。每个系统根据所处的发展阶段、交通运输网络状况、城镇子系统的发育情况，应该选择不同的功能组织模式。增长极模式、点轴模式、网络模式与圈层模式是常用而且较为成熟的几种理论模式。

1. 增长极模式

增长极理论由法国经济学家佩鲁提出（Perroux，1950；王缉慈，1989）。该理论认为，从区域经济增长的过程来看，经济增长并不是在各个地区普遍出现的，而是首先在一些区位条件较好、拥有独特的资源禀赋的地区率先发展起具有创新能力的主导产业部门，这些主导产业部门的发展带动与之相关的前向、后向和旁侧部门的发展，形成很长的产业链，逐步形成区域经济的增长极。达到一定的规模后的增长极开始通过不同的渠道向周围地区辐射和扩散经济增长波，从而带动其他地区的发展。因此，增长极概念有两种内涵（吴林海等，2000），一是在经济意义上具有创新能力、规模大、增长快、关联效益大的推进型主导产业部门或企业；二是在地理意义上拥有优势产业的集聚的区域，可以是产业园区，也可以是城市或城市群，还可以是更大的区域。

增长极通过支配效应、乘数效应、极化效应与扩散效应对区域经济活动产生组织作用（吴殿廷，2003）。①支配效应，增长极以其技术、经济的先进性，通过与周围地区要素流动关系、商品供求关系对周围地区的经济活动产生支配作用。②乘数效应，受循环积累因果机制影响，增长极对周围地区经济发展的作用不断强化和放大，影响范围和程度随之增大。③极化效应，增长极的主导性产业吸引、拉动、聚集周围地区生产要素和经济活动，从而加快自身的成长，并导致增长极与周围地区发展差距扩大。④扩散效应，增长极向周围地区进行生产要素和经济活动输出，刺激周围地区经济发展，导致整个区域整体发展水平的提高。

按照增长极理论进行城镇体系功能组织就是增长极组织模式，一般适用于经济发展水平较低的地区，选择适当的城镇作为产业生长点，布局具有带动作用的主导产业，逐步带动区域的经济发展。这需要政府的有效干预和宏观调控，选择、培育若干具有一定实力的增长极，并将增长极与周围地区的发展差距控制在适当的范围之内。

2. 点轴模式

波兰经济学家 Zaremba P. 和 Marlis B. 最早提出了点轴开发理论（崔功豪

等，2003），在此基础上，陆大道对点轴开发模式进行了系统阐述（陆大道，2002）。该模式是增长极模式的扩展（吴殿廷，2003）。这里的点是指各级城镇，轴是由交通、通信干线和能源、水源通道连接起来的基础设施束。在区域发展的初期，虽然出现了增长极，但是也存在其他的城镇点，这些点虽然不是严格意义上的增长极，但也是经济活动相对集中的地方。增长极在发展过程中，与周围的点发生紧密的经济社会联系，产生越来越多的物资、人员、资金、技术和信息等的运输要求，促进了轴线的形成。这些轴线首先是为工业点服务的，以更有利于增长极和相关点的发展。但轴线一旦形成，自然改善了沿线地区的区位条件，使人口、资本、技术等生产要素向轴线两侧聚集，形成新的点，进而成为带动区域发展的经济活动密集带。

以点轴模式组织城镇体系功能，有利于城市之间、区域之间、城乡之间便捷的联系，有利于充分发挥各级中心城市的辐射带动作用。点轴模式一般适用于区域整体发展水平较高的地区。值得注意的是，虽然交通运输线路有航空、铁路、水运、公路等多种类型，但实际上并不是所有类型、所有区域的交通线路都能成为轴线。以铁路为例，经过的区域要么是"通过流"，即货物和旅客不落地，要么只做技术停留，如列车的会让、机车的整备等。在这种情况下，铁路只是一种技术存在，只具有连接城市的作用，对沿线地区经济并无意义，判断或者规划为"沿线经济带"就十分勉强（高斌和丁四保，2009）。公路，尤其是高等级公路、城际快速通道的作用有很大不同，除了连接端点城市，加强两个城市之间经济、社会联系外，还可以随时、随地、连续地接纳、停放、传输沿线地区的人流和物流，使沿线发展轴的形成成为可能。中原经济区主体区郑（州）开（封）大道两侧功能区的规划与建设就是一个很好的例证。因此，点轴模式应以公路网络优化，尤其是城际快速通道的建设为重点，着力于发展轴的培育。

3. 网络模式

网络模式是在点轴模式的基础上发展起来的，是点轴模式的延伸和继续（吴殿廷，2003）。网络是指一定区域内结点与结点之间及轴线之间经纬交织而发展成的点、线、面统一体。这里"点"指作为增长极的各类中心城镇；"线"指商品、资金、技术、信息、劳动力等生产要素流动的交通线、通信线；"面"指沿轴线两侧节点的吸引范围。

在点轴系统形成的初期，往往具有一个或较少几个规模较大的点轴，随着现有轴线上点的发展壮大，它们又会向外进行经济和社会扩散，在新的地区与新的点之间再出现新的点轴，进而在整个区域乃至更大区域形成等级层次清晰、分布有序的点轴网络系统。网络模式通过网络系统的完善，尤其是较低层次低级网络的构建，加强各级增长极与整个区域之间生产要素交流的广度和深度，促进城乡统筹发展；通过网络的外延，在更大地域范围内，实现区域与区域之间更多的生产要素的合理配置，促进区域的分工与合作。

增长极模式和点轴模式都是强调重点发展，在一定时期内会扩大区域内部的发展差距，而网络模式以均衡分散为特征，将增长极、发展轴的扩散向外推移，缩小区域内部的发展差距（王发曾、刘静玉等，2007）。网络开发一般适用于经济发达地区或经济重心地区，一方面要求对已有传统产业进行改造、更新、扩散、转移，另一方面又要全面开发新区，以达到区域内部经济发展的平衡。其中，低等级公路建设成为一个关键环节，成为中心城市联系一般城镇、农村社区的纽带。

4. 圈层模式

1826年德国农业经济学家Thunen J. H. V.最早提出圈层结构理论。其主要观点为：城市在区域经济发展中起主导作用，城市对区域经济的促进作用与空间距离成反比，区域经济的发展应以城市为中心，以圈层状的空间分布为特点逐步向外发展。圈层结构反映着城市的社会经济景观由核心向外围呈规则性的向心空间层次分化。城市地区由内到外可以分为内圈层、中圈层和外圈层。内圈层即中心城区，是完全城市化了地区，人口和建筑密度都较高，地价较贵，基本没有大田式的种植业和其他农业活动，以第三产业为主，商业、金融、服务业高度密集。中圈层即城市边缘区，既有城市的某些特征，又还保留着乡村的某些景观，呈半城市、半农村状态，居民点密度较低，建筑密度较小，以第二产业为主，兼有都市农业。外圈层即城市影响区，与城市景观差别明显，居民点密度低，建筑密度小，是城市的水资源保护区、动力供应基地、假日休闲旅游地，土地利用以农业为主，农业活动在经济中占绝对优势。较高等级的中心城市在外圈层中一般会产生城市工业区、新居住区的"飞地"，形成卫星城镇，进而构成特定区域的城镇体系。

圈层结构理论总结了城市扩张和发展的一般规律，对发展城市经济、推动区域经济发展具有重大指导意义（王发曾等，2007）。按照该理论进行城镇体系功能组织就是圈层组织模式，可以结合增长极模式、点轴模式和网络模式，进而适用不同类型、不同性质和不同层次的空间规划。圈层模式曾用于日本国土综合规划和大城市经济圈构造，我国的大城市比较注重城市发展和边缘区的关系，南京、上海、石家庄、武汉、广州、北京等地提出了城市经济圈、大都市圈的发展模式。中原经济区依托各级中心城市进行圈层布局，规划卫星城镇，培育新型农村社区，充分发挥各级城镇的辐射带动作用，对现代城镇体系的构建，实现以新型城镇化为引领的"三化"协调发展，促进全国经济增长板块的形成，均具有重要的理论和实践意义。

第二节 城镇体系功能区划分的方法论

一、城镇体系功能区与城市经济区

城镇体系的功能区是按照区域内城镇等级、规模、职能和布局特点，以及城镇之间的相互作用规律，人为划分的城市-区域子系统。而城市经济区是以中心城市为依托，包括若干中小城市、众多城镇和大片农村的经济联系比较紧密、生产上互相协作、地域分工合理的经济区域。它是为了发挥中心城市辐射带动作用，促进国民经济发展为目的的一种综合性的城市—区域空间组织形式（吴殿廷，2003）。因此，二者在内涵上和划分方法上并无根本性区别，只是前者注重功能区的综合功能，后者更注重经济区的经济功能，兼顾其他功能。划分城镇体系功能区，对现代城镇体系的功能组织具有重要意义。

第一，有利于协调基础设施建设规划，避免重复建设项目和浪费资源，力求社会效益和经济效益最大化（徐惠蓉，2011）。功能区内部城市之间可在快速轨道交通以及城际公路、铁路规划建设等方面寻求一致。可以通过平等协商，克服"大而全、小而全、万事不求人"的传统发展思路，避免由于重复建设、盲目建设造成人、财、物的极大浪费。功能区实行规划对接，优化设施布局，错位安排建设项目，实现基础设施效益最大化、合理化。

第二，有利于资源共享，优势互补。一定地域范围内生产要素的有机整合有利于提高效率、增加产出。一般来说，各功能区内部资源优势不一样，就是同一类型的资源，也各有所长。开展若干适度空间内产业集群、科技创新、市场运作、金融周转、土地流转、人力资源的统筹协作，有利于资源优化配置和区域经济的整体发展。

第三，有利于区域环境治理和生态保护。生态环境保护是一个区域、国家乃至全球性的大问题，而经济的持续增长意味着生产活动更加活跃，环境压力也越来越大。通过功能区的划分，有利于分析环境治理和生态保护方面相互关联、共同关注的问题，通过协调联动、统一执法，实现统筹协调、有序衔接、环境共护。

第四，有利于文化交流、信息沟通和观念转变。功能区内部成员除了自觉遵守市场规则，资源共享，公平竞争，增强经济交流外，还有利于在文化元素、信息资源、价值观念的交流、沟通与融合方面缩短城市与城市之间、城市与区域之间的距离，密切相互关系，对提高区域的整体软实力产生全方位的积极影响。

第五，便于制定区域政策，实施区域发展战略。根据各功能区在自然条件、经济基础、人才结构等方面的差异，可以因地制宜发挥各地的比较优势，制定切合实际的发展政策。同时，整个区域的发展战略往往要在具体局部空间进行部署并由地方配合实施，合理划分功能区，使功能区内部成为联系便捷的有机整体，有利于承载国家或整个区域的战略部署。

二、功能区划分须考虑的因素

一定区域内的现代城镇体系，一方面是等级层次分明、规模序列完整、职能类型互补、空间布局合理的有机整体；另一方面，各等级城镇之间相互作用强度不同，空间影响范围各异，形成了局部的城镇体系子系统。这些子系统与所在影响区域相互联系、相互作用，进而又形成城市-区域子系统，成为城镇体系功能组织的基本地域单元。因此，城镇体系的功能组织，应该按照城市-区域子系统的特点和自然形成规律，进行功能分区，选择整个区域和区域内的组织模式，开展区域间的分工与合作，以实现功能组织的局部合理和整体最优。

根据城镇体系功能区的内涵和特点，参照城市经济区划分的原则，在功能分区时应考虑如下六个方面因素：①考虑主要中心城市的吸引范围或主要影响区。高层次的功能区可能有一个或几个主要的经济中心，而低层次的功能区一般只有一个主要的经济中心。主要经济中心的吸引范围大致上就是功能区的范围。②划分功能区界线需要适当考虑某一级行政区的完整性。这样便于政府部门行使综合管理职能，协调地区利益，使功能区在实践中更好地发挥组织经济社会发展的作用。③区域内专业化经济部门，尤其是主导专业化经济部门在全国或者区域经济发展格局中要鲜明突出，并且要体现经济专业化与综合发展，成为一个结构有序的经济系统。④体现匀质性或同类性。即区域内的自然条件、自然资源和社会经济条件大致类似，经济发展水平和所处阶段大致相同，经济发展方向一致等，便于统一和落实国家区域发展政策。⑤动态考虑经济社会联系的紧密性。某些地区目前与某一功能区联系不是十分紧密，但是从长远看，它们之间的联系会越来越密切，或者是需要该功能区来组织这些地区的经济社会发展和环境保护。在这种情况下，这些地区就需要划入该区之中。相反，某功能区的一些地区随着时间的发展会被其他功能区所吸引，而从该区分离出来。⑥同一层次的若干功能区的范围要能完全覆盖所研究的整个区域或国家，同一级功能区要在空间上相毗邻，也就是说，所有城镇都要找到自己辐射、影响的范围，并对整个区域进行覆盖。

三、功能区划分的思路与流程

既然断裂点模型是划分经济区最常用的方法，而扩展断裂点模型是地理学规律与空间分割原理的完美结合，是对传统断裂点模型的合理扩展，那么采用扩展断裂点模型进行经济区划分就是最佳选择。根据功能区的特点和划分原则，参考城市经济区划分方法，提出基于扩展断裂点模型与多准则的功能区划分方法。其思路是：以扩展断裂点模型为基础和核心，初步划定功能区范围和界线，采用地理信息技术，将交通原则、行政原则、区域发展类型一致性原则以及自然条件相关性原则予以定量表达和叠置分析，解决这些原则所产生的冲突，对初步划定的功能区进行调整，最终确定划分方案。

根据扩展断裂点模型所划分的功能区是在匀质平面空间进行的，然而现实世界是复杂多变的，这种理想平面是不存在的，必须根据功能区划的原则予以调整，使其最大限度地逼近现实。在非匀质平面空间进行功能区划分的关键在于，如何贯彻各个划分原则，进而使划分结果更科学、更客观、更具指导意义。

功能区划分的主要原则可以总结为：交通原则、行政原则、区域发展水平一致性原则、自然条件相关性原则等。这么多的原则共同作用于一个区域，必然会发生矛盾和冲突，出现一些争议区域的归属问题。例如，自然资源相关的区域并不在一个行政区，或者发展水平不一致，或者交通联系不很便捷等。

为此，本书作如下分析：①匀质平面空间的功能区是进一步调整基础。扩展断裂点模型作为其理论基础，是在大量实证研究，并经过理论证明得出的，不仅反映了地理学的规律，而且也体现了空间分割的合理性（闫卫阳等，2004）。因此，它是功能区划分最基础、最核心的框架。②研究表明，空间距离是人们空间行为选择的首要原则，这可以归结为交通原则。在经济联系法划分城市经济区时，甚至用交通便捷程度来表示和代替城市之间、区域之间经济联系的密切程度（闫卫阳等，2009）。③行政原则体现了行政区划的完整性。功能区必须明确最小的区域单元，便于数据统计和各项政策的落实实施。在省区层面，一般取县级行政区域作为最小的不可分割的单元。同时，还要考虑政府的宏观经济政策，应尽量与其保持一致。④按照区域发展水平一致性原则，功能区内的发展水平应该处在一个比较接近的层次，但区域内部发展水平不可能完全一致，也不能把经济落后的地区排除在外，带动落后区域的发展是功能区建设的目的所在。从这个角度讲，这是一个定性原则，具有人为主观性。⑤自然条件相关性原则。就地貌类型来说，在区域交通网络比较发达的情况下，这个因素已构不成地区之间交流和联系障碍。就自然资源来讲，与地貌类型有一定关系，因为种类繁多，统计和比较十分复杂，很难做出相关性的描述，只能对主要资源的组合予以考虑。因此，这也是一个定性原则。

根据以上分析，可以将交通原则作为定量原则，行政原则作为硬性原则，区域发展水平一致性原则和自然条件相关性原则作为定性原则，一般以前两个原则为主，后两个原则为参考，在理论上的功能区划分基础上，综合权衡，解决冲突和矛盾，最后确定划分方案。

功能区的划分包含五个步骤：①首先确定候选城市，并对这些候选城市进行空间聚类，划分城市群组。②根据中心性强度值在空间分布的特征，确定每个群组的主要中心城市。③根据扩展断裂点模型原理，构建所有中心城市的基于中心性强度值平方根的加权 Voronoi 图，作为功能区的雏形，这是一种在匀质平面空间的一种理想划分。④确定各种划分原则的优先顺序，考虑交通原则、行政原则作以调整，同时参考区域发展水平一致性原则、自然条件相关性原则作进一步的调整。其流程如图 5-5 所示。

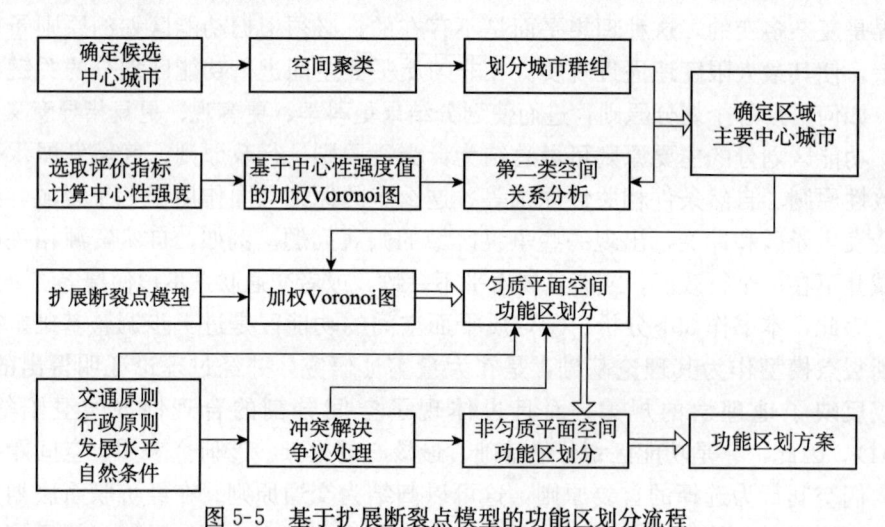

图 5-5 基于扩展断裂点模型的功能区划分流程

第三节 主体区现代城镇体系的功能区

一、主要中心城市选取

1. 中心城市的内涵

中心城市是经济区的发展极和城镇体系的重要节点。从中心性强度角度看，中心城市是指在经济上有着重要地位，在政治和文化生活中起着关键作用的城市，具有较强的吸引、辐射能力和综合服务能力。从区域的角度看，中心城市是经济区域中经济发达、功能完善、能够渗透和带动周边区域经济发展的行政社会组织和经济组织的统一体（国家发展与改革委员会课题组，2002）。按照影响范围的大小，可以划分为在世界范围内有影响的全球性中心城市，如纽约、伦敦、巴黎等；在一个国家或地区内部跨省区的中心城市，如北京、上海、深圳等；在一个省区内部跨地区的区域性中心城市，如郑州、洛阳等；还可以进一步划分出影响范围相对较小的城市,如开封、周口等,属于省域内的地区性中心城市。

在现代城镇体系中,中心城市集中了那些辐射力强、影响范围广的产业部门,具有外向度高的产业结构,具有良好的基础设施,具有较强的科技创新能力,具有完善健全的调节机制和机构,进而成为整个城镇体系的重要节点,主导着城镇体系的功能组织和区域经济社会发展的进程,决定着城镇体系功能分区的格局。

2. 城镇中心性强度的计算

20世纪80年代以来,一些地理学者和有关部门专家对我国中心城市进行了一系列定量研究,确定和划分了不同阶段和等级的中心城市。其划分方法和标准、采取的分析模型和手段、选择的指标内容不尽相同,但都以综合性的、多指标的层次分析法和主成分分析法进行中心性强度值的测算为基础,通过排序分级确定中心城市(国家发展与改革委员会课题组,2002)。

根据主体区城镇体系的实际情况,本书选取城镇规模、城镇经济、城镇基础设施、城镇社会生活和城镇生态环境五个方面15项与中心性强度有直接关系的指标,采取多元统计分析方法,计算了18个省辖市和108个县级市、县城的中心性强度(参见本书第三章表3-1,表3-2)。

3. 主要中心城市的确定

城镇体系的功能组织,不仅要考虑城镇的中心性强度,而且还要考虑其空间位置,使功能分区在空间分布上尽量均衡、合理。因此,本书在中心性强度值计算的基础上,分析了城市在空间上邻近关系和分布特征,通过属性分析与空间分析相结合的方法,逐步筛选,渐进式确定主要中心城市,有以下五个步骤。

第一,根据主体区126个城镇中心性强度值的计算结果,所有县城显然不可能作为区域主要中心城市,可以首先排除在外。以38个设市城市的中心性强度值为权重,构建Voronoi图(图5-6),该图表示了每个城市的中心性强度值在空间上的分布特征和占有能力。根据该图所反映的空间关系,中心性强度所表示的空间占有范围凡是被包围或大部分包围在其他这种范围的城市,均可排除在区域主要中心城市之外,因为这种情况表明,在这些城市周围有实力更为强大的城市。分析图5-6,大部分县级市都不可能成为区域中心城市,仅有灵宝、永城、项城由于处在省域的边缘,中心性强度空间占有范围较大,可以作为主要的地方性中心城市。省辖市中,济源、新乡、开封、焦作由于距离省会郑州、实力较大的城市洛阳较近,也不可能成为区域中心城市,而其他14个省直辖市可以作为候选的主要中心城市。

图 5-6　主体区 38 个设市城市的加权 Voronoi 图

第二，根据加权 Voronoi 图的性质，在有界区域内，权重最大的城市点的影响范围可以是不连续的，在无界区域内，其影响范围是无限的。从图 5-6 可以看出，中心性强度最大城市郑州，"冲出"周边的城市，"绕过"一些省辖市，其中心性强度度值的影响范围波及全省，在全省范围内形成三个较大的城市"空洞"（如图中Ⅰ、Ⅱ、Ⅲ所示位置）。大片空白区域的出现，一方面表明了城市中心性强度的差异性。例如，信阳、驻马店、周口 3 个地级城市中心性强度相对过小，以至于它们不能够分割其周边的"空白"，而成为郑州的远离其中心的一块"飞地"。另一方面也表明了设市城市在空间分布上的不均衡性。实际上，县级市主要集中在郑州、洛阳等特大城市的周围，其他区域县级市设立较少，而在"空洞"处表现尤为突出。据此，3 个空洞中的栾川、太康、潢川 3 个县城有发展为设市城市的区位优势和经济发展上的必要性，可以作为地方性中心城市重点培育。

第三，由于济源、新乡、开封、焦作 4 个省辖市行政级别较高，辖区面积较大，担负所在行政区域发展的综合职能，可以将它们与其他 14 个候选区域中心城市和地方性中心城市一起，通过平面坐标和中心性强度值进行三维空间聚类，划分城市群组，再从每个城市群组中选区域中心城市。按照类间平均最短距离进行聚类，其结果如图 5-7 所示。

图 5-7 主体区主要城市的空间聚类

第四，从图 5-7 可以看出主体区主要城市可以分为 7 个群组，即安阳—鹤壁—濮阳，郑州—开封—新乡—焦作，洛阳—济源，三门峡—灵宝—栾川，许昌—平顶山—驻马店—周口—漯河—项城—太康，商丘—永城，信阳—潢川。从理论上说，城市群组里中心性强度值最大的城市应该作为该组的中心城市。则主体区 7 个城市群组的中心城市分别为安阳、郑州、洛阳、三门峡、平顶山、商丘和信阳。还有南阳 1 个孤立点，理所当然地成为其周边县级市、县城的区域中心城市。

第五，通过以上分析，主体区主要中心城市可以分为三个层次：第一层次，区域性中心城市与主要的地区性中心城市，包括省会城市郑州，以及洛阳、安阳、平顶山、三门峡、南阳、信阳和商丘 7 个省辖市；第二层次，次要的地区性中心城市，包括濮阳、鹤壁、新乡、焦作、开封、许昌、漯河、驻马店、周口、济源 10 个省辖市；第三层次，主要的地方性中心城市，包括灵宝、永城、项城 3 个县级市和栾川、太康、潢川 3 个县城。

二、功能区划分过程

1. 功能区划分的理想模式

无论是康弗斯断裂点模型，还是扩展断裂点模型，都是假定在匀质平面空间的情形，即研究区域内除了城市点具有不同的权重外，城市以外区域的自然、经济、社会、交通等都是均匀的、同质的。每个城市点的影响范围正是在这样

215

一个理想的平面上形成的。

考虑到扩展断裂点理论在划分城市影响空间的合理性，可以首先确定匀质平面空间的功能区边界。因为上述主要中心城市决定了整个功能区的框架和格局，因此可以首先构建18个省辖市的基于中心性强度值的平方根为权重的加权Voronoi图（图5-8），然后按照18个城市群组分别合并相应的空间影响范围，就得到18个一级功能区的理想模式。

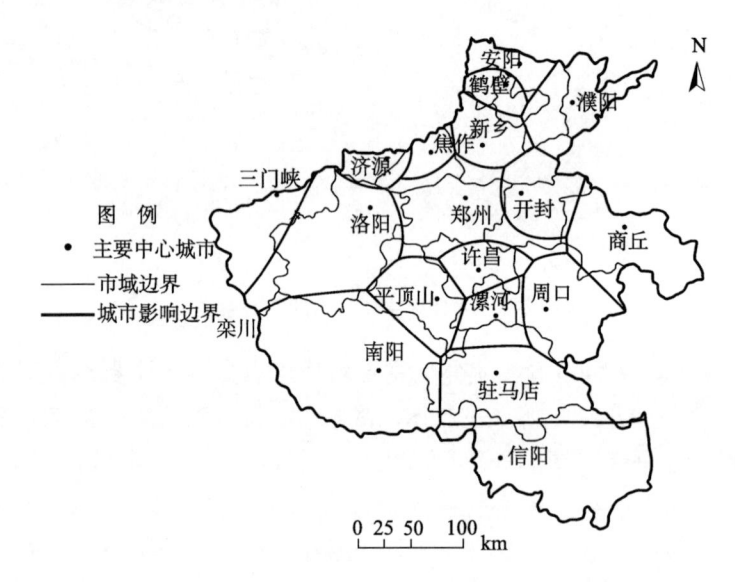

图 5-8 主体区18个主要中心城市的城市影响空间

基于扩展断裂点模型所划分的功能区是在匀质平面空间进行的，然而现实世界是复杂多变的，这种理想平面并不存在，必须根据实际情况予以调整，使其最大限度的逼近现实。

2. 基于交通原则的调整

交通原则就是要保证功能区内交通联系的便捷性，尤其是其他城市与主要中心城市在交通上的便捷性，从而更好地发挥中心城市的带动和辐射作用。

闫卫阳（2004）利用常规Voronoi图方法分析了其他城市到中心城市的交通便捷程度，就主体区的情况，每个Voronoi区域所表示中心城市的交通影响范围与按实际交通最短距离所表示的范围是一致的。换句话说，常规Voronoi区域的城市点距中心城市的欧氏距离和实际交通距离都是最近的。图5-9为主体区交通网络与常规Voronoi图的叠置分析。基于这一点，我们可以用主要中心城市的常规Voronoi图与匀质平面内的理论功能区进行叠置分析（图5-10），对叠置多边形进行处理。

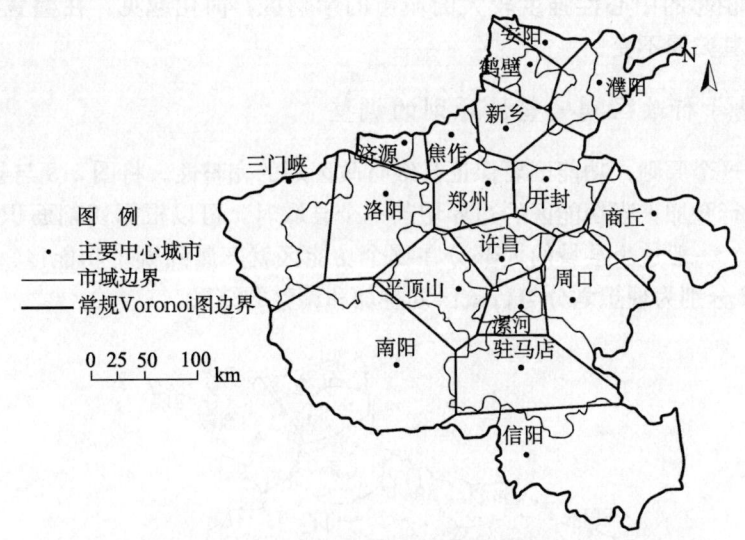

图 5-9 主体区 18 个主要中心城市交通便捷度的 Voronoi 图分析

图 5-10 理想功能区与常规 Voronoi 图叠加

从图 5-10 看出，叠加多边形的面积相对较小，多呈狭窄的长条形，这说明，扩展断裂点模型表示的加权 Voronoi 图与相应的常规 Voronoi 图所表示的区域大致相当，也进一步说明扩展断裂点模型在反映城市综合影响范围方面的正确性和科学性。基于交通原则的调整，可以考虑把叠置产生的多边形提取中心线，以中心线所分割的区域作为新的功能区。考虑到这些狭小的叠置多边形大多本来就属于相邻的中心性强度较大的城市的影响区，简化起见，在叠置处理中，可以考虑其归属不变。

3. 基于行政区划完整性原则的调整

根据这个原则，功能区要保证县级行政区划的完整性。将图5-8与县级行政区划图进行叠加，当功能区的边界切割一个县域时，可以根据切割面积的大小，确定归属。一般这个县域的大部分在哪个功能区就归属到哪个功能区。图5-11和图5-12分别为理想划分与行政区划叠加和调整的结果。

图 5-11 理想功能区与行政区划图的叠加

4. 基于自然条件相关原则的调整

自然条件又称自然环境，是指对人类经济活动——产业发展与布局有影响的各个自然要素及其组成的综合体。关于自然资源，联合国环境规划署曾下过如下定义：在一定时间、地点条件下能产生经济价值，以提高人类当前和将来福利的自然环境因素和条件。据此，有人认为自然条件和自然资源可以理解为同一个事物（杨万钟，1997）。自然资源的种类很多，主要包括矿产资源、气候资源、水资源、土壤资源等。自然资源对一个区域的产业结构和产业分布有着

图 5-12　基于县级行政区划完整性的功能区调整

重大影响。在进行功能区划分时，每个功能区的自然条件或自然资源并非一定具有相似性，差异性和互补性则是形成功能区的必要前提。这就是说，既要强调开发条件的相似性，更要强调资源组合的合理性（杨万钟，1997）。

资源分布的特点与地形地貌又有很大的关系。主体区地势西高东低，主要有三块山地（豫北山地、豫西山地、豫南山地）、一个大平原（豫东平原即黄淮海平原的南部）和一个大盆地（南阳盆地），其间还夹杂一些典型的黄土地貌和风沙地貌。这些复杂的地貌类型为发展农、林、牧、副业以及工业产业提供了较好的地貌条件（李永文等，1995）。就地貌而言，由于主体区内交通网络比较发达，地貌因素一般不形成地区之间交流和联系的重大障碍。另外，功能区的划分更强调城市之间的经济联系和产业组合，而矿产资源的分布起着关键性的作用。因此，这里重点分析矿产资源分布与组合对功能区的影响。

图 5-13 显示了主体区地貌类型图与所划分的功能区的叠加，可以看出每个区域内的地貌类型大致一致，间或有一些差异。根据矿产资源的组合状况，调整功能区的划分如图 5-14 所示。说明：①煤炭资源主要集中在焦作、登封、新密、平顶山等京广线以西地区，基本在已划定的焦作、郑州、平顶山功能区内。②鹤壁也是煤炭集中产地，但与郑州相距较远，且与豫北山地的地下水有较好的结合，可以考虑建立火力发电，暂不予调整。③桐柏在行政区划上属于南阳，是天然碱矿的集中地，而与南阳油田结合，有利于发展石油工业，因而将其从

信阳功能区划归南阳功能区。

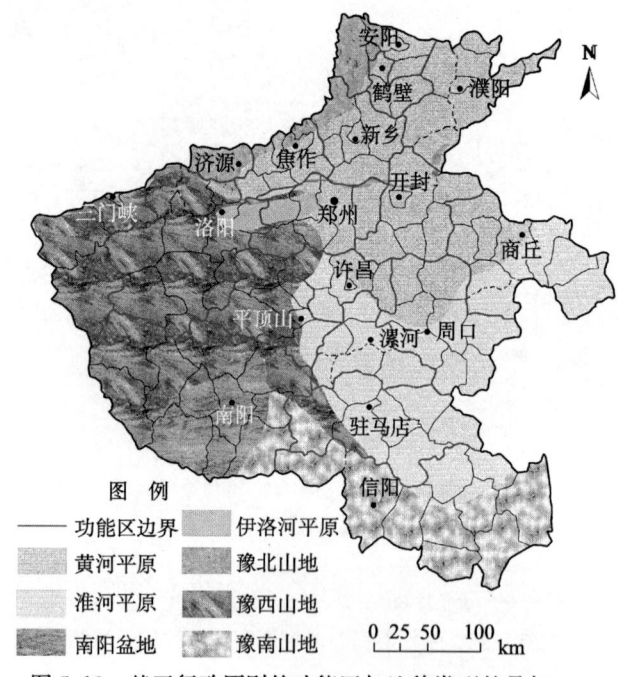

图 5-13 基于行政原则的功能区与地貌类型的叠加

图 5-14 基于自然条件原则的调整

5. 基于区域发展水平一致性原则的调整

河南省统计局按照 2003 年制定的《县域经济发展评价指标监测方案》，对主体区 108 个县与县级市的经济实力进行了分析。指标体系包括 GDP、人均 GDP、财政一般预算收入、人均财政一般预算收入、居民储蓄存款余额、人均居民储蓄存款余额、农民人均纯收入、全社会固定资产投资完成额、人均固定资产投资完成额、财政一般预算收入占 GDP 的比重、新增居民储蓄存款占 GDP 的比重、规模以上工业利税总额占规模以上工业增加值的比重以及工业增加值占 GDP 比重 13 项经济指标。根据其测算的各县（市）的综合经济指数及排序情况，按照最优数据分割方法，将主体区 108 个县（市）划分为五级，即落后地区、较落后地区、发展中地区、较发达地区和发达地区（表 5-3）。图 5-15 是 2009 年主体区 108 个县（市）的发展类型图与基于自然条件原则的功能区的叠加。

表 5-3　2009 年主体区 108 个县（市）经济发展类型

发展类型	县（市）数量/个	县（市）
发达地区	7	1 巩义市，2 荥阳市，3 新郑市，4 新密市，5 义马市，6 登封市，7 偃师市
较发达地区	7	8 栾川县，9 沁阳市，10 新安县，11 长葛市，12 孟州市，13 舞钢市，14 新乡县
发展中地区	23	15 渑池县，16 禹州市，17 中牟县，18 博爱县，19 林州市，20 灵宝市，21 永城市，22 安阳县，23 伊川县，24 武陟县，25 修武县，26 温县，27 淇县，28 许昌县，29 西峡县，30 汝州市，31 辉县市，32 汤阴县，33 镇平县，34 鄢陵县，35 襄城县，36 濮阳县，37 长垣县
较落后地区	45	38 宝丰县，39 孟津县，40 桐柏县，41 陕县，42 项城市，43 邓州市，44 汝阳县，45 新野县，46 鹿邑县，47 唐河县，48 尉氏县，49 罗山县，50 宜阳县，51 遂平县，52 新县，53 临颍县，54 滑县，55 卫辉市，56 淅川县，57 获嘉县，58 西平县，59 潢川县，60 确山县，61 洛宁县，62 固始县，63 沈丘县，64 嵩县，65 息县，66 郏县，67 光山县，68 平舆县，69 叶县，70 浚县，71 虞城县，72 延津县，73 商城县，74 内乡县，75 淮滨县，76 鲁山县，77 郸城县，78 泌阳县，79 原阳县，80 夏邑县，81 民权县，82 方城县
落后地区	26	83 西华县，84 上蔡县，85 南召县，86 清丰县，87 舞阳县，88 范县，89 南乐县，90 扶沟县，91 通许县，92 开封县，93 宁陵县，94 卢氏县，95 封丘县，96 柘城县，97 汝南县，98 内黄县，99 睢县，100 正阳县，101 商水县，102 太康县，103 兰考县，104 台前县，105 杞县，106 淮阳县，107 社旗县，108 新蔡县

注：各县（市）前面的数字表示其排名位序

从图 5-15 中可以看出，每个功能内的区域类型具有较大的相似性。同时，基本上以 1~2 种类型为主，夹杂一些其他类型。实际上，要求每个区域内的发展类型完全一致既不可能也无必要。区域发展水平一致性原则作为一个参考性原则，在与其他以上原则没有重大冲突的情况下，也可对以上划定的功能区作适当调整。调整后的功能区划分如图5-16，见表5-4，说明：①信阳功能区和驻马店功能区全部由落后地区和较落后地区构成，这里大多是贫困山区或者革命老区，为了集中扶贫开发，可以合并为一个一级功能区。而且，驻马店功能区在以上的分析中之所以归属到中部区域，是由于空间聚类的结果，而没有其他原则的约束，现在整体划出，不会造成与其他原则的冲突。②同样的，周口功能区也主要由落后地区和较落后地区构成，与原先所在的一级功能区在发展水平上有很大差别，而与商丘影响区极为相似，且都属于黄淮平原区，可以将两个影响区合并为一个一级功能区。

表5-4 主体区城镇体系功能区划分初步方案

Ⅰ级功能区（中心城市）	Ⅱ级功能区（中心城市）	功能区所含县（市、区）
中原城市群主干区（郑州）	郑州功能区（郑州）	郑州所辖全部12个县（市、区）
	开封功能区（开封）	开封所辖全部10个县（市、区），加上新乡所辖封丘县，共11个县（市、区）
	新乡功能区（新乡）	除去封丘、长垣两县，新乡所辖其他9个县（市、区）
	焦作功能区（焦作）	焦作所辖全部10个县（市、区）
中原城市群西部区（洛阳）	洛阳功能区（洛阳）	洛阳所辖全部15个县（市、区），加上三门峡所辖渑池县、义马市，共17个县（市、区）
	济源功能区（济源）	济源市域
中原城市群南部区（平顶山）	平顶山功能区（平顶山）	平顶山所辖全部10个县（市、区）
	漯河功能区（漯河）	漯河所辖全部5个县（市、区），加上驻马店所辖西平、上蔡两县，共7个县（市、区）
	许昌功能区（许昌）	许昌所辖全部6个县（市、区）
豫北功能区（安阳）	安阳功能区（安阳）	除去内黄、滑县，安阳所辖其余7个县（市、区）
	鹤壁功能区（鹤壁）	鹤壁所辖全部5个县（市、区）
	濮阳功能区（濮阳）	濮阳所辖全部6个县（市、区），加上安阳所辖内黄、滑县，新乡所辖长垣，共9个县（市、区）
豫西功能区（三门峡）	未设	除去渑池县、义马市，三门峡所辖其余4个县市区
豫西南功能区（南阳）	未设	南阳所辖全部13个县（市、区）
豫南功能区（信阳）	驻马店功能区（驻马店）	除去西平、上蔡两县，驻马店所辖其他8个县（市、区）
	信阳功能区（信阳）	信阳所辖全部10个县（市、区）
豫东功能区（商丘）	商丘功能区（商丘）	商丘所辖全部9个县（市、区），加上周口所辖鹿邑县，共10个县（市、区）
	周口功能区（周口）	除去鹿邑县，周口所辖其他9个县（市、区）

注：据2010年底行政区划资料

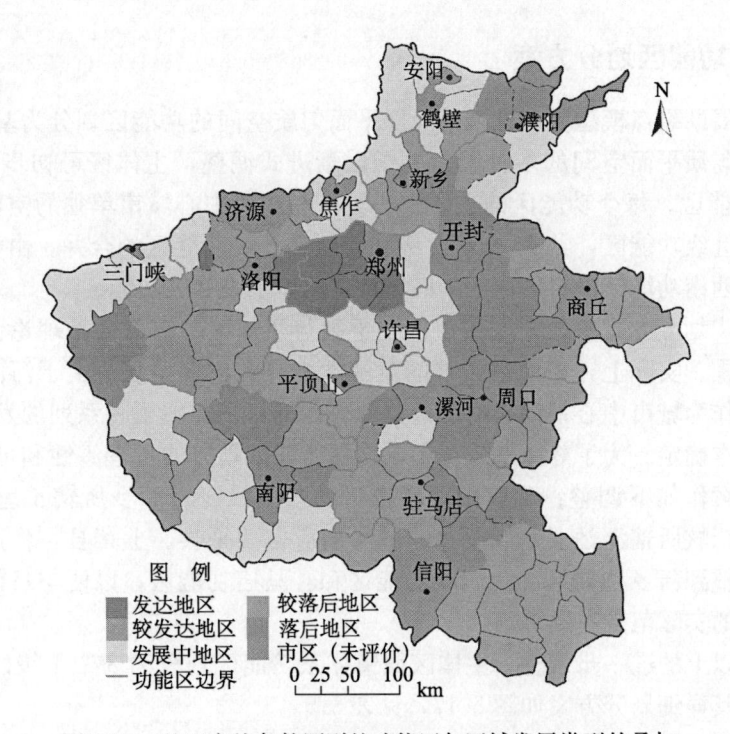

图 5-15 基于自然条件原则的功能区与区域发展类型的叠加

图 5-16 基于多准则的功能区划分方案

三、功能区划分方案

以扩展断裂点模型为理论基础，以平面匀质空间的功能区划分为基础框架，考虑在非匀质平面空间的多种因素并予以渐进式调整，主体区可初步划分为8个Ⅰ级功能区。每个功能区的主要中心城市和次要中心城市单独的空间影响范围可作为Ⅱ级功能区，共16个。Ⅰ级功能区是Ⅱ级功能区的合并。由于豫西功能区和豫西南功能区没有区域次中心城市，所以不设Ⅱ级功能区。

在初步划分方案中，中原城市群主干区与西部区、南部区是理论上中原城市群的范围。实际上，中原城市群的范围学术界有诸多争议。由于河南省把中原城市群作为城市中心带动战略的重要部分，近年来实施了一系列的发展措施，其范围基本确定。为了尊重既成现实，增强功能区划分的可理解性和可接受性，对初步方案作如下调整：现有中原城市群的范围没有将新乡所辖长垣县划入，增加了三门峡所辖渑池县、义马市，驻马店所辖西平县、上蔡县，将这5个县市分别调整到新乡功能区、三门峡功能区和驻马店功能区，以便与目前中原城市群建设的实际范围一致。

经过以上的进一步调整，主体区城镇体系功能区划分为8个Ⅰ级区，16个Ⅱ级区。其详细划分方案如图5-17，见表5-5。

图5-17 主体区城镇体系功能区划分

表 5-5 主体区城镇体系功能区划分方案

Ⅰ级功能区 （中心城市）	Ⅱ级功能区 （中心城市）	功能区所含县（市、区）
中原城市群 主干区 （郑州）	郑州功能区（郑州）	郑州所辖全部 12 个县（市、区）
	开封功能区（开封）	开封所辖全部 10 个县（市、区），加上新乡所辖封丘县，共 11 个县（市、区）
	新乡功能区（新乡）	除去封丘县，新乡所辖其他 11 个县（市、区）
	焦作功能区（焦作）	焦作所辖全部 10 个县（市、区）
中原城市群 西部区 （洛阳）	洛阳功能区（洛阳）	洛阳所辖全部 15 个县（市、区）
	济源功能区（济源）	济源市域
中原城市群 南部区 （平顶山）	平顶山功能区（平顶山）	平顶山所辖全部 10 个县（市、区）
	漯河功能区（漯河）	漯河所辖全部 5 个县（市、区）
	许昌功能区（许昌）	许昌所辖全部 6 个县（市、区）
豫北功能区 （安阳）	安阳功能区（安阳）	除去内黄、滑县，安阳所辖其他 7 个县（市、区）
	鹤壁功能区（鹤壁）	鹤壁所辖全部 5 个县（市、区）
	濮阳功能区（濮阳）	濮阳所辖全部 6 个县（市、区），加上安阳所辖内黄、滑县，共 8 个县（市、区）
豫西功能区 （三门峡）	无	三门峡所辖全部 6 个县（市、区）
豫西南功能区 （南阳）	无	南阳所辖全部 13 个县（市、区）
豫南功能区 （信阳）	驻马店功能区（驻马店）	驻马店所辖全部 10 个县（市、区）
	信阳功能区（信阳）	信阳所辖全部 10 个县（市、区）
豫东功能区 （商丘）	商丘功能区（商丘）	商丘所辖全部 9 个县（市、区），加上周口所辖鹿邑县，共 10 个县（市、区）
	周口功能区（周口）	除去鹿邑县，周口所辖全部 9 个县（市、区）

注：据 2010 年底行政区划资料

参 考 文 献

陈栋生 . 2005. 区域协调发展的理论与实践 . 嘉兴学院学报，17（1）：35-39，67.
陈志，刘握彬 . 2005. 湖北省城市体系空间结构演变及动力机制研究 . 统计与决策，(7)：50-52.
崔功豪，魏清泉，陈宗兴 . 2003. 区域分析与规划 . 北京：高等教育出版社 .
丁志伟 . 2011. 河南省城市-区域系统空间结构分析与优化研究 . 河南大学硕士学位论文 .
段应碧 . 2010. 城乡一体化的关键是以城带乡 . 农村工作通讯，(3)：34-35.
高斌，丁四保 . 2009. 点轴开发模式在理论上有待进一步探讨的几个问题 . 科学管理研究，27（4）：64-67.
郭庆胜，闫卫阳，李圣权 . 2003. 中心城市影响范围的近似性划分 . 武汉大学学报（信息科学版），28（5）：596-599.
国家发展和改革委员会课题组 . 2002. 对区域性中心城市内涵的基本界定 . 经济研究参考，

(52): 1-12.

国家发展和改革委员会宏观经济研究院国土开发与地区经济研究所课题组.2003.区域经济发展的几个理论问题.宏观经济研究,(12): 3-6, 17.

李晓冰.2010.中国区域经济协调发展理论与实践初探.现代商业,(18): 58-60.

李永文,王才安,马建华.1995.河南地理.开封:河南大学出版社.

刘晨阳,雷劲松.2005.关于我国城市与区域整体协调发展的哲学思辨.西南科技大学学报(哲学社会科学版),22(2): 43-46.

陆大道.2002.关于"点—轴"空间结构系统的形成机理分析.地理科学,22(1): 1-6.

秦耀辰.2005.区域系统模型原理及其应用.北京:科学出版社.

石忆邵.2002.城市与区域发展中若干问题的探讨.同济大学学报(社会科学版),13(1): 21-27, 51.

汤茂林,姚士谋.2000.论城市发展与区域的关系.城市研究,(2): 33-39.

涂玮.2010.论城乡关系及走向一体化的目标、路径.经济师,(4): 74-75.

王发曾.1994.河南城市的总体发展与布局.郑州:河南教育出版社.

王发曾,刘静玉,等.2007.中原城市群整合研究.北京:科学出版社.

王缉慈.1989.增长极概念、理论及战略探究.经济科学,(3): 53-58.

王新生,郭庆胜,姜友华.2000.一种用于界定经济客体空间影响范围的方法-Voronoi图.地理研究,19(3): 312-315.

王新生,李全,郭庆胜,等.2002.Voronoi图的扩展、生成及其应用于界定城市空间影响范围.华中师范大学学报(自然科学版),36(1): 107-111.

王铮,丁金宏.2000.理论地理学.北京:科学出版社.

毋河海.2000.地图数据库系统.北京:测绘出版社.

吴殿庭.2003.区域经济学.北京:科学出版社.

吴林海,顾焕章,张景顺.2000.增长极理论简析.江海学刊,(2): 31-33.

肖良武,张艳.2010.城乡一体化理论与实现模式研究.贵阳学院学报(社会科学版),(2): 46-51.

徐海贤.1999.城市与区域研究及其相互关系.内江师范高等专科学校学报,2(14): 47-50.

徐惠蓉.2011.城市与区共同展—解读南京"一小时都市圈".现代经济探讨,(7): 18-23.

许学强,周一星,宁越敏.2003.城市地理学.北京:高等教育出版社.

闫卫阳,郭庆胜,李圣权.2003.基于加权Voronoi图的城市经济区划分方法探讨.华中师范大学学报(自然科学版),37(4): 567-571.

闫卫阳.2004.城市体系空间布局的模型化与智能化方法研究.武汉:武汉大学博士学位论文.

闫卫阳,秦耀辰,郭庆胜,等.2004.城市断裂点理论的扩展、验证及应用.人文地理,(2): 12-16.

闫卫阳,刘静玉.2009.城市职能分类与职能调整的理论与方法探讨——以河南省为例.河南大学学报(自然科学版),39(3): 265-270.

闫卫阳,秦耀辰,王发曾.2009.城市空间相互作用理论模型的演进与机理.地理科学进展,28(4): 128-133.

杨万钟.1997.经济地理学导论.上海:华东师范大学出版社.

约翰. 冯. 杜能. 1997. 孤立国同农业和国民经济的关系（1826）. 北京：商务印书馆.

张伟，顾朝林. 2000. 城市与区域规划模型系统. 南京：东南大学出版社.

Converse P D. 1949. New laws of retail gravitation. Journal of Marketing, (14)：379-384.

Huff D L. 1964. Defining and estimating a trading Area. Journal of Marketing, 28 (7)：34-38.

Perroux F. 1950. Economic space：theory and applications. Quarterly Journal of Economics, 64 (1)：89-104.

Reilly W J. 1929. Methods for the study of retail relationship. University of Texas Bulletin, (2944)：164.

Wilson A G. 1967. A statistical theory of spatial distribution models. Transportation Res., (1)：253-267.

第六章
现代城镇体系功能组织的途径

按照《中原经济区规划》[①]，其功能组织模式可概括为"核心带动、轴带发展、节点提升、对接周边"。河南省作为中原经济区的主体区承担着郑汴核心增长极、中原城市群核心增长板块、其他板块建设，以及与周边区域协调发展的重任。各个版块的功能组织不仅是主体区，而且也是整个中原经济区新型城镇化、新型工业现代化和新型农业现代化协调发展的基础和关键环节。在功能组织中，必须注意以下三个方面：一是各个功能区的功能定位不仅要遵照中原经济区总体发展战略，而且要考虑各自的现状特点和发展诉求，尽量与区域国民经济和社会发展近远期规划相一致，并选取适合自身发展的功能组织模式。二是各个功能区均需强化、提升中心城市的辐射带动作用，构建中心城市—县城—乡镇—新型农村社区等级合理、规模优化、功能完备、布局适中的现代城镇体系。尤其要注重新型农村社区建设与农业产业化、产业集聚区、产业园区的发展和建设相结合，发挥其连接新型农业现代化与新型工业化的节点作用。三是注重发挥交通网络在城镇体系功能组织中的的纽带和支撑作用。现代城镇体系的功能组织旨在发挥各级城镇的吸引、辐射等影响作用，进而整合城镇体系在区域发展中的增长极、轴线与网络效应，而这些作用和效应的发挥主要依赖于交通网路的联系和传输。

第一节 中原城市群板块的功能组织

一、中原城市群主干区

1. 发展现状

中原城市群主干区包括省辖城市郑州、开封、新乡、焦作的全部行政区域，

[①] 国家发展和改革委员会．中原经济区规划（2012—2020），2012．

有超大城市1个（郑州）、大城市3个（开封、新乡、焦作）、中等城市2个（巩义、登封）、小城市7个（荥阳、新郑、新密、卫辉、辉县、沁阳、孟州，）和县城15个（中牟、杞县、通许、开封、兰考、新乡、获嘉、原阳、延津、封丘、长垣、修武、博爱、武陟、温县）。这里城镇密集，区位条件优越，基础设施和工业基础较好，是主体区城镇化水平和经济发展水平最高的地区，并且在总体上也高于我国中部地区平均水平，属于中部地区的经济隆起带。主干区处于工业化为主要发展动力的阶段，产业结构相对于中部地区平均水平具有优势，第二产业发展较快，特别是非金属矿物制品业、煤炭采选业、有色金属冶炼及压延加工业、专用设备制造业、石油加工及炼焦业、电力蒸汽热水生产供应业和食品加工业七大行业在中部地区优势比较明显。

虽然该区域在经济实力和综合发展水平方面独占鳌头，是主体区经济社会发展的核心区域，但也存在一些不容忽视的问题（张占仓等，2005；冯德显等，2003）：郑州作为中原城市群的核心城市，与周边省会城市相比实力较弱，尚不足以担负起"龙头"的重任；区域内各城市的产业发展与布局、交通体系建设、水资源开发利用、旅游资源开发利用、生态环境保护以及各城市用地空间发展等缺乏统一协调，尚未形成统筹发展的格局；区域内有相对发达、工业化程度较高的超大、特大、大型城市和中小城市，还有工业基础薄弱，经济发展相对落后的农业地区；该区域能源原材料工业的发展是建立在对矿产资源的强力开发之上的，部分矿产资源的减少已影响到城市经济的发展。同时，区域内支柱产业对水体、大气环境均造成了一定程度的污染。

2. 整体功能组织

在发展目标上，通过中心城市带动，力争到2020年，建成制度建设完备、产业结构互补、信息资源共享、交通体系完备的一体化区域。届时，主干区将成为中原崛起的支柱，成为整个中原经济区的核心区域和新型城镇化、新型工业化、新型农业现代化协调发展的示范区，国家级制造业基地、商贸物流和文化旅游中心地域。至2030年，中原城市群主干区与西部区、南部区完全融合，形成联系紧密、高度一体的中原经济区核心增长板块。

在组织方式上，以郑汴都市区为核心，以其他各级中心城市为节点，以铁路、高速公路、城际快速通道为依托，形成网络化的功能组织格局。其空间结构可以描述为"一心三极两圈三轴"。"一心"即郑汴都市区，是中原城市群的核心，也承担着主体区以及中原经济区政治、经济、文化中心的职能，是发展的重中之重。"三极"即中原城市群的其他3个省辖市：开封、新乡、焦作，与郑州一起构成成长多边形。他们分别承担着各二级功能区的中心城市的职能。"两圈"中第一圈层包括郑州市域范围内的巩义、新郑、新密、荥阳、登封5市与中牟县,以及开封市域的5个县,是郑汴都市区的直接腹地范围;第二圈层包括新乡、焦作市域。"三轴"中第一轴为自北向南由京广铁路、京广高铁、京港澳高速和107国道组成的发展轴;第二轴是自东向西由陇海铁路、徐兰高铁、连霍高速和310国道组成的发展轴;第三轴为连接新乡、焦作、济源、洛阳的铁路和公路构成的复合轴线。"三轴"是中原城市群承东启西、联南通北的通道,是促进产业集聚的重要发展轴。以此总体布局为框架,重点解决以下三个问题。

第一,打造郑汴都市区,增强区域核心竞争力。中原城市群、中原经济区都需要一个功能明确、辐射力强的龙头城市。目前龙头城市郑州不仅不够大,关键是功能不强,对其他城市的辐射力较弱。郑州市应以郑东新区建设为重点,并把荥阳市、中牟县纳入郑州市区范围,作为功能区进行建设,实现城市的低成本扩张。同时,以中牟县为纽带,依托由陇海铁路、徐兰高铁、连霍高速、310国道组成的发展轴,规划功能分区,加快郑汴新区建设。以郑开大道、市际轻轨和中央大街为轴线,组团布局与郑州、开封城市功能和主导产业相配套的物流园区、汽车零配件园区、食品与轻纺工业园区、休闲度假区、职业教育园区和生活服务区,促进郑汴两市在功能配置、基础设施建设、产业发展方面的衔接和整合,以两市之力提升中原经济区核心城市的功能,同时也为中原城市群的一体化发展提供经验和示范。为突出郑州航空港经济综合实验区对中原经济区建设的战略突破口作用,要努力把航空港区建成为生态、智慧、和谐宜居的现代航空都市和中西部地区对外开放的新高地,中原经济区新的核心增长区域。

第二,依托发展轴线,促进主干区与西部区、南部区的功能协调与产业集聚。以便捷的交通为纽带,整合资源、资金、技术和劳力等生产要素,强化区域协作、合理分工、适当集中,鼓励产业向产业带集聚。一是围绕郑汴洛三个城市市区及中牟、新郑、巩义、偃师等县(市)和上街、吉利两个区,集中项目、连片开发,构建郑汴洛工业走廊,将该区域建成我国重要的高新技术产业、先进制造业、汽车制造业、铝工业、煤化工工业、石油化工工业基地。二是围绕郑州、新乡及辉县、卫辉、新郑等县级市,并向南延伸至许昌、漯河、长葛、临颍等县级市,形成中原城市群主干区与南部区联系紧密,以轻纺、食品和高新技术为主要特色的新郑漯京广产业带。三是围绕新乡、焦作、济源和洛阳吉利区,以煤炭、电力、铝工业、化工、汽车零部件、铅锌加工为主导产业,形成以资源深度开发为特色、以自然山水为主的旅游业的新焦济南太行发展轴。

第三,以焦作—济源区段为结合部,以太焦铁路和新乡到运城的高速公路为联系通道,加强与主体区邻近的山西晋城、长治、运城三市的合作。焦作—济源区段属于山西能源重化工业基地的组成部分,特殊的门户位置、与山西资源的优势互补以及随着国家大型火电基地建设,该区段经济发展日益迅速,焦作的中心地位必将加强。通过边界区域合作使该区域成为中原经济区重要的经济增长板块、区域产业转型升级引领区、中西部重要的生态宜居示范区、中原经济区省际合作实验区、豫晋文化旅游资源开发协作先导区。

3. 二级功能区的分区组织

郑州功能区:围绕郑州都市区建设,其总体布局可概括为"两核六城十组团"。①"两核"即中心城区和郑州新区。中心城区将荥阳市和上街区纳入统一规划建设,着力打造主体区政治文化中心、现代商贸服务中心和历史文化名城保护核心区。郑州新区重点推进郑东新区和经济技术开发区建设,建成现代产业集聚区、城乡统筹示范区、对外开放示范区。②"六城"以市域县市政府所在地为基础,构建6个各具特色的新的卫星城。航空城依托富士康等项目,打造成亚洲最大的智能手机生产基地、中西部地区重要的消费电子生产基地。新郑新城充分开发利用"黄帝"资源,建成华夏民族寻根问祖的宜居文化名城和省级历史文化名城。中牟新城重点建设文化旅游创意区和滨水生态宜居、宜商的现代服务业。巩义新城重点打造全国有影响的铝及铝精深加工、高档耐火材料、光伏产业、特钢生产基地和全省重要的能源、机械装备制造基地,建成宜居工业城。登封新城全力打造禅武医国际教育交流、功夫动漫、影视拍摄、休闲养生等产业集群。③根据市区不同区域的基础和特点,构建合理的城市功能分区,着力建设"十组团",即宜居教育城、宜居健康城、宜居职教城、新商城、中原宜居商贸城、金水科教新城、惠济高端服务业新城、二七生态文化新城、先进制造业新城和高新城的规划建设。④在"两核六城十组团"以外区域,按照合村并镇、合村并点和保护性开发特色村三种类型,分类推进,科学规划,开展新型农村社区示范建设,发挥新型农村社区在新型城镇化中的基点作用。通过"核心、组团、多点"的空间布局,以快捷的立体交通为纽带,辐射带动农村地域快速发展,构筑功能布局合理、空间利用高效、承载能力强劲、产业特色突出、社会和谐友好、人民富裕文明的城乡统筹区域,构建整个中原经济区的发展龙头、经济重心和"三化"协调发展的先行示范区。

开封功能区:以开封市区为核心,以兰考、尉氏、杞县、通许、封丘、开封6个县城为次级增长极,以中心镇和新型农村社区为节点,构筑多级点—轴组织模式。①以郑开大道和正在建设的城市轨道交通,以及第二条郑开大道——郑汴物流通道为纽带,推进郑汴都市区教育、医疗、信息资源共享,实现电信、金融同城,加快郑汴一体化进程。开封新区与郑州新区整体协调布局,以发展高端制造业、现代服务业、战略新兴产业和都市生态农业为重点,打造现代产业集聚区、统筹城乡发展试验区、改革开放示范区、现代复合型新区、环境优美宜居区和区域服务中心，构筑中原经济区主体区经济社会发展的核心增长极。②按照政府引导、政策推动、因地制宜的原则，以现有建成区内城中村、旧住宅小区、棚户区和旧商业中心改造为重点，全面推进老城区改造。尤其注重开封宋都古城文化国家产业园区建设，以及重点历史文物、景点的开发保护，展现宋都古城风貌和历史文化底蕴，增强旅游吸引力。③通过改造提升装备、化工、食品、纺织服装、生物医药、木业等传统优势产业，发展汽车及零部件、新材料、光伏、电子信息等战略新兴产业，形成十大产业集群和市域八大产业集聚区，并由此推动县城、特色镇、新型社区建设，带动区域经济一体化发展。通过完善老城区的旅游商贸功能，加强新区的产业集聚功能，增强开封市区的核心功能，通过县城、中心镇和新型农村社区的节点扩散，促进区域统筹发展，构筑中原经济区华夏文明重要承载区、经济发展核心区。

新乡功能区：按照"一带两翼"的组织模式，优化空间布局。①依托京珠高速、107国道、石武客专、郑新城际铁路构成的交通廊道，强化主城区核心地位，推进形成由卫辉—平原新区纵贯全区的经济发展带。依托资源和产业优势，推进由获嘉、辉县、卫辉组成的太行山前组团形成西北部发展翼，依托黄河资源和加工业优势，推进由原阳、延津、长垣组成的黄河北部组团形成东南部发展翼。②推进市区产业集聚区及新乡工业园区、新乡经济开发区建设，形成全区经济增长核心区；推进平原新区建设，培育全区经济重要增长极；推进以县城为核心的产业集聚区建设，形成卫辉、辉县、获嘉、原阳、延津、长垣等县域经济发展区；支持专业园区发展壮大，逐步形成新的经济增长点。③依托山、林、河、田，明确不同区域的功能定位，形成以城镇和产业集聚区建设为重点的城镇化战略格局，以粮食生产核心区为重点的农业战略格局，以南太行生态区、平原生态涵养区和黄河滩区生态涵养带、南水北调生态带为重点的生态功能格局。④以产业集聚区和新型农村社区作为城乡公共服务均等化的载体，打造中原经济区城乡统筹发展示范区；通过培育装备制造、生物与新医药、汽车及零部件（含新能源汽车）、煤及煤化工、制冷、纺织、食品等七大产业板块，打造中原经济区先进制造业基地；以新型城镇化繁荣农村，以产业化发展农业，打造全国现代农业示范区。

焦作功能区：按照"中心城市—县城—中心镇—新型农村社区"现代城镇体系基本架构，统筹城乡发展，将该区建设成为中原经济区经济转型示范区、"三化"协调发展先进区。①统筹焦作新区建设与老城区改造，推进修武城区、博爱城区与中心城区一体化发展，合理功能分区，增强中心城区的核心作用。老城区以增强商业、居住、文化旅游、综合服务功能为主，新城区以构建行政、文化、金融、物流中心为主。同时，以焦作工业产业集聚区和焦作经济技术产业集聚区为载体，并逐步向修武城区、博爱城区延展，重点发展以工程机械、汽车及零部件等为主的现代装备制造业、精细化工、铝及深加工等产业，以节能环保、新材料、生物医药等为主的高新技术产业，加快资源枯竭型城市转型。②把县城和县级市城区发展作为推进城镇化的重点，通过推进产业集聚区建设和城市功能完善，不断增强承接中心城区辐射和带动乡村发展的能力，吸引本地农村人口首先向县市城区转移。沁北产业集聚区突出发展现代化工和铝精深加工产业，孟州产业集聚区突出发展生物和装备制造产业，博爱产业集聚区、焦作循环产业集聚区突出发展装备制造产业，武陟、修武、温县产业集聚区突出发展农副产品精深加工产业。③把小城镇和新型农村社区作为统筹城乡关键节点，重点选择沿主要干线公路分布的乡镇，特别是具有产业基础、具有发展潜力的乡镇，支持其发展特色明显的矿产资源、农产品加工和文化旅游服务业，以此推动专业园区和新型农村社区建设，促进产城融合发展和农民就近就业。④按照"区域一体、城乡统筹、突出重点、适度超前"的原则，进一步加快电网、信息网和交通网络建设，为构建城乡一体化发展格局提供强有力的支撑。

二、中原城市群西部区

1. 发展现状

该区域包括洛阳和济源全部市域，其中包括特大城市1个（洛阳）、中等城市1个（济源）、小城市1个（偃师）和县城8个（孟津、新安、栾川、嵩县、汝阳、宜阳、洛宁、伊川）。该区域以低山、丘陵为主，矿产资源丰富，工业基础较好，交通区位优越，整体发展水平高于主体区平均水平。但是，该区域经济发展不平衡，主要依赖资源开发，经济结构亟待调整，环境保护问题突出。

2. 整体功能组织

依据该区域的资源特点和发展实际，到2020年综合经济实力进一步增强，各项重要经济社会发展指标走在中原经济区前列。工业化、城镇化、农业现代化达到或高于全国平均水平，城乡基本公共服务趋于均等化，城乡经济社会一体化发展格局基本形成。洛阳作为中原经济区副中心城市的地位和作用更加突出，整个区域成为中原经济区"三化"协调发展示范区。在功能组织方式上，以陇海铁路、连霍高速、徐兰高铁为横轴，以焦枝铁路、二广高速、洛宁高速为纵轴，构成十字形发展构架。功能组织的重点有以下三个。

第一，提升洛阳作为中原经济区副中心地位。打造洛北城区、洛阳新区与偃师城区向西对接区域三大板块，优化、扩展中心城区布局，构建区域核心增长极。①高起点、高规格建设洛阳新区。以洛龙产业集聚区、洛阳经济技术产业开发区、伊滨产业集聚区、龙门国际文化旅游产业园和南兆域生态观光农业示范区为载体，发展以高端装备制造业、新能源新材料为主的战略性新兴产业、现代信息服务业、文化旅游产业和现代特色农业，推动产业升级。依托五大产业集聚区，产城融合、城乡融合，建成主体区经济社会发展的重要增长极、现代产业发展示范区、河洛文化旅游精品区、城乡统筹改革发展试验区、现代复合型新区和对外开放示范区。②突出历史文化、山水宜居特色，改造提升洛北城区。以恢复隋唐城、明清历史街区和瀍河丝绸之路起点特色建筑群为重点，实施历史街区保护与整治；改造提升市区牡丹观赏园，打造牡丹花都；推进城中村、城郊村、城边村和旧城改造，建设环境优美的商业、物流文化和居住社区；净化、美化城中水系，恢复水系生态。③实施洛偃一体化。打通洛偃快速通道，中州路和九都路城市快速干道向偃师东延，为洛偃融合提供基础。偃师行政中心向首阳山西进搬迁，以行政中心迁建带动工业、服务业产业布局向西集聚、生产要素向西集中配置、基础设施向西与洛阳主城区对接、人口向新的城区集聚转移。

　　第二，加强区域经济合作。①依托陇海铁路、连霍高速两条亚欧大陆桥通道和郑少洛高速、310 国道，主动对接中心城市郑州，推进郑（州）洛（阳）三（门峡）工业走廊建设，协同合作、优势互补，重点发展机械装备制造、铝精深加工、电子信息、新材料等产业。②依托焦枝铁路、二广高速和 207 国道，打造洛（阳）三（门峡）济（源）焦（作）石化、有色金属、建材产业密集带，加强与关中-天水经济区、太原城市群的对接互动。③依托洛栾高速、郑卢高速和黄河水路通道，加强与鲁山、南召、西峡、卢氏等县开展区域合作，构建伏牛山区生态旅游发展区；加强济源、孟津、吉利、新安与孟州、渑池和山西垣曲的区域旅游协作共建，形成北部黄河文化旅游产业风光带和生态涵养经济带。④发挥吉利区石化优势，辐射带动济源、焦作、孟津，形成国内领先、中西部最大的石化工业基地。

　　第三，在经济快速发展和产业结构调整过程中，突出生态保护、生态治理和生态建设。①重点生态功能区限制大规模、高强度的工业化、城镇化开发，对依法设立的各级各类自然文化资源保护区和其他需要特殊保护的区域禁止开发，保护区域内森林、水源、湿地和珍稀物种。②加强土壤环境保护、重金属污染治理、农村环境综合整治和危险废物管理，实施重点领域、重点流域和重点区域污染综合整治。③加强伏牛山国家和省级生态示范区、黄河滩区湿地生态带建设，建设绿色生态走廊。利用生态区位优势，构建城市外围地区森林生态带和生态水系，打造中原经济区南太行、沿黄生态屏障区。

3. 二级功能区的分区组织

　　洛阳功能区：洛阳有着深厚的历史文化底蕴、丰富的自然资源、山水相依的自然环境、通贯四方的交通条件以及较强的工业基础和科研实力。但由于受资源、环境等因素制约,原有的机械装备制造等传统优势产业逐渐衰退,产业结构亟待调整。立足现实,洛阳市区要提升综合经济实力、产业竞争能力和中心城市的辐射带动能,追赶郑州,构建中原经济区副核心城市;率先探索建立工农城乡利益协调机制、土地节约集约利用机制和农村人口有序转移机制,建设中原经济区"三化"协调示范区;改造老工业基地,发展新兴产业,建设有特色的创新型工业基地;整合文化和山水风光旅游资源,建设国际旅游文化目的地。在功能组织上,按照核心带动、圈层发展、节点提升、联动周边的思路,实施"一中心三板块五组团"功能组织方式。①全力打造中心城区的洛阳新区、洛北老城区、偃师城区向西对接区域三大板块,实现南北对应、东西对接、古今辉映、产城融合,形成辐射带动能力突出的核心增长板块。②加快环绕中心城市的吉利、孟津、新安、宜阳、伊川"五组团"县(区)与中心城市统筹规划对接,打造承接中心城市产业转移和要素辐射功能强、城镇和产业发展密集、服务中心城市和带动县域经济发展能力突出的紧密联系圈层。③发挥汝阳、嵩县、栾川、洛宁地域广大、资源丰富、生态良好的比较优势,推进以生态农业、生态旅游、生态资源环境保护为特色的县域中心城镇建设和县域经济发展,形成中心城市的外围辐射圈层。④利用通道联系,打造一批历史文化名镇、工业强镇和特色产业镇;推进新型农村社区建设,实现土地节约集约、就地实现生产集聚、就地实现农民转移转换、就地实现农村生产生活方式转变。

济源功能区:济源作为省直辖市,一方面地域小、人口少、经济总量不足,资源环境等要素制约加剧,发展空间受限;另一方面,工业基础较好,区位优势明显,市管镇(街道)体制特殊。立足这些特色和优势,通过构建中心城区、复合组团、重点镇和新型农村社区四级现代城镇体系,推动"四区三基地"建设。①中心城区建设以现代化宜居城市为目标,构建有活力的新兴中心城市,发挥龙头带动作用;优化曲阳湖、轵城和克井3个城市组团功能布局,加快基础设施建设和人口集聚,推动与中心城区的融合;注重五龙口、邵原等中心镇建设,结合镇中村改造、迁户并村、旅游开发、新型农村社区建设等,提升城镇承载能力。以此加快统筹城乡发展,在主体区率先实现公共服务均等化,成为中原经济区城乡一体化示范区。②依托现有产业基础,拉长产业链条,推动钢铁、铅锌、能源、化工和机械加工等优势产业做强做优;发展精细化工、新能源、新材料、节能环保、矿山救助、生物医药和现代物流等新兴产业,加快产业结构转型升级,以产业集聚区、专业园区为载体,打造中原经济区新型有色金属、装备制造和能源基地。③深化"扩权强镇"改革、行政审批制度改革、户籍制度改革、农村物权置换改革等各项改革,创新领导决策、工作推进、绩效考核等工作机制,通过在更广领域、更深层次改革创新,打造中原经济区改革创新试验区。

三、中原城市群南部区

1. 发展现状

中原城市群南部区包括平顶山、漯河、许昌全部市域，有大城市1个（平顶山）、中等城市3个（漯河、许昌、项城）、小城市4个（汝州、舞钢、禹州、长葛）和县城9个（宝丰、叶县、鲁山、郏县、鄢陵、襄城、舞阳、临颍、许昌）。该区域区位条件优越，自然资源丰富，城镇密度仅次于中原城市群主干区。该区域产业发展较为齐全，三次产业总体上发展较好，三个城市产业互补性强，平顶山市能源工业占优势，许昌市超硬材料和卷烟工业占主导，漯河市商业、食品加工业突出。目前存在的突出问题是中心城市辐射力不足，面临产业转型和结构升级、环境保护等问题。

2. 整体功能组织

在发展目标上，通过功能组织，在2020年实现南部区内部一体化，建成中原经济区资源型城市可持续发展示范区、中原经济区内的"三化"协调发展先行区、全国重要的新型能源化工基地、现代装备研发制造基地和农副产品加工基地。在组织方式上，以平顶山为中心，以许昌、漯河为副中心，以京广铁路、京港澳高速、107国道为南北轴，以漯宝铁路、宁洛高速为东西轴，以兰南高速为斜轴的三角形为骨架，构成"一心两极三轴"的网络化城镇发展格局。以此为框架，其功能组织的重点有以下三个。

第一，加快资源型城市产业转型和结构升级，强化平顶山中心城市地位。平顶山是我国建国后自行勘测设计、开发建设的第一座大型煤炭工业基地，原煤储量103亿t，是中南地区最大的煤田。同时，钠盐储量3300亿t，是中国岩盐之都；铁矿石储量9.7亿t，是全国十大优质铁矿区之一。丰富的资源为平顶山市经济发展奠定了基础，但也面临着产业转型、结构调整、发展水平提升及环境保护等问题。作为中原城市群南部区的中心城市，须从以下四个方面统筹发展（肖锐和彭鹏，2010）：①合理规划城市布局与功能定位，形成符合自身转型的发展模式。把城市产业结构的优化、服务功能的创新、生态环境的改善放在首位，推动单一矿业城市向区域中心城市转变，着力打造中国中部化工城、中原城市群化工、能源、原材料、电力装备制造业基地，主动融入城市群分工体系，在合作中强化中心城市地位。②依托区域资源优势，走新型工业化和循环经济发展的路子，实现产业结构从"单一煤炭"向"以煤为本、相关多元"的战略转型。以煤矸石、煤泥利用为源头，形成煤—电—建材产业链；以煤炭焦化为起点，形成煤炭—炼焦—焦油加工—碳素产业链；以煤炭汽化为起点，形成煤炭—气化—尿素、甲醇—精细化工产业链；以盐为基点，形成盐—化工产业链；以铁矿为基点，形成铁矿—钢铁—机械制造产业链。③加快以旅游业为主导的第三产业发展，优化产业结构。以现有的城市空间发展格局为背景，以旅游资源"南部山水、北部文化"赋存特点为基调，突出绿色、自然、生态和文化的整体氛围。以西部新城区建设为依托，大力发展银行、保险、证券等现代化程度高的金融产业，利用便利的交通条件，大力发展现代物流产业。④加大环境污染治理力度，改善城市环境。煤炭开采和选洗过程中排放的大量煤矸石、煤泥、矿井水、洗煤废水和一些有害气体，不仅挤占大量土地、淤塞河道，而且严重污染了水体、土壤和空气，地面塌陷等问题也阻碍了城市进一步发展。坚持矿产资源开发与加工转化相结合，开采与保护生态环境相结合的原则，着重从工程技术措施和法律法规两方面治理、改善、保护生态环境。

　　第二，加强基础设施的建设和协调，加快区域一体化步伐。平顶山、许昌和漯河三个城市功能分工明确，相互之间距离不超过55千米，应按照成长三角形模式进行整合，构建中原城市群南部"金三角"。各级城镇积极配合国家高速公路建设，大力发展地方公路，提高公路网密度和公路等级，也可参考郑汴一体化的经验，建设以平顶山为中心的城际快速通道，加强区域内城市之间的交通联系和物质、信息、人员流动，在城市群内的基础服务及其他公共服务领域尽量做到同城化，形成综合统一的交通、电力、邮政、信息等方便快捷的管理服务体系。

　　第三，以发展轴带为纽带，加强区际合作。以京广铁路、京港澳高速、107国道和京广铁路客运专线为依托，以许昌、长葛为接入点，考虑建设郑许城际快速通道，搞好产业集聚，加强南部区与北部区的联系和融合。以漯河为接入点，向南连接驻马店，辐射带动豫南功能区。以洛阳—南京高速公路、省道、焦枝线中段、孟宝铁路为依托，依次穿越洛阳、平顶山、漯河三个市区和所辖的汝州、宝丰、叶县、舞钢等市（县），构建洛平漯产业发展带，形成重要的制造业、火电能源、煤化工、盐化工产业基地和农产品深加工示范基地。同时，沿此发展带，向北与北部区的洛阳加强协作，向东通过周口辐射带动豫东功能区。

3. 二级功能区的分区组织

　　平顶山功能区：平顶山市是因煤而立、依煤而兴的资源型工业城市。整个市域既有丰富的自然资源和丰厚的历史文化积淀，也有较好的产业基础和便捷的交通条件，同时也面临着产业结构不协调、发展方式粗放、城乡发展不平衡和城镇化水平不高等诸多问题。立足现实，该区域的功能定位为中原经济区资源型城市可持续发展示范区、全国重要的新型能源化工基地、现代装备研发制造基地和海内外知名的旅游目的地。其功能组织模式可概括为"一核两层三卫"。①围绕白龟湖和沙河生态带，建设平顶山城市新区，实现新老城区衔接融合。以行政科教文化区和先进制造业园区为依托，重点建设新城区；以中原电气城为支点，重点建设东部高新技术产业区；以北部风景游览区为基础，重点建设城市生态休闲区；以沙河沿岸为方向，重点建设绿色景观带；在城市南部跨孟平线，配套完善居住生活设施，引导疏解老城区人口分流。通过空间扩展和产业集聚，增强中心城区的辐射力和承载力。②按照交通一体、产业链接、服务共享、生态共建的原则，尤其注重快速通道建设，形成直达宝、鲁、叶各组团的20分钟交通圈，推进宝丰县、鲁山县、叶县县城与中心城区的一体化发展，构建中心城区的紧密联系层。重点发展平宝先进制造业产业带、平鲁能源化工产业带、平叶煤盐化工业产业带。建设沙河两岸森林绿化景观带，促进产业、生活和生态功能同步改善。③强化汝州市、舞钢市、郏县三个卫星城市与中心城区和紧密联系层的产业协作，依托产业集聚区，发展主导产业和特色产业，带动农村地域发展，构建中心城区的外围辐射层。汝州市围绕资源精深加工，在煤炭、电力、建材、农副产品加工方面延伸产业链，提升产业层次。舞钢市培育壮大采矿、冶炼、轧钢为一体的钢铁产业链，依托国家级森林公园和风景名胜区，发展旅游休闲度假产业。郏县围绕煤炭、建材、装备制造和畜牧养殖加工业，加快工业化进程。

许昌功能区：按照"带状城市、组团布局、向心发展、城乡统筹"的发展思路，将该区域建设成为中原经济区内的"三化"协调发展先行区、创新创业示范区、可持续发展实验区，全国重要的电力装备制造业基地和全国重要的优质花木生产交易基地。①改造提升许昌老城区，打造商业经济区和曹魏文化旅游风景区；东城区打造现代生态宜居城区；经济技术开发区以食品医药、装备制造为主导，打造创新型产业集聚区。新城区与老城区加强衔接，合理布局，以电力电子装备制造、汽车及零部件加工、发制品、纺织品、食品加工为主导，重点建设中原电气谷、尚集产业集聚区、魏都产业集聚区和对外贸易加工区；新区东西边界周边区域，建设城市生态绿地、现代城市农业和生态旅游休闲区。以此突出许昌市区的历史文化特色、生态特色和辐射带动作用。②以许昌市区为中心，以城际快速通道为连接，与5个县（市）关联互动、合理分工，形成半小时通勤圈、经济圈、生活圈。禹州市、长葛市、许昌县以机械装备制造、汽车零部件及机械加工、医药、食品加工、发制品为主导产业，打造产业转型升级示范基地；鄢陵县以园林绿化苗木、盆景盆花、鲜花切花、草坪草毯种植为主导，建设全国重要的优质花木生产交易基地；襄城县发展电动汽车、光电、煤焦化循环经济，打造创新型产业基地。③发挥小城镇连接城乡的关键作用，推进神垕镇、顺店镇、大周镇等条件好的重点镇向小城市方向发展；推广产业园区建设与新型农村社区建设相结合的经验，通过土地的置换、流转，满足企业建立规模化、标准化、产业化的基地需求，同时解决农民就地就业，增收致富。

漯河功能区：漯河是全国重要的食品加工基地，但也面临着产业结构单一、发展空间有限等问题。基于现实基础，其目标定位为中原经济区"三化"协调发展先行区、全国最具竞争力的食品名城、区域性综合交通枢纽和现代商贸物流中心。围绕此目标，采取"一城两翼多星多点"的功能组织模式。"一城"就是市区，"两翼"就是临颍和舞阳，"星"就是发展专业园区的重点建设镇，"点"就是新型农村社区。①优化漯河市区空间布局，形成以沙澧河为发展轴线，"一主两副"的空间结构。主中心通过改造提升，建设多功能的核心商业区和行政、金融中心。东部副中心突出食品特色优势，重点发展以肉类精加工、粮食深加工等食品加工业和以食品交易、食品研发、食品教育、现代物流为主的配套产业，使之成为全国规模最大、功能最完善、竞争力最强的现代食品产业基地、全市经济增长极。西部副中心结合石武高铁漯河客运站建设，打造集商务休闲、行政文化、生态宜居、旅游集散等于一体的商务休闲都市区。②临颍、舞阳两县县城要拉大城市框架，搞好基础设施建设，完善城市功能；加快产业集聚区建设，临颍重点发展食品加工产业，兼容设备制造、机械加工等产业；舞阳县重点发展盐化工产业，以此增强对产业、人口的吸纳能力和对乡镇的带动作用。③加快中心镇基础设施建设，提升重点镇综合服务功能，根据自身优势，建设专业园区，加速人口向城镇集中，提升辐射带动能力。④将新型农村社区布局建设和优质粮食生产基地、标准化规模养殖基地、高效蔬菜种植基地建设相结合，二者相互促进，推动新型农业现代化和新型工业化的协调发展。

第二节 其他版块的功能组织

一、豫北功能区

1. 发展现状

豫北功能区的范围包括安阳、鹤壁、濮阳三市市域，有大城市1个（安阳）、中等城市2个（鹤壁、濮阳）、小城市1个（林州）和县城11个（安阳、汤阴、滑县、内黄、浚县、淇县、清丰、南乐、范县、台前、濮阳）。本区矿产资源丰富，工业实力较强，是河南省重要的工业基地，安阳的钢铁、鹤壁的煤炭与濮阳的石油在全省乃至全国都占有一定重要地位。本区目前存在的问题主要是工业结构亟待优化，以商贸业为主的第三产业还不够发达，区内经济发展差异较大，经济水平总体上低于全省平均水平。另外，土地破坏、河道污染以及生态破坏较为严重，干旱缺水问题突出①。

2. 整体功能组织

根据该区的资源特点和发展实际，其功能组织的目标是中原经济区现代新型工业基地、重要交通物流中心、科学发展示范区和全国粮食优质高产示范基地。在功能组织方式上，以安阳为中心，以鹤壁、濮阳为副中心，依托京广铁路、京珠高速和汤阴—濮阳—台前铁路，构成丁字形发展轴线，以点轴发展为主要模式。其功能组织的重点有以下三个。

第一，强化安阳市中心城市功能。以中心城区为核心，将水冶镇、柏庄镇、白璧镇、汤阴县城纳入安阳大城区规划，扩张城市发展空间，至2020年建成区面积达到120千米^{2}以上，人口达到120万以上。①东部新区加快高新技术产业集聚区建设，发展战略新兴产业，逐步建成城乡一体化先行区、现代化复合型功能区、对外开放示范区、产业转型升级先导区、豫晋冀交界地区综合交通枢纽和区域物流中心，打造豫北经济社会发展新的核心增长极。②西部新区加快基础设施和公共服务设施建设力度，提升城市服务功能，优化空间资源配置和产业布局，构建以特色产业链为核心的循环经济体系，逐步建成西部现代化工业基地和循环经济发展示范区。③老城区要降低人口密度，控制开发强度，提升环境质量，着力发展商贸服务业，建成设施完善、功能齐全、市场繁荣的豫北区域性商贸中心。④安阳市区与汤阴县城应在规划编制、空间布局、产业发展、交通网络、公共资源、科学教育、生态环境和居民生活等方面实现一体化，增强安阳辐射带动力，提高豫北区域性中心强市的地位。

第二，加强区域合作。以鹤壁—新乡、安阳—鹤壁、濮阳—鹤壁城际铁路、安（阳）林（州）高速与鹤（壁）辉（县）高速等为纽带，加强区内合作；以京广通道、林（州）长（治）高速和晋豫鲁铁路通道为纽带，加强与山西长治、河北邢台和邯郸、山东聊城和菏泽等周边城市的合作，推动基础设施、产业发展、金融服务、科技创新等领域的专向合作，形成产业互补、信息共享、市场共赢、共同发展的格局。尤其要发挥区内工业基础好，钢铁、油气、煤炭资源比较丰富的优势，围绕主导产业，主动承接京津冀和东部地区集群式和链式产业转移，重点引进高新技术、农业产业化、现代服务业、节能减排和上下游产业配套项目。同时，鼓励资金技术优势企业到西部地区开展资源开发、产品营

---

① 河南省城镇体系规划组.河南省城镇体系规划（2007—2020），2006.

销、基础设施建设等方面的合作，开创多元化的区域经贸合作局面。

第三，加强生态和环境保护。区内经济发展主要依赖矿产资源，面临着经济转型过程中的环境保护问题，以构建循环经济、绿色经济、低碳经济为目标，着力解决工业粉尘、废气、污水的处理和再利用。注重西部太行山区的绿化，推进龙泉、马鞍山、内黄、红旗渠、琵琶寺等森林公园建设；利用黄河、金堤河、马颊河等水资源优势，因地制宜规划建设各类湿地自然保护区；以生态旅游、观光度假为主，建设淇河生态区。

3. 二级功能区的分区组织

安阳功能区：该区西依太行、东临平原，四省通衢，区位优越，曾是殷商之都。农业基础较好，工业基础雄厚，产业门类齐全，工业总量在全部生产总值超过一半。但是，重工业所占比重和GDP能耗较高，产业层次和产品附加值较低，技术创新能力较弱，是当前经济发展中的突出问题。据此，安阳功能区的定位是主体区现代新型工业基地、中原经济区重要交通物流中心、全国粮食优质高产示范基地和全国有重要影响力的文化旅游名城。其功能组织的重点是：①提升县城规划建设标准，提高综合承载能力。林州市、滑县要以产业集聚区和专业园区为载体，加大城区投入，完善基础设施和公共服务功能，不断扩大城区人口规模，率先发展成为人口达到30万以上、具有区域性影响力的中等城市。内黄县、汤阴县依托地域优势和产业特点，推进经济结构调整，以劳动密集型产业加快人口集聚，发展成为各具特色、功能完善、人口达到16万以上的小城市。②分层次、有重点地推进小城镇建设。已经形成一定产业和人口规模、基础条件好的中心镇，加快专业园区建设，提升发展质量，逐步发展成为10万人以上的小城市。具有区位、资源、文化旅游、生态环境等优势的小城镇，挖掘内涵，突出特色，建成为周边农村提供生产生活服务的功能区和统筹城乡发展的重要节点。③积极推进新型农村社区建设。以城市新区、产业集聚区和中心城市近郊区为先导，采取城市带动、村镇集聚、就地改造和移民迁建等不同模式，有计划、有步骤地建设住房实用美观、设施配套完备、环境整洁优美的农民集中居住区。同时引导社会资本、技术和信息等要素向农村流动，促进城市劳动密集型和资源加工型产业向新型农村社区毗邻区转移，为社区居民就地就业提供便利。

鹤壁功能区：鹤壁位于太行山东麓与华北平原的过渡地带，中国古代商朝、卫国、赵国层在此建都，文化底蕴深厚；交通便利，煤炭、电力工业发达，农业基础较好，是国家能源重化工基地和黄淮海平原农业综合开发区。但是，该区面积较小，经济发展受资源环境约束较大，存在"产业单、链条短、规模小"等深层次产业结构问题。结合鹤壁实际，重点统筹产业发展、城市建设、社会建设、生态建设等各个方面的关系，创建国家循环经济示范区和中原经济区科学发展示范区。在城镇体系功能组织上，以鹤壁新区和淇县县城一体化发展为核心，以老城区和浚县县城为组团，形成"一核双星"的格局。①以产业集聚区为载体，推进鹤淇一体化，强化中心城市辐射能力。以新区建成区、淇县县城、鹤淇产业集聚区、金山产业集聚区为基础，打造品位高端、辐射力强的复合型区域性中心城区。新区建成区主要发展现代物流、职业教育、新型商贸、文化旅游和金融保险等现代服务业；鹤淇产业集聚区重点发展汽车及零部件、纺织服装、食品工业、光伏等产业；金山产业集聚区重点发展电子信息、金属镁精深加工等高新技术产业，打造全区人流、物流、信息流、资金流的核心区。②改造老城区，提升综合实力。山城区建设城南新区，重点发展煤化工、新型建材等产业和生产生活性服务业。鹤山区建设鹤山新城，重点发展煤炭物流及加工、有色金属冶炼加工等产业。③浚县县城改造与新建并重，以集聚区为载体，加快发展。黎阳产业集聚区重点发展食品工业、生物化工等产业；粮食精深加工产业园区重点提升小麦和玉米加工能力，促进粮食就地转化。以粮食精深加工带动现代农业发展，推进农区工业化进程。④产城融合，提高乡镇的吸纳能力。宝山循环经济产业集聚区和淇河沿岸以产业为依托的石林镇、王庄镇等建成具有一定现代化水平的新型城镇。其他乡镇根据区位特点和资源优势，建设各具特色的工业重镇、商贸强镇、旅游名镇。⑤重点建设产业集聚区、采煤沉陷区及乡镇政府所在地的村，推进新型农村社区建设。尤其总结中鹤集团带动新型农村社区建设模式，以农业产业化企业为龙头，工厂向产业园区集中、土地向农村合作社集中、人口向新型社区集中，一方面解决企业的用地和用工问题，另一方面解决农业集约化经营和农民生活方式变化带来的就业问题。

濮阳功能区：地处冀豫鲁交汇处，颛顼、帝喾曾在此建都，帝舜、仓颉在此出生，有着深厚的文化底蕴。但濮阳因石油而建，石油化工一业独大，产业结构不合理，整体经济发展水平较低。因此，该区应着力产业结构调整，建设中原经济区油气化工、煤化工、盐化工"三化"融合链接的示范区，同时该区台前是国家级特别贫困县，范县是国家级贫困县，濮阳县是省级贫困县，应探索扶贫开发的新路，建设中原经济区扶贫开发综合试验区。在功能组织上，以构建中心城区—濮阳县城—清丰县城一体化区域为核心，以培育G106沿线组成的南北发展轴和S101沿线组成的东西发展轴为重点，形成"中心带动、轴线拓展、城乡联动、区域协调"的空间格局。①调整行政区划，优化中心城市功能分区。考虑把临近濮阳市区的濮阳县改设区，改变濮阳市"一城一区"结构，同时与清丰县城一体化建设，提升中心城市的综合承载力。针对目前已经建成的行政区、中原油田总部区、工业区以及正在规划的城市新区，重点发展高新技术产业、高端绿色化工产业和现代服务业，建成中部政治文化经济区，2020

年主城区达到80万人以上。以濮阳县城为主向南实现亲水临河发展,发挥该区域内丰厚的历史文化积淀和小商品批发零售业优势,集中发展商贸、文化、旅游产业,建成南部历史文化和商贸服务区,2020年达到20万人以上。以清丰县城为主突出居住、文化、教育功能,建成北部产城互动和生态宜居示范区,2020年达到15万人以上。②组团发展,产城融合,提高县城的服务县域经济的能力。除了濮阳县城、清丰县城利用临近中心城区的区位优势,作为副中心城区与主城区一体化发展外,南乐县城东西延伸,与元村镇、韩张镇形成组团,重点发展食品加工业;范县新区向西拓展,与濮城镇形成组团,重点发展有色金属加工业;台前县向西拓展,与侯庙镇形成组团,重点发展羽绒服装和石油化工产业。③发挥小城镇连接城乡的关键节点作用,合理布局,适度发展。建制镇重点建设专业园区,发展特色产业,促进农村人口就近向城镇转移,打造10个特色鲜明、充满活力的中心强镇,发展成为5万～10万人口的小城市。推进经济基础好、特色突出的乡撤乡建镇,建成40个各具特色的工业重镇、商贸强镇、旅游名镇。④分类指导,推进新型农村社区建设。按照城郊改造型、集聚区带动型、小城镇依托型、整村搬迁型、中心村拉动型和特色村完善型6种建设模式,分期分类建设新型农村社区。同时,产业发展与社区建设同步规划,促进农民就近转移就业、自主创业。

二、豫西功能区

1. 发展现状

豫西功能区即三门峡市域,有1个中等城市(三门峡)、2个小城市(灵宝、义马)和3个县城(渑池、陕县、卢氏)。本区地处豫西山地丘陵区,矿产资源丰富,工业基础较好,山区农林资源条件较好,是河南省重要的煤炭、黄金及有色金属产地。本区发展存在的主要问题是,工业结构亟待优化调整,经济发展总体效益不高,城镇发展水平差异大,东部地区水资源缺乏,区域生态环境破坏较为严重。

2. 整体功能组织

在发展目标上,把加快新型城镇化作为推进"三化"协调发展的切入点,统筹城乡发展的结合点,以加快城镇化建设推动城乡经济社会一体化发展,使该区域成为中原经济区的重要支撑,三门峡市成为"豫晋陕黄河金三角承接产业转移实验区"的区域性中心城市。至2020年全市城镇人口达到127万以上,城镇化率达到53%左右。

在功能组织方式上,以三门峡市区为中心,以东部义马—渑池和西部灵宝为副中心城市、以卢氏县城为南部中心点，以陇海铁路和310国道复合线以及209国道沿线城镇为纽带，以新型农村社区为基点，带动整个区域统筹发展。

第一，增强中心城市辐射带动功能。按照"东改西伸南扩北优"的发展思路，拉伸城市交通，拓展城市框架，优化城市功能，加快区域性中心城市建设。至2020年，市区建成区面积达到70千米^2，人口达到65万。①提升、改造老城区，建设生态宜居城市。以旧城改造为契机，增加城市绿地面积和公共服务设施，改善城市生活环境。建设、完善以南山、北岭、天鹅湖国家城市湿地公园及沿黄旅游产业带为核心的中部生态区，创建宜居生态城市。发展商贸、住宅、金融、文化、旅游、信息及中介服务，把老城区建成行政、文化、旅游和商贸中心。②高起点、高水平规划建设新区。以道路、供排水、供电、供气、供暖、通信设施和绿化等基础设施建设为先导，加快陕县与中心城区的融合，为中心城市发展提供必要的发展空间。新区以产业集聚区为依托，重点发展以精密铸造、电气设备、专用机械、矿选设备、汽车及其配件制造为主的现代装备制造业，以新材料、生物、新能源为主的高新技术产业。以"黄金十字架"交通网络为依托，加快发展以商贸、生产性服务、旅游休闲、金融和信息等为主的现代服务业。

第二，加快发展副中心城市。①义马、渑池城区按照"优势互补、资源共享、产业联动、共同发展"的原则，统筹建设道路、供水等城市基础设施和公共服务设施，发挥煤炭、铝资源综合优势，依托特色工业基础，建设能源、煤化工、铝工业基地，加快要素市场一体化进程，实现实质性对接，形成该区东部新型组团式中等城市。2020年建成区面积达到32千米^2，城区人口达到30万。②灵宝依靠现有的产业基础，重点发展黄金和铜、铅、硫等各种伴生矿产的采选炼及加工、果品生产加工和旅游等产业，加快城区改造和新区开发，至2020年建成区面积达到22千米^2，城区人口28万。③卢氏改造和美化老城区，加快城南新区建设，扩大城区面积，逐步成为市域南部的经济中心和旅游中心城市。2020年城区面积达到10千米^2，城区人口10万。

第三，大力发展小城镇。①围绕产业聚集区布局，突出周边小城镇作为统筹城乡发展的重要节点，根据乡镇产业发展现状和资源优势，重点扶持引导有条件的建制镇发展成为中心集镇，发展特色专业产业园区，培育资源型、农副产品加工型、旅游型、市场型特色小城镇，促进农村人口与产业向中心集镇集聚。②在打造310国道经济隆起带的同时，统筹规划周边小城镇基础设施，因地制宜地发展劳动密集型产业，承接中心城市产业转移，使310国道经济隆起带周边的小城镇成为加快城镇化建设和统筹城乡发展的载体。

第四，规划建设新型农村社区。按照"规划先行、就业为本、农民自愿、量力而行、因地制宜"的原则，针对县（市、区）区域经济发展状况，规划建设新型农村社区。城市郊区和产业集聚区范围内，推行城市带动模式，通过城市基础设施的延伸和引入城市社区管理模式，纳入城市发展框架，逐步实现城乡一体化。在区域经济相对落后地区，推行就地改造模式。在深山、石山、滩区等边远地区，推行移民向城镇迁建模式，推进农村人口向城镇转移，把新型农村社区建设作为加快农村城镇化和统筹城乡发展进程的重要途径。

第五，加强区际合作。三门峡市与山西的运城市、临汾市，陕西的渭南市构成豫晋陕黄河"金三角"地区，也是国家承接产业转移示范区。在协作区域内建立资源共享、优势互补、联合营销的无障碍旅游区，扩大旅游吸引力；着力培育发展有色金属新型材料、以机械制造为中心的装备制造、新型能源、电力及煤和煤化工、以苹果生产及加工为龙头的现代农业、文化旅游业和现代物流业六大支撑产业，加强产业合作；围绕六大支撑产业发展实际，在交通、能源、电力建设上加大合作力度，率先规划建设区域内公路、铁路等基础设施项目。通过区域协作，实现协作区的共同发展，强化三门峡作为"黄河金三角"中心城市的辐射力和影响力。

三、豫西南功能区

1. 发展现状

本区范围为南阳市行政辖区，有大城市1个（南阳）、中等城市1个（邓州）和县城10个（南召、方城、西峡、镇平、内乡、淅川、社旗、唐河、新野、桐柏）。本区为桐柏山和伏牛山所环抱，工农业生产的自然条件较好，形成了较为独立的南阳盆地经济区。目前存在的主要问题是城镇化水平较低、对外联系不够便捷，区内经济发展水平差异较大、工业结构亟待调整。

2. 整体功能组织

国家对南阳在中原经济区的定位十分明确，支持南阳盆地优质专用小麦、专用玉米、优质大豆和优质水稻产业带建设，推进南阳建设国家级农业科技园区；支持南阳实施重大应用示范工程，推动南阳老工业基地加快调整改造，扩大新能源汽车示范运营范围，支持建设南阳国家生物质能示范区；发挥区位优势，建设综合交通枢纽；建设南水北调中线生态文化旅游带[1]。这些目标实质上是要把该区域打造成为中原经济区的重要增长板块，建设成为区域性的交通枢纽和高效生态经济示范区，南阳市发展成为豫鄂陕交界协作区域的中心城市。

---

[1] 参见《国务院关于支持河南省加快建设中原经济区的指导意见》（国发［2011］32号），2011-9-28。

按照"一圈两轴四极"功能组织模式，以南阳市区为中心，形成与官庄、鸭河、麒麟湖、唐河、社旗、镇平、南召、方城、新野、内乡县城的半小时交通圈；以南北向的焦枝铁路、207国道和许南高速公路，东西向的312国道、规划建设的宁西铁路及沪陕高速，构成的十字形发展骨架为城镇与产业发展轴带。以邓州、桐柏、西峡和淅川县城为四极，发挥各级城镇的辐射带动作用，促进城乡统筹发展。

第一，增强南阳市区的中心功能。①改造老城区，加快南阳新区、官庄工区和鸭河工区建设，拓展城市发展空间，形成以中心城区为主体，以鸭河、官庄为两翼的发展格局，全面增强中心城区经济实力，提升综合承载和辐射带动能力。到2020年，建成区面积达到130千米^2，常住人口达到180万。②按照布局组团化、功能现代化、产业高端化的原则，把新区建成城乡一体化先行区、现代化复合型功能区、对外开放示范区、全国重要的新能源产业基地、豫鄂陕结合部综合交通枢纽和物流中心。依托产业集聚区，以新能源、新材料、生物化工、先进装备制造业为重点，完善产业支撑体系，发展高端特色产业，承接长江经济带和东部沿海产业转移。

第二，提升县城支撑能力。围绕装备制造业、油碱化工业、食品加工业、新材料、纺织服装、电力能源六大战略支撑产业和新能源、新材料、光电三大新兴战略产业，以沿发展轴带布局为重点，加快产业集聚区建设，依城促产、以产兴城、产城互动，增强县级城镇的综合实力和辐射力，带动县域经济发展。方城产业集聚区突出发展新能源和食品产业，邓州、淅川、桐柏产业集聚区突出发展农产品加工和装备制造产业，西峡、内乡产业集聚区突出发展汽车零部件、冶金辅料和畜产品加工，新野、社旗产业集聚区突出发展纺织和食品产业，唐河产业集聚区突出发展机械制造和农副产品深加工，镇平产业集聚区突出发展针织和机电产业，南召产业集聚区突出发展非金属材料产业。

第三，发挥小城镇和新型农村社区的重要节点、基点作用。①加强全市50强镇建设，打造一批工矿型、旅游型、商贸型等特色小城镇。推进赊店镇全国发展改革试点镇建设。支持穰东、云阳、石佛寺、荆紫关、九重、西坪、马山口、埠江等产业基础较好、具有一定人口规模的小城镇率先发展成为小城市。②采用城镇带动型、企业带动型、旅游开发型、特色产业拉动型等多种模式，加快推进新型农村社区建设。在城市郊区、产业集聚区和城市新区，通过城市和产业辐射带动，建设新型居住社区；在人口密度较大、经济较发达地区，培育特色优势产业，结合专业园区建设新型农村社区；在农业基础较好的地区，围绕粮食、棉花、油料、烟叶和中药材等优势农产品基地建设，建设新型农村社区，通过土地流转实现集约化经营和农村人口的就地就业；在西部旅游资源丰富的山区，围绕旅游景点建设新型农村社区，发展餐饮服务业。通过新型农村社区建设，使其成为连接新型工业化和新型农业现代化的桥梁，成为"三化"协调的切入点。

第四，加强边界地区的跨省协作。①南阳地处豫陕鄂三省交界，与湖北的襄樊、十堰和陕西的商洛相临，南阳要准确定位、主动融入，加强经济协作。②南阳与陕西省汉中、商洛，与湖北省十堰，同为汉江水系、丹江口库区，都是南水北调中线工程的水源地，应加强生态合作，共同保护一库清水。③完善高速公路网，改造提高国、省道公路网，规划建设唐河县城关至水台子（省界）段航道，疏浚丹江库区航道，搞好郑州至重庆铁路、三门峡至襄阳（十堰）铁路的规划建设，以边界交通加强与区外联系，尽快成为中原经济区对接周边的先锋和连南启西的重要桥梁。

四、豫南功能区

1. 发展现状

本区范围包括信阳和驻马店全部行政区域，有2个中等城市（信阳、驻马店）和15个县城（息县、淮滨、潢川、光山、固始、商城、罗山、新县、确山、泌阳、遂平、汝南、平舆、新蔡、正阳），其中，潢川县城和固始县城已达到中等城市规模。本区处于我国自然条件的南北分界地带，西部和南部以山地丘陵环绕，北部和东部属淮河平原，农业开发历史悠久，是河南南至全国重要的农产区。目前存在的主要问题是工业发展落后，总体经济实力较弱，城镇数量少，城镇化水平低。

2. 整体功能组织

在发展目标上，就是要构建中原经济区南部的战略支撑板块，建设中原经济区生态旅游基地，打造国家现代农业示范区和国家农村改革试验区，实现跨越式发展。在功能组织方式上，以信阳、驻马店为主中心，以潢川、固始为次中心，依托由南北向的京广轴线（京广铁路、京广高铁、京港澳高速、107国道复合而成）、京九轴线（由京九铁路、105国道复合而成）以及东西向的宁西轴线（宁西铁路、沪陕高速、312国道复合而成）构成双十字发展轴线，采取点轴发展模式。功能组织有以下四个重点。

第一，增强信阳市区作为区域中心城市的辐射能力。①加快以羊山新区、工业城、上天梯非金属矿管理区为主体的新区建设。按照"功能复合、产业复合、生态复合、空间复合、体制复合"的理念，推进产业集聚、城乡统筹、产城融合，把信阳新区建设成为农村改革发展综合试验先行区、城乡一体化先行区、文化旅游试验区、对外开放示范区和区域综合交通枢纽和物流中心。②推进平桥、浉河、羊山新区、工业城、上天梯管理区、南湾管理区6个市辖区联动发展，打造以新区为核心，面积达360千米^{2}的中心城区；以40千米范围内的鸡公山管理区、罗山县城和明港镇为3个卫星城，加快基础设施和公共服务一体化发展，构建中心城区的紧密联系层。③突出京广线与宁西线交汇的区位优势，建设交通枢纽城市；依据水资源丰富的特点，搞好水系和浉河两岸景观规划，建设生态宜居城市；依据南湾水库和鸡公山等著名景点以及革命历史遗迹，建设旅游城市；依据地处豫鄂皖三省交界、与东南沿海交通便捷的优势，承接产业转移，建设具有发展活力的城市。

第二，加快京广铁路沿线、京九铁路宁西铁路沿线城镇发展。沿线的西平、遂平、确山、新蔡、潢川、固始等县城应抓住时机，开拓国内外市场，以开放带开发，以开发促发展，培育新的经济增长点，走发展特色产业、民营经济、专业化市场和小城镇建设的四位一体的豫南经济振兴之路，形成高速经济增长区。

第三，新型农村社区和粮食基地建设相结合，助推农业现代化和工业化。通过新型农村社区合理布局和建设，可以实现土地经营权的流转和集约化经营，有利于发展高效农业、生态农业、绿色农业和外向型农业，加快全国商品粮基地建设；同时也有利于加快农业产业化进程，发展农畜产品深加工，培育大型农副产品加工企业，建设全国中国重要的粮食和畜产品加工基地。

第四，发挥东近沿海、南临长江的区位优势，加强与发达地区经济联系，承接产业转移，发展劳动密集型、资源加工型和特色产业。尤其是信阳距郑州较远，受其影响较弱，而与湖北武汉联系较为紧密，应加强与长江经济带的协作。例如，信阳上天梯特大型非金属综合矿区，赋存有珍珠岩、膨润土、氟石，其中已探明珍珠岩储量占全国的60%。湖北境内也有磷、萤石等非金属矿产，合作开发前景广阔。

3. 二级功能区的分区组织

信阳功能区：信阳地处中国地理南北分界线，大别山北麓，淮河穿境而过，生态优良，物产富饶，尤以茶叶著名；区位优越，交通便利，处在中原经济区联南承东的交汇位置。但是，农村人口占到总人口的60%以上，城镇化率只有36.3%，工业基础比较薄弱，使得总体经济水平偏低。依据这些优势和特点，该区域要勇当中原经济区建设前锋，构建中原经济区区域增长极、中原经济区战略支撑点和中原经济区改革试验区。在发挥城镇化引领作用上，以信阳市区为中心，以固始和潢川为副中心，以其他县城和重点镇为支撑，以新型农村社区为基点，实现以城带乡，城乡统筹。除了增强信阳市区的辐射带动作用，争取成为鄂豫皖交界的区域中心城市外，还应注重：①增强潢川和固始为市域副中心的经济文化服务功能。按照交通一体、产业同构、资源共享、功能集合的基本原则，加快潢光一体化进程，2020年潢川县城城区人口达到50万以上。推进高速公路、干线公路和淮河航道建设，加快固始与淮滨、商城和安徽的叶集、霍邱等中小城市的联动发展，发挥固始毗邻皖江城市带的区位优势，承接长三角产业转移，2020年固始县城城区人口突破40万。②推动其他县城发展为中等城市。提高县城规划标准，增强综合承载能力；加强中小企业与东南沿海大型企业的联合，促进特色产业、优势项目向产业集聚区集中；加强城乡之间在原料生产、加工配套、物流配送、网络营销、技术服务、订单合约等环节的产业链接和分工合作，发挥以城带乡作用。2020年，罗山、商城、淮滨、息县4县县城城区人口到达25万以上，新县县城城区人口20万以上。③将基础条件好、已经形成一定产业和人口规模的8个省级重点镇，通过加快专业园区建设，逐步发展成为10万人以上的小城市；将具有资源和产业基础条件的44个市级试点镇（乡），通过发展特色明显的种植业、养殖业、农产品加工业和文化旅游服务业，逐步做大城镇规模；对于其他不具备产业集聚基础的小城镇，重点强化区域服务功能，为周边农村提供生产生活服务。④将新型农村社区建设和国家农村改革发展综合试验区建设相结合，相互促进。与新型农村社区建设相配套，深化土地流转、金融创新、专业合作社等方面改革；在市区和产业集聚区附近等条件好的区域率先开展新型农村社区示范建设；对位于地质灾害威胁区、水库库区、生态保护区、深山区等不宜居住的村庄以及弱小村、偏远村，实施整村搬迁，统一组织建设集中居住区。

驻马店功能区：该区农业基础较好，是我国重要产粮食生产基地，但是工业基础薄弱，经济总量小，人均水平低。其发展目标，就是要打造国家现代农业示范区，建设中原经济区特色产业基地和生态旅游基地，实现跨越式发展。①强化驻马店中心城市地位。中心城区（即驿城区）、产业集聚区和开发区，重点发展公共服务与生产性服务、商务办公、商业、商贸物流、职业教育、高新技术等产业，打造整个区域的核心增长极。2020年人口达到100万，建成区面积100千米^2。②以遂平、确山、汝南为副中心，梯度推进。以市区为辐射点，遂平、确山为两翼，往北延连西平，改善交通条件，有效整合资源，促进产业集聚，推动一体化发展，构建以107国道为轴线的工业经济隆起带。以汝南为副中心向东延伸至平舆、新蔡，向西至泌阳，形成东西向的副发展轴带。以此为框架，同时加强与区外相邻城市的经济联系与功能对接。重点发展医药、能源和煤化工、轻纺、食品、建材等支柱产业，培育信息、精细化工、机械电子等高技术产业。③以县城为支撑、中心镇为节点，培植县域经济圈。立足现有基础，依托现有资源，根据各自在整个区域中的发展定位和发达地区产业转移的机遇，重点发展来料和来样加工、来件装配，培育各自的产业集群，发展特色经济。以食用菌、优质烟、优质棉、优质花木果蔬、优质小麦、优质小杂粮和特色养殖为重点，大力发展农畜产品加工、运输、流通等产业，形成紧密的产业链和合作关系。通过壮大支柱产业，辐射所辖小城镇加快发展，加强对农村经济发展的带动。④将新型农村社区建设与产业集聚区建设、粮食基地建设以及生态旅游基地建设相结合，推动农业产业化和新型工业化，解决农村居民的就地就业。

五、豫东功能区

1. 发展现状

本区范围包括商丘市和周口市全部行政区域，有大城市2个（商丘、周口）、小城市2个（永城、项城）和县城14个（虞城、民权、宁陵、睢县、夏邑、柘城；扶沟、西华、商水、太康、鹿邑、郸城、淮阳、沈丘）。本区地处豫鲁苏皖四省交界地带，属黄淮平原区，农业开发历史悠久，是河南省重要的农产区。该区地势低平、人口稠密，交通便利，但城镇发展落后，经济发展水平不高，人均地区生产总值只有全省平均水平的60%左右。

2. 整体功能组织

在不牺牲粮食、不牺牲生态环境的条件下，保持粮食产量的持续增长，建设国家现代农业示范区；依据邻接安徽、江苏、山东以及与东部沿海交通便利的区位优势，改变工业基础薄弱、产业结构单一的状况，建设中原经济承接产业转移示范区，是该区域的基本任务。在发挥新型城镇引领作用上，以商丘市为中心，以周口市、永城市为副中心，依托"两横三纵"发展轴，实施点轴发展。"两横"即陇海铁路、310国道、连霍高速公路复合发展轴，以及漯阜铁路、漯阜高速公路轴线；"三纵"即京九铁路和105国道复合发展轴、106国道沿线以及商（丘）周（口）高速公路沿线。其功能组织有以下三个重点。

一是加强商丘市中心城市地位。实施旧城区改造、城中村改造和古城开发，加快商丘新区建设，推动中心城区向东发展，2020年人口规模达到200万以上。加强商丘经济开发区、豫东综合物流集聚区、商务中心区等功能区建设，提升综合承载能力，把商丘新区打造成为城乡一体化先行区、现代化复合型新区、承接产业转移核心区、现代石化基地、综合交通枢纽和物流中心。重点承接发展以碳纤维及复合材料为主的新材料产业，以新型环保成套装备、高压电网监测设备及新型锂离子电池为主的新兴装备制造业，以仓储、配送、冷链物流为主的现代物流业。推进商虞一体化进程，在基础设施、产业布局、城镇建设等方面与商丘新区加强衔接，2020年虞城城区人口规模达到30万以上。

二是按照"突出中心，点轴开发，形成网络"的策略，加快各级城镇和新农村社区建设，推进城镇化进程，以产业集聚区为载体，培育特色产业。在发展高效农业、生态农业、绿色农业和外向型农业的基础上，建设粮食基地建设为基础，发展农副产品深加工产业，拉长产业链条；改造传统工业，发展高科技含量和高附加值的机械、电子、轻纺、食品、建材、医药、化工等工业产业；强化商品集散贸易职能，协调城镇职能分工，发展市场体系，尤其是专业市场、大型批发市场。同时，加快技术、金融等其他服务业的发展。

三是加强与沿海地区、周边地区、省内其他城市以及其他经济联系紧密地区的合作，形成全方位、多层次、宽领域的开放格局，打造内陆开放高地。加强与连云港、青岛等沿海港口的合作，推动公路、铁路、航空、海运等联运发展；探索以委托管理、联合开发、投资合作等方式与投资者共建产业园区，在税收分成等方面建立共享机制。加强与环渤海、长三角、珠三角、海西等沿海发达地区的合作，强化承接产业和项目配套服务，推动产业有序转移。开展与陇海兰新、淮海经济协作区跨区域重大基础设施建设、现代物流、旅游、生态建设、污染防治等领域合作，推动科技要素、人力资源、市场、政府服务等对接，建设一体化区域市场。另外，商丘市与周口市作为区域中心城市，应以商周高速公路为纽带，加强联系与协作，共同承担区域经济发展的重任。

3. 二级功能区的分区组织

商丘功能区：地处河南与山东、江苏、安徽的结合部，农业优势突出，资源禀赋较好，交通区位重要，发展前景广阔，但工业基础薄弱，经济发展水平相对落后。通过建设中原经济区承接产业转移示范区，以承接促发展、促转型，推动经济振兴，将该区域建设成为全国重要的粮食核心区生产基地、中原经济区新兴工业基地，商丘市成为区域性综合交通枢纽和物流枢纽、豫鲁苏皖结合部区域性中心城市。按照"一核两翼组团发展、四位一体统筹推进"的组织模式，突出中心城区和商虞一体化的核心作用，做强永城市和民权县东西两翼，加快虞城县、宁陵县、民权县、柘城县四大组团发展，统筹推进中心城市、县城、小城镇和新型农村社区四级城镇体系建设，增强城镇承接产业转移和人口集聚的能力[①]。①完善中心城区与组团城市的快速通道，加快县城建设，提高承载能力。永城市作为区域副中心城市，重点加快旧城区改造和新区建设，2020年城区人口规模达到50万以上，成为与商丘中心城市分工协作、相互支撑和具有区域性影响力的大城市。民权县重点加快东区开发和产业集聚区、郑徐客运

---

① 参见《河南省人民政府关于印发商丘市建设中原经济区承接产业转移示范市总体方案的通知》（豫政〔2012〕72号），2012-7-31。

专线高铁车站建设，2020年城区人口规模达到50万左右。夏邑县、睢县、宁陵县、柘城县围绕特色资源，发展绿色经济，提升城市品位，建设生态宜居城市，2020年各城区人口规模达到30万。②以产业集聚区为载体，产城互动，提升城市综合实力。梁园产业集聚区重点承接发展铝精深加工和医药产业；虞城县产业集聚区重点承接发展纺织服装和电子五金产业；永城市产业集聚区重点承接发展铝精深加工、煤化工和装备制造业；民权县产业集聚区重点承接发展制冷和食品加工业，建设中原冷谷；睢阳产业集聚区重点承接发展纺织服装和化工产业；夏邑县产业集聚区重点承接发展纺织服装和农副产品加工业；柘城县产业集聚区重点承接发展超硬材料和医药产业；睢县产业集聚区重点承接发展纸及纸制品、服装加工业；宁陵县产业集聚区重点承接发展家居用品制造和农资化工业。③突出特色，培育30个左右的区位交通型、资源型、工业型、商贸型、旅游型特色中心镇。加强中心镇区与专业园区、新型农村社区规划衔接，以产业集聚区、城乡结合部、小城镇、特色乡村等条件较好的区域为试点，逐步推进，科学规划，推动产业融合发展与农民就近就业转移。

  周口功能区：周口是羲皇故都、老子故里，具有丰厚的文化底蕴；该区全部由黄淮平原构成，农业发展基础良好，年产粮食75亿公斤，是河南省第一粮食主产区。但是地下资源稀少，工业基础薄弱，经济总量小，财政收入少，人均收入低。因此，其目标定位就是要建设国家级现代农业示范区、中原经济区承接产业转移重点区，在中原经济区"两不三新"、"三化"协调发展中做出特色、实现跨越。①强化周口市区中心城市地位，增强承载能力和辐射带动能力。2020年市区人口达到80万以上。现有城区（仅指川汇区）加强资源整合，建设一批特色经济街区、创意产业园区和都市型产业园区，完善基础设施和公共服务设施，提升载体功能、文化品位和宜居程度。按照"复合城市"理念，依托产业集聚区，规划建设既有城市又有农村，一、二、三产业复合，经济、人居、生态功能复合的新东区，形成新的经济增长极。发挥公路、铁路、水运三位一体的综合交通枢纽优势，搞活中原国际商贸城和黄淮农产品物流大市场，构建区域商贸物流中心。把项城、商水、淮阳作为中心城区的重要组团，推动周商、周淮一体化，发展周项产业带。将周口、淮阳、项城三城之间的空间布局成"三化"协调发展示范区、现代农业试点区。②以中心城区组团为核心，以漯阜轴线为主轴，以106国道为副轴，辐射带动其他县城及县域经济发展。各县城要加快产业和人口向县城集聚，壮大县城规模，提升发展水平。2020年，项城市人口超过50万，郸城、鹿邑、淮阳、沈丘、太康等县城发展成为30万人以上的中等城市，其他县城建设成为适宜人居的小城市。同时，发挥县城推动城乡互动的纽带作用，推进城乡之间在原料生产基地、物流配送、网络营销、技术服务、订单合约等环节的产业链接，形成城乡产业分工合作体系，带动县域经济发展。③按照合理布局、适度发展的原则，因地制宜发展中心镇。支持已经形成一定产业和人口规模、基础条件好的中心镇，加快发展成为小城市，重点支持鹿邑县玄武镇、项城市秣陵镇、淮阳县四通镇、商水县谭庄镇、西华县逍遥镇和沈丘县老城6个建制镇发展成为县域副中心。对于不具备产业集聚基础的小城镇，要重点强化区域服务功能，为周边农村提供生产生活服务。④稳妥推进新型农村社区建设。可以考虑在产业集聚区建设有较好基础的中心城区、县城近郊进行新型农村社区试点，逐步推进。总结河南天豫薯业公司将农产品加工企业与粮食基地建设、专业合作社的规模经营以及农户参与相结合的链条发展模式，以及其他劳动密集型企业在农村地区设立生产线，吸引农民就地就业的模式，不但为新农村社区建设提供了农民土地流转以后就业致富的问题，而且也为农业产业化、工业化的发展提供了发展空间和人力资源。

第三节 交通运输网络的功能组织

一、交通运输网络功能组织的宏观背景

1. 交通运输网络与现代城镇体系的关系

交通运输网络是现代城镇体系形成和演化的支持系统，是城市之间物质流、能量流和信息流的主要通道（陈涛，1995）。交通运输网络的变化对生产要素的合理流动、集聚规模的大小、城镇布局、城镇体系的形成与发展，甚至城镇的兴衰都有直接的影响（杨树珍等，1993）。随着现代交通运输体系的发展，网络化的交通使得城镇布局空间约束更小，城镇间的联系通道更多，不同区域、不同等级、不同职能性质的城镇间都存在密切的空间联系，从而使城镇体系向网络化方向发展。完善的交通网络不仅强化了城镇间的相互联系，区域资源的配置也因网络化交通变得更为合理，网络化城镇体系空间结构增强了整个区域的通达性，保证了区域空间发展的最优化（蓝万炼等，2008）。同时，城镇体系与交通网络之间又是一种关联互动的演化关系，城镇体系的功能组织与区域交通运输网络的功能优化应该同步进行，在区域空间结构优化过程中两者应作为一个整体进行处理（陈彦光，2004）。

2. 全国城镇体系规划

城镇体系发展的重要支撑体系之一就是综合交通运输设施建设。《全国城镇体系规划纲要》提出了"一带七轴"和"三大都市连绵区、八个城镇群"的全国城镇空间发展格局。中原经济区的主体区河南省处于京广、陇海两条

重要发展轴的交汇点，中原城市群是重点发展的八个城镇群之一。《全国城镇体系规划纲要》对中原城市群发展有重要的指引作用，要求发挥郑州的核心作用，推动地区内城市的合作，加快区内的小城镇发展，完善支农产业服务功能。预留京广和陇海客运专线通道，打通西北经主体区南部到长三角的交通通道。

3. 国家实施促进中部地区崛起的发展战略

2009年9月，国务院常务会议讨论并原则通过《促进中部地区崛起规划》。该规划提出发挥中部交通区位优势，加强运输通道建设，加快构建以长江经济带、陇海经济带、京广经济带和京九经济带为骨架的"两横两纵"经济带，加快融入京津冀、长江三角洲和珠江三角洲等沿海发达地区，实现产业对接和人口集聚，形成带动中部地区发展的重要轴线。其中京广、京九和陇海三个经济带在主体区交汇，形成了区域开发的双"十"字形轴带扩展骨架。主体区制订的《河南省促进中部地区崛起规划实施方案》提出，加快公路、铁路、民航及城市交通建设，充分发挥各种运输方式的整体优势和组合效率，形成以郑州为中心、地区性枢纽为节点，多种交通方式高效衔接、紧密联系、功能互补的现代综合交通运输体系。

4. 国家重大基础设施规划

国家铁路网规划确定与河南有关的重大项目，主要包括京广和徐兰铁路客运专线、郑渝客运专线、运襄铁路、长泰铁路、宁西铁路复线、郑州综合交通枢纽、郑州铁路集装箱中心站等。国家高速公路网规划确定与主体区有关的重大项目，主要包括大连—广州高速、二连浩特—广州高速、济广高速、临三高速、上海—西安高速、日南高速、国家高速公路郑州主枢纽、郑州国家干线公路物流港等。上述规划项目的实施，进一步提升了郑州国家一级综合交通枢纽以及洛阳、开封、漯河、商丘、信阳、南阳等城市的交通枢纽地位，进一步强化主体区在全国铁路网和高速公路网中的作用，使主体区形成网络化、多维化的对外交通体系，更加密切中原经济区与"长三角"、"珠三角"、"京津冀"等城市群和发达地区的经济联系。

5. 国务院《关于支持河南省加快建设中原经济区的指导意见》

2011年9月28日，国务院正式颁发《关于支持河南省加快建设中原经济区的指导意见》。河南省委九次党代会提出要深入贯彻落实科学发展观，全面推进中原经济区建设，为加快中原崛起河南振兴而努力奋斗。《指导意见》对中原经济区的战略定位之一是：全国区域协调发展的战略支点和重要的现代综合交通枢纽。按照"核心带动、轴带发展、节点提升、对接周边"的原则，形成放射状、网络化空间开发格局。《指导意见》和九次党代会精神为主体区现代交通体系发展指明了方向，2012年11月出台的《中原经济区规划》进一步阐明了这个方向。

二、交通运输网络对城镇体系空间格局演变的影响

1. 水运时代沿水系分布的不平衡城镇体系空间格局

水路运输是最早出现的大运量、高效率的交通方式。水运时代城镇之间的联系主要依赖于水运，便利的水运交通条件成为支撑区域经济发展和城镇发育的重要基础，因此最早的村落城镇多位于水运要道并沿河流走向呈带状分布。例如，我国的京杭大运河形成了以杭州、淮安、苏州和扬州为轴心的城镇体系。杭州因河而兴，在唐代成为中国三大通商口岸，南宋时期，杭州跻身世界十大城市之列，明清两朝和民国时期，杭州被誉为天下粮仓。淮安是一座典型的因运河兴而兴，因运河衰而衰的城市，苏州、扬州也是因大运河而成为我国著名的繁华之地。中原地区早在夏代就已显现了这一特点，主体区境内16个城镇有12个位于水系附近，另外4个城镇也距离水系不远。东汉时期，人们取水方式随着交通工具的发展使得城镇在稍微远离水源的地方形成，但绝大多数（80%以上）的城镇仍分布在水系上，距水系的距离不超过5千米的范围内（乔家君和常黎，2007）。

2. 铁路时代城镇体系沿铁路线分布的不平衡格局

随着瓦特蒸汽机的发明与使用，世界进入了铁路时代，铁路成为城市之间最重要的联系。这一时期世界各地大力修建铁路，区域中心由依赖河运向依赖铁路转变，城镇也随着交通方式的变化，由相对集中于河流沿岸向铁路轴线分散分布，城镇之间的联系逐渐加强。19世纪末铁路在河南的出现，为主体区的经济发展注入了新的活力。特别是以京汉铁路为中心的新式交通网络的构建，使主体区城镇发展呈现出新的态势。铁路开通之前，货物的运输主要以水路为主，陆路则用骡马、大车，当时主体区较大的经济中心大多位于水陆运输较为便利的地方。随着京汉铁路和陇海铁路的修建和开通，分散的区域经济中心开始内聚于铁路沿线，逐渐产生了新乡、郑州、许昌、郾城、确山等新的商业枢纽城市，商业活动无论从数量还是效率上都有很大提高，货物"十之八九改由车运"。郑州更以其地利优势，取代河南省最大的商业中心商水县的周家口镇，一跃成为全省做大的工商业中心。还有开封、洛阳、驻马店、信阳、确山等沿铁路的城市得到了新的发展。当然，由于京汉铁路、陇海铁路的单一性和局限

性，以及水运的低成本、运价廉的优势，铁路仍不能完全取代传统水运。

3. 公路时代促使城镇体系相对均衡分布

由于经济的高速发展，水运和铁路运输已不能满足便捷、快速、门对门服务的要求，而公路运输以其机动、灵活、方便、直达的特点赢来了高速发展。城镇在区域空间上沿公路蔓延，小城镇得到快速发展，形成了以大城市为中心，中小城镇相互联系，沿公路呈放射状布局，形成一个完整的区域城镇体系。尤其是高速公路建成以后，极大地缩短了区域内的时空界限，加大了各个城市之间的联系，原本相对独立的"城市点"被"高速公路轴"连接起来，在发展现代城镇体系的基础上，逐步凝聚出具有更强大中心带动作用的"城市群"（孙建祥等，2007）。主体区地处我国承东启西、联南通北的中枢地带，公路网建设已成体系，高速公路建设位居全国前列。城镇数量明显增加，城镇规模大幅度扩张，城镇化水平迅速提高，现代城镇体系与中原城市群建设已步入健康轨道。

4. 综合交通运输时代城镇体系的高水平相对均衡分布

随着现代交通运输体系的建立和不断的完善，尤其是高速公路、高速铁路、航空等交通方式的大力发展，极大地降低了城镇间相互联系的空间约束力，城镇间的联系通道越来越多，不同区域、不同等级、不同职能性质的城镇之间都存在密切的空间联系。同时，现代综合交通运输的发展使得经济活动的空间集聚与扩散同时进行，集聚与扩散关系变得更为复杂，低廉的交通成本使经济资源的空间配置变得更有效（邵敏华和孙立军，2007）。中原经济区处于全国铁路网和干线公路网中心，交通枢纽地位突出。随着综合交通运输体系的不断完善，主体区经济空间结构正从低水平均衡，通过非均衡途径，力争达到高水平的相对均衡。当前，交通运输网络的格局正在将发展的要素引向中原城市群核心区和几条发展轴线集聚。

三、主体区交通运输网络现状

中原经济区主体区距海较远，属于内陆地区，但位于我国陆路交通大十字架的中心位置，是全国交通运输体系中重要的综合交通运输枢纽。改革开放三十多年来，主体区交通基础设施建设发展迅速，目前已基本形成了以国家铁路、高速公路、国道主干线为骨架，国道、省道和县乡公路为网络，水运、民航、管道、地方铁路协调发展的综合交通运输体系。

1. 铁路交通运输网络

中原经济区地处全国铁路网中心，已基本形成了以郑州为主枢纽，以商丘、洛阳、许昌、新乡、焦作、漯河等为重要节点，由京广线、陇海线、京九线、焦柳线、宁西等铁路干线和孟宝、新密等支线铁路构成的纵横交错、四通八达的铁路网。京广、徐兰客运专线建成后，郑州将成为全国唯一的客运专线十字枢纽。

截至2009年底，主体区铁路营运里程共有4041.9千米（其中复线占90%），占全国铁路总里程的5.07%；路网密度为2.42千米/百千米^2，是全国平均水平0.83千米/百千米^{2}的2.92倍。但铁路运输网络仍不完善，基础设施总量供应不足，交通运输滞后于经济发展。境内的京广、陇海国家铁路运力紧张的局面仍未得到根本改变，地方铁路运输通道尚未形成，地方铁路及支线、专用线所经地区多为山区，地理环境复杂，且设计等级较低，功能单一。因此，以高速化、网络化、一体化为目标，着力构建以郑州为中心、以客运专线为骨架、城际轨道交通为支撑的"半小时交通圈"和辐射全省省辖市的"1小时交通圈"，是主体区现代城镇体系功能组织之必须。同时，努力连接西安、武汉、合肥、济南、石家庄、太原等周边省会城市的"2小时交通圈"，以全面提升主体区路网对中原经济区乃至全国铁路运输的服务保障能力。

2. 航空交通运输网络

近年来，主体区航空运输事业快速发展，取得了很大成绩。目前，主体区内拥有新郑国际机场、洛阳机场和南阳机场三个民用机场，其中，新郑国际机场是4E级机场和国内一类航空口岸，2010年旅客吞吐量达到870万人次，位居全国同类机场第20名。但总的看来，规模小、起点低、水平不高、服务意识不强，与国内其他先进机场相比，还存在很大差距，已成为制约综合交通运输枢纽建设的重要因素，弱化了主体区的区位优势。总之，主体区航空业现状与河南人口大省、经济大省、新兴工业大省、文化大省和旅游大省的地位以及与激烈的市场竞争态势很不相称，与加快中原经济区建设、促进中部地区崛起的要求还有相当距离。因此，加快郑州国际航空枢纽和洛阳、南阳等机场建设迫在眉睫。

3. 公路交通运输网络

改革开放以来，主体区公路建设取得了较快发展，基本形成了一个以高速公路为主骨架，以国道、省道干线公路为依托，以县乡公路为支脉的中原大路网（图6-1）。公路，尤其是高速公路（图6-2），是推动地方经济发展的重要基础设施，为国民经济发展起着日益突出的拉动作用。河南省作为中原经济区的主体、中部崛起的重要支撑，高速公路迅速发展，连续4年通车总里程全国第一，已成为经济社会发展的重要产业之一。截至2009年底，主体区公路里程为242 314千米，其中等级公路177 235千米，高速公路4861千米，分别占全国的6.28%、5.80%和7.47%。在主体区内部，等级公路比重为73.14%，低于全国79.16%的平均水平；高速公路比重为2.01%，高于全国的1.69%的平均水平。

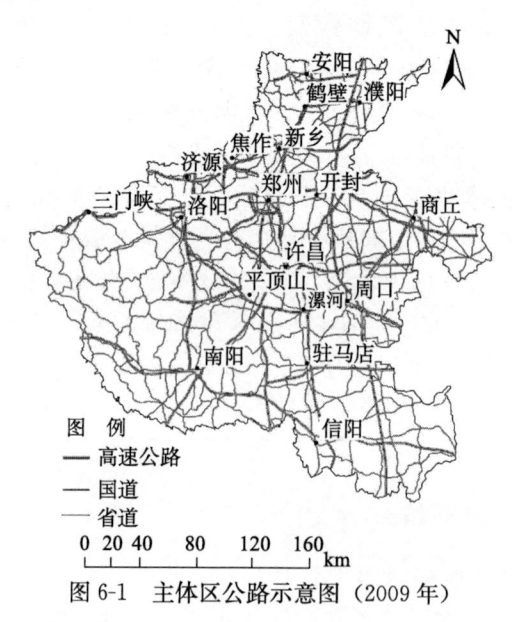

图6-1　主体区公路示意图（2009年）

图6-2　主体区高速公路示意图（2009年）

由于铁路、航空两种交通运输方式固定成本高、原始投资较大，建设周期较长等特点，且主要以国家交通规划为主，因此，本书以中原经济区公路交通运输网络的分析与功能组织为主。

四、主体区公路交通运输网络的分形特征

1. 研究方法

运用分形理论研究空间分布不规则的实体，已经成为分形应用研究领域的重要方面。交通网络有着复杂的、非线性的空间形态，仅用以往的路网密度来衡量公路的密集程度，虽易于进行不同地区间的横向比较，但对于路网的空间形态分布特征则未能进行准确的描述。相关学者（Thibault and Marchand, 1987；Frankhouser, 1990；Benguigui and Daoud, 1991；刘继生和陈彦光, 1999；王秋平等, 2007；冯永玖等, 2008）的研究表明：区域公路交通网络布局具有明显的自相似特征，基于分形理论的路网覆盖评价指标对于路网规划的合理性评价具有重要的意义。本书借助于 ArcGIS 软件，结合长度-半径维数、分枝维数和相似维数 3 种分形测度指标，对主体区及其各地市的公路交通网络的分形特征进行测算，揭示其整体与局部的分形特征，以期为中原经济现代城镇体系的功能组织提供有力支撑。

第一种分形测度指标——长度-半径维数。设长度为 L，面积为 S，体积为 V，则有

$$L^{1/1} \propto S^{1/2} \propto V^{1/3} \tag{6-1}$$

若具有某种测度的量为 M，式 (6-1) 即可广义化形式为

$$L^{1/1} \propto S^{1/2} \propto V^{1/3} \propto M^{1/D} \tag{6-2}$$

如果一个面积为 S 的区域内的交通网络具有分形特征，则根据式 (6-1)，交通网络的总长 $L(S)$ 与区域面积之间应有以下关系：

$$L(S)^{1/D} \propto S^{1/2} \tag{6-3}$$

当区域取圆形时，因 $S \propto r^2$，式 (6-2) 可转化为

$$L(r) = L_1 r^{D_L} \tag{6-4}$$

式中，r 为回转半径；$L(r)$ 指半径为 r 的区域范围内的网络总长度；L_1 为常系数；幂指数 D_L 即为分维，即半径维数。

长度-半径维数 D_L 反映了区域交通网络的分布密度由测算中心（一般是交通枢纽）向周边地区变化的动态特征（柏春广和蔡先华, 2008），D_L 值越高，表明网络密度由测算中心向周边地区下降的速度越慢。对式 (6-3) 求导变换，可得交通网络密度的空间衰减表达式：

$$\rho(r) \propto r^{D_L - d} \tag{6-5}$$

式中，$d=2$ 为欧式维数；D_L 为半径维数。由密度空间衰减式可见：当 $D_L<2$ 时，交通网络密度从测算中心向周边递减，交通网络强度尚未饱和；当 $D_L=2$ 时，交通网络密度从测算中心向周边变化均匀，交通网络强度饱和；当 $D_L>2$ 时，交通

网络从测算中心向周边递增，若测算中心为网络交通枢纽，这种维数是非正常维数。通过对 D_L 的计算，可探讨区域内交通网络的空间布局变化及复杂性特征。

第二种分形测度指标——分枝维数。设半径为 r 的区域范围内，交通网络分枝数为 $N(r)$，则：

$$N(r) \propto r^{D_b} \tag{6-6}$$

这里，

$$N(r) = \sum_{k=1}^{r} N(k) \tag{6-7}$$

式中，r 为回转半径，改变 r 可将区域分化为若干等宽的同心环带，环带以 k 编号；$N(k)$ 为第 k 个同心环带中的交通网络分枝数目。式（6-6）中的系数若用 N_1 表示，则有 $N(r) = N_1 r^{D_b}$，D_b 为分枝维数。

分枝维数由交通网络的分枝数目变化率确定，因此可揭示交通网络的通达情况及其复杂性的空间变化。分枝维数越高，表明网络分叉数从测算中心向周围地区变化递增越快，交通网络结构越复杂，网络的覆盖能力越强，通达性越好，反之，通达性较差。

第三种分形测度指标——相似维数。用网格边长为 r 的方格网覆盖所分析的区域，设其中有公路线通过的网格数为 $N(r)$，当 r 变化时，$N(r)$ 也随之变化，这样就形成 $r-N(r)$ 曲线。根据分形理论有下式成立：

$$N_i(r_i) \propto r_i^{-D} \tag{6-8}$$

采用 $[r, N(r)]$ 曲线的变化率来定义分维，因此式（6-8）变为

$$D(r) = \frac{\mathrm{d}\lg N(r)}{\mathrm{d}\lg r} \tag{6-9}$$

根据式（6-9）标绘出的 $[r, N(r)]$ 的双对数坐标图，若数据点呈直线分布，则可用一元线性回归法拟合出一条直线：

$$\lg N(r) = A - D \lg r \tag{6-10}$$

式中，D 实际上就是上述对数坐标系中直线斜率的大小，D 值越大，则 $N(r)$ 变化得越快，D 值即研究区域的公路网分维数值；A 为拟合直线的截距。这种计算分维的方法称为 Hausdorff 简化计算法。

相似维数反映交通网络分布的均匀情况，分维数 D 越大，方格中有公路通过的网络数目越多，交通网络的自相似程度越高，网络的覆盖形态越好。当 $D=2$ 时，具有完全的自我相似性（每个方格内均有网络的边通过）。用相似分维数 D 来定义的网络覆盖度，反映了路网均匀性的量化程度，在同样的路网密度情况下，公路线分布越均匀，路网覆盖度指标值越高，公路在区域内的覆盖状况越好，通达性也越好。

2. 主体区公路交通运输网络分形测度

以省会城市郑州市为测算中心，选取半径 r，r 的取值范围为 20~360 千米（图 6-3），量算半径范围内交通网络总长度 $L(r)$；改变 r，可得不同的 $L(r)$，将点 $[r, L(r)]$ 标绘在双对数坐标图上（图 6-4），若点列呈对数线性分布，则该区域内交通网络密度具有分形特征表现，拟合直线的斜率即交通网络的半径维数。

用基本类似的方法，在 20~360 千米，以郑州为圆心作回转半径 r，改变 r，可将区域划分成若干个等宽的同心环带，计算出每个环带中的网络分枝数目 $L(r)$，将点列 $[r, L(r)]$ 标绘在双对数坐标图上（图 6-3），其拟合直线的斜率即为分枝维数。根据上述方法所测得的具体结果见表 6-1。

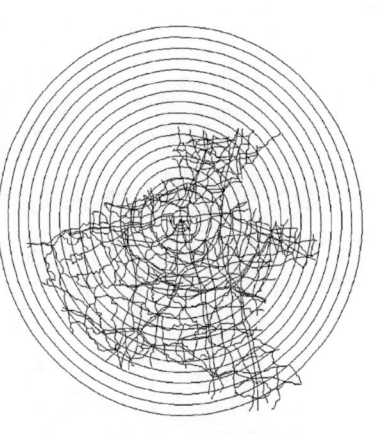

图 6-3 主体区全域公路交通运输网络与回转半径

表 6-1 主体区公路交通运输网络的道路总长 $L(r)$ 和分枝数 $N(r)$

半径/千米	20	40	60	80	100	120	140	160	180
道路总长/千米	282.5	878.2	1 797.4	3 387.9	4 957.9	6 880.9	8 820.4	10 794.3	12 535.5
分枝数	45	115	223	444	614	849	1 068	1 297	1 472
道路总长/千米	14 167.5	15 738.2	17 176.8	18 506.9	19 676.6	20 422.7	20 714.9	21 030.3	21 245.7
分枝数	1 647	1 793	1 942	2 050	2 143	2 209	2 233	2 260	2 278

由图 6-4 和图 6-5 可以看出，主体区的公路交通运输网络在以郑州市为中心的 20~360 千米半径范围内，其总长度与半径、分枝数与半径都呈明显的对数线性关系，半径维数和分枝维数分别为：1.5288、1.4101，相关系数平方 R^2 均在 0.97 以上，能够通过显著性水平 $\alpha=0.05$ 下的检验。

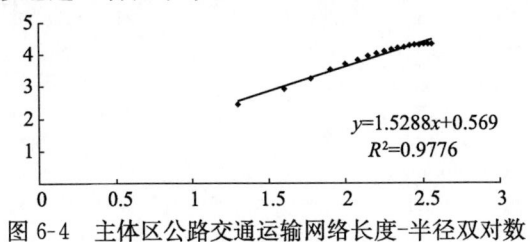

$y=1.5288x+0.569$
$R^2=0.9776$

图 6-4 主体区公路交通运输网络长度-半径双对数

从以上分析可知，半径维数及分枝维数的测算都表明主体区的公路交通运输网络具有明显的分形特征，即总体体现了交通运输网络分布从郑州向四周由

$y=1.4101x-0.983$
$R^2=0.9714$

图 6-5　主体区公路交通运输网络分枝数-半径双对数

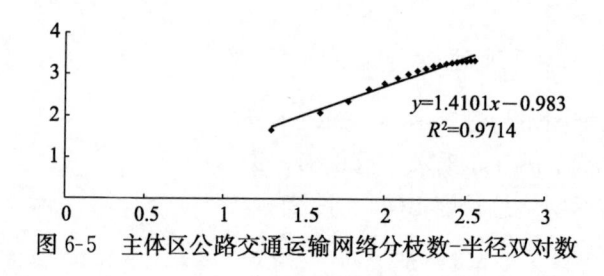

密到疏的分布状况。然而，主体区全域半径维数高于分枝维数，表明该省公路交通网络长度与通达性之间的差别，同时也在一定程度上反映了主体区的公路交通运输网络密度优于结构和连通性，在连通性上具有更大的发展空间。虽然主体区公路交通建设取得了跨越式发展，但区域之间、城乡之间公路交通运输网络布局不平衡，尤其是高速公路区域差异较大，南部和西部地区由于经济社会发展和自然地理环境等因素影响，公路交通发展相对滞后，公路交通运输网络密度和连通性较差。

3. 不同区域交通运输网络分形特征的空间差异

在以上分析的基础上，还可进一步探讨主体区不同区域公路交通网络的分形特征。以 18 个省辖市为节点，构建主体区公路网络体系，包括高速公路、国道和省道。运用 ArcGIS 软件，对 18 个省辖市的公路交通网络进行了相似维数的测算，用实际距离 r 分别为 2 千米、4 千米、6 千米、…、20 千米的网格进行覆盖，并分别计算有边通过的网格数 $N(r)$，见表 6-2。将得到的 r 和 $N(r)$ 取双对数并标绘到 $\lg N(r) - \lg r$ 关系图中，最后用最小二乘法进行拟合，获得河南省 18 个城市的分维值，如图 6-6。其中，整个主体区的 $N(r)$ 值由 18 个省辖市的 $N(r)$ 求和所得到。

表 6-2　主体区 18 个省辖市公路交通运输网络的 r、$N(r)$

r/千米	郑州	开封	洛阳	平顶山	安阳	鹤壁	新乡	焦作	济源
2	652	517	963	693	602	211	652	375	148
4	287	231	434	299	272	98	290	159	63
6	162	140	266	172	167	57	163	86	35
8	104	90	177	122	114	37	111	62	28
10	79	64	134	86	83	29	79	44	19
12	60	53	107	71	63	24	62	34	17
14	46	43	82	54	52	18	48	28	12
16	38	33	74	43	41	16	40	23	12
18	32	29	58	40	34	12	35	19	9
20	29	25	48	31	31	12	30	17	9

续表

r/千米	$N(r)$									
	濮阳	许昌	漯河	三门峡	南阳	商丘	信阳	周口	驻马店	河南省
2	370	490	220	558	1 580	947	980	990	953	11 901
4	172	216	97	268	709	410	452	445	440	5 342
6	99	124	58	166	428	243	289	258	277	3 190
8	71	82	37	111	296	162	197	169	190	2 160
10	55	62	32	80	222	119	141	131	134	1 593
12	42	48	22	64	172	85	113	95	112	1 244
14	33	37	21	56	134	70	90	76	84	984
16	27	27	16	44	110	55	76	59	71	805
18	22	25	15	39	94	43	64	55	58	683
20	19	21	10	38	74	42	54	46	53	589

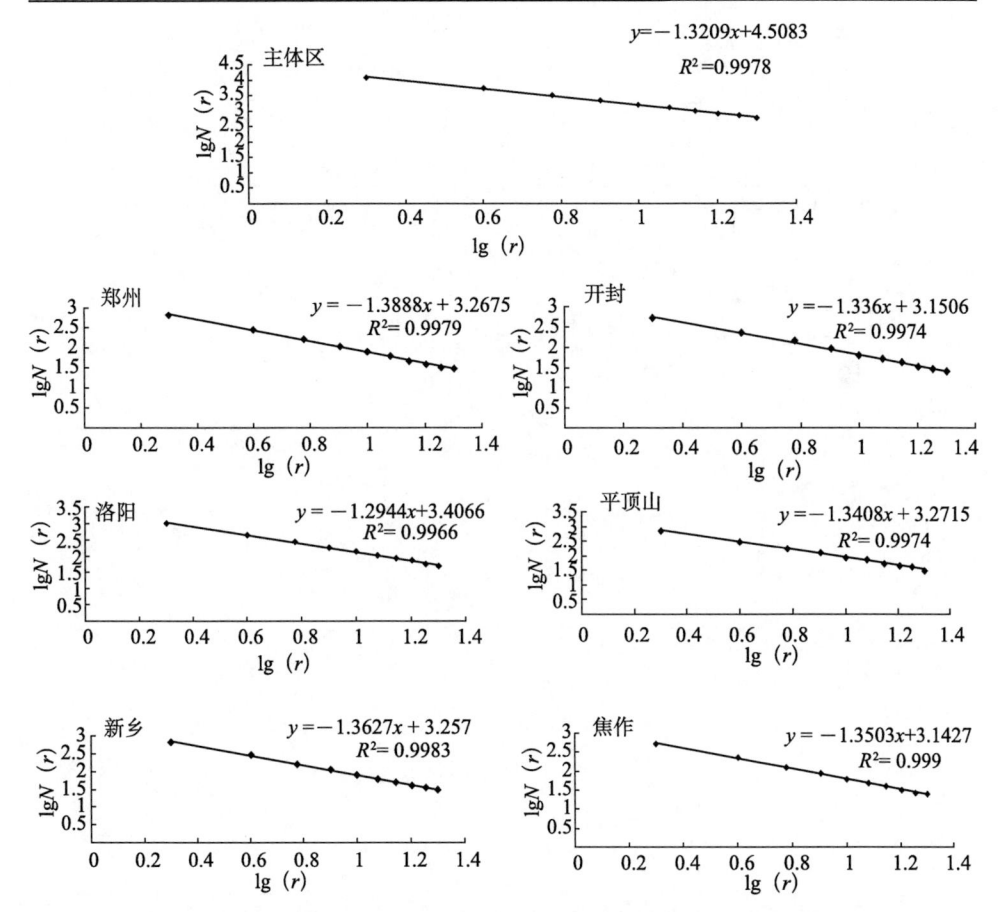

图 6-6 主体区及其 18 个省辖市公路交通运输网络的 $N(r)$、r 对数关系

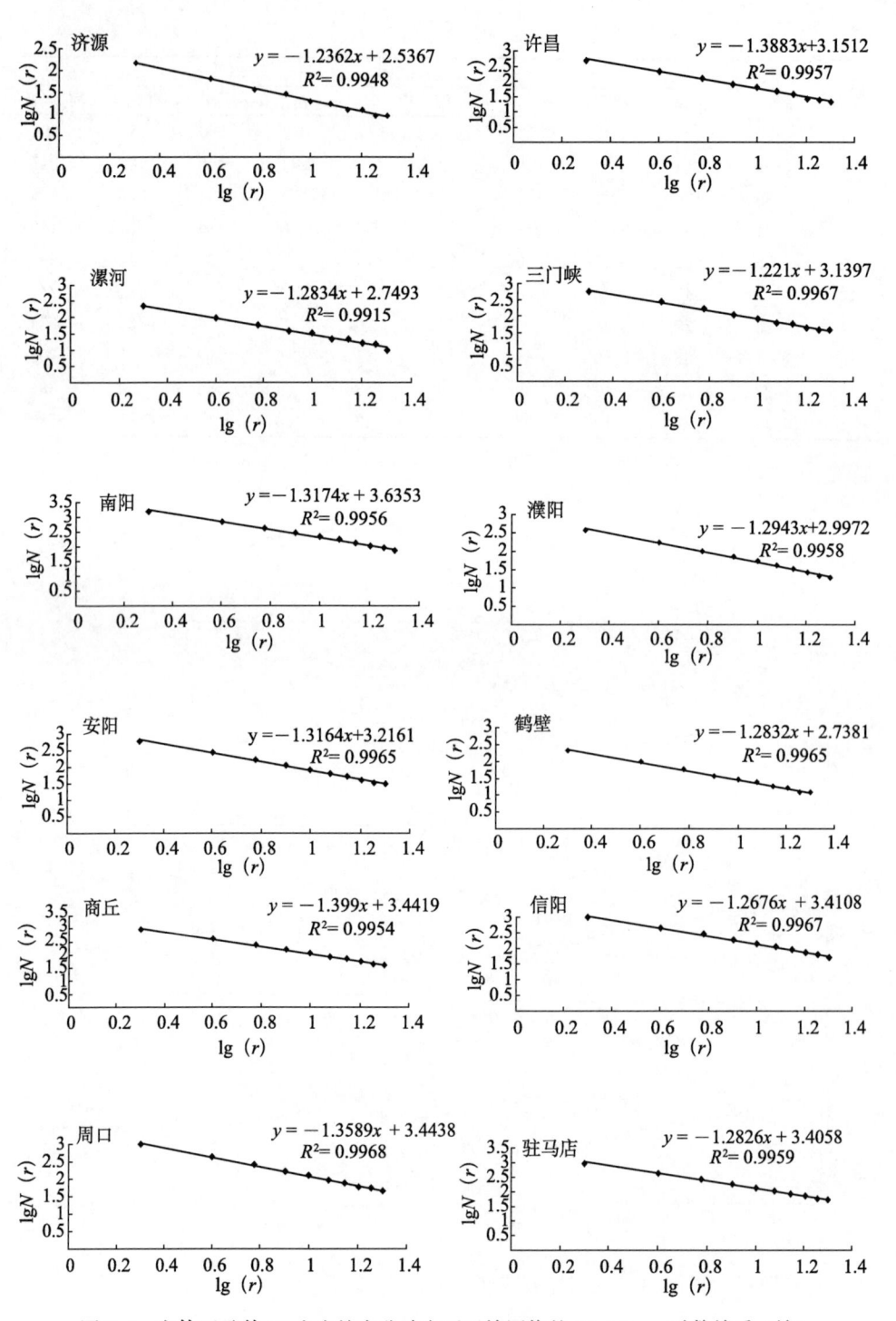

图 6-6 主体区及其 18 个省辖市公路交通运输网络的 $N(r)$、r 对数关系（续）

由图 6-6 可以看出，在 2~20 千米的范围内，主体区 18 个省辖市的公路交通运输网络的 r、$N(r)$ 在双对数图上表现出很好的相关性，相关系数 R^2 均大于 0.99。总体而言，分形测算的拟合优度较高，区域间拟合优度没有明显空间差异，即交通运输网络的分布具有明显的分形性质，整个主体区的分维值为1.3209，表明主体区公路交通运输网络分布还很不平衡。

如图 6-7 所示，主体区的分形维数呈现明显的区域差异，表明公路交通运输网络分布不均衡，差异较大。中原城市群和黄淮的部分地区公路交通较好，而豫北、豫西、豫西南及豫东南部分地区交通覆盖度较差。公路网覆盖度较高的地区有商丘、郑州、许昌、新乡、周口，这些地区地势平坦，公路网布局基本不受地形因素的限制。而且这几个城市中多数都属于中原城市群或周边地区，受省会郑州的经济辐射作用较大，经济条件相对较好，并有重要的交通路线通过，在公路的数量、质量和布局均匀度都优于其他地区。公路网覆盖度较低的地区有鹤壁、驻马店、信阳、三门峡、漯河等，这些地区离经济中心、政治中心郑州较远，且大部分地区地形条件复杂，在地势平坦或位于区域中心城市附近的地方公路分布较密集，反之公路网分布稀疏，结果造成区域整体公路网分布的不均匀特征。

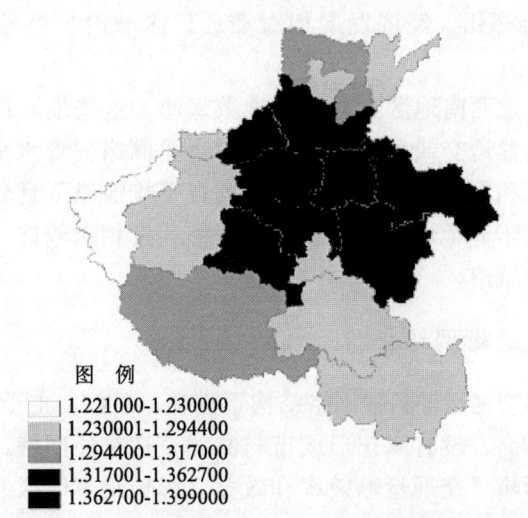

图 6-7　主体区各省辖市公路交通运输网络分维值

中原城市群公路交通运输是主体区最为发达的区域，除了济源、洛阳和漯河相似维数较低之外，其余各市的公路交通运输网络的相似维数均在平均值 1.32 以上。该区域是主体区现代城镇体系发展、中原经济区建设和中部地区崛起的重要支撑点，三次产业比重和城镇化水平均高于全省平均水平（王发曾和吕金嵘，2011）。根据本书第三章对各省辖市中心性强度的计算结果来看，中心性强度最高的前 5 个城市有 4 个均位于中原城市群内，是主体区经济最发达的城市密集区。同时，中原城市群又处于我国交通枢纽的交汇处，高速公路网络发育较完善，网络连接相对充分，网络覆盖程度较高（李红等，2011）。截至 2010 年底，高等级公路（包括高速公路、一级公路和二级公路）通车里程为 14 424.1 千米，占该区公路总里程的 16.2%，高速公路通车里程为 2279.9 千米，高速公里网密度为 3.9 千米/百千米^2，远高于豫北、豫西豫西南和黄淮地区。漯河位于主体区中部，地形平坦，公路建设的自然条件和经济条件都很优越，公路网密度很高。但是公路网分形维数较低，主要是公路网分布不均匀，多数公路集中在漯河市区的外围区域。另外，漯河地区面积比较小，为了比较方便，采取的特征尺度与其他地区相同，也可能会使计算结果有所偏差。

黄淮地区四市交通运输网络强度和密度等方面发展不均衡。其中，商丘和周口地处平原，区域内交通网建设的自然条件优越，公路网分布较均匀，覆盖度较高，但高等级公路比重较低，仅 9.8%，低于全省 12.1% 的平均水平。驻马店虽然地处平原，地形因素对其公路网布局的影响较小，但该区社会发展水平相对比较低，经济实力较弱，区域内公路数量和里程都相对较少，降低了该区的公路网覆盖度。信阳地处淮河上游，大别山北麓，境内多山地和丘陵，且远离省会郑州，经济发展相对滞后，区域内公路覆盖度较差，分维值较低。

豫北、豫西、豫西南地区交通分形维数最小。这些地区地形条件复杂，山地、丘陵、平原、盆地交错分布，公路交通运输网络发育水平不高，安阳、鹤壁、濮阳、三门峡和南阳的网络相似维数均在平均值以下且分布不均衡。安阳和南阳相似维数高于其他城市，表明其公路覆盖度相对较好，而三门峡网络相似维数远低于其他城市。

4. 公路交通运输网络评价

主体区的公路交通运输运输网络结构不完整。目前，主干路网已初步形成，但路网通达程度不高，没有真正形成市与县的直达交通网络。公路交通运输的整体效能不高，影响了交通运输效率和效益，影响到主体区的协调发展。2008 年，主体区等级公路占公路总里程的 70.74%（位于全国第 20 位），低于全国 74.49% 的平均水平。高速公路比重高于全国水平，一级公路仅占公路总里程的 0.23%，位于全国第 27 位，远低于全国 1.45% 的平均水平，规模严重不足，普通国、省干线公路和县、乡公路发展较为缓慢。交通枢纽、城市交通与交通干线之间的衔接不够顺畅，尚未形成完整的公路交通运输网络。

公路建设与产业发展不协调，交通运输滞后于经济发展。用交通拉动系数（货运周转量某一时期内的平均增长率与同期 GDP 年均增长率的比值）来衡量主体区交通运输业对国民经济的拉动作用。结果发现：主体区交通运输发展滞后于经济发展，交通的负荷较重，整体交通拉动系数低于全国平均水平；交通运输对区域经济的拉动作用尚不明显，且交通拉动系数变化幅度较大，交通运输对经济的拉动呈现不稳定状态；随着经济的快速发展，主体区货运周转量增长率不断提高，占全国的份额越来越大，给本来就紧张的交通基础设施带来更大的压力（秦耀辰、苗长虹等，2011）。

主体区内地区之间、城乡之间交通运输分布不平衡。主体区内部交通运输事业发展不平衡，特别是高速公路区域差异较大。中部、东部公路网络已基本完善，可达性也较好，西部、南部发展相对滞后，高速公路覆盖率低，可达性较差。农村公路等级低、路况差，网络化水平较低，还不能满足广大农民群众生产生活的需要，其建设、管理和养护主体不明确，管理与养护滞后问题较为突出。因此，交通运输建设的一体化进程仍需要大力推进。

五、主体区交通运输网络功能组织策略

中原经济区是全国重要的经济增长板块，是带动中部地区崛起的核心地带之一；同时，还是承东启西、联南通北、西部资源输出、东部产业转移的枢纽。从国情出发，全面认识中原经济区主体区现代城镇体系的区位特征，是确定该区交通运输发展总格局的基本依据。根据以上思路，结合主体区现代城镇体系功能组织的需要和交通运输的现状，提出该区交通运输网络功能组织策略。

1. 完善交通运输网络，促进产业集聚区建设和城市组团式发展

增加国、省干线公路规模，加强新升级国、省道改造，提升国、省道技术等级、通行能力和服务水平、服务质量，扩容改造现有的105国道、107国道、310国道等重要国道和部分交通拥挤路段。加快高速公路内联外通网络建设，针对中原经济区西部、东南部地区交通网络稀疏、交通可达性较差的情况，加强区间性高速公路建设，加快修建洛阳至栾川至西峡、洛阳至洛宁至卢氏、淮滨至息县、焦桐高速温县至汝州段公路等省内重要运输通道建设。规划修建连通漯河、西平、上蔡、平舆、新蔡、淮滨、固始的高速公路；规划修建连通驻马店、正阳、息县、潢川、商城的高速公路；规划修建连通卢氏、栾川、南召、社旗、泌阳、信阳的高速公路；同时加快推进京港澳、连霍高速公路河南段的拓宽改造工作。依托发达的综合交通运输体系，重点发展陇海产业带，形成高新技术、装备制造、汽车、电力、铝工业、煤化工、石油化工等产业基地。加快发展京广产业带，形成高新技术、食品、化纤纺织等产业基地。发展壮大新焦济产业带，形成煤炭、电力、铝工业、化工、汽车零部件等产业基地。积极培育洛平漯产业带，规划布局能源、钢铁、盐化工、建材、食品等产业基地。

培育宁西产业带，建成生态旅游、能源、纺织、工艺品、医药等生产集群或基地。培育大广产业带，建成化工、机械、食品、纺织、文化旅游和劳务输出基地，培育黄淮产业集聚区。

支持区域中心城市至周边县（市）、功能区之间以二级及以上公路为主的快速通道建设，服务城市组团式发展。

第一，中原城市群主干区依托京广通道、陇海铁路、焦枝铁路，构建由郑州、开封、焦作、新乡组成的"多边形"组团模式，利用郑州与开封、新乡、焦作之间的快速通道，同时构筑新乡中心城区至辉县、卫辉、获嘉、原阳、延津的快速通道，焦作至博爱、修武、武陟的快速通道，增强新乡、焦作、开封区域次中心城市的综合实力。使新乡发展成为电子电器、生物制药、化纤纺织等优势产业为特色的制造业基地；焦作发展成为以能源、原材料和汽车零部件制造为主的新型工业城市和山水旅游城市；开封成为文化、旅游、教育中心，纺织、食品、化工和医药工业基地，与郑州一起，打造中原经济区的核心增长极。

第二，中原城市群西部区加快连霍高速洛阳至三门峡段改扩建，洛栾高速、武西高速尧山至栾川段，郑卢高速洛阳至卢氏段等高速公路建设，实现区域内县县通高速。加大干线公路新、改建力度，提高310国道等洛区内普通国、省干线公路的技术等级；推进汽车客运场站建设，实现各种运输方式间的"零换乘"。提升小浪底大坝至三门峡航道等级，开辟客货运码头，促进洛阳至三门峡、巩义、山西、焦作、济源黄河北岸的客货运输；建设新郑机场—登封—洛阳、焦作—济源—洛阳—平顶山城际铁路，改造洛阳铁路枢纽和县级场站。通过交通网络优化，增强与中原城市群主干区、南部区及其他区域的联系，提升洛阳作为中原经济区副核心地位，济源成为中原经济区新兴中心城市和豫晋区域合作示范城市。

第三，中原城市群南部区采取核心区的发展战略，在空间形态上形成明显的"三角形"组团模式。建设平顶山、漯河、许昌之间的城际轨道交通，同时构筑平顶山城际轨道建设，建设叶县至平顶山至宝丰之间的快速交通通道，不断加强平顶山在煤炭、电力、煤化工等主要原材料工业方面的发展；将107国道拓展改造为联系许昌市区和长葛市区的城际快速通道，建设许昌至禹州、许昌至鄢陵的快速交通通道，积极推进许昌长葛一体化发展，快速形成对接郑州的带状城市区域；建设漯河至临颍的快速交通通道，将临颍打造为漯河市域的副中心城市，以食品、机械、制药等行业为主导行业的新兴工贸城市。

第四，豫北功能区的安阳、鹤壁、濮阳形成"三角形"进行组团式空间整合。发展京港澳高速公路、石武客运专线、京广铁路、107国道组成的南北向"束"状交通走廊，建设安阳至汤阴、安阳至水冶镇的快速交通通道，统筹安排中心城市和汤阴、水冶之间的产业布局。加快推进鹤壁至濮阳的高速客运专线建设，延长鹤壁至濮阳高速公路至台前，加强清丰、濮阳新区与中心城区的交通联系，建设濮阳至范县至台前的快速交通通道，使濮阳市成为以石油化工工业为主导的综合性城市。

第五，豫西功能区的三门峡是豫晋陕三省交界区域重要的中心城市，该组团形成以三门峡市为中心，包括三门峡新区、灵宝市、义马、渑池等城市组团，沿黄河形成带状中心城市组团式发展。高速公路、国道、省道在此纵横交汇，形成"T"型交通主骨架，今后可重点建设三门峡至渑池、三门峡至义马、陕县至灵宝的快速通道，使三门峡发展成为能源、材料工业、加工制造业以及生态旅游城市。

第六，豫西南功能区的南阳市是中部地区重要的交通枢纽，豫鄂陕三省交界地区区域性中心城市。该组团以南阳市为中心，包括镇平、河南油田基地、鸭河工区等外围城市组团。目前，中心城区周边的公路网已经基本形成，高速公路网需进一步完善，向西延伸南阳北绕城高速至镇平城区北部，从镇平城区西部接至沪陕高速，建设南阳至油田基地、南阳至鸭河工区、南阳至镇平的快速通道，使南阳发展成为以机电、医药、农副产品加工为主的综合性城市和重要旅游城市。

第七，豫南功能区的信阳、驻马店，可充分利用石武客运专线、京港澳高速公路等重要交通条件，建设信阳至罗山之间的快速交通通道，发展信阳成为鄂豫皖交界地区中心城市，黄淮地区及豫南重要的交通枢纽和旅游度假服务基地。建设驻马店与遂平、确山、汝南之间的快速通道，使之发展成为以农副产品加工、商贸、旅游和高新产业为主的豫中南地区重要的中心城市。

第八，豫东功能区的商丘、周口，依托陇海铁路和310国道复合发展轴、京九铁路和105国道复合发展轴以及商周高速公路实施点轴发展战略。同时建设商丘至虞城、商丘至宁陵快速通道，使商丘市成为豫鲁苏皖结合部中心城市、商贸物流中心、豫东现代工业基地、国家级历史文化名城和重要的交通枢纽。拓宽改造周淮路、周项路、106国道，增加商水至项城、淮阳至项城快速通道，使周口市发展成为以商贸流通、农产品精深加工为主的豫东南中心城市。

2. 构建郑汴都市区高效便捷的综合交通运输体系，推进郑汴一体化发展

郑汴都市区是中原经济区的核心增长极，是主体区现代城市体系功能组织的枢纽，是主体区综合交通运输体系的网络核心，也是主体区人口密度、城镇密度、经济密度、工业化水平、城镇化水平最高的区域。围绕郑州、开封，依托京广、陇海交通通道以及郑汴快速交通通道，构建都市区空间结构。以郑州

为中心，以客运专线、货运通道建设为重点，大幅提高郑州铁路枢纽的运输能力和服务水平。建成石家庄至武汉、郑州至徐州的客运专线，在郑西客运专线的基础上，推进郑新黄河公铁两用大桥建设，规划建设郑州至重庆、郑州至合肥、郑州至济南、郑州至太原等铁路，尽快形成以郑州为中心，呈放射状的"米"字形高速铁路通道，依托高速铁路、高速公路干线和城际轨道交通、城际快速客运通道、城际快速货运通道，提升郑汴交通一体化水平。

积极发展郑州至开封、郑州经航空港区至许昌、郑州至焦作城际轨道交通、开封至航空港区高速公路。依托京广、陇海大动脉，构建郑汴都市区陇海、京广铁路线形成的城镇产业复合发展轴；构建郑汴新区"三化协调"发展的先导示范区以及由郑州中心城区和开封中心城区构成的一主一副两个城市发展极核；构建围绕"一区两核"（即郑汴新区、郑州中心城区和开封中心城区）沿十字发展轴的各县城区及有适宜发展条件的建制镇构成的城镇发展组团。利用沿黄生态文化旅游产业带的优势，开发、建设贯串郑汴都市区东、南、西部生态与市政廊道，西南部生态农业、文化旅游发展区，以及东南部都市农业，设施农业发展区的环都市区生态、文化、旅游、现代农业生态空间，即"十字双轴、一区两核、向心组团、多级中心"的空间结构。通过郑州与中原城市群紧密层城市之间轨道交通建设，形成以郑州为核心的"半环＋放射"的中原城市群内省辖市的半小时交通圈和到其余省辖市的1小时交通圈，连接周边省会城市的高效便捷的交通格局。

3. 完善主体区对外通道，促进与周边区域的联动发展

加强高速公路省际出口路段建设，实现与周边省份高速公路网的衔接。对汤濮台铁路进行技术改造，西联长治，东接泰安，与国家铁路网联网。利用已通车的濮鹤高速和正在建设的大广高速公路，规划建设德商高速范县段、濮范高速公路、南林高速南乐至豫鲁省界段、山东梁山至山西高平高速范县至豫鲁省界段、三门峡至淅川高速公路、渑池至山西垣曲高速公路、灵宝至山西芮城高速公路、济源至山西阳城高速公路、阜阳至淮滨至息县高速公路、固始至淮滨高速公路、山东济宁经永城至安徽祁门河南段高速公路。积极推进武西高速、临三高速，实现中原经济区主体区边缘区的市（县）与近邻的外省城镇加强跨界合作，构建跨界经济协作区。例如，地跨晋陕豫三省的典型经济协作区"黄河金三角"经济协作区，济源、焦作与山西晋城依托便捷的复合交通轴线，构建"南太行金三角"经济协作区，安阳与河北的邯郸等城镇建立"安邯经济协作区"，商丘及其周边市（县）与安徽的亳州依托宁西经济带，构建"商亳经济协作区"，信阳和南阳与湖北的襄樊、随州等城镇建立"襄南经济协作区"和"随信经济协作区"等。

参 考 文 献

柏春广，蔡先华. 2008. 南京市交通网络的分形研究. 地理研究, 27（6）：1419-1426.
陈涛. 1995. 城镇体系随即聚集的分形研究. 科技通报, 11（2）：90-101.
陈彦光. 2004. 交通网络与城市化水平的线性相关模型. 人文地理, 19（1）：62-65.
冯德显，贾晶，杨延哲，等. 2003. 中原城市群一体化发展战略构想. 地域研究与开发, 22（6）：43-47.
冯永玖，刘妙龙，童小华. 2008. 广东省公路交通网络空间分形特征研究. 地球信息科学, 10（1）：26-33.
蓝万炼，盛玉奎，张连波. 2008. 论现代交通对城镇体系空间结构的影响. 长沙理工大学学报（自然科学版），5（3）：15-19.
李红，李晓燕，吴春国. 2011. 中原城市群高速公路通达性及空间格局变化研究. 地域研究与开发, 30（1）：55-58.
刘继生，陈彦光. 1999. 交通网络空间结构的分形维数及其测算方法研究. 地理学报, 54（5）：471-477.
乔家君，常黎. 2007. 河南省城镇发展演化的时空格局研究. 人文地理,（93）：73-76.
秦耀辰，苗长虹，梁留科，等. 2011. 中原经济区科学发展研究. 北京：科学出版社.
邵敏华，孙立军. 2007. 城市道路等效通行能力调查分析方法. 长沙交通学院学报, 23（2）：41-45.
孙建祥，张连波，谢辉. 2007. 高速公路对区域城镇体系发展的影响分析. 山西建筑, 33（1）：309-310.
王发曾，吕金嵘. 2011. 中原城市群城市竞争力的评价与时空演变. 地理研究, 30（1）：49-60.
王秋平，张琦，刘茂. 2007. 基于分形方法的城市路网交通形态分析. 城市问题, 143（6）：52-62.
肖锐，彭鹏. 2010. 资源型城市转型问题研究. 咸宁学院学报, 30（4）：28-29.
杨树珍，樊凯，陈学斌. 1993. 论交通运输与城镇体系的关系——以首都地区为例. 经济理论与经济管理,（2）：45-49.
张占仓，杨延哲，杨迅周. 2005. 中原城市群发展特征及空间焦点. 河南科学, 23（1）：133-137.
Benguigui L, Daoud M. 1991. Is the suburban railway system a fractal? Geographical Analysis,（23）：62-368.
Frankhouser P. 1990. Aspects fractals des structures urbanes. L'Espace Géographique, 19（1）：45-69.
Thibault S, Marchand A. 1987. Reseaux Topulogie, Institu National Des Sciences Appliquees De Lyon. Paris：Billeurbanne.

第七章
现代城镇体系建设的关键问题

在全面推进中原经济区建设的背景下,中原经济区的主体区——河南省的现代城镇体系的建设涉及多个方面、诸多环节,但是当务之急是选择其中的关键问题,通过关键问题推进其他问题的解决。

当前,通过区域协调机制的建设,建立高效运行的空间组织模式,协调运行一极两圈三层之间的空间组织是现代城镇体系建设中的首要问题。借此,通过有效组织城市群地区的产业空间发展、优化城镇空间布局、强化城市群地区的交通运输通道以全面提升中原城市群的整体实力,打造中原经济区的核心增长板块。在全面推进新型城镇化的背景下,探究主体区新型城镇化的空间格局,分析其动力机制是全面推进主体区新型城镇化进程的基础。城乡一体化是新型城镇化的终极目标,实施城乡统筹是推进新型城镇化的关键举措。郑汴都市区是中原城市群和中原经济区的核心增长极,其中产业整合是核心、空间结构重组和基础设施整合是关键支撑。本章将围绕这些问题展开论述。

第一节 协调运行现代城镇体系的空间组织模式

一、区域协调发展的科学理念

1. 区域协调机制

当前的区域协调问题可以分为宏观和微观两个方面。宏观方面指的是统筹区域的发展(谢冰,2003),微观方面为城市间的协调。本书讨论的区域协调问题是在国家统筹区域和谐发展的大背景下的微观方面——城市间的协调问题。个体城市或地区在自身发展中为了利益的追求而要求与辖区外的其他城市或地区进行协作;个体城市或地区与其他城市或地区发生矛盾和冲突时,需要以谈判、仲裁等方式进行调解以达成妥协。为了使两方面的问题——利益求得和矛盾冲突得到良好的解决而形成的，充分发挥市场机制在资源配置中的基础性作用，政府机构和其他组织进行相应的变形或演变，并出台相应的政策法规或形成相应的潜规则加以调节，最终形成的一系列的专门的组织机构、专门的经济运行规则——这一切的总称即"区域协调机制"[①]（邹兵和施源，2004；邓晓明，2007；覃成林等，2005），它包括三个方面：组织系统、规则系统和控制系统。区域协调的目标是降低交易成本，通过一系列有效的制度安排来降低区域合作的交易成本，包括制定合作的规则、建立权威性组织、设立监督约束机制和提供充分的信息支持（邹兵和施源，2004）。

健全区域协调机制的目标主要在于强化政府在市场失灵领域的调控能力，弥补市场缺陷。在调控内容上，协调机制集中在市场难以发挥作用和市场调节不到的领域，主要是公共领域内，包括共同行为规则的制订、跨地域的基础设施建设、共有资源的利用和生态环境的保护等。在调控方法上，协调机制应采用经济、法律、政策和社会等多种手段共同调控。需要指出的是，在调控过程中要注重强制性、指导性和协商性等不同层次、不同力度的调控方式的综合运用。此外，完善调控机制的出发点应立足于降低区域协调工作的交易成本，包括信息成本、决策成本、协商成本和监督实施成本等。

2. 区域协调方式

一般的区域协调方式包括：①市场自发调节。②政府综合运用行政、法规和经济手段进行调节。③在区域发展中，涉及自身利益的市场主体在行业内部成立的行业联盟或商会（如银联）的调节。④各种类别和形式的民间组织（如环境爱好者协会）的协调。

以上四种协调方式从不同的角度出发，在区域协调中分别起着不同且不可替代的作用。当前，我国仍处于向市场经济深化转型时期，发挥市场自发调节在资源配置和协调区域发展中的作用仍然十分重要。市场自发调节在区域国民经济发展中起着基础性的作用，是区域协调的主要方式之一。但是由于市场自发调节存在一定的缺陷和盲点，尤其对于市场内部产生的利益纠纷、竞争主体行为的合法化、在经济建设过程中的环境问题和生态问题等，市场自发调节难以解决所有问题。政府可以综合运用行政手段、经济手段和法律手段来调节市场自发调节相对较弱的领域，作为必要的补充而存在。此外，各类商会和民间组织的协调范围和协调力度也不容忽视，但是相对于前面两种协调方式来说，所起的作用就十分有限。四种协调方式的优劣对比见表7-1。

---

① 李科.2006.郑州市人民政府开封市人民政府建立郑汴一体化协调发展机制协定书.http://www.kfdaily.cn/news/shownews.php? id=17109［2006-09-09］.

表 7-1 四种区域协调方式的优缺点对比

协调方式	优点	缺陷
市场自发调节	基础性、主导性	自发性、盲目性、无序性
政府协调	权威性、科学性、规范性	一旦出错，后果十分严重
行业联盟或商会	行业内部主动有序的协调	行业间的问题不能有效解决
民间组织	关注问题广泛	很难起到实质性作用

我国当前的区域协调类型包括：其一，政府主导型，即借助省级政府和相应的省直机关行使区域协调职能。其二，机构主导型，即通过成立各种形式的机构进行区域协调，这是区域协调的一种新趋势。其三，行政区划调整型。即通过行政区划调整来解决区域之间存在的问题，这是当前进行区域协调的一种重要方式，也和我国现行的行政区经济的特点相吻合。其四，区域规划协调型，即通过区域规划来预防或协调区域整合中出现的问题。但是，在具体的区域协调中，经常是两种或多种方式综合使用。在省级区域内部的区域协调主要有三种方式：①由省政府牵头指导各级地方政府，并成立专门的专项办公室；②由省发展和改革委员会统领下级地方发展和改革委员会，设立专门的工作小组，统一制订区域规划方案；③由省直机关各部门辖管地方各部门开展各专项的工作（覃成林等，2005）。

由省政府、省发展和改革委员会牵头，协调省内各个相关部门和地域单元组成临时性的组织机构是当前比较流行的一种区域协调模式（邹兵和施源，2004；图 7-1），也是目前较多采用的模式。但是，其中存在的问题是：省政府可依赖的调控资源和手段不足，各省直部门难以有效发挥区域协调的职能，缺乏区域协调的常设机构；而且随意性大，矛盾不能及时有效的解决，缺乏科学性，执行不充分，监督不力。

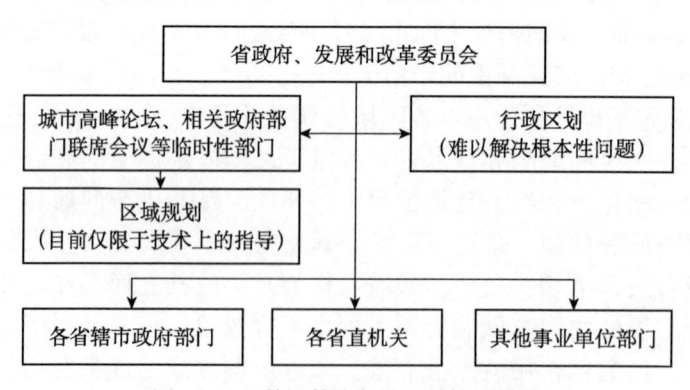

图 7-1 目前比较流行的区域协调模式

设立专门的区域协调委员会（下设区域协调办公室）十分必要（邹兵和施源，2004）。区域协调委员会一般应由常务副省长牵头，解决协调机构的权威性问题；其他委员由各省直部门领导、各地级城市政府领导以及一些有威望、有学识的社会人员构成，以此来使得区域协调的各项决策综合、全面、科学、合理。由于区域协调委员会涉及决策部门较多，会议决策成本较大，一些紧急重大事宜并不能得到及时有效的解决，所以区域协调委员会负责重大战略性综合性问题，专业性的协调职能仍由各职能部门承担。专业协调服从于综合协调，这种安排使协调委员会的运作主要针对目前政府调控权利缺失的领域，是对现有宏观调控职能的补充和完善，而不会对现行管理架构产生大的冲击。具体的实施步骤、紧急事件的处理等日常事务由区域协调办公室处理。原则上区域协调办公室的级别和权利高于各省直部门和各地级城市政府部门，方便统一协调管理。同时由区域协调委员会起草制订的区域协调方案提交省政府、发展和改革委员会批准后以法律形式确定下来，相关的各省直机关部门和各地级城市部门制订的各种规划都必须以此为准，保证各项工作都能够在此框架内进行。区域协调办公室有对地方规划进行审查的权利和对具有区域影响力的重大基础设施项目进行审查的权利，从而保持对下级规划保持较强的指导或指令性。

我国现行的区域协调方式还存在不足，主要表现为：①省级政府可依赖的调控手段不足；②各省直部门难以有效发挥区域协调职能；③缺乏处理区域协调问题的常设机构；④区域规划缺乏法定依据；⑤行政区划调整难以解决根本性问题。这些不足又导致了行政指导随意性大，矛盾不能及时解决，区域规划缺乏科学性，地方政府和部门对政策和规划的执行不充分等。

3. 区域协调的政府职能

在市场自发调节和政府协调两种主要的区域协调方式中，由于市场自发调节的人为不可操作性，区域协调机制主要指政府方面的区域协调。省级政府的职能更多地倾向于进行宏观调控而非直接管理操作，各省直部门的工作重点实际上就是行使分行业的区域协调职能。区域协调在空间上、相邻或相关城市间的相互协调要靠政府职能解决。省级发展和改革委员会与各省直机关之间，省发展和改革委员会与各省辖市政府部门之间，各省直机关与各省辖市政府部门之间的协调等，更要依靠各级政府充分发挥职能来解决。另外，政府在发挥协调职能时，还应遵循下级规划协调和服从上级规划，专业规划协调和服从综合规划的原则。

政府的重要职能之一就是实施宏观调控，包括政府部门所做的相关的规划，出台的政策，政府组织机构的演化及各部门间、各级别间政府部门的协调等。市场经济条件下，政府发挥区域协调职能主要在于避免区域整合中问题的出现。区域整合中容易出现的问题有：各个城市在产业发展、招商引资和土地开发出让等方面的恶性竞争；在大型基础设施建设方面互不衔接，互为掣肘；在环境保护方面互不合作，造成资源利用的巨大浪费；最终导致区域整体经济运行环境质量下降和投资环境的变化等（邹兵和施源，2004）。为了弥补市场缺陷，政府发挥区域协调职能的主要内容应重点放在基础设施、环境保护、投资环境建设和区域品牌建设等方面。

二、"一极两圈三层"模式的协调运行

1. 空间组织模式的基本架构和总体协调

构建科学合理的空间组织模式是主体区现代城镇体系未来的发展重点。根据《中原经济区建设纲要》，今后将重点完善城镇体系一体化协调发展机制，构建以郑汴都市区为增长极，以郑汴（郑州、开封）一体化区域为核心层，以"半小时交通圈"城市为紧密层，以"1小时交通圈"城市为辐射层的一极两圈三层的空间开发格局，这将是未来主体区现代城镇体系空间组织模式的基本架构（图7-2）。

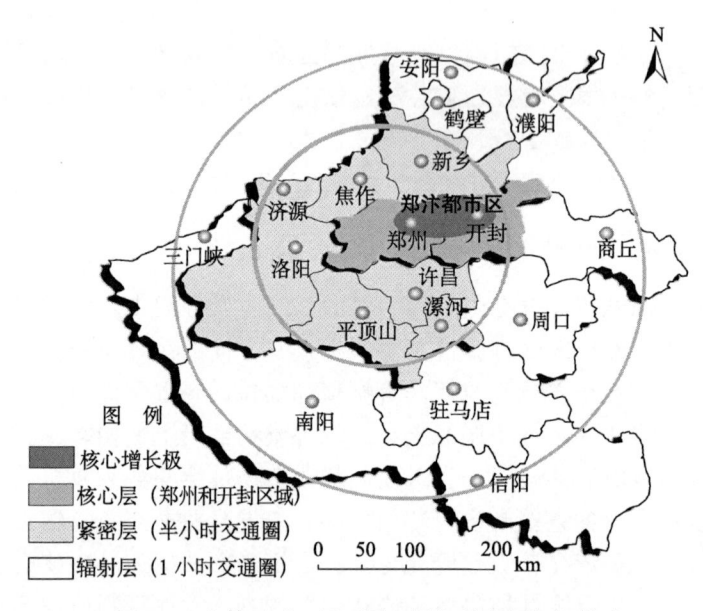

图7-2 主体区"一极两圈三层"的空间组织模式

"一极"为带动主体区经济社会发展的核心增长极，即"郑汴都市区"，包括郑州市区、开封市区和中牟县，这是中原经济区的核心。

"两圈"即借助主体区方便的交通体系，在全省形成以郑州综合交通枢纽为中心的"半小时交通圈"和"一小时交通圈"。"半小时交通圈"就是以城际快速轨道交通和高速铁路为纽带，实现以郑州为中心，半小时通达开封、洛阳、

平顶山、新乡、焦作、许昌、漯河、济源8个省辖市的快速交通格局。"一小时交通圈"就是以高速铁路为依托，形成以郑州为中心，一小时通达安阳、鹤壁、濮阳、三门峡、南阳、商丘、信阳、周口、驻马店9个省辖市的快速交通格局。

"三层"即中原城市群核心层、紧密层、辐射层。核心层指郑汴一体化区域，包括郑州、开封两市区域。紧密层包括洛阳、新乡、焦作、许昌、平顶山、漯河、济源7个省辖市域。辐射层包括安阳、鹤壁、濮阳、三门峡、南阳、商丘、信阳、周口、驻马店9个省辖市域。

在一极两圈三层的空间结构中，郑汴都市区为核心增长极，洛阳、新乡、焦作、济源、许昌、平顶山、漯河、安阳、鹤壁、濮阳、三门峡、南阳、信阳、驻马店、商丘、周口等分别组成了区域性增长极和地方性增长极，而其他市、县、镇等组成其他不同等级的级别更低的增长极。

在这三个圈层中，郑汴都市区是增长极，郑州和开封两市组成核心层，与紧密层的联系十分紧密，相互作用强。辐射层与核心层的联系尚不够紧密，但也是基本可以接受核心层辐射的地域。未来要借助交通、产业等通道，强化辐射层和紧密层以及核心层之间的联系，其中，紧密层就是介于核心层和辐射层之间的通道和媒介。未来一个时期，主体区将谋划围绕"一极两圈三层"架构，加快中原城市群发展，构建现代城镇体系，促进全省城市合理分工、功能互补、向心发展、协调推进、共同繁荣。

要优化主体区现代城镇体系一极两圈三层的空间组织模式，解决区域协调运行问题十分必要。协调运行的总体框架（图7-3）为：①建立常设机构——区域协调委员会和区域协调办公室，以保证监督机制的健全和规划决策的权威性、机动性、适时性。②注重立法，把各项规划决策上升到法律层面，综合运用强制性、指导性和协商性等不同层次、不同力度的调控方式。③明确机构间责任和职权范围，从协调机制内部切实降低区域间交易成本。

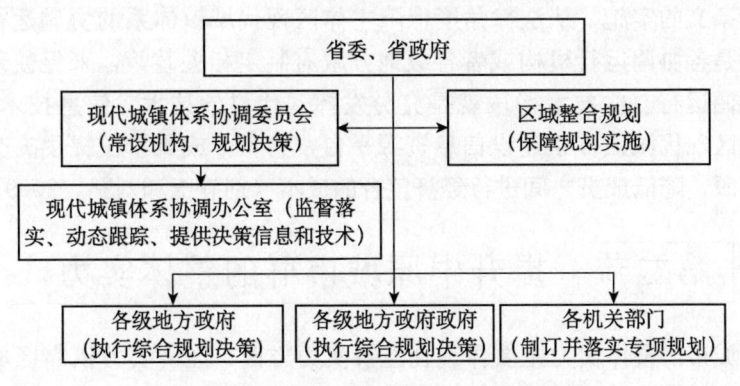

图7-3 主体区现代城镇体系总体协调框架

2. 协调运行途径和手段

充分发挥并整合各级政府的调控职能是协调运行主体区现代城镇体系空间组织模式的根本途径。要成立主体区现代城镇体系协调委员会，负责一极两圈三层整合发展中的规划和重大决策的执行。为了确保决策的权威性和科学性，委员会应由常务副省长牵头，并由各个省辖市市长、省直机关部门一把手、社会知名人士、依托于大学和研究所的专家学者等人员组成。设立主体区现代城镇体系协调运行办公室，负责委员会的会议筹备举行和各项规划决策的文件起草和整理，对委员会制定的规划政策进行监督落实，动态跟踪，收集辅助决策的技术和信息，并负责协调委员会的日常事务以及跨部门的事务。各省直部门，如发展和改革委员会、住房与城乡建设厅、工业与信息化厅、交通运输厅和环境保护厅等，负责所辖有关内容的规划和落实工作，跨部门工作提交协调办公室统一处理和解决。各级地方政府负责执行委员会通过的综合规划决策并在该框架内指定本区域的发展规划和所辖范围的行政工作。各省直机关和各地级政府要配合协调办公室的工作，并向协调办公室定期提交工作报告，以便协调办公室及时进行信息的搜集并做出适时的决策。

综合运用经济、社会、法律、政策和技术等多种调控手段，维护主体区现代城镇体系的协调运行。具体而言，①经济手段就是从不同地区、不同成员单位的基本经济利益出发，采用利益均沾的原则，制定相应的区域经济利益分配、经济补偿机制，以弥补各个组成单元之间由于协调而对其他成员单位造成的经济损失，有利于协调的顺利进行。②社会手段就是动员各个组成单元、社会团体、企业，甚至是个人共同参与主体区现代城镇体系协调运行规则的制定与完善，并监督这些规则的实施、监督区域协调机构相应权利的实施。③法律手段就是通过不断制定、完善主体区各级地方政府之间经济、社会发展方面的法律条文，强化这些法律条文的实施，从法律角度保障主体区现代城镇体系的协调运行。④政策手段就是各协调运行机构或者各级地方政府制定相关政策，来促使现代城镇体系的协调运行。⑤技术手段就是充分发挥现代科学技术、信息技术的优势，搭建主体区现代城镇体系建设信息资源平台，为各个成员单位提供充分、对称的信息资源，降低成员之间进行经济整合的成本（刘静玉和刘鹏，2009）。

第二节 提升中原城市群的整体实力

中原城市群整体实力主要体现在经济实力方面，经济实力依靠区域产业结构和空间布局来支撑，城镇是产业发展的空间基础，交通运输通道是区域城镇内外部空间组织的骨架，也是产业要素和产品运输的通道。因此，中原城市群整体实力的提升，主要从产业、城镇和交通运输通道等方面展开。

一、中原城市群产业发展与结构优化

1. 中原城市群产业现状

2009 年中原城市群 GDP 为 11 289.99 亿元，占主体区 GDP（18 407.78 亿元）的 57.17%。中原城市群三次产业产值比为 8.84：59.32：31.84，而主体区的比值为 13.99：56.23：29.78，全国的比值为 10.35：46.30：43.36。相比较而言，中原城市群第一产业所占比重低于主体区和全国，第二产业所占比重稍高于主体区而较大幅度地高于全国，第三产业所占比重稍高于主体区而较大幅度地低于全国。显然，中原城市群拥有低的第一产业，偏高的第二产业，偏低的第三产业，产业结构处于"亚健康"状态，仍有进一步优化的空间。

中原城市群在 2005～2009 年的 5 年中，三次产业结构虽有所变化，但总体呈现"二、三、一"结构。由表 7-2、表 7-3 可知，三次产业产值每年都在不同程度的增长，5 年里分别增长了 312.2 亿元、3364.54 亿元和 1671.25 亿元，但三次产业增长幅度不同。2005～2009 年中原城市群三次产业结构变化趋势为：第一产业所占比重尽管也有反复，但总体呈下降趋势，这和主体区及全国第一产业变化趋势大体相同；第二产业所占比重的变化路径为上升—下降—上升，但总体呈上升趋势，这和主体区乃至全国的变化基本相同；第三产业所占比重的变化到 2007 年出现最高值，从大的趋势来看，变化不大，这和主体区的变化相似，而异于全国整体上升的趋势。

表 7-2　中原城市群 2005～2009 年三次产业增加值

年份	总产值/亿元	第一产业/亿元	第二产业/亿元	第三产业/亿元
2005	5 942.10	686.00	3 332.50	1 923.50
2006	7 116.77	752.31	4 092.54	2 272.01
2007	7 270.28	802.08	3 678.96	2 789.24
2008	10 327.54	958.16	6 219.65	3 149.73
2009	11 289.99	998.20	6 697.04	3 594.75

数据来源：河南省统计局. 河南统计年鉴 2006、河南统计年鉴 2007、河南统计年鉴 2008、河南统计年鉴 2009、河南统计年鉴 2010

表 7-3　中原城市群、主体区、全国三次产业比重的变化

年份	中原城市群	主体区	全国
2005	11.54：56.08：32.37	17.87：52.08：30.05	12.55：47.51：39.94
2006	10.57：57.51：31.92	16.40：53.80：29.80	11.30：48.70：40.00
2007	11.03：50.61：38.36	14.77：55.17：30.05	11.13：48.50：40.37
2008	9.28：60.22：30.50	14.44：56.92：28.63	11.30：48.60：40.10
2009	8.84：59.32：31.84	13.99：56.23：29.78	10.35：46.30：43.36

由表 7-4，中原城市群城市产业结构的内部差异显著，大部分城市第二产业占优势，而第三产业发展则差距很大。在九个省辖市中，郑州市第三产业所占比重最大，达到42.89%，第二、第三产业比较发达；开封市第一产业比重最大，第二产业比重则最低；济源第二产业比重最大；漯河第三产业比重最小。

表7-4 2009年中原城市群内部各市产业结构

城市	总产值/亿元	第一产业/亿元	第二产业/亿元	第三产业/亿元	第一产业比重/%	第二产业比重/%	第三产业比重/%
郑州	3 308.51	103.09	1 786.50	1 418.92	3.12	54.00	42.89
开封	778.72	168.58	345.80	264.34	21.65	44.41	33.95
洛阳	2 001.48	173.79	1 167.06	660.63	8.68	58.31	33.01
平顶山	1 127.81	105.36	735.08	287.38	9.34	65.18	25.48
新乡	991.98	131.80	558.96	301.22	13.29	56.35	30.37
焦作	1 071.42	85.55	721.43	264.44	7.98	67.33	24.68
许昌	1 130.75	136.80	761.04	232.91	12.10	67.30	20.60
漯河	591.70	78.70	407.57	105.43	13.30	68.88	17.82
济源	287.61	14.54	213.59	59.48	5.05	74.26	20.68
总计	11 289.99	998.20	6 697.04	3 594.75	8.84	59.32	31.84

数据来源：河南省统计局．河南统计年鉴2010

中原城市群地区产业协作度不高，仍然处于初级发展阶段。这导致在吸引跨国公司、发展高新技术产业等方面做得还不是很好，郊区产业发展还赶不上中心城市的发展速度。产业集群数量少，规模小、利用外资少（邹兵和施源，2004）。

2. 中原城市群对中原经济区主体区经济增长的贡献

选取2006～2009年中原城市群和主体区GDP总量，分析中原城市群对主体区经济增长的贡献率，选取人均GDP对比分析中原城市群和主体区经济增长的效率。

由表7-5，2006～2009年除2007年异常外，中原城市群GDP占主体区GPD的比重维持在58%左右，人均GDP是主体区的137%左右。中原城市群GDP总量由最初的7116.77亿元，增加到2009年的11 289.99亿元，年均增长率为16.45%，略高于主体区16.36%的增长速度。人均GDP扣除了由于人口规模导致的区域经济增长结果的差异，可以较为真实地反映一个区域的经济增长效率。中原城市群人均GDP由2006年的18 017.13元增加到2009年的28 154.58元，年均增长率为16.03%，同期，主体区人均GDP的增长率为16.07%，甚至高于中原城市群的增长速度。总体看来，中原城市群增长效率的效果比较差，其作为主体区增长板块的作用并没有显现出来。造成这一结果的深层次原因在于其产业结构问题，特别是其第三产业比重明显偏低，第二产业内部高新技术产业明显偏低。

表 7-5　2006~2009 年中原城市群和主体区经济增长状况

		2006 年	2007 年	2008 年	2009 年	增长率/%
中原城市群	GDP/亿元	7 116.77	6 637.699	10 327.54	11 289.99	16.45
	人口/万人	3 950	3 971	3 992	4 010	—
	人均 GDP/元	18 017.13	16 715.43	25 870.59	28 154.58	16.03
主体区	GDP/亿元	12 362.79	15 012.46	18 018.53	19 480.46	16.36
	人口/万人	9 820	9 869	9 918	9 967	—
	人均 GDP/元	13 172	16 012	19 181	20 597	16.07
中原城市群占主体区比重	GDP/亿元	57.57	44.21	57.32	57.96	
	人口/万人	40.22	40.24	40.25	40.23	
	人均 GDP/元	136.78	104.39	134.88	136.69	—

数据来源：河南省统计局．河南统计年鉴 2007、河南统计年鉴 2008、河南统计年鉴 2009、河南统计年鉴 2010

3. 中原城市群产业结构优化的策略

第一，加强传统产业改造，推动城市产业结构调整。中原城市群冶金、纺织、食品、化工、机械、建材六大支柱产业在全省占有重要地位。要增强传统优势产业的市场竞争力，就要首先实施"高新技术改造传统产业工程"。以提升支柱产业的技术水平为目标，以信息技术的推广应用为突破口，以信息化带动工业化为重点，加快高新技术在传统产业中的应用，提高传统产业的设计、制造、装备和管理水平，引导其向深加工、高效益、低能耗的方向发展。

第二，强化第三产业的发展。第三产业是整个社会再生产过程中不可或缺的组成部分，对整个国民经济的发展和产业现代化的实现都有重要影响和作用。当前要提升中原城市群的产业水平，增强城市群的辐射力，就要加强第三产业发展，积极培育第三产业。第三产业培育的关键是在相应的经济地域单元中，进行行业层面的产业整合，减小不同城市之间的产业趋同，形成良好的产业发展基础。

第三，整合城市群地区的工业行业。产业培育的关键是在相应的经济地域单元中，进行工业行业层面的产业整合，减小不同城市之间的产业趋同，形成良好的产业发展基础。通过工业行业整合，找出区域优势产业、基础产业。根据这些产业在中原城市群中的地位，提出产业发展的方向和任务。

第四，发展和培育产业集群。政府要发挥主导作用，积极主动地对产业进行软硬件的支持，培育促进产业集群发展的区域文化，完善产业的支撑体系。此外，优化企业内部组织结构，培育创新主体，增强企业创新能力。行业协会应在识别、认定和培育产业集群方面发挥引导作用，促进产业集群的发展。

4. 中原城市群产业发展的空间组织

城市群产业空间组织有两种形式：第一种形式为划分空间地域，组建城镇空间组团；第二种形式为构建沿城市群内部主要交通带的产业带。这两种产业组织形式各有优缺点，第一种空间组织形式是基于城市群整合发育程度较低情况下的区域产业整合。它紧密结合了区域内部各个地域单元之间联系程度较低、经济作用强度较弱的特点。但是，如果完全囿于这一形式，则很容易形成区域内部新的、基于较大地域空间的分割。第二种空间组织方式是基于城市群整合发育程度较好的情况，它符合城市群内部各个地域单元之间的联系程度强、经济作用强度较强的特点，又充分发挥区域内部交通线路发达的优势，借助交通线路建设区域产业带，构建区域经济发展轴线，从而在区域层面上进行区域经济结构的优化。

两种空间组织方式的组合使用可以最大限度地避免两种空间组织方式的缺点，充分发挥其优点。因此，在河南省全面建设中原城市群的实践中，将上述两种空间组织方式组合使用。其具体的产业组织框架为：①以中原城市群内部存在的郑汴焦新城镇组团、洛济城镇组团和许平漯城镇组团为基础（王发曾、刘静玉等，2007），构建三大产业组团。②根据《中原城市群总体发展规划纲要》提出的构建四个产业带的设想，积极建设沿京广线的新—郑—漯（京广）产业发展带、沿陇海线的郑汴洛城市工业走廊、洛—平—漯产业发展带、沿新—焦—济（南太行）产业发展带。最终，形成产业组团加产业发展带的空间组织形式（图7-4）。

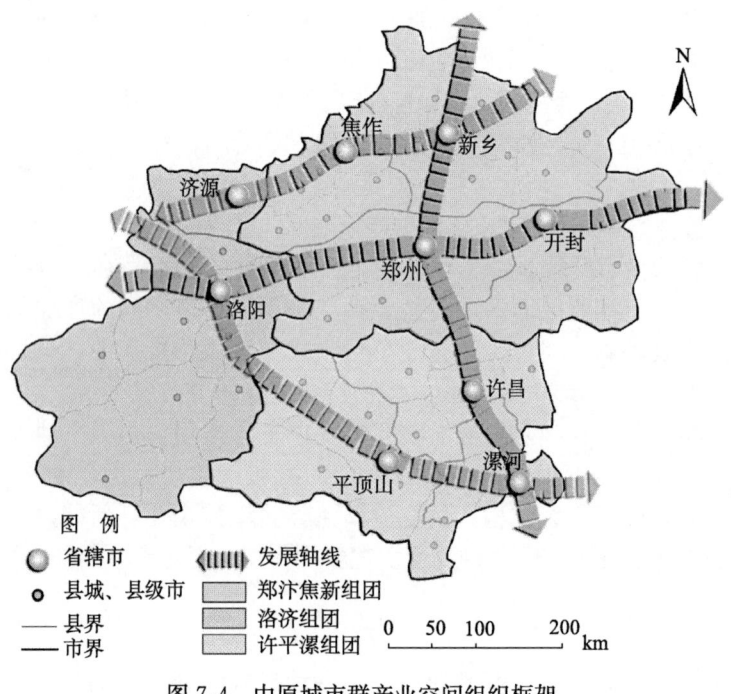

图7-4 中原城市群产业空间组织框架

二、中原城市群城镇化发展及其结构优化

1. 中原城市群城镇化发展现状

选择城镇人口占总人口的比重表示区域的城镇化率。由表7-6可知，2005~2009年中原城市群城镇化率不断提高，从39.02%增加到45.50%，提高了6.48%，同期，主体区的城镇化率提高了7.1%，中原城市群的增长幅度低于主体区，但是，两者相差不大。

表7-6 2005~2009年中原城市群城镇化状况

年份	总人口/万	城镇人口/万	城市群城镇化率/%	主体区城镇化率/%
2005	3929	1533	39.02	30.60
2006	3950	1607	40.68	32.50
2007	3972	1680	42.30	34.30
2008	3991	1752	43.90	36.00
2009	4010	1825	45.50	37.70

数据来源：河南省统计局．河南统计年鉴2006、河南统计年鉴2007、河南统计年鉴2008、河南统计年鉴2009、河南统计年鉴2010

中原城市群各个省辖市城镇化率存在较大差异。由表7-7，除郑州市外，2009年其他各市的城镇化率均偏低。城镇化率最高的是郑州，达到63.40%；其次为济源，城镇化率达到49.00%；而许昌和漯河最低，仅为39.30%。整体分布状况是以郑州为中心，向周围地域逐渐递减。整个中原城市群9市2009年的城镇化率为45.50%，超过了主体区的平均城镇化率37.7%的水平。中原城市群三个城镇组团之间也存在较大的差异：郑汴焦新城镇组团城镇化率为48.89%，高于中原城市群的城镇化率；洛济城镇组团城镇化率为40.29%，低于中原城市群的城镇化率；许平漯城镇组团的城镇化率为38.55%，更低于中原城市群的城镇化率（秦耀辰、苗长虹等，2011）。

表7-7 2009年中原城市群各市城镇化率

城市	总人口/万	城镇人口/万	城镇化率/%
郑州	666	423	63.40
开封	486	192	39.60
洛阳	658	290	44.20
平顶山	504	210	41.80
新乡	563	231	41.00
焦作	348	163	47.00
许昌	458	180	39.30
漯河	258	101	39.30
济源	68	34	49.00
中原城市群	—	—	45.50

数据来源：河南省统计局．河南统计年鉴2010

分别选取中原城市群各个省辖市市域和市区的年末总人口、GDP、人均GDP等数据来表征各级中心城市的发展状况（表7-8）。郑州市区的总人口最多，达到333.12万；许昌市最少，仅为39.37万。郑州市域的GDP最多，达到3308.51亿元，济源市腹地面积小，市域GDP也最少，只有287.61亿元；郑州市区为1431.79亿元，而许昌市区最少，为168.58亿元。9个省辖市市区的GDP占到主体区GDP总量的20.40%。郑州市区人均GDP最多，达到42 981.25元，而开封市最少（缺乏济源市数据），仅为22 144.16元。中原城市群占主体区的比重，省辖市市区GDP占到主体区省辖市市区的67.75%；人均GDP是主体区的118.59%。需要说明的是济源的数据为整个市域的数据，相关统计分析会略有偏差。

表7-8 2009年中原城市群城市发展总体状况

城市	年末总人口/万		GDP/亿元		人均GDP/元	
	市域	市区	市域	市区	市域	市区
郑州	666	333.12	3 308.51	1 431.79	44 231	42 981.25
开封	486	85.57	778.72	189.49	1 6571	22 144.16
洛阳	658	156.13	2 001.48	666.37	31 170	42 680.34
平顶山	504	94.06	1 127.81	407.87	23 081	43 363.02
新乡	563	94.24	991.98	269.41	17 992	28 587.47
焦作	348	83.81	1 071.42	221.55	31 356	26 434.80
许昌	458	39.37	1 130.75	168.58	26 227	42 820.14
漯河	258	129.84	591.70	344.04	23 777	26 497.42
济源	68	68	287.61	1431.79	42 181	42 981.25
中原城市群	4 009	1 084.14	11 289.98	3 973.65	28 161.59	36 652.55
主体区	9 967	1 897.56	19 480.46	5 864.76	20 597	30 906.85
中原城市群占主体区的比重/%	40.22	57.13	57.96	67.75	136.73	118.59

数据来源：河南省统计局．河南统计年鉴2010

2. 区域城镇化发展的战略选择

第一，城镇化发展目标的选择。中原城市群城镇化发展目标的选择，须在对主体区城镇化率预测的基础之上进行。据《河南统计年鉴2010》，2009年主体区总人口9967万，城镇化率为37.70%。根据发达国家的城镇化的城镇化发展经验，未来20年内，主体区河南省城镇人口将持续增加，最终大约会有六七千万人口生活在城镇。如果大批人口向城市转移，势必推动城市用地的快速扩张，从而导致耕地的迅速减少，进而将危及粮食安全，危及区域的可持续发展。因此，城镇化进程必须稳步推进。根据现有生产技术、农业装备、可预见的科技发展、国家对农业的扶持政策以及不断增加的基础设施投入，在十几年时间内达到劳动力人均0.67公顷耕地是可能的。这样，2020年河南农村733万公顷耕地共能容纳1100万劳动力，乘以2.5的抚养人口系数，得出农村地区实现充分就业和一定的经济效益，所能容纳的最大人口为2750万，比重是25%，城市共需容纳剩余的8250万人，占75%，农村需要实现人口再转移4000万左右。但是，在短短的十几年内，河南省城镇要容纳全省人口的75%左右，也是不切实际的（刘洪涛和夏保林，2008）。在《河南省城镇体系规划》（2009—2020）中，河南省城镇化的目标是到2020年城镇化率达到50%左右[1]，现在看来，有些保守。在刚刚出台的《中原经济区规划》（2012—2020）中，中原经济区城镇化的目标是达到56%。结合上述分析，中原城市群是未来主体区城镇化推进的先导区和核心区，应该有一个较高的发展目标。结合中原城市群城镇化发展的实际情况，其城镇化率可以定为65%左右。

第二，城镇化发展模式的选择。城镇化发展可分为量的扩张和质的提升，量的扩张主要发生在农村地域，质的提升则主要发生在城镇地域。经济发展和城镇化进程密切相关，因此，应该根据区域经济发展模式，采用相应的城镇化发展模式。根据中原城市群的实际情况，农村地域的城镇化模式选择可分为不同的情况。在农村地域，以京广线为界，东、西方经济发展呈现出较大的区域差异，从经济发展的特征来看，东部以农业为主，西部以工业为主。因此，京广线东西两侧应该采用不同的城镇化发展模式。东部农村地域，诸如开封市、新乡市，应通过农业产业化，带动农村工业化推动城镇化进程；西部农村地域，如焦作市、郑州市应通过农村工业化，带动农村经济发展推动城镇化进程。在城镇地域，城镇化进程主要表现为工业和第三产业的拉动作用，未来第三产业的带动作用将更为明显。因此，应该通过大力发展工业和第三产业，提升区域城镇化的质量。

第三，城镇化发展战略的选择。强化中心城市。中原城市群的核心城市郑州城市综合实力尚显薄弱，它对周围区域的辐射作用相当有限。未来强化郑州和开封之间的联系，加速构建由郑州市区、开封市区与中牟县组成的郑汴都市区，加快中原城市群乃至主体区中心城市的发展，打造核心增长极。加快区内其他城镇的发展。中原城市群地区的区域性中心城市和地方性中心城市的综合实力都比较薄弱。在全国287个地级市相同指标的排名中，郑州市排名25位，洛阳市的排名为95位，最差的开封市排到171位（秦耀辰、苗长虹等，2011）。为此，需要因城而异（根据不同城镇的发展特点和特色）地采取各异的发展策略，促进各个城市得到最佳的发展。并根据城市的区域联系强度，组成不同等级的城镇发展组团，相互促进，共同发展。加强各个城镇腹地的发展。在各级城镇的腹地——农村地域，通过农业产业化和农村工业化强化广大农村区域的

---

[1] 河南省建设厅. 河南省城镇体系规划（2008—2020），2008.

经济发展，为区域城镇化发展提供经济支撑。

3. 区域城镇空间结构优化

中原城市群地区城镇空间整合的基本思路是，以郑汴都市区为核心组成圈层结构，以东西发展轴线、南北发展轴线、东北—西南发展轴线和西北—东南发展轴线作为城市群圈层结构的牵引轴线，构成中原城市群城镇化的辐射轴线（图7-5）。

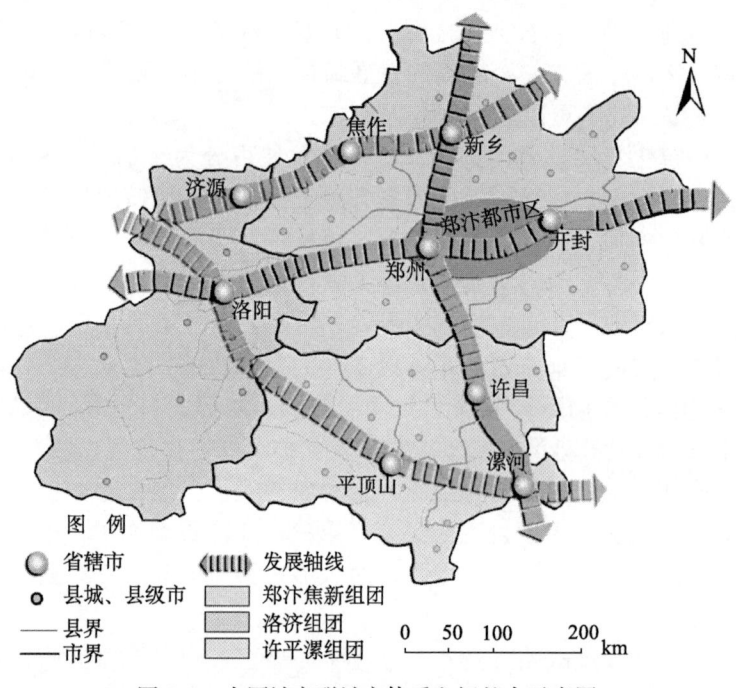

图 7-5 中原城市群城市体系空间整合示意图

第一，强化发展东西向发展轴、南北向发展轴，积极发展东北—西南向轴线和西北—东南向轴线。在东西方向上，陇海铁路、连霍高速公路、310国道组成的复合交通轴线构成了中原城市群的东西向发展轴，在这个发展轴上分布着开封市区、郑州市区、荥阳市、巩义市、偃师市、孟州市、洛阳市区等城市，是中原城市群的城镇发展轴。应该继续强化这个方向上的城镇化发展，促进开封县、中牟县、孟津县、新安县等的发展，并进一步促进伊川县、宜阳县的发展，在适当的时候将这些县撤县建市或撤县建区，以促进它们的进一步发展。在南北方向上，京广铁路、京港澳高速公路、107国道构成了中原城市群的南北向发展轴，在南北向发展轴上分布着辉县市、卫辉市、新乡市区、荥阳市、郑州市区、新密市、新郑市、长葛市、禹州市、许昌市区、漯河市区等城市，是中原城市群地区南北方向上的城镇发展轴。应该强化这个方向上的城镇化进程，促进新乡县、获嘉县、武陟县、许昌县、襄城县、临颍县、舞阳县等的发展，在适当的时候，将这些县撤县建区或撤县建市，以促进它们的进一步发展。同时，加速构建次一级的新乡—焦作—济源城镇发展轴线、洛阳—平顶山—漯河城镇发展轴线（图7-5）。

第二，强化中原城市群地区的城镇空间组团。中原城市群内部存在郑汴焦新城镇组团、洛济城镇组团和许平漯城镇组团等三大城镇组团（王发曾、刘静玉等，2007），但是各个组团内部离散化状态依旧比较明显，为此，需要通过一定措施加速这些城镇组团的整合发展。另外，通过经济、社会、基础设施整合，加快郑汴都市区的发展，加速中原城市群核心城镇组团的发展（图7-5）。

第三，扩展中原城市群地区的圈层结构。中原城市群地区的圈层结构为：郑州和开封两市组成其核心圈层；以核心圈层为中心，卫辉市、辉县市、新乡市区、焦作市区、沁阳市、济源市、孟州市、偃师市、洛阳市区、汝州市、禹州市、许昌市区、禹州市、平顶山市区、舞钢市等城市，加上许昌县、获嘉县、孟津县、新安县、宜阳县、伊川县、临颍县、舞阳县等共同组成中原城市群的紧密圈层。核心圈层和紧密圈层构成中原城市群现在的空间范围。考虑到中原城市群的未来发展，濮阳市（含辖县，下同）、鹤壁市、安阳市、商丘市、周口市、驻马店市、南阳市、三门峡市组成其外围圈层。这三大圈层和河南省提出的一极两圈三层的区域空间结构（图7-2）相对应。

第四，根据成长三角理论，依据各个城镇的发展程度，组织强化郑汴焦新城镇组团、许平漯城镇组团和洛济城镇组团的发展，以形成中原城市群内部的成长三角。强化"主角"、推进"副角"的发展，以加速城镇组团的整合发展（图7-6）。

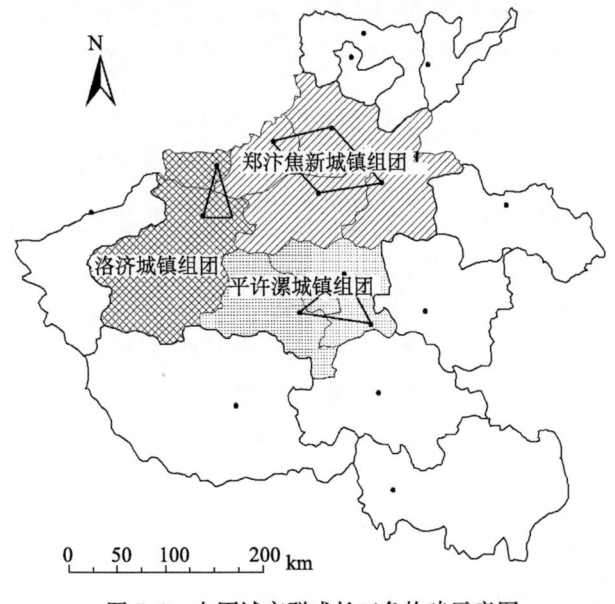

图7-6 中原城市群成长三角构建示意图

第五，加速郑汴都市区的建设。郑汴都市区是中原城市群的核心增长极，是中原城市群整合发展的驱动器，因此，通过产业、空间、基础设施等方面的整合加速郑汴都市区的发展。

三、交通运输通道的发展

交通运输线路是城市之间人流、物流、信息流的主要载体和通道，也是城市空间扩展的重要载体，它们构成了城市空间组织的基本框架。新中国成立以来，中原城市群地区交通运输线路发生了较大的变化，并引起了主体区从城镇数量、建成区面积到城市空间扩展方向、城市间空间联系等的空间组织的变化。同时，交通线路特别是交通干道是城市群发展的廊道基础，也是城市群整合发展的空间基础，这对于城市群整体实力的提升具有重要意义。

1. 改革开放前中原城市群地区交通发展状况及特点

改革开放前，有多条铁路线经过中原城市群地区，1952年全线建成陇海铁路的横贯东西，沿线城市有商丘、开封、郑州、洛阳等。1957年全线通车的京广铁路贯通南北，沿线城市有新乡、郑州、许昌、漯河等。1971年建成的漯宝铁路（漯河—宝丰）是平顶山煤炭外运的通道，也是京广、焦柳两大铁路干线的联络线。

这一阶段交通发展的特点是：第一，城市群地区道路等级低、通车里程短，路网密度低。第二，区域内部的交通通道网络化程度较低，特别是缺乏高等级的公路，导致城市间交通联系程度较弱。第三，低等级交通线路是这一时期城市的基本骨架，城市空间扩展力度较弱，城区面积一般较小。第四，交通沿线城镇数量较少。

2. 改革开放后中原城市群交通线路发展状况及特点

1978年以来，国家开始加大交通运输线路建设的投入，大力兴建铁路和高速公路。高速公路建设不仅促进了途经城镇经济的发展，同时也加速了主体区城镇空间格局的演化。

1986年新荷铁路（新乡—菏泽）建成通车，全长165.9千米，同时与新焦线、太焦—焦枝线连成一体，成为中原城市群地区北部横贯东西的重要铁路干线。1987年中原城市群地区开始建设第一条高等级公路——新乡—郑州公路。后又建成国道310线的洛阳—郑州—开封段高等级公路。20世纪80年代通过中原城市群地区的国道干线就有107线、207线、202线、310线、311线5条，成为中原城市群与省内其他地方之间，与省外、沿海和边疆之间相互联系的重要线路，同时也是中原城市群内部各个城镇之间联系的纽带。此外，中原城市群地区还有众多的省内干线公路，这些干线公路与县、乡级公路交织成网，形成中原城市群地区发达、方便的公路交通体系。

1996年9月京九铁路建成通车，全长2553千米，该线路经过商丘市。进入20世纪90年代以后，河南省的高速公路建设迅速发展，到1998年全省投入建设总里程超过600千米，国道主干线高速公路里程为466千米，为全国第四位（雒海潮，2006）。南北向的国家级高速公路有：京港澳高速（G4，北京—港澳）沿线经过新乡、郑州、许昌、漯河等省辖市和其他县市；大广高速（G45，大庆—广州）沿线经过开封及其他县市；兰南高速（G1511，省内称S83）主要过城市群地区的许昌和兰考等县市；二广高速（G55，二连浩特—广州）主要经过济源、洛阳等省辖市。东西向的国家高速公路有：连霍高速（G30，连云港—霍尔果斯）主要经过开封、郑州、洛阳等省辖市和其他县市；宁洛高速（G36，南京—洛阳）主要经过漯河、平顶山、洛阳。此外，还有郑少高速、郑尧高速、永登高速、焦温高速、晋新高速、原焦高速、郑民高速等省内高速公路也建成通车。郑州绕城高速已经成型，其他一些省辖市的绕城高速也在形成之中。

在城市群地区形成了高速公路、国道、铁路、省道等不同等级公路纵横交错的分布格局，并在多个市县形成十字交叉格局。

这一时期城市群地区交通线路的主要特点为：①通车里程和公路密度居全国之首。截至2010年年底，城市群地区公路通车总里程达到8.89万千米，公路密度达到151.44千米/万公顷（主体区的公路网密度为146.8千米/万公顷），为全国平均水平的3.6倍多，公路网的通达深度、通畅程度、可靠程度明显提高。其中，高速公路里程达到2080千米，占到全省的45.45%，一级、二级公路达到12 144千米。②交通线路形式多样化趋势不断强化，城市群地区形成了国家干线铁路、地方铁路、高速公路、国道、省级道路、县乡道路等不同等级的道路体系。③城市群地区已经形成了以国家级铁路、干线公路为骨架，省内高速公路、国道、省级道路和县乡道路组成的多等级、网络状路网结构，它们同时也是其所经城市的空间骨架。④沿主要交通线路的城镇数量不断增多，城区面积不断增加。

3. 未来主体区交通线路发展设想

未来中原城市群快速交通规划全面展开，其中规划了7条城际交通轨道。2009年12月，郑州至新郑国际机场、郑州至开封、郑州至焦作三条城际铁路开工建设，三条城际铁路将于2013年通车，届时郑州到新郑国际机场只需14分钟，到开封19分钟，到焦作30分钟。远期规划还有郑州至洛阳、郑州至新乡等几条城际交通轨道。建成后的城际轻轨将最终形成以郑州为中心、洛阳为副中心，以京广、陇海为主轴，连接中原城市群的"'十'字加半环线"网络构架，覆盖中原城市群的"一小时交通圈"。

2009年开始动工建设郑州地铁1号线、郑州地铁2号线，这两条线路长达45.39千米。至2020年，郑州地铁线网95.61千米，形成"三横两纵一环"的地铁线网，郑州地铁3号线、郑州地铁4号线以及5、6号线工程，全部完成建设，地铁线网总规模达到202.35千米。

随着交通线路的发展，中原城市群各个城市之间的联系更为紧密，城市空间扩展的障碍更小。随着城市间相向发展的机会的增加，空间阻隔较小的城市-区域系统正在形成。

第三节 推进新型城镇化进程

一、主体区新型城镇化水平评价

新型城镇化水平空间差异的分析思路为：依据新型城镇化的内涵，建立新型城镇化水平的评价指标体系，采用2001年、2005年和2010年的数据，定量分析主体区18个省辖市新型城镇化水平的空间差异。

1. 新型城镇化的内涵

王发曾（2010）认为新型城镇化不仅包括城市数目、规模、地域的合理扩张，而且包括城镇的内涵优化。其内涵优化体现在三个层面上：单个特定城镇内部结构、功能、质量的狭义内涵优化；城镇体系（或城市群）结构、功能、质量的广义内涵优化；城镇生产、生活方式和文化、景观背景等在乡村地区的渗透、扩张和普及，即城镇和乡村统筹发展的泛义内涵优化。杨晓东（2010）认为新型城镇化的内涵是人本城镇化、品牌城镇化、集约城镇化、城乡统筹城镇化、集群城镇化和绿色城镇化的全面发展，是城镇化质量和水平的全面提升。彭红碧等认为新型城镇化的"新"就是以科学发展观为引领，发展集约化和生态化模式，要由过去片面注重追求城镇规模扩大、空间扩张，改变为以提升城镇的文化、公共服务等内涵为中心，真正使城镇成为具有较高品质的适宜人居之所（彭红碧和杨峰，2010）。

本书认为，新型城镇化在经济发展方面体现为产业结构优化、经济发展集约高效；在资源环境方面体现为资源集约、环境友好；在社会文化方面体现为人口素质优化、城乡统筹、文化繁荣、社会和谐；在城镇体系发展方面体现为大中小城镇协调发展、空间结构优化、功能完善、多元化发展模式。

2. 新型城镇化水平指标体系构建

指标体系构建基于上述对新型城镇化内涵的把握，遵循科学性原则、综合性原则、层次性原则、代表性原则、可操作性原则等。指标体系组成为：目标层——新型城镇化水平；准则层——经济发展、社会发展、环境资源；指标层——根据每一准则层的内涵进行分解，共有21个具体的指标（表7-9）。

表7-9 新型城镇化水平测度指标

目标层	准则层	指标层	权重
新型城镇化水平	经济发展指标 A_1 (0.196)	人均GDP (b_1)	0.013
		第二产业、第三产业产值比 (b_2)	0.028
		非农产业人口占总从业人口比重 (b_3)	0.019
		人均可支配收入 (b_4)	0.041
		土地产出率 (b_5)	0.069
		农业机械化水平 (b_6)	0.026
	社会发展指标 A_2 (0.311)	城镇登记失业率 (b_7)	0.026
		社会保险覆盖率 (b_8)	0.046
		城镇恩格尔系数 (b_9)	0.042
		城乡居民消费比 (b_{10})	0.055
		教育经费占财政支出预算之比 (b_{11})	0.086
		人均道路面积 (b_{12})	0.012
		基础设施投资占财政支出预算比 (b_{13})	0.017
		移动电话普及率 (b_{14})	0.008
		城镇密度 (b_{15})	0.005
		每万人拥有床位数 (b_{16})	0.013
	环境资源指标 A_3 (0.493)	绿化覆盖率 (b_{17})	0.043
		人均公共绿地 (b_{18})	0.044
		燃气普及率 (b_{19})	0.082
		生活垃圾处理率 (b_{20})	0.118
		单位GDP电耗 (b_{21})	0.206

指标体系中的权重系数是各指标相对于新型城镇化水平贡献度的一种度量，国内主要运用主成分分析法以及层次分析法来计算。本书采用层次分析法来确定各指标的权重，具体做法为：将指标分为目标层、准则层和指标层，采取专家咨询法，向人文地理学、城市地理学、城市与区域规划、区域经济领域造诣较深的15位专家发放专家调查问卷，回收有效调查问卷13份，据此确定目标层以及准则层各准则的判断矩阵。并运用Excel计算得出各指标的权重（表7-9）。

3. 新型城镇化评价的计算方法

由于所选数据差异较大、单位不统一，难以直接进行比较，需要对这些数据进行无量纲化处理，消除指标量纲的影响。采用模糊隶属度函数的方法对各个指标进行无量纲化处理（欧名豪等，2004）。对于正向指标而言，采用半升梯形模糊隶属度函数进行量化，即

$$\alpha_{ij} = \frac{b_{ij} - m_{ij}}{M_{ij} - m_{ij}} \tag{7-1}$$

对于负向指标而言，采用半降梯形模糊隶属度函数进行量化，即

$$\alpha_{ij} = \frac{M_{ij} - b_{ij}}{M_{ij} - m_{ij}} \quad (7-2)$$

式中，α_{ij} 为指标隶属度，取值范围是 [0, 1]；b_{ij} 为指标的具体属性值，i 为其所在区域，j 为第 i 区域的第 j 个指标；M_{ij}、m_{ij} 为不同区域间各指标属性值的最大值、最小值。

综合考虑，新型城镇化水平测度的模型如下：

$$S_i = \sum_{i=1}^{18} W_{ij}\alpha_{ij} \quad (i=1, 2, 3, \cdots, 18; j=1, 2, 3, \cdots, 21) \quad (7-3)$$

式中，评价模型 S_i 为主体区（即中原经济区主体区）第 i 市的城镇化发展水平，在实际应用中，评价水平的高低是一个相对的结果；W_{ij} 为第 i 区域第 j 个评价指标的权重；α_{ij} 为第 i 市第 j 项指标无量纲化后的值。

应用式（7-1）、式（7-2）、式（7-3），计算主体区 2001 年、2005 年、2010 年各市新型城镇化水平的综合得分（表 7-10），并据此分析主体区 2001~2010 年新型城镇化水平空间格局的演变。

表 7-10 各地市不同年份新型城镇化水平

城市	2001 年	2005 年	2010 年
郑州	0.722	0.628	0.570
开封	0.547	0.501	0.541
洛阳	0.588	0.401	0.410
平顶山	0.592	0.525	0.477
安阳	0.550	0.499	0.551
鹤壁	0.439	0.494	0.475
新乡	0.492	0.514	0.532
焦作	0.428	0.443	0.415
濮阳	0.587	0.621	0.644
许昌	0.574	0.587	0.608
漯河	0.674	0.635	0.630
三门峡	0.505	0.333	0.392
南阳	0.561	0.476	0.427
商丘	0.567	0.346	0.404
信阳	0.556	0.517	0.663
周口	0.539	0.424	0.505
驻马店	0.536	0.488	0.529
济源	0.544	0.396	0.394
全省平均	0.5556	0.4904	0.5093

4. 新型城镇化空间格局演变

以主体区市域行政地理底图为图形数据，把各市新型城镇化水平综合得分

与全省平均值之比输入到数据库中作为属性数据（表7-11），利用ArcGIS软件选择Jenks最佳自然断裂法，将各市的新型城镇化综合得分与全省平均得分之比从高到低分为四类，然后比较各年份，划分四种类型的临界值，以此作为手动划分的依据，最后选择手动（Manual）分级法，从高到低划分各市新型城镇化综合得分与全省平均得分之比，得出新型城镇化发展水平空间格局（刘静玉等，2012）。

表7-11　各市新型城镇化水平综合得分与全省平均值之比

城市	2001年	2005年	2010年
郑州	1.2995	1.2805	1.1192
开封	0.9845	1.0215	1.0623
洛阳	1.0583	0.8176	0.8051
平顶山	1.0655	1.0705	0.9366
安阳	0.9899	1.0174	1.0819
鹤壁	0.7901	1.0073	0.9327
新乡	0.8855	1.0480	1.0446
焦作	0.7703	0.9033	0.8149
濮阳	1.0565	1.2662	1.2645
许昌	1.0331	1.1969	1.1938
漯河	1.2131	1.2947	1.2370
三门峡	0.9089	0.6790	0.7697
南阳	1.0097	0.9705	0.8384
商丘	1.0205	0.7055	0.7933
信阳	1.0007	1.0541	1.3018
周口	0.9701	0.8645	0.9916
驻马店	0.9647	0.9950	1.0387
济源	0.9791	0.8074	0.7736

第一，2001年新型城镇化水平的空间格局。有如下特点：①新型城镇化水平市域间总体差异较小。图7-7表明主体区出现了两个高值中心和两个低值中心，分别是郑州和漯河、焦作和鹤壁。城镇化水平较高和较低的市域占多数。这种空间格局，反映了2001年主体区新型城镇化水平总体差异较小。②新型城镇化水平较高的区域集中在中部偏西南，较低的主要为资源型城市。城镇化发展水平较高的市域主要是经济基础好、社会福利好和资源环境良性循环的地区，如郑州市2001年各项经济发展指标均居全省第一位，社会福利好，城镇化水平全省最高。作为资源型城市的鹤壁和焦作，以煤矿生产为主，其单位GDP电耗量大，焦作市更是高出全省平均水平的一半以上，其产业结构以工业为主，资源环境各项指标均比较低，导致城镇化发展水平较低。

第二，2005年主体区新型城镇化水平空间格局。有如下特点：①新型城镇化水平高值区域扩延，低值呈现跳跃式发展。图7-8表明高值市域由2001年的

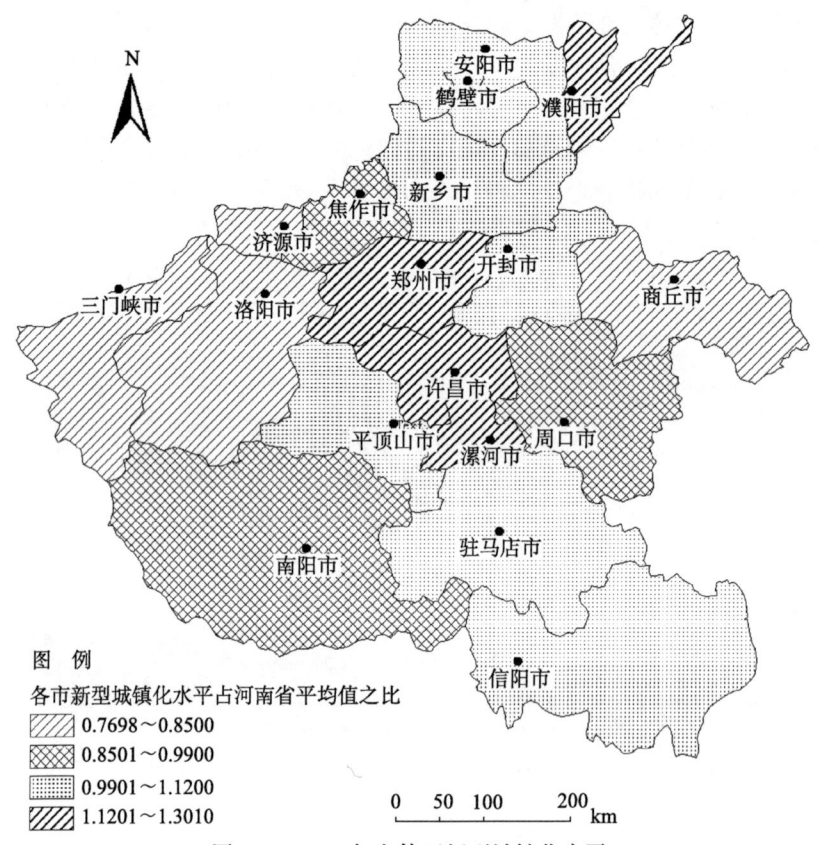

图 7-7　2001年主体区新型城镇化水平

两个增长为4个，分别为郑州、许昌、漯河和濮阳。低值区域由焦作、鹤壁变为济源、三门峡、洛阳和商丘，相对而言，这4个市域的城镇化发展速度较为落后。焦作、鹤壁两市的变化可能是资源型城市的转型发展初见成效。北部地区城镇化发展速度相对于全省来说较快，空间分布重心有向北移动的趋势。②高水平区域呈现向中间集中的趋势。主体区中部形成了以"郑州—许昌—漯河"为中心的极点，以此极点为高值中心，新型城镇化水平逐渐向四周递减。相对于2001年发展水平空间分布重心在中部偏西南部而言，高水平区域逐步向河南省中部集中。

第三，2010年主体区新型城镇化水平空间格局。有如下特点：①新型城镇化水平低值区域呈现快速扩张趋势，高值区域范围缩小。图7-9表明，低值区域由过去的4个增加为6个，南阳和焦作为新增区域。高值市域为4个，信阳加入而郑州退出。较高值市域也由2005年的7个减少为2010年的6个。②新型城镇化水平呈现"低—高—低"的分布态势。西部地区和商丘市新型城镇化水平普遍偏低，而高水平区域向中间集中趋势加强，总体空间格局由东到西呈现

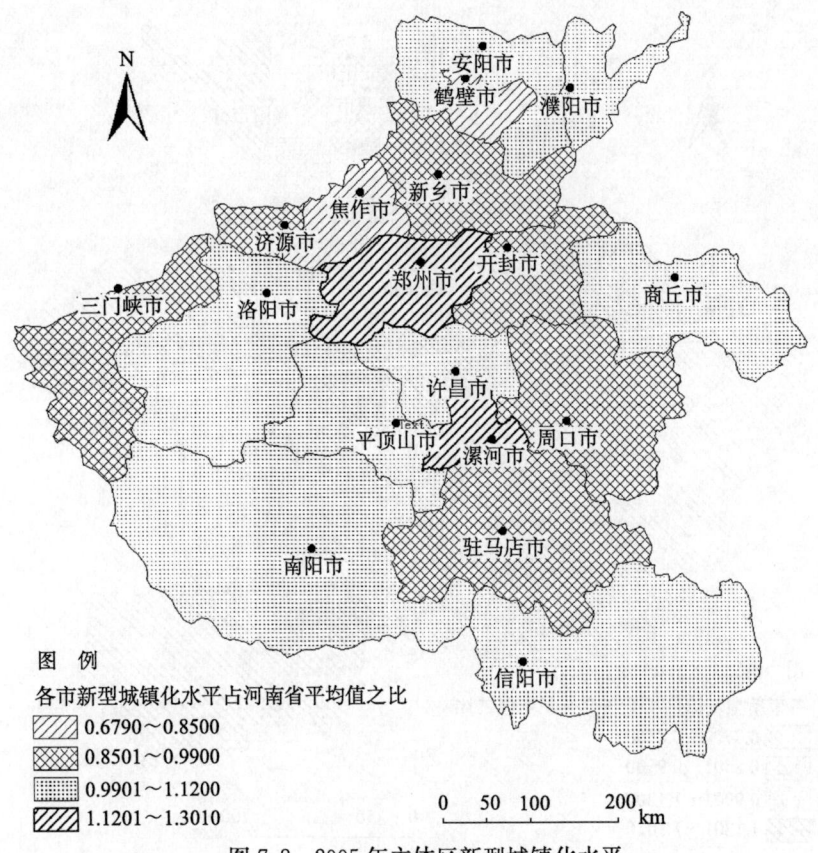

图 7-8 2005年主体区新型城镇化水平

"低—高—低"的分布态势。在高水平聚集区又呈现出交叉分布，如在北部地区出现了"鹤壁"低值中心，而在中部地区又出现了"许昌—漯河"高值中心。③市域新型城镇化水平的空间差异依旧较大。主体区新型城镇化水平空间格局表明，不仅在数量上低水平区域增加、高水平区域减少（变化不明显），而且在空间格局上也出现了向中部集中的趋势，说明主体区新型城镇化水平的差异依旧较大，但已有缩小的征兆。

二、城镇化驱动力的定量分析

选择主体区若干年份的相关数据，采用相关系数和回归分析等方法，定量分析经济发展对新型城镇化的影响，来探究城镇化主要影响因素的变迁。

1. 研究方法与数据来源

第一步，计算相关系数。计算公式为

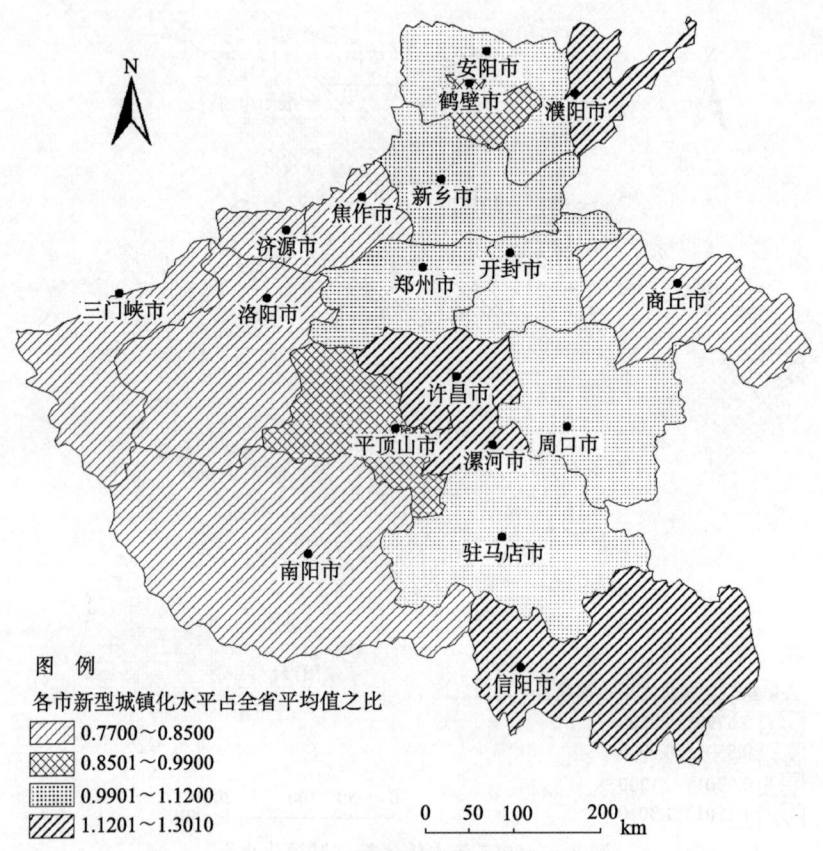

图例
各市新型城镇化水平占全省平均值之比
- 0.7700～0.8500
- 0.8501～0.9900
- 0.9901～1.1200
- 1.1201～1.3010

图 7-9 2010 年主体区新型城镇化水平

$$r=\frac{\sum_{i=1}^{n}(X_i-\overline{X})(Y_i-\overline{Y})}{\sqrt{\sum_{i=1}^{n}(X_i-\overline{X})^2}\sqrt{\sum_{i=1}^{n}(Y_i-\overline{Y})^2}} \tag{7-4}$$

式中，r 为要素 X_i 与 Y_i（$i=1, 2, \cdots, n$）之间的相关系数，其值域为 $[-1, 1]$。$r \geqslant 0$，表示正相关；$r \leqslant 0$，表示负相关，即两要素异向相关。r 的绝对值越接近 1，表示两要素的关系越密切；越接近 0，表示两要素的关系越不密切。

第二步，回归分析。由于地理系统是多层次、多要素的复杂系统，要素之间的关系，既有线性的，也有非线性的，因此，反映地理要素之间具体数量关系的回归模型，既有线性模型，也有非线性模型（李子奈，2005）。假设某一因变量 y，受 k 个自变量 $x_1, x_2, \cdots, x_k$ 的影响，其 n 组观测值为（y_a，x_{1a}，x_{2a}，$\cdots$，x_{ka}），$a=1, 2, \cdots, n$。多元线性回归模型为

$$y_a = \beta_0 + \beta_1 X_{1a} + \beta_2 X_{2a} + \beta_3 X_{3a} + \cdots + \beta_k X_{ka} + \mu_a \tag{7-5}$$

式中，$\beta_0, \beta_1, \cdots, \beta_k$ 为待定参数；μ_a 为随机变量。线性回归模型为

$$Y=\beta_0+\beta_1X_1+\beta_2X_2+\beta_3X_3+\beta_4X_4+\mu \qquad (7-6)$$

式中，β_0 为常数项；μ 为随机误差项，描述变量外的因素对模型的干扰。

以上计算所需的基本数据资料主要来自《河南省统计年鉴 2002》、《河南省统计年鉴 2005》、《河南省统计年鉴 2006》、《河南省统计年鉴 2008》、《河南省统计年鉴 2010》、《河南省统计年鉴 2011》以及《2007 年河南省国民经济和社会发展统计公报》、《中国城市统计年鉴 2011》。

2. 城镇化发展的产业驱动力演变

选择 1978 年以来的相关数据，采用 SPSS 软件计算主体区三次产业和城镇化率的相关系数。由表 7-12，从 1978~2010 年三次产业增加值与城镇化率的相关系数都在 0.8 以上，显然，第一、第二、第三产业对城镇化率影响都较大。其中，第一产业增加值与城镇化率的相关系数为 0.899，第二产业增加值与城镇化率的相关系数为 0.899，第三产业增加值与城镇化率的相关系数为 0.943。第三产业与城镇化率的相关系数最大，即关系最密切，影响最大。

表 7-12　主体区城镇化率与第一、第二、第三产业的相关系数

常量	第一产业	第二产业	第三产业	城镇化率/%
第一产业	1.000	—	—	—
第二产业	0.961	1.000	—	—
第三产业	0.966	0.991	1.000	—
城镇化率/%	0.899	0.899	0.943	1.000

自 20 世纪 80 年代以来，第三产业对河南经济增长的贡献率逐步增强。80 年代（1980~1989 年）的贡献率为 23.0%，90 年代（1990~1999 年）的贡献率上升为 29.3%，"十五"期间第三产业对经济增长的贡献率达到 32.2%[1]，2010 年主体区三次产业比重为 14.1∶57.3∶28.6。显然，第三产业已逐渐成为与第二产业一起推动河南经济增长的主要力量，第三产业对城镇化的推动力也将越来越明显。

3. 第三产业对城镇化驱动的定量分析

第一，指标的选取。根据主体区第三产业发展状况，选取相关指标，定量分析第三产业内部不同行业对主体区城镇化进程的影响。因变量为：Y——城镇化率（%）。自变量为：X_1——交通运输、仓储和邮政业（亿元），X_2——批发和零售业增加值（亿元），X_3——金融业（亿元），X_4——房地产业（亿元）。

---

[1] 段亚伟．加快河南第三产业发展的思路与对策研究．http://wenku.baidu.com/view/bacd243610661ed9ad51f3e1.html，2008.

第二，计算结果。根据 2004~2010 年主体区第三产业行业增加值以及城镇化率，运用 SPSS 软件进行线性回归分析，得到城镇化率与第三产业几个行业之间的相关性（表 7-13）。城镇化率 Y 与交通运输、仓储和邮政业 X_1，批发和零售业增加值 X_2，金融业 X_3，房地产业 X_4 变化的线性回归方程为

$$\hat{Y} = 17.796 - 0.008 X_1 + 0.013 X_2 - 0.011 X_3 + 0.007 X_4$$

表 7-13 城镇化率与第三产业主要行业的相互关系

模型	非标准化系数（B）	标准误差	标准系数	t 值	Sig 值
（常量）	17.796	7.630	—	2.332	0.145
交通运输、仓储和邮政业	0.008	0.011	0.266	0.733	0.540
批发和零售业	0.013	0.023	0.976	0.565	0.629
金融业	−0.011	0.021	−0.585	−0.523	0.653
房地产业	0.007	0.046	0.358	0.151	0.894

显然，2004~2010 年交通运输、仓储和邮政业增加值，批发和零售业增加值，房地产业都与城镇化率呈正相关关系。交通运输、仓储和邮政业增加值每增加 1 亿元时，城镇化率平均增加 8%；批发和零售业增加值每增加 1 亿元时，城镇化率平均增加 13%；房地产业增加值每增加 1 亿元时，城镇化率平均增加 7%；金融业增加值与城镇化率呈负相关关系，金融业增加值每增加 1 亿元时，城镇化率平均减少 11%。批发和零售业增加值与城镇化率的相关标准系数最大，即批发和零售业对城镇化率的影响最大。

三、培育新型城镇化的动力机制

主体区新型城镇化的动力机制由一主一辅两方面构成，即核心动力机制和辅助机制。核心机制，又称为发展动力机制，细分为经济发展机制、社会发展机制和基础设施发展机制；辅助机制，又称为行政动力机制，包括行政促进机制和行政控制机制（王发曾，2010）。

1. 核心机制

第一，经济发展机制。新时期区域经济的发展，主要表现为主体区经济发展方式的转变，即表现为新型农业现代化、新型工业化进程加速、现代服务业快速发展，而信息化是工农业和服务业的发展提供信息和技术平台的支撑。工农业、服务业和信息化则是新型城镇化的核心动力机制。

农业产业化是新型农业现代化的核心。2011 年主体区粮食产量达到 1100 亿斤[①]，农业生产力水平的提高，产生了几个方面的影响：其一，农产品品种和数

---

① 中商情报网．2011 年全年河南省粮食总产量规模．http://www.askci.com/news/20111206/146380204.shtml. 2011-12-06.

量大幅度提升，产生了较多的剩余农产品；其二，产生了较多的农村剩余劳动力；其三，提高了农村经济发展水平。大量剩余农产品和剩余农村劳动力的存在，一方面可以为主体区城镇化进程提供充足的人员和农产品供应，加速其城镇化进程；另一方面，它们又是主体区农业产业化的基础和前提。农业产业化通过对农产品的初步加工和深加工，一方面，增加了产品的技术含量和附加值，提高了主体区农业和农村的收入水平，减少了农业生产对资源的依赖和环境的破坏，有利于资源节约和环境的优化；另一方面，通过农产品加工、产品销售延长了产业链条，优化了农村产业机构，形成了三次产业协同发展的态势。随着大量第一产业就业人员进入第二、第三产业从事生产、经营活动，大量农业劳动力的身份发生转换，农村居民中就业人员的结构发生变化，第二、第三产业就业人员的比重逐渐增加。随着农业产业化的发展，主体区农村经济的组成成分也在发生变化，第一产业所占的比重在下降，第二、第三产业所占的比重在逐渐上升。因此，一方面，新型农业现代化可以为主体区城镇化提供充足的剩余农产品、剩余劳动力，为构建城镇化的本土承载平台创造条件；另一方面，新型农业现代化增加了主体区部分农村地域中城市成分的比重，加速了其转化为城市化地域的进程。此外，通过农业现代化提高了农村居民的经济收入，为提高居民素质提供了良好的经济基础；通过对农村产业生产对劳动力素质的要求，要求农村居民自觉的提高其文化水平、生产技能，从而促进了人口的全面发展。总之，新型农业现代化通过农业发展、农业产业化的发展为新型城镇化进程提供推力和拉力，成为其全新的驱动力。

新型工业化是新型城镇化的核心动力，它为新型城镇化提供了不同于传统工业化的动力支持。新型工业化以信息化为基础，其技术含量高、经济效益好、资源消耗低、环境污染少。工业生产技术含量的提高，增加了产品的技术含量和产品的附加值，使主体区获得了更高的工业经济效益，为其新型城镇化的发展提供了基于技术含量提升的经济支撑。高技术含量意味着主体区城镇产业结构中高新技术产业不断增多，区域产业结构不断优化，区域产业链条延伸，它为新型城镇化提供了可持续的、优化的产业支撑体系。高技术含量的工业发展通过资源的节约和集约利用，减少了主体区在资源和能源方面的消耗，使其在取得良好经济效益的同时，也获得了良好的环境回报，为新型城镇化提供了不破坏区域生态环境的良好的技术支撑。新型工业化的高技术含量特征，对就业的劳动力提出了基本素养和劳动技能方面的要求，对区域产品创新、技术创新及区域创新平台的构建提出了更高的要求；良好的工业经济效益为区域基础教育、职业教育和人才培训平台的构建提供了经济支撑。二者的结合有利于提高区域人口的素质。总之，提高现代工业水平是主体区新型城镇化的主要动力，可以为城镇形成核心产业链，并提供建设资源、先进技术，为城镇居民与转移人口提供就业岗位，从而提升城镇的综合实力（徐维祥等，2005）。

现代服务业具有智力要素密集度高、产出附加值高、资源消耗少、环境污染少等特点。现代服务业的智力要素密度高和产出附加值高的特点意味着未来这一产业的发展主要依赖服务人员的技术水平而不是自然资源，高技术含量与高产品附加值相联系，即利用较少的资源投入可以获取更多的经济效益回报。现代服务业的这一产业发展特点，产生了如下要求：其一，区域技术水平的整体提升；其二，区域技术创新平台的支撑；其三，区域基础教育、高等教育、职业教育等各级教育体系的支撑。这一产业发展要求促使区域劳动力自觉提高自己的文化素养和技术水平，从而也促进了区域的文化技术水平的提高。现代服务业的发展滋生了更多的新兴行业，一方面，这些新兴行业技术含量高，优化了区域第三产业的结构；另一方面，通过现代服务业的支撑，促进了第二、第三产业的发展，进一步促进了区域产业结构的优化与升级。随着社会的进步，现代服务业的行业门类不断增加，技术含量也不断增加，现代服务业对资源特别是自然资源的依赖程度大大降低，资源对产业发展的数量限制和地域限制大大减少，现代服务业的空间布局逐渐趋于优化。现代服务业产业门类的增加和结构的优化能够吸引更多的人员就业，为主体区城乡居民提供更多、更广泛的就业机会。现代服务业也包含利用现代技术对对传统服务业进行改造，这更有利于具有一定技术素养的、更多的农村剩余劳动力进入第三产业就业。总之，现代服务业的发展既可为主体区城镇居民和产业发展提供服务，是新型城镇化的保障；又可以为城镇其他产业提供配套服务，优化区域产业结构，并为其城镇居民和转移人口提供就业机会与生活服务；还可以为主体区新型城镇化发展提供具有资源消耗少和环境污染少特点的经济发展支撑，从而成为新型城镇化的核心动力之一。

信息及其信息技术平台为工农业和第三产业的发展提供了资源支撑和技术平台，成为新型城镇化的内生动力。信息及其技术平台的支撑作用表现在：其一，以获取的相关产业发展信息为支撑，可大幅度提升该产业的相关技术水平，提高相关产品的技术含量，降低产业对资源的大量消耗和对环境的污染；其二，获取更多的销售信息，构建和扩大销售网络，扩大产品销售渠道；其三，以信息技术平台为支撑，搭建产品交易平台，扩大了产品交易的范围，缩小了产品交易的成本，大幅度提高了经济发展效益。以信息及其技术平台为支撑，优化了区域产业结构，实现了资源的集约利用、经济的高效发展，为主体区新型城镇化提供了经济支撑。以区域信息资源及信息平台为支撑，在技术水平提高的同时，依托信息技术又发展了新的、隶属于第三产业的行业门类，这些行业同样可以吸引更多的人员就业，有利于主体区工农业剩余劳动力的转移。因此，信息化通过为工业、农业和服务业提供高新技术支撑，为主体区城镇居民和转移人口提供崭新的生活服务，而成为其新型城镇化的重要动力。

第二，社会发展机制。科学教育事业、文化事业与社会保障事业等社会事业的发展，也为新型城镇化发展提供了重要机制。

科学教育事业通过提高主体区居民的文化素养和培养技术人才，从而成为新型城镇化的内生动力。科学教育事业发展意味着逐步建立了高质量的、布局合理的，包括基础教育、职业教育、高等教育和成人教育在内的教育体系。借助合理、完整的教育体系，通过文化素质教育，提高了人们的基本素质；通过技术培训，提高了人们的专业素养。专业素养的提高意味着人们乐于接受新的思想、新的观点，且更容易接受和掌握新技术，并在新思想、新观点的引导之下，自觉或自发地进行技术研究、产品研发，实现新技术和新产品的市场化转化，从而提高主体区产业技术水平，提高了其产品的附加值，从而获得了更高的效益回报。以产业技术水平的提高为基础，优化主体区产业结构和生产技术结构，以获得持续的、更高的效益回报，这些是新型城镇化的产业发展基础。此外，科学教育事业的发展也为区域技术研发、产品开发提供了包括产品研发技术支撑团队、产品小试、产品中试等在内的技术支撑平台，这是技术发展的重要支撑力量。科学教育事业的发展，为主体区新型城镇化的推进提供充足的人才和技术储备，推动了其产业技术水平、生产力水平与区域经济效益的提升。导致更多新兴产业行业（这些行业具有技术含量高、资源消耗少、环境污染小的特点）的出现，接纳了更多的城乡劳动力就业，优化了区域产业结构和劳动力就业结构，提高了区域劳动力的收入，促进了区域人口的全面发展，直接推动了新型城镇化的发展。

区域文化构成主体区经济社会发展的软环境，通过制度、政策和意识形态等影响区域经济社会的发展，从而发挥着越来越重要的作用，成为主体区新型城镇化驱动力的内核。先进文化是区域文化的核心，它影响着区域公众的主流意识形态、总体文化水平和政治制度等。积极向上的主流意识形态，决定着人们乐意接受新鲜的或先进的事物，易于积极向上而改变不利的现状，这有利于人们努力提高自己的素质和基本技能，促进人口素质的提升，有利于区域产业技术水平的提高和产业结构的优化。区域总体文化水平的提升，直接影响着主体区居民接受新鲜事物的能力和进行各项革新的能力，从而影响着区域政策环境的形成、变革与完善，有利于区域生产技术的革新和产业结构的优化，更有利于城乡统筹政策的全面实施和推进，也有利于资源集约和环境友好社会的建设。同时，文化产业是新兴的第三产业门类，具有良好的乘数效应，其发展能够刺激新兴行业的出现，并带动其他相关行业的发展，借此可以吸纳更多具有不同文化素养的劳动力进入相关行业就业。这些行业的发展不会对资源和环境产生破坏性的影响，并能取得良好的社会、经济效益。因此，区域文化通过影响人们的意识形态、区域政策与制度，为新型城镇化的发展注入新的活力而成为新型城镇化的核心动力。

社会保险、社会福利、优抚安置、社会救助和住房保障等社会保障制度的发展与完善，为城乡居民的工作和生活提供了基本保障，也为城乡居民的就业提供了最后的保障，从而成为新型城镇化的保障性动力。通过社会保障制度的改革和完善，使得城乡居民能够自由、有序流动，能够选择最适合自己的工作岗位，这样既有利于农村居民进入城市工作和生活，又有利于城镇居民在农村工作和生活，从而对于加速城乡统筹进程和社会和谐发展具有重要意义。优化的社会保障制度使得人们能够勇于创新，且勇于挑战自我，有利于城乡居民基本素质的提高。同时，它还有利于吸引不同地域的人才进入其适合的地域和适合的岗位工作，从而有利于区域产业技术的革新和产品的革新，有利于区域产业结构的优化。

第三，基础设施发展机制。基础设施是指为社会生产和居民生活提供公共服务的物质工程设施，它不仅包括公路、铁路、机场、通信、水电煤气等公共设施，也包括教育、科技、医疗卫生、体育、文化等社会事业。

通过发展综合交通运输体系、信息、通信网络体系，为城乡和区域之间的人流、物流和信息流的有序顺畅流动提供了基本保障，这为城乡经济、社会发展提供基础设施保障。人流、物流的顺畅流动有利于自然资源和人力资源的高效、集约利用，对于建设资源节约型和环境友好型社会具有重要意义。通过水源、能源供给、保护系统、环境保护与防灾减灾系统建设，为城乡经济的发展、城乡居民的工作和生活提供了基本的保障，有利于城乡经济社会活动的顺利实施。基础设施建设为城乡居民提供了完善、甚至是相对优越的工作和生活环境，完善了城乡的生活、居住、交通和游憩功能，有利于更多的人选择其适宜的生活和居住环境，为城乡居民在大中小城镇乃至农村的分布提供了基本的保证，从而在一定程度上促进了区域城镇的优化和协调发展，有利于城镇空间结构的优化。因此，城乡基础设施建设顺利展开，为城乡环境优化、结构优化，提高了基础性的推动力，从而成为推动新型城镇化的基础性动力。

2. 辅助机制

辅助机制包括行政促进机制和行政控制机制，它们构成了新型城镇化推进的政策性动力。在新型城镇化推进过程中，其参与主体由原来的政府单个主体转变为政府、企业、公众等参与的多元化主体，政府的作用也在发生变化，由原来的直接决定演变为间接影响为主、直接控制为辅。

当前，政府主要通过行政促进和行政控制，即通过有关政策的出台，从经济、社会、城镇、资源环境等各个不同的方面，对新型城镇化进程产生直接的或者间接的影响。其一，政府制定和城镇化进程直接相关的政策措施，如人口政策、城镇发展政策、城乡基础设施建设等，在其中增加激励或者约束条款，通过积极推进这些条款的实施，对区域的人口转移、城镇建设和发展等方面产生直接的影响，即控制或者促进，推进新型城镇化进程。其二，政府也可以根据区域发展的实际，制定一些和城镇化进程间接相关的政策措施，如产业发展政策中对技术含量要求、区域产业空间准入的约定、区域环境与保护政策、区域基础设施建设、社会保障、养老保险、户籍改革等，通过这些政策的推行，同样也体现为促进或者控制，对新型城镇化产生间接的影响。例如，构建三化一体的社会系统工程，构建城镇化的承载平台，推动城乡统筹发展，提供优良的社会保障。再如，宏观调控各项事业的发展，控制城镇化的发展速度，调节城镇的各种准入门槛，解决、克服城镇化进程中的客观问题与人为弊病等（吴江等，2009）。

3. 培育新型城镇化动力机制的措施

第一，大力发展现代服务业。随着社会经济的发展，第三产业逐渐成为新型城镇化的核心动力机制，定量分析也表明现阶段其对城镇化的贡献是最大的，为此，主体区必须大力发展第三产业。现代服务业既能为新型城镇化的推进提供经济支撑，又能吸引大量的农业和工业剩余劳动力，因此，成为发展第三产业的核心。现代服务业的发展可从六个方面展开：①发展科教文化事业，为现代服务业的发展提供人才支撑。②加强信息化产业的发展，为现代服务业的发展提供信息和技术平台支撑。③引用新技术改进传统服务业，提高现代服务业的技术含量。④发展具有先进文化内核的文化产业，发展积极向上的的区域文化，为第三产业特别是现代服务业的发展提供文化支撑。⑤建设与第三产业特别是现代服务业配套的区域政策，构建有利于现代服务业发展的区域政策体系。⑥建设配套的基础设施，为现代服务业的发展提供基础设施平台支撑。

第二，促进新型工业化进程。作为新型城镇化的核心动力，可以从七个方面促进主体区新型工业化进程：①通过发展科教文化事业，提供就业人员的文化素养和专业技能，以提高产业的技术水平，提高产业创新能力。②发展信息化产业，为工业的发展提供信息和技术平台支撑。③建立和完善技术创新平台，构建区域创新体系。④运用高新技术改造传统产业，提高工业技术含量，优化区域技术结构，优化区域产业结构。⑤发展为现代工业提供服务的第三产业，发展现代物流业，为工业发展提供服务。⑥建立和完善社会保障制度，完善和创新社会管理体制，为新型工业化提供制度保障。⑦进行节约化、集约化经营，提高资源利用效率，减少环境污染，优化区域生态环境。

第三，促进新型农业现代化进程。新型农业现代化是新型城镇化的基础动力，主体区新型农业现代化的发展可以从五个方面展开。①通过发展农业技术装备，建设农田水利基本设施建设，提高农业生产技术，提高粮食产量，奠定农业产业化基础。②发展科教文化事业，提高从业人员基本文化素养和职业技能，发展农产品加工业，研发新技术、加工新品种，提高产品的技术含量和附加值。③延伸农业产业链条，实现农业生产、加工、销售有机结合，实行农工商一体化经营，优化农村产业结构和技术结构。④进行节约化、集约化经营，提高资源利用效率，减少环境污染，优化农业生产环境，美化农村生活环境。⑤加强农业信息化建设水平，为农业产业化建设提供信息和技术平台支撑。

第四，加速区域先进文化的构建。中原文化是主体区的主流文化，新型城镇化的推进必须打造强劲的文化核心推动力。华夏文化内涵丰富，类型多样，各具特色。因此，要通过文化的整合发展，构建体现时代特色的，"新型"中原文化。为此，①分析梳理中原文化的内涵与特色，分析中原文化发展的区域经济社会基础。②分析我国不同类型文化的特质，分析其社会经济基础。③深入研究中原文化吸纳其他类型文化精华的可行性与可能性。④为中原文化中新文化要素的融入营造良好的经济、社会环境。此外，作为区域文化重要组成部分的区域政策也是区域先进文化构建的重要组成部分，需要通过深入分析区域经济社会发展现状与存在的问题，分析区域现有政策，研究区域制度结构，从而制定或完善相应的区域政策和制度，优化区域政策组成和制度结构。

第五，加速城乡基础设施建设。城乡基础设施建设对主体区城乡统筹发展，对主体区城镇的内涵式发展，对主体区城镇体系的构建均具有重要的意义。为此，①分析城乡基础设施建设现状，探究其中存在的问题。②进行城乡基础设施需求分析，制订基础设施规划方案。③通过城乡协调机制、城市之间协调机制的建设，在制度层面解决城乡基础设施建设的障碍。④通过行政立法，为城乡基础设施建设奠定法律层面的基础。⑤通过不同的层面、各异的方式的筹集资金，解决城乡基础设施建设的资金问题。

第四节 实施城乡统筹发展

一、城乡统筹发展的动力机制

1. 聚合力和裂变力

从城市的发展过程看，存在着两种类型的作用力——向城市中心集聚的聚合力和从城市中心向外扩散的裂变力，这一对力同时存在，并且其聚合过程和裂变过程贯穿于城市发展的整个过程。中心城市由于聚合过程和裂变过程产生了两种主要的效应：极化效应和扩散效应，在城市发展的初、中期以向中心的聚合力为主，城市由于交通便利、设施完备、功能齐全、人才汇集、技术先进、信息灵通，形成一个强大的"磁场"，吸引各类资源汇集于城市地域空间，从而形成区域中的"核"；在城市发展的中、后期向四周扩散的裂变力占优势，城市在区域形成核心之后，使城市发展更快，在发展的过程中积累了大量的经济社会、文化、技术信息等生长基因，形成一个充满活力的有机体，其有很强的自我发展和再生能力，不断地向四周腹地扩散。

从要素流动上看，资金具有向城市集中的区位指向性——资金总是从欠发达的农村地区流向发达的城市地区。在城镇化过程中，城市的金融职能受聚合力的作用向城市核心区集中，城市核心区的金融化反过来又促进了城市职能的提高和影响范围的扩大，加快了城镇体系的形成。进入逆城市化阶段之后，资金市场出现了向郊外转移的趋势，但是其主干市场还在城市，其转移的主体是人口和工商业等，而不是金融业。逆城市化是由城市的人口、交通和环境等所引起的。劳动力的流动受到运输条件、政治条件、体制条件等多种因素的影响，但是其流动的基本动力是行业间、部门间、企业间及地区间的劳动力价格的差异。城市具有经济集聚和土地收益的级差，加之我国的体制为城市居民创造了各种优惠的生活条件和财政补贴，导致了大城市对流动人口的聚合力。在一定条件下，运用市场经济的规律，通过价格、工资、税收等经济杠杆，建立合理的人口流动机制，可以达到对流动人口数量的控制和结构优化的目的。中心城市所具有的聚合力和裂变力相互作用，具有引导城乡资源和生产要素流动与重新配置的功能，因而成为城市协调发展的动力（杨晓娜，2005）。

2. 内部动力和外部动力

城市现代化和乡村城镇化构成了城乡协调发展的内部动力，乡村城镇化是乡村地域中传统型社区向城市现代化社区逐步转变。改革开放后，农村产生了大量剩余劳动力，剩余劳动力转移成为乡村城镇化的内部推力，城乡居民在收入水平、生活方式和生活质量等方面的差距构成了乡村城镇化的拉力，在这两种"力"的共同作用下，乡村经济成为乡村地域发展的主要动力。城市现代化主要通过城市功能的更新和完善来推动城市的发展，各种经济成分的发展，提高了城市的经济吸引力、辐射力和综合服务能力，这对乡村的发展起到了巨大的推动作用。城市现代化和乡村城镇化是城乡系统的一对作用力，共同推动了城乡的协调发展。

改革开放和外资的引进构成了城乡协调发展的外部动力。目前城乡间生产要素的流动仍然存在流通壁垒，随着改革开放的深入，这些问题逐步得到解决。20世纪90年代以来，随着区域投资主体的多元化，外资在城乡发展中的作用日益突出，外资的引进可以解决城乡发展过程中资金不足的问题，有效地推动农村城镇化进程。

3. 制度创新机制

城市与乡村在物质、文化、科学教育、生产生活条件，人们在生产生活中的结合方式、自身物质和精神需要的满足程度以及思想观念等诸多方面存在着质和量上的差异，城乡的差异越大，要求城市化发展的力量越大。社会分工是城乡差别产生的根源，工业化发展又是城乡差别扩大的直接因素，城乡差别效应是把双刃剑，既可以成为城镇化的发展动力，又可以在制度因素的影响下成为城镇化发展的阻力（王振亮，1998）。因此要以城乡协调发展为指导思想进行制度创新，使城乡差别效应成为城镇化发展的推动力量（图7-10）。

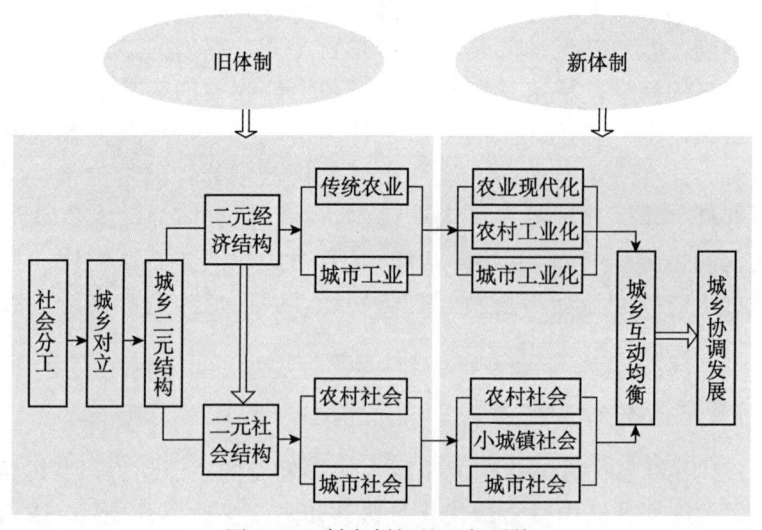

图 7-10 制度创新的运行系统

新制度经济学派认为，经济增长的关键是制度因素，一种提供适当的个人刺激的有效制度是保障经济增长的决定性因素。在缺乏有效制度或者处在新旧制度转型时期的国家或地区，此时制度创新的效率是最高的。经济体制改革促使经济飞速增长，但是，如果没有制度的深层次变革和根本性创新，经济快速增长难以顺利实现。制度创新促进经济增长，也是城乡协调发展的重要保障和关键因素。为此，要首先建立城乡平等的制度框架，然后在户籍制度、住房制度、就业制度、教育制度、医疗制度和社会保障制度等方面推行以城乡协调发展为目标的配套改革，制定统一的政策体制和实施细则，创造城乡居民身份平等、公平竞争的社会环境。

二、城乡统筹发展的定量分析

1. 城乡统筹的内涵

国内对城乡统筹的研究不少，但还没有一个权威的定义。李岳云等将城乡统筹的内涵界定为城乡关系统筹、城乡要素统筹和城乡发展统筹（李岳云等，2005）。周琳琅（2005）认为城乡统筹发展就是统一筹划城乡经济社会发展，统筹解决城乡存在的问题，积极发挥城市对乡村的辐射和乡村对城市的促进作用，实现城乡的良性互动。杨建涛（2008）认为城乡统筹发展就是针对一定区域的城乡发展问题，以科学发展观为指导，以促进城乡协调发展和共同繁荣为最终目标，把工业与农业、城市与乡村、市民和农民作为一个整体，统筹谋划、综合考虑，通过体制改革和政策调整，协调工农关系、城乡关系，逐步清除城乡之间的藩篱，促进城乡经济社会的协调、联动发展。

本书认为城乡统筹发展是城乡之间通过生产要素合理分配、优化组合，资源的自由流动、优势互补，以城带乡、以乡促城，最终实现城乡同发展、共繁荣，并促进城乡经济、社会、文化、生态持续协调发展的过程。因此，城乡统筹应该包括基础、社会、经济、公共服务和动态发展等几个方面，这是城乡统筹协调度评价指标体系建立的依据。

2. 研究方法与数据来源

城乡统筹协调度评价模型主要采取时序主成分分析方法。应用层次分析思想，遵循指标选择的区域性、可比性、科学性、可行性和客观性等原则，以城乡统筹发展协调度为目标层，以基础、经济、社会、公共服务、动态发展5个子系统为准则层，以26个具体指标为指标层进行时序主成分分析，对城乡统筹发展的时序特征和空间差异特征进行评价，指标体系见表7-14。由于主成分分析法要求样本数大于指标数，这里应用层次分析的思想进行两次主成分计算（即第一步分别对每个子系统提取主成分，算出各个子系统的综合得分；第二步以5个子系统各自综合得分为指标，再提取主成分，得出系统综合得分），得出城乡统筹协调度总得分，分析主体区城乡统筹发展的时空变化规律，进而对主体区城乡统筹发展进行定位推进。

表7-14 城乡统筹发展评价指标体系

目标层	准则层	要素层	指标性质
城乡统筹发展协调度（A）	基础子系统（B_1）	人均常用耕地面积 C_{11}	+
		人均GDP能源消耗量 C_{12}	−
		人均水资源拥有量 C_{13}	+
		小城镇密集程度 C_{14}	+
		人口自然增长率 C_{15}	−

续表

目标层	准则层	要素层	指标性质
城乡统筹发展协调度（A）	社会子系统（B_2）	城乡人均收入比 C_{21}	-
		城乡人均消费性指数比 C_{22}	-
		城乡恩格尔系数比 C_{23}	-
		城镇化率 C_{24}	+
		城乡人均文化娱乐教育支出比 C_{25}	-
	经济子系统（B_3）	非农产值比重 C_{31}	中性
		城乡居民人均可支配收入比 C_{32}	-
		二元对比系数 C_{33}	+
		经济外向度 C_{34}	+
	公共服务子系统（B_4）	交通线密度 C_{41}	+
		城乡每千人拥有的卫生技术人员比 C_{42}	-
		农村居民家庭劳动力文化程度大专以上人数比重 C_{43}	+
		农村用电量 C_{44}	+
		养老保险覆盖率 C_{45}	+
	动态发展子系统（B_5）	城乡固定投资变化率 C_{51}	+
		农村人均常用耕地面积增长率 C_{52}	+
		非农产业总产值增长率 C_{53}	+
		农业总产值增长率 C_{54}	+
		财政支农支出比重变化率 C_{55}	+
		农业综合开发项目投入增长率 C_{56}	+

聚类分析亦称群分析或点群分析，它是研究多要素事物分类问题的数量方法。其基本原理是根据样本本身的属性，用数学方法按照某种相似性或差异性指标，定量地确定样本之间的亲疏关系，并按这种亲疏关系程度对样本进行聚类。本书根据样本数量和数据变化规律，在评价主体区城乡统筹协调度时，采用系统聚类法，其中聚类方式选择 Ward 法。

根据指标体系选取主体区 1995～2009 年 15 年的数据进行分析，数据来源于 1996～2010 年的《中国统计年鉴》、《河南省统计年鉴》、河南省统计公报、18 个省辖市的统计公报等资料。

3. 主体区城乡统筹发展的时序特征

在进行时序主成分计算时，一般要求累计贡献率大于 85%。根据这一要求，对社会子系统、经济子系统和公共服务子系统分别提取出了两个主成分，动态发展提取三个主成分，计算结果见表 7-15。之后以各个子系统综合得分为指标再次进行主成分计算，得出最终综合得分，结果见表 7-16。

表 7-15　各个子系统主成分矩阵或旋转矩阵

准则层	要素层	主成分 1	主成分 2	主成分 3
社会子系统	城乡人均收入比	0.939	0.243	—
	城乡人均消费性指数比	0.487	0.866	—
	城乡恩格尔系数比	0.489	−0.870	—
	城镇化率	−0.966	0.091	—
	城乡人均文化娱乐教育支出比	0.973	−0.106	—
经济子系统	非农产值比重	0.934	−0.200	—
	城乡居民人均可支配收入比	0.935	0.182	—
	二元对比系数	−0.797	0.551	—
	经济外向度	0.775	0.588	—
公共服务子系统	交通线密度	0.875	0.368	—
	城乡每千人拥有的卫生技术人员比	0.277	0.960	—
	农村居民家庭劳动力文化程度大专以上人数比重	0.918	0.330	—
	农村用电量	0.975	0.207	—
	养老保险覆盖率	0.945	0.251	—
动态发展子系统	城乡固定资产投资变化率	−0.653	−0.732	0.181
	农村人均经营性耕地面积增长率	0.882	−0.011	0.085
	非农产业总产量增长率	−0.187	0.890	0.413
	农业总产量增长率	0.047	0.162	0.985
	财政支农支出比重变化率	0.963	−0.073	0.073
	农业综合开发项目投入增长率	0.977	0.156	−0.140

注：对于主体区而言，基础子系统指标在短时间内变化不明显，如近 10 年主体区人均常用耕地面积都是 0.07 公顷^2/人，小城镇数量短期内也没大变化，人口自然增长率也是多年维持在 5‰ 等，因此在评价主体区城乡统筹发展时序变化时，未将基础子系统考虑在内。而人均常用耕地面积、小城镇密集度等基础指标，具有区域差异性，也是城乡统筹发展的一个重要影响因素，因此，在进行区域差异分析时将基础子系统纳入指标体系计算。也就是说，主体区城乡统筹发展的时序变化评价分析，是模拟其大致的走势，与空间差异分析指标体系可以不完全相同，也不会影响各自的效果

表 7-16　城乡统筹协调度各子系统得分及综合得分

年份	经济	社会	动态	公共服务	综合得分
1995	0.5461	0.4561	0.5984	−1.7314	−0.6397
1996	0.0500	1.5050	0.0954	−1.3675	−0.9862
1997	−0.1974	0.9259	−0.8326	−1.0673	−0.8839
1998	−0.2759	0.7890	−0.4700	−0.2418	−0.4652
1999	−0.8154	0.3142	−0.7035	0.0891	−0.3215
2000	−0.8899	0.3156	−0.3698	0.1989	−0.2367
2001	−0.7133	0.0497	−0.4330	0.1069	−0.1707
2002	−0.5976	−0.5627	0.0772	0.1322	0.1312
2003	−0.4548	−0.8034	−0.5770	−0.0371	0.0559
2004	0.2628	−0.7211	0.5460	−0.0558	0.3349
2005	0.1373	−0.7803	0.3529	0.0570	0.3444
2006	2.0246	−0.4942	0.0701	0.3189	0.6537
2007	0.3512	−0.3410	0.4084	0.6706	0.5034
2008	0.6178	−0.3832	0.5859	1.3043	0.8477
2009	−0.0456	−0.2697	0.6515	1.6229	0.8327

将表 7-16 绘制折线图，如图 7-11 所示。据图 7-11 分析可知，主体区在 1995~2009 年的 15 年，城乡统筹协调水平总体上处于不断优化态势。大致可分为两个阶段：①1995~2002 年的稳定上升阶段。该阶段主体区城乡统筹发展协调度呈现平稳的发展态势，这表明主体区城乡关系发展状况良好，城乡差距总体上在不断缩小。②2003~2009 年的波动上升阶段。该阶段 2003 年、2005 年和 2007 年城乡统筹协调度分别低于 2002 年、2004 年和 2006 年，城乡关系呈现相对恶化状态，形成 2003~2009 年主体区城乡统筹协调水平总体上升、局部波动的锯齿形趋势。

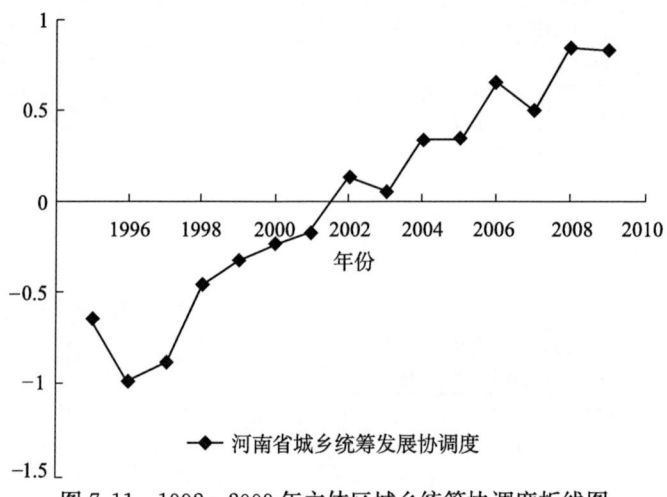

图 7-11　1992~2009 年主体区城乡统筹协调度折线图

图 7-12 为 1992~2009 年主体区城乡统筹协调子系统的得分变化，反映了各

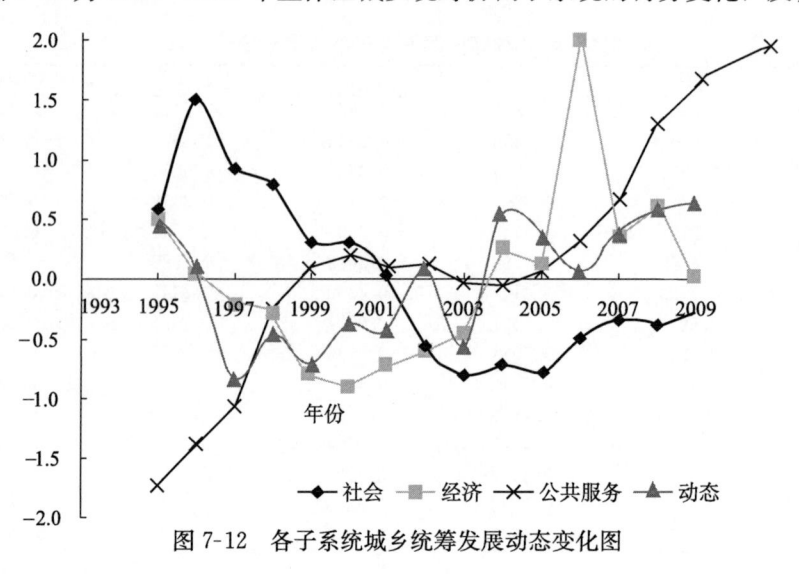

图 7-12　各子系统城乡统筹发展动态变化图

子系统在城乡统筹发展中所起的作用。由分值动态变化特征可看出：社会子系统自 1996 年开始剧烈下降，2003 年到达低谷，而后现平缓上升；经济子系统自 1995 年开始下滑，直到 2000 年开始反弹呈现波动上升状态，其中 2004 年、2005 年出现较小的波动；动态子系统 1995~2009 年处于剧烈地波动状态，但总体呈上升趋势；社会公共服务子系统除 2000~2003 年有小幅下降外，总体呈现逐年改善、渐趋融合的状态。

主体区城乡统筹协调度的时序特征主要有两点。

第一，1995~2002 年主体区城乡统筹协调度整体呈上升状态，与公共服务水平、动态发展水平变化趋势较为一致，与经济、社会子系统的变化趋势相反。这表明主体区城乡统筹整体水平的提高是持续的投资建设、基础建设扩建、公共服务水平逐年提高的结果，而城乡之间的经济差异、社会和谐状态仍处于低水平无序状态。另外，该时期经济、社会子系统中城乡居民人均可支配收入比、城乡二元对比系数、恩格尔系数变化等也呈现较大差异，这在一定程度上表明城乡经济社会的差异仍然是制约主体区城乡统筹协调水平的重要因素。从城镇化进程而言，城镇化带来的城市经济、产业、教育、医疗等公共服务方面的效益远超过乡村，是以牺牲农业、农村为代价的一种发展模式，也不可避免地造成乡村发展动力不足局面。

第二，2003~2009 年主体区城乡统筹协调度波动上升，出现了一系列的经济、社会变化。结合 4 个子系统变化规律可知，2003~2006 年城乡统筹协调度的波动上升是由经济、社会发展政策调整带动形成的，而基础设施投资提高、公共服务水平改善起了辅助作用。2006 年以来城乡统筹协调度依旧处于波动上升态势并达到一个新高度。中央出台的《关于推进社会主义新农村建设的若干意见》、《关于村庄整治工作的指导意见》等一系列政策为主体区进行城乡统筹发展之路提供了重要的参考依据。在上位政策的指导下，主体区扎实推进社会主义新农村建设和新型社区建设，有力地推动了主体区城乡统筹发展的稳步前行（张改素，2012）。

4. 主体区城乡统筹发展的空间差异特征

根据主成分分析计算结果（表 7-17）的数据变化特征以及拐点值，结合系统聚类的分析结果，可将主体区 18 个省辖市的城乡统筹协调度的空间差异表征出来，如图 7-13 所示。

表 7-17 2009 年城乡统筹协调度各子系统得分及综合得分

城市	基础	社会	经济	公共服务	动态	综合得分
郑州	1.1028	1.2567	0.7844	1.4084	0.7920	1.3570
开封	−0.5492	−0.2786	−0.3890	0.1567	0.4937	−0.2117
洛阳	0.2675	−0.4912	0.3373	0.3963	−1.1290	0.0231
平顶山	−0.0182	−0.9245	0.6234	−0.3262	0.4029	0.5039
安阳	0.4231	0.1519	0.2487	0.1907	−0.5821	0.1325
鹤壁	1.0266	0.1749	−0.2325	−0.4196	−0.1323	0.1527
新乡	−0.1387	0.3521	0.4623	0.5581	−0.3165	0.1668
焦作	0.7172	0.7533	0.5139	0.3304	−0.4195	0.4341
濮阳	0.2098	−0.4963	0.5855	−0.2911	−0.4011	0.2568
许昌	0.4774	0.6245	−0.0769	−0.3403	0.1213	0.0726
漯河	0.0054	−0.0682	0.0461	−0.5127	−0.2809	−0.1723
三门峡	−0.2250	0.0957	0.8507	0.2202	−1.2729	−0.0426
南阳	−0.5952	−0.4444	−0.4727	−0.0202	0.3275	−0.3581
商丘	−0.6658	−0.6155	−0.9328	−0.6578	1.0752	−0.4905
信阳	−0.8574	0.4870	−1.0154	−0.2428	−0.3492	−1.1476
周口	−0.7689	−0.5842	−1.1654	−0.5893	0.6795	−0.7942
驻马店	−1.0359	−0.7201	−1.1596	−0.5877	0.5493	−0.9371
济源	0.6246	0.7270	0.9920	0.7267	0.4422	1.0547

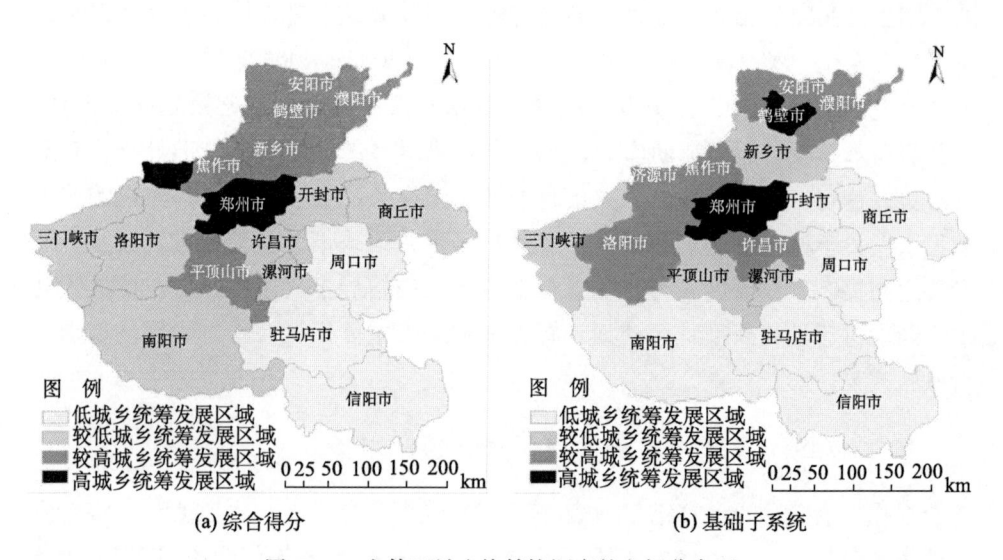

(a) 综合得分　　　　　　　　　　　(b) 基础子系统

图 7-13 主体区城乡统筹协调度的空间分布图

第七章 现代城镇体系建设的关键问题

(c) 社会子系统　　　　(d) 经济子系统

(e) 公共服务子系统　　　(f) 动态子系统

图 7-13　主体区城乡统筹协调度的空间分布图（续）

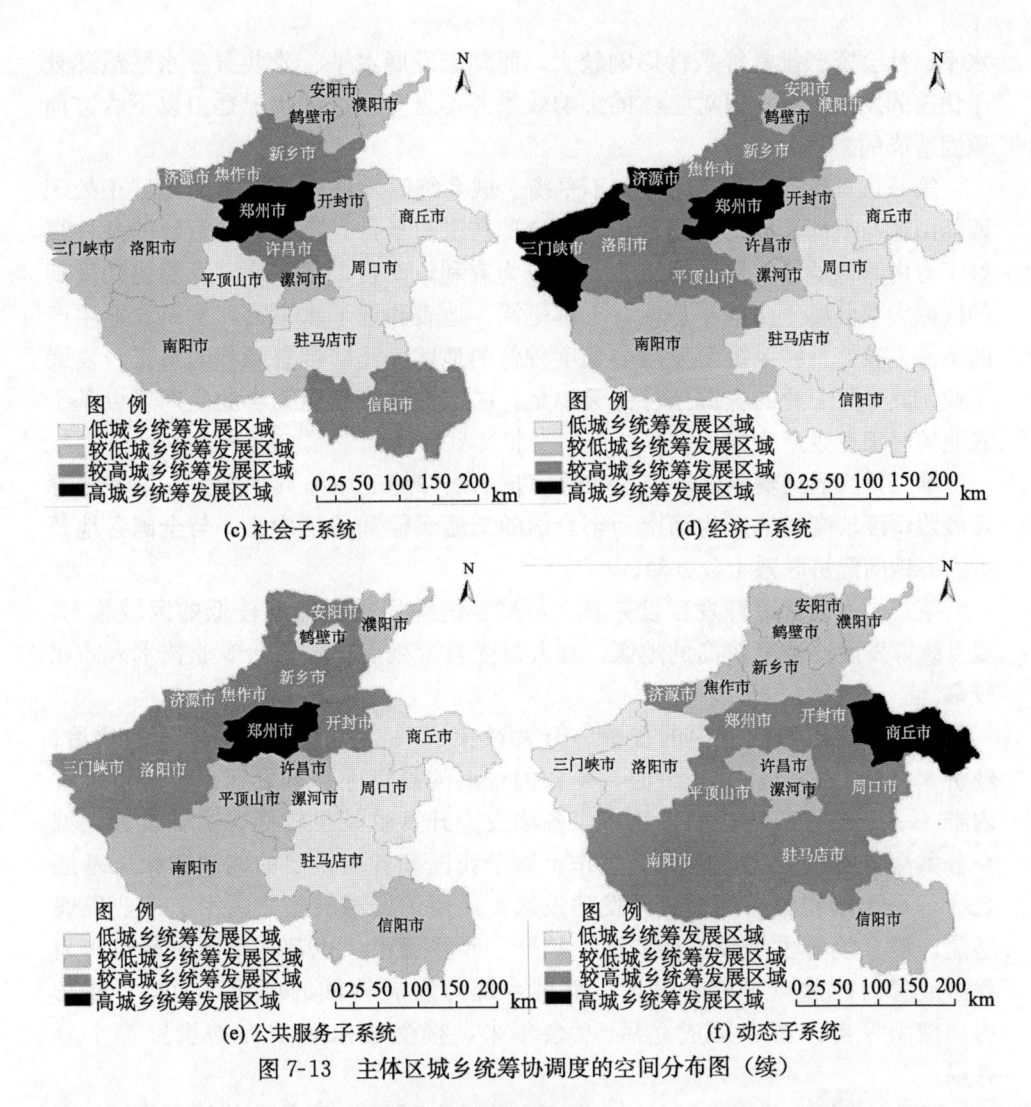

由图 7-13 可知，主体区城乡统筹协调度总得分可分为 4 个等级：第一等级城乡统筹发展处于高城乡统筹互动发展阶段（即郑州、济源）；第二等级城乡统筹发展处于较高发展阶段（即新乡、焦作、鹤壁、安阳、濮阳和平顶山）；第三等级城乡统筹发展处于较低发展阶段（洛阳、三门峡、南阳、漯河、许昌、开封和商丘）；第四等级城乡统筹发展处于低水平协调状态（周口、驻马店和信阳）。由图 7-13 还可知，5 个子系统也可以分为高统筹发展、较高统筹发展、较低统筹发展、低统筹发展 4 个等级，但空间分异的区域并不一致。具体而言，主体区城乡总体发展水平与经济、社会、基础子系统空间发展水平较为相似，与公共服务、动态子系统发展不一致，甚至有相反的趋势。从这个角度看，主体区城乡统筹总体空间格局的形成受各市基础条件、经济发展水平、工业发展

313

水平、社会资产投资等条件影响较大，而动态发展水平、公共服务水平虽然处于快速的发展阶段，但对整体的影响效果并不显著。这种状况是由以下六方面原因造成的。

第一，自然资源的空间分布不平衡。城乡统筹发展协调度高的地区正处于西部山地与东部平原的交接部位，无论矿产资源条件，还是农业资源的条件都好于省内其他地区，发展轻重工业均较为有利。而且，城乡统筹发展协调度高的区域大部分属于山前平原区，土壤肥沃，地表和地下水丰富，发展农业生产的条件也较好。城乡统筹发展协调度较低的地区，其矿产资源相对贫乏，发展工业尤其是重工业的资源条件先天不足，区域内经济只能靠农业生产或以基于农业的轻工业生产为主。

第二，交通运输条件、信息和通信技术条件的区域差异比较大。城乡统筹发展协调度较高的地区为河南乃至全国的交通运输和通信中心，与全国各地及省内各地的经济联系十分方便。

第三，人力资源开发程度差异。与城乡统筹发展协调度较低的区域相比，城乡统筹发展协调度较高的地区，其人口受教育程度比较高，专业技术人才比较多。

第四，与国家和省内的投资、开发政策有关。郑州市是主体区的政治、经济、文化、科技和交通中心，是省内重点的投资区、开发区。济源市是省内唯一一个没有市辖县的省辖市，各项投资开发政策也较好，基础设施、城乡公共服务等建设力度较大。焦作市属于我国和省内重要的能源和化工基地之一，是我国和省内的重点开发建设区，经历了资源转型之后第三产业发展迅速。城乡统筹发展较高的安阳、鹤壁、新乡等市，也都在不同时期被作为我国或省内的重点投资开发区。而城乡统筹发展较低的商丘、周口、驻马店、信阳等市，新中国成立后50余年来，接受国家和省内的投资都十分有限。

第五，与城乡收入、城乡消费方面有关。由图7-14可知，单从主体区各市城乡收入和消费的绝对水平进行比较，主体区城乡发展也确实存在一定的空间差异。然而，采用综合指标体系进行城乡发展的相关评价却显示城乡关系在朝着协调发展的方向迈进，这表明单用收入和消费的绝对数值来判定城乡相互关系问题是不全面的。城乡统筹发展是涵盖了生态、经济、社会及农村、农民、农业的一个复合系统，收入和消费水平确实能从一定层面简单了解城乡发展状况，却难以综合评价城乡统筹发展的整体发展状况。当前出现的收入与消费水平差距仍在加大，而统筹发展协调度却在上升的现象与国家、省内近年来所出台的一系列区域发展政策紧密相关。例如，近年来大力推进社会主义新农村和新型农村社区建设，城乡的基础设施建设得到很大发展，村村通公路基本实现，农村电网全面铺设等均已实现。但由于基础设施的社会经济效益需要一定时期才能显现，所以城乡统筹协调的状态并不会快速地得到的改善。所以城乡统筹协调发展应谋求基础子系统、经济子系统、社会子系统、公共服务子系统和动态发展子系统的全面发展，而不能单从缩小城乡差别、加大农村基础设施建设进行改变。

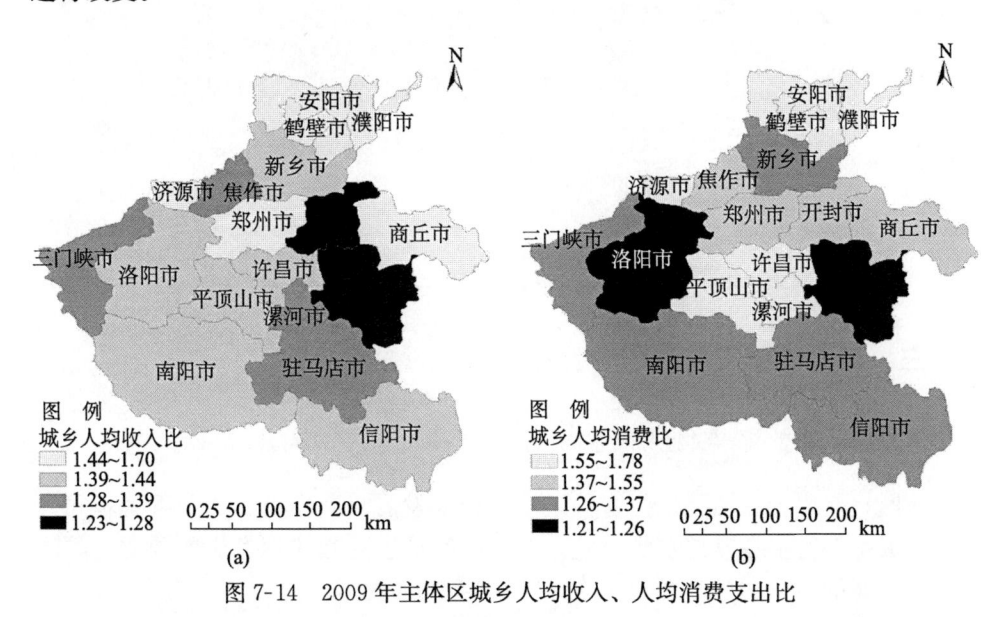

图 7-14 2009 年主体区城乡人均收入、人均消费支出比

第六，与城镇化率密切相关。主体区各市城镇化率排序与城乡统筹协调度排序结果进行对比发现，两者变化趋势并不一致（表 7-18）。由表 7-18 可分 3 组：①基本吻合组。要么是总体条件较好的城市（即郑州、济源、焦作），要么是总体条件较差的城市（即南阳、周口、驻马店、商丘、信阳），主要取决于城市资源状况、基础设施、交通区位及发展外向型经济条件等的优劣。②城乡统筹协调度水平高于城镇化率组。多是在原有基础上发展起来的老城市，其伴随城镇体系日益完善，基础设施建设加快、城乡经济互动加强、城乡要素流转加快，如平顶山、濮阳等。③城乡统筹发展协调度低于城镇化率组。洛阳、鹤壁等 4 市主要是以工矿业为基础发展起来，城镇化率较高。但由于城市还处于增长的极集聚阶段，辐射强度不高，城乡之间存在较大差距。综上，城镇化与城乡统筹发展协调度密切相关，但进度并不完全一致。由此，提高城镇化率来促进城乡统筹发展，也要注重区域经济、社会、文化、信息等方面的协同作用（张改素，2012）。

表 7-18 主体区各市城乡统筹协调度与城镇化率位次对比

城乡统筹协调度与城镇化率基本吻合的地区			城乡统筹协调度高于城镇化率的地区			城乡统筹协调度低于城镇化率的地区		
城市名称	城乡统筹协调度	城镇化率	城市名称	城乡统筹协调度	城镇化率	城市名称	城乡统筹协调度	城镇化率
郑州	1	1	平顶山	3	7	鹤壁	7	2
济源	2	3	濮阳	5	16	洛阳	10	6
焦作	4	4	新乡	6	8	三门峡	11	5
许昌	9	10	安阳	8	12	开封	13	9
漯河	12	11						
南阳	14	13						
商丘	15	16						
周口	16	17						
驻马店	17	18						
信阳	18	15						

三、城乡统筹发展的时空定位

1. 从时间变化特征进行发展定位

从时间变化特征发展定位主体区城乡统筹发展，应注重 4 个子系统不同方面的发展。①稳步提升经济子系统。主体区经济事业在快速发展的同时，要注重城乡之间的步伐，不以牺牲农村利益谋求城镇发展，适当加大对农村产业、乡镇企业的扶持力度，适度发展第一、第二产业向相合的产业集群产业，逐步形成农村产业化、企业化的链条。②全面统筹社会子系统。城乡统筹发展既要注重投资建设、资金援助、经济补偿等经济措施，又要兼顾城乡社会子系统包括社会公平、教育平等、住房保障、就业指导、文化提升等诸多方面，切实考虑各种民生问题，情为民所系，利为民所谋。③继续提升公共服务水平。在公共服务水平发展方面，要持续提高城乡一体的基础设施、公共设施的规划建设与共建共享，为城乡统筹发展做好基础性保障工作。④提升动态子系统变化的稳定性。主体区动态变化情况的波动性，一定程度地影响着主体区整体水平的上升。所以必须提升动态子系统变化的稳定性，尤其不要一味地追求快，而应形成稳定的增长率、变化率，为各方面的协同发展打下合适的"步履"。

2. 从空间分布格局进行发展定位

根据主体区城乡统筹协调度的空间分布格局，结合主体区区域的空间结构特征，可将主体区的城乡统筹发展推进策略分为三个层次（图 7-15）。①发展壮大第一层次的区域增长极，充分发挥区位、基础优势。营建大郑州都市区使之为全国区域性中心城市和中原城市群的核心增长极，加强郑州市与周围区域的优势互补，打造具有城乡统筹特色的生态观光园、文化创意园；充分结合产业集聚的空间辐射能力，提高本土城镇化质量，结合本地特色引导农村居民点向集中的新型社区迁移，扎实推进新型农村社区建设的各项工作。②发挥第二层次区域城乡一体化试点示范效应，合理部署各市城乡一体发展。借助与大郑州都市区的密切关系，发挥其产业基础、科研实力、交通区位、信息枢纽优势，加强各市之间互动强度；发挥城乡一体化试点县（市）建设的示范作用，形成自上而下和自下而上的城乡统筹共同推进模式。③加快第三层次区域的经济、社会发展，发挥社会服务系统的带动效应。该区域社会公共服务水平好转，经济、社会、动态的发展却没有实质性的改变。由此第三层区域要提高城乡之间的经济协调，减少城乡社会矛盾等方面的问题，争取促使城乡在基础设施、公共服务水平提高的同时帮助农民解决就业、教育等民生问题，注重区域经济、社会、公共服务建设的持续性，提高各项建设的动态适应性，为城乡统筹发展奠定基础（张改素，2012）。

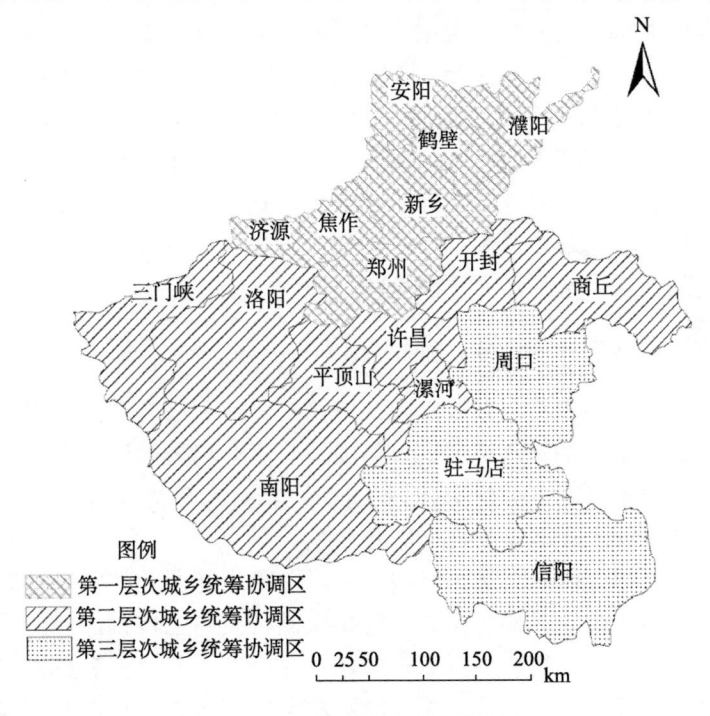

图 7-15　主体区城乡统筹分级图

四、城乡统筹发展的路径

1. 强化城乡统筹，加速城镇化进程

深化城乡制度改革，改变城乡二元结构。首先，引导城乡统筹的强制性、

诱致性制度变迁同时进行。强制性制度变迁是由政府的政策法令和制度设计贯穿实施，这是一种自上而下的变迁方式；诱致性变迁是在制度不均衡的情况下，存在获利的机会时，人们自发性进行的变迁方式，这是一种自下而上的变迁（林毅夫，1989）。其次，要坚定不移地进行户籍制度改革，使农民和市民在身份和地位上享有合理的平等机会和权力。再次，在户籍改革的基础上，进行配套的财税制度、教育制度、公共福利制度、社会保障制度的改革，使农民在政策上享有平等的待遇。

加速城镇化进程。城市是区域的政治、经济、文化中心，也是城乡系统的核心，对区域的发展起着主导作用。城镇化是促进欠发达地区经济发展的主要手段，也是打破城乡二元经济结构、缩小城乡社会差距、推动城乡协调发展的重要途径。城镇化进程包括城镇的内涵式发展和外延式发展两个方面。内涵式发展可以提升现有城镇的质量，增加它对周围地区的影响力。要坚持大中小城市协调发展的战略，充分发挥大城市对区域发展的主导作用，加强城镇体系建设，以带动农村经济社会的发展。依托郑汴洛城市工业走廊，建设产业发展带，推动并逐步实现郑州与开封、洛阳、新乡、许昌之间的空间发展和功能对接，构建以郑州为中心、产业集聚、城镇密集的"大十字"型框架，逐步形成"米"字形城镇、产业框架。此外，在农业产业化、农村工业化等的推动下，借助中心城市的辐射带动，通过户籍改革、基础设施建设、合理的规划等手段加速农村城镇化进程，进行城镇化的外延式发展。

2. 加速区域农业产业化进程

积极发展中小企业，大力培育和扶持龙头企业。培育和扶持农业产业化的龙头企业，鼓励龙头企业跨地区、跨部门、跨所有制界限进行资产管理费用和企业兼并。适当提高被兼并企业职工的分流比例，减轻龙头企业的包袱。同时，要在资金筹集、税收政策等方面向龙头倾斜。

协调好产业化组织内部运行机制。要建立和完善企业和农户之间的双向约束机制，确立各主体的责任和义务及惩罚机制，使各主体都能在遵守规则的基础上获得利益。企业要建立弱势保护机制，即一方面要通过提供预付资金和技术，扶持农民发展生产；另一方面，制定最低保护价，在市场价格过低时，按保护价收购；建立农民参与的多种经营机制，逐步发展股份合作经营，企业与农民以入股参股的形式结成利益共同体。

形成各具特色的农业产业化发展格局。根据各地区优势农产品和技术，制定区域布局规划，引导和扶持企业将基地建设和加工项目向优势农产品区域转移。建立以新乡、安阳等为主的优质专用小麦生产加工基地，扶持搞好良种展示与繁育、技术培训等，以"订单农业"为基础，搞好优质小麦的产销衔接；

建立以黄河滩区、豫东平原等为主的优质畜产品生产加工基地，以规模化、集约化养殖为重点，通过推广优良畜禽品种和养殖技术，加快畜牧业和畜产品加工业的发展，不断提高畜牧业产值在农业总产值中的比重和畜牧业对农民增收的拉动作用。同时大力发展水产养殖业，加快畜产品种、品质结构调整步伐，积极推广水产优良品种和先进实用养殖技术，推进水产养殖规模化、产业化（牛树海，2006）。

3. 加速区域工业化进程

培育和发展主导产业。随着主体区工业化进程的推进，重点发展有中原特色的建筑建材、食品和高新技术产业，发展新装备制造、生物医药等战略性新兴产业。建材业以建筑业为先导，以高品质水泥、玻璃等非金属材料，有色金属、黑色金属为主的制品材料，新型墙体材料为主的高档化合成材料、装饰材料，关联产业共同发展，从而形成以建筑业为龙头的新型建筑建材业。食品工业要重点围绕肉、蛋、禽等家副产品资源，努力调整产品结构，大力开发新品种，争创名牌，实现规模经营，最终形成有河南特色的优势食品工业。围绕电子及通信设备业、生物工程和新材料工业，发展高新技术产业，为主体区产业升级创造必要的物质基础。

提高农村工业化水平。既要重点鼓励和扶持乡镇企业的发展，实施统筹规划、合理布局、分类指导，又要在讲求效益、注重环保的前提下，保持较快的发展速度。把发展乡镇企业及小城镇建设结合起来，有计划地塑造大中小、功能合理的城镇群体网络，使大量剩余的农村劳动力及其派生的非农产业，由农村逐步转移向城镇，以加速农村工业化、城市化的进程。

加速第三产业的发展，为工业化提供完善的市场运行条件。重点发展与市场体系发育密切相关的产业，如金融业、保险业、信息咨询业和新兴服务业等。遵循市场成长的规律，现代市场体系建设以工业发展和结构升级相结合，以建立统一、开放、有序的市场体系为重点，着力建设与第一、第二产业发展密切的商品市场、要素市场和市场中介组织，为工业发展提供良好的服务和条件。

信息化与工业化同时推进。现代经济中工业化与信息化的关系是：工业化是信息化的物质基础和主要载体，信息化是工业化的推动"引擎"和提升动力，两者相互融合，相互促进，共同发展。主体区目前处于工业化中级阶段，正在向更高阶段加速迈进，表现为结构剧变和经济快速增长。国际社会正处于知识经济兴起和经济社会信息化的阶段，面对世界范围内的信息化浪潮，正确审度主体区的具体情况，选择符合本省情况的发展道路，即工业化和信息化同时推进（韩琳，2002）。

4. 加速城乡保障体系的建设

建立城乡统一保障体系，统筹城乡各项事业发展。建立城乡一体化的公共服务设施和市政设施，推进社会事业一体化进程。建立城乡统筹的教育制度，实施城乡教育资源对接，提高农村教育条件。完善城乡医疗、卫生体系，提高合作医疗的保障水平。完善计划生育管理体系，提高人口素质、倡导文明社会。逐步消除企事业单位劳动力聘用户籍歧视以及在劳动报酬、社会保障等方面的差距。完善城乡社会保险体系和救助体系，保障失地农民的合法权益。积极改革和推进以农村养老保险为龙头的保险制度。

探索城乡协调机制，形成统一体系建设。围绕核心城市、中小城市、重点镇和中心村、新型社区建设，配套实施城镇的"三规合一"的规划编制体系，完善城乡产业发展、生态建设规划。加强城市、乡村基础设施的共建共享，加快推进基本公共服务均等化。以推进新型工业化、新型城镇化和新型农业现代化为手段，壮大乡镇企业、县域经济，促进产业集聚区与中心城市、重点镇的产城互动发展，建立以工促农、以城带乡的长效机制，探索走不牺牲农业与粮食、生态与环境的"三化"协调发展之路。

推进城乡一体化试点建设进程，促进城乡统筹试验区协调发展。深入推进鹤壁、济源、巩义、义马等地城乡一体化试点建设进程，加快试点城市的户籍管理及社会保障制度改革，放宽中小城市、小城镇落户条件，逐步实现农民工在劳动报酬、子女就学、公共卫生等方面与城镇居民享有同等待遇，促进在城镇稳定就业和居住的农民有序转变为城镇居民（王建国，2011）。调动地方政府与群众的积极性，促进新乡市等省级统筹城乡发展试验区建设，积极探索以产业集聚区建设和农村新型社区建设为载体，协调推进试验区新型社区建设、县域经济发展及大郑州都市区建设的新路子。

5. 加快推进生态环境建设

注重加快生态环境建设，建设生态工业园区。在工业生产中，通过高新技术的应用，生产绿色无污染的产品，带动产业结构调整和升级，淘汰污染严重的企业。改进现有的经济增长方式，实现生产过程无害化，减少对经济、社会和环境的负面影响。

加强各个城市与周边农村地区的生态环境保护与建设工程，以使城乡经济社会系统达到快速、健康、可持续的发展目标。主体区作为我国的农业大省，一定要坚持发展与生态环境相协调的生态农业，积极推进城乡生态环境一体化，按照优化城乡人口和产业布局的要求，把城乡居民社区、基础设施和生态环境作为一个整体进行规划建设，着力形成城—镇—乡居民社区、基础设施、生态环境相配套的规划体系和建设格局。强化污染防治，加快生态建设，加大资源保护开发的力度，做好生态建设和环境保护工作，建立城乡环境卫生机制，促进城乡经济社会和资源环境的统筹协调发展（刘珊珊等，2010）。

6. 构建城乡统筹发展的承载平台

主体区城乡统筹的发展平台包括城镇—乡村承载平台、城镇体系承载平台和城市—区域系统承载平台等三个平台组成。

城镇—乡村承载平台是城乡统筹发展的基础平台。城镇是城镇—乡村承载平台的中心，乡村是承载平台的外围，两者构成中心—外围形态。城镇是乡村经济活动的中心，对乡村的经济社会发展起组织和带动作用，乡村是城镇存在和发展的基础。城镇通过交通、信息、商品、流通、金融等网络系统，把它与周围的乡村紧密联结在一起，形成自己的腹地。乡村必须依靠中心城镇把区内各种经济社会活动凝集成一个整体，通过中心城镇的带动作用，加速乡村地区的发展。主体区要重视大城市周边卫星城镇和小城镇的发展，培育不同等级的区域增长中心；合理确定城镇发展规模，促进各级发展中心合理、有序的发展。

城镇体系承载平台是通过合理的架构，将区域内部大大小小的城镇—乡村承载平台组织成一个结构有序、布局优化、功能优良的城市-区域系统。系统内部某一要素的变化必然导致其他要素及系统整体的变化，发育良好的城镇体系可以加速内部城镇—乡村平台趋向合理、优化的方向发展。构建主体区城镇体系承载平台主要包括以下内容：首先，调整城镇体系等级结构，优化城镇等级结构体系，形成完善的由郑州为核心城市，洛阳为副中心城市，开封、新乡等其他省辖市为地区中心城市，其余城镇为地方性城市等构成的等级结构。其次，构建特大城市、大城市、中等城市、小城市和小城镇五个规模级别的典型的"金字塔"型规模序列，以期各规模级别城市都能拥有合理的规模、较强的经济实力和区域经济带动力，带动区域的发展。再次，完善城镇体系职能，通过各城镇职能的有机组合，共同构成具有一定特色的地域综合体。最后，优化城镇体系空间结构（李晓莉，2008）。

城市-区域系统是以中心城市为核心，与其紧密相连的周围区域共同组成的，在政治、经济、文化、科技、社会和信息等方面密切联系、互相协作，在社会地域分工和空间相互作用中形成并协调发展的城市地域综合体。城市-区域系统包括以下要素：中心城市、城镇体系、影响区和相互作用通道。构建城镇-区域系统承载平台，要从其构成要素着手，抓住城市-区域系统的点（市、镇）、线（点之间的连线）、网（市、镇、乡交织而成）、面（广大乡村腹地），促进城镇和区域协调发展（李晓莉，2008）。依据主体区城镇化发展的战略构想，加速由郑州和开封组成的核心层的快速发展，优化主体区内部各个城镇组成的等级各异、空间范围不同的城镇体系的发展,通过基础设施修建与完善强化联系通道的扩展与延伸,最终形成空间布局合理、结构优化的主体区城市-区域系统。

第五节　夯实郑汴都市区的区域基础

一、郑汴都市区建设的必要性与可行性

郑汴都市区是中原城市群和中原经济区的核心增长极,通过郑汴都市区建设对于加速中原城市群、河南省乃至中原经济区的快速、健康发展均具有重要意义。

郑汴都市区建设有其必要性。①作为主体区和中原城市群的首位城市,郑州首位度明显偏低。据中国城市统计年鉴2010年的数据,主体区的首位城市郑州市区人口298.00万,第二位城市南阳市区人口为186.92万,城市首位度为1.59;中原城市群的首位城市也为郑州,第二位城市为洛阳,城市首位度为1.83。②作为主体区和中原城市群的核心城市,郑州的影响力有限。根据闫卫阳等的计算,郑州市的影响力尚不能完整地覆盖河南省全境(秦耀辰等,2011)。显然,作为未来的增长极,郑州市区还难以担当其相应的重任。③作为河南省省会城市、核心城市,郑州市区的经济贡献率较低。2009年郑州市区GDP为1431.79亿元,河南省GDP为19 480.46亿元,郑州市区占河南省GDP的比重为7.35%。同年,和中原城市群作为南北呼应的武汉城市圈的核心城市武汉市区,其GDP为3888.8522亿元,湖北省GDP为12 961.10亿元,占湖北省GDP的比重为30%,武汉市区经济贡献率要远远高于郑州市区对河南省的贡献率。④中原城市群整合的基础。中原城市群依旧是离散的"规划群"状态(王发曾、刘静玉等,2007),在中原城市群587万公顷的广大地域中,郑州市区经济实力、城市规模较小,不足以带动中原城市群的整合发展。为此,通过郑汴都市区建设,培育城市群的核心增长极便成为中原城市群发展的首要任务。

郑汴都市区建设有其可行性。①在行政区沿革上,郑州市下辖的新郑、新密、登封、巩义和荥阳5个县级市原属于开封地区,行政整合成本低。②在文化上,郑州和开封同属于中原文化区,文化认同有利于郑汴整合。③在产业上,郑州和开封产业无论是区域还是产业同构系数均比较低(刘静玉,2006),产业整合的空间很大。④在空间距离上,省辖市中郑州和开封空间距离最近,通过郑开大道、郑民高速和连霍高速和郑汴城际轻轨等快速交通线路的建设,两者之间的时间距离会更近。⑤郑汴产业带建设已经全面展开,白沙组团、官渡组团和汴西组团的建设已经全面展开,企业已开始入驻,在空间上郑州和开封两市正在整合为一个整体。⑥郑州和开封之间已经从邮政通信、公共交通、金融

等方面展开整合的步伐，推进全面整合时日可期。

城市地区的发展需要区域从人、财、物等方面提供强有力的支撑，同时，又在经济、文化、社会和生活等方面对区域产生深刻的影响，郑汴都市区的发展同样离不开其影响区域的支撑。郑汴都市区包括郑州市区、开封市区和中牟县等地域空间，其直接影响范围为郑州和开封两市市域，即郑汴一体化地区。其理由如下：其一，郑州市区的辐射范围包括周围的新密、荥阳、巩义、登封、新郑和中牟等县（市），开封县、尉氏、通许、杞县和兰考等县（市）则是开封市的影响范围。其二，郑汴都市区是一个城市地域的概念，其发展必然需要腹地或影响范围。因此，在行政因素对区域发展起着重要作用的背景下，郑汴都市区的直接影响范围应该包括新密、荥阳、巩义、登封、新郑、开封县、尉氏、通许、杞县和兰考等县（市）。

实际上，郑州和开封整合为城市群核心增长极的可能性也最大（刘静玉，2006；马艺枫和胡碧玉，2008；王旭升，2007；夏保林和任斌，2009）。通过创新体制、引导产业、美化环境、优化空间的思路，可以加速郑汴郑汴一体化的进程。通过空间准入、产业优化、创新技术、优化管理、协调空间、统筹城乡、生态发展的理念，能够形成郑州、开封之间的产业发展廊道和经济发展轴线。通过郑汴新区的崛起、郑汴产业带的成型，加速郑州、开封两市的整合进程，形成双中心、组团式、网络化的复合型城市密集区，使之成为全省的交通、产业网络中心。进一步增强郑汴都市区的区域影响力、核心竞争力，以及郑州市作为国家区域性中心城市、全国重要的综合交通枢纽、现代物流中心和商贸中心（赵勇，2009），使之成长为中原城市群的核心增长极。

二、郑汴都市区发展的区域基础

1. 郑州市发展的基础

郑州市位于 $112°42'\sim114°14'E$，$34°16'\sim34°58'N$，地处主体区中部偏北，北临黄河，西依嵩山，东南为广阔的黄淮平原，是主体区的省会，是全省政治、经济、文化中心，市区面积 101 000 公顷，建成区面积 33 700 公顷，市区人口 333.12 万。郑州交通、通信发达，处于我国交通大十字架的中心位置，陇海、京广铁路在这里交汇，107 国道、310 国道，京港澳高速公路、连霍高速公路穿境而过，新郑国际机场与国内外 30 多个城市通航。拥有亚洲最大的列车编组站和全国最大的零担货物转运站，一类航空口岸、一类铁路口岸和公路二类口岸各 1 个，货物可在郑州联检封关直通国外。邮政电信业务量位居全国前列。郑州已经成为一个铁路、公路、航空、邮电通信兼具的综合性重要交通通信枢纽。

郑州拥有得天独厚的自然资源。现已探明的矿藏有煤、铝、黏土、耐火黏土、水泥灰岩、油土和石英沙等34种。其中煤炭总储量50亿吨，居全省第一位；耐火黏土种类齐全，储量达1亿吨，占全省储量的一半；铝土矿储量1亿吨，占全省的30％；天然油石矿矿质优良，是全国最大的油石基地之一。郑州盛产小麦、玉米、稻谷、棉花、烟叶、泡桐、苹果，土特产有黄河鲤鱼、新郑大枣、荥阳柿饼、广武石榴、密县金银花、中牟大蒜、郑州西瓜等。

郑州是新兴的工业城市。2009年实现生产总值3300亿元，增长12%；地方财政总收入达到521.7亿元，增长12.3%，其中一般预算收入达到301.9亿元，增长15.9%；全社会固定资产投资完成2289.1亿元，增长29.1%；社会消费品零售总额完成1434.8亿元，增长18.9%；城镇居民人均可支配收入达到17 417元，农民人均纯收入达到8121元，分别实际增长9.5%和7.8%。全年一般预算支出353亿元，增长22.3%；安排产业发展引导资金17亿元，其中新增支持汽车产业发展、电解铝储备、信用担保体系建设等资金10.5亿元；确定了十项重点工程，356个项目。强化投资对经济增长的拉动作用，城镇固定资产投资完成2002.2亿元，增长31.6%。

2. 开封市发展的基础

开封市位于$113°51'\sim 115°15'$E，$34°11'\sim 35°11'$N，古称汴梁，地处主体区东部，处于豫东大平原的中心位置。市区面积36 200公顷，市区人口85.57万，其中建成区面积9400公顷。开封是一座承东启西、联南通北、区位优势独特的城市，西距郑州国际机场50千米，陇海铁路横贯全境，京广、京九铁路左右为邻，黄河公路大桥横跨南北，310国道、106国道纵横交汇。开封有京港澳高速公路、连霍高速公路、日南高速公路、阿深高速公路、郑民高速公路，使开封成为国内少有的高速公路密集交织的城市。

开封市资源禀赋优越。境内河流众多，分属黄河、淮河两大水系，地下水储量丰富。地下资源已探明的有石油和天然气，预计石油总生成量5.6亿吨，天然气含量485亿米^3。开封气候温和，土质肥沃，是国家小麦、花生、棉花的重要产区，市域内5县的小麦、棉花、花生生产跃入全国百强县，4个县被确定为国家优质粮食产业工程项目县。西瓜、花生产量居河南之首，大蒜总产量位居全国第二。开封还是国家奶山羊基地、细毛羊生产基地、淡水鱼生产基地，畜牧业总值、人均产值走在全省先进列。尉氏县贾鲁河滩已成为长江以北最大的鱼鸭混养基地。

近代以来，中原民族工业最先在开封兴起。经过一个多世纪的发展，开封已经形成了以机械、纺织、食品、化工和医药五大支柱产业为主的工业体系。其中，碳素、空分设备、阀门和仪表等大型企业在国内占有重要地位，是全国14个精细化工城之一。2009年全市生产总值777.1亿元，增长12.6%；财政一般预算收入 29.5 亿元，增长 13.1%。全市 209 个重点项目完成投资 205.6 亿元，是 2008 年的 1.6 倍；其中 120 个工业项目完成投资 126 亿元。全市城镇固定资产投资 315.6 亿元，增幅达到 35.8%，全市城镇居民人均可支配收入 12 318 元，增长 8.6%；农民人均纯收入 4695 元，增长 7.8%。全市工业增加值 319.3 亿元，增长 13%，其中规模以上工业增加值 220.7 亿元，增长 17.8%。

三、郑汴区域产业整合

郑汴产业整合的基本思路是：计算郑州、开封两市各个工业行业区位商、比较优势系数和收入弹性系数，并结合两市工业发展基础和现状，最终选择各市优势工业行业。

1. 研究方法与数据来源

在评价地区产业比较优势时，产业区位熵分析是最基本的方法之一（崔功豪，2006）。产业区位熵可以说明在区域分工中某一种产业的生产或发展的专业化水平，但仅仅从区位熵分析是不够的，可同时选择比较优势系数和需求收入弹性进行分析。

区位熵是指一个地区某种产业在较高层次区域该产业中所占的比重与该地区某项指标占较高层次区域该项指标比重之比。其计算公式为

$$Q_{ij} = \frac{e_{ij}/e_j}{E_i/E} \tag{7-7}$$

式中，Q_{ij} 为 j 地区 i 产业的区位熵；e_{ij} 为 j 地区 i 产业的产值；e_j 为 j 地区的总产值；E_i 为较高层次区域 i 产业的产值；E 为较高层次区域总产值。当 $Q_{ij} > 1$ 时，j 地区的 i 产业具有比较优势，在一定程度上显示出该产业具有较强的竞争力。如果 Q_{ij} 越大，则表明 j 地区的比较优势越显著；当 $Q_{ij} = 1$ 时，说明 j 地区的 i 产业处于均势，或表明该产业的优势还不明显；当 $Q_{ij} < 1$ 时，则表明 j 地区的 i 产业处于比较劣势，或者尚未形成比较优势，或者已经丧失了比较优势（黄以柱等，1991）。

区域比较经济优势可以用比较优势系数表示，它是比较集中系数、比较增长率系数、比较劳动生产率系数、比较利税率系数的乘积。

比较集中系数的公式表达式为

$$J = \frac{a/A}{b/B} \tag{7-8}$$

式中，J 为比较集中系数；a 为某地区该产业的产值；A 为某地区所有产业的产值；b 为较高层次区域该产业的产值；B 为较高层次区域所有产业总产值。如果比较集中系数大于 1，则该产业在产出规模上具有比较优势；反之，则该产业在产出规模上不具备优势。

比较增长率系数的公式表达式为

$$Z=\frac{x/X}{y/Y} \tag{7-9}$$

式中，Z 为比较增长率系数；x 为某地区该产业的增长率；X 为某地区所有产业的增长率；y 为较高层次区域该产业的增长率；Y 为较高层次区域所有产业增长率。如果比较增长率大于1，则该产业具有生产率的比较优势；反之，则该产业不具备生产率的比较优势。

比较劳动生产率系数的公式表达式为

$$L=\frac{m/M}{n/N} \tag{7-10}$$

式中，L 为比较劳动生产率系数；m 为某地区该产业的劳动生产率；M 为某地区所有产业劳动生产率；n 为较高层次区域该产业的劳动生产率；N 为较高层次区域所有产业的劳动生产率。

比较利税率系数的公式表达式为

$$S=\frac{t}{T} \tag{7-11}$$

式中，S 为比较利税率系数；t 为某地区该产业的产值利税率；T 为较高层次区域该产业的产值利税率。如果比较利税率系数大于1，则区域该产业的经济效益与较高层次区域其他区域相同产业比具有优势；反之，则区域该产业的经济效益与较高层次区域其他区域相同产业比处于劣势。

比较优势系数为以上4个系数的乘积。作为一地区的优势产业，其比较优势系数必须大于1，否则不应考虑，最好是选择比较集中率系数、比较增长率系数、比较劳动生产率系数、比较利税率系数都大于1的产业。当地区内不同产业进行比较时，可以按比较优势系数值的大小进行排序，并选择比较优势系数最大的作为优势产业（李小建等，1999）。

产业的发展前景主要取决于所生产产品的社会需求增长。通常依靠市场和产业自我调节实现，如果市场存在现实的或潜在的对某种产业产品的需求，该产业就会发展，形成产业的增长潜力。所谓需求收入弹性是指在价格不变的前提下，某产业产品的需求增加率与人均国民收入的增加率之比。一般用需求收入弹性系数进行测度，其公式表达式为

$$X=\frac{x}{s} \tag{7-12}$$

式中，X 为需求收入弹性系数；x 为某产业产品的需求增加率；s 为人均国民收入的增加率。如果需求收入弹性系数大于1，则表示富于弹性；反之，则是非弹性的。主导产业的产品需求收入弹性系数必须大于1，其数值越大，市场对产品的需求越多，产业的发展潜力越大（李小建等，1999）。

数据主要来自：郑州统计年鉴2008，郑州统计年鉴2009，开封统计年鉴2009，开封统计年鉴2008，中国统计年鉴2009，河南统计年鉴2009。

2. 区域候选优势工业行业选择

在进行区域优势工业行业初步选择时，首先用区位熵和产值规模从所有工业产业中粗略地选出具有优势的行业，然后结合比较优势系数和需求收入弹性系数再进行选择，确定候选的优势工业行业。

第一步，候选优势工业行业的初步选择。选取2009年郑州市、开封市工业行业发展的相关数据，计算两市各工业行业的区位熵，并计算各工业行业产值占全市工业总产值的比重，得到的结果见表7-19。

表7-19　2009年郑州和开封工业行业相关指标数据

工业行业	区位熵 郑州	区位熵 开封	占全市工业增加值的比重 郑州	占全市工业增加值的比重 开封	比较优势系数 郑州	比较优势系数 开封	需求收入弹性 郑州	需求收入弹性 开封
煤炭开采和洗选业	1.16	0	11.86	0	1.29	—	8.63	0
黑色金属矿采选业	1.16	0	0.01	0	1.29	—	0.01	0
有色金属矿采选业	1.16	0	0.87	0	1.29	—	0.63	0
非金属矿采选业	1.16	0	0.78	0	1.29	—	0.57	0
农副食品加工业	0.67	3.13	2.79	13.12	0.51	2.34	2.03	1.43
食品制造业	1.03	0.78	3.46	2.62	1.12	0.87	2.51	0.29
饮料制造业	0.85	1.95	0.96	2.19	0.96	0.64	0.70	0.24
烟草制品业	1.16	0	2.84	0	1.29	—	2.07	0
纺织业	0.53	3.98	1.22	9.12	0.22	5.77	0.89	0.99
纺织服装、鞋、帽制造业	0.97	1.21	0.88	1.1	1.02	0.91	0.64	0.12
皮革、毛皮、羽毛（绒）及其制品业	0.24	5.84	0.07	1.71	−0.05	13.20	0.05	0.19
木材加工及木、竹、藤、棕、草制品业	0.22	6.02	0.30	8.45	0.12	3.30	0.22	0.92
家具制造业	0.60	3.54	0.22	1.28	0.36	3.22	0.16	0.14
造纸及纸制品业	1.05	0.71	3.75	2.55	1.08	0.63	2.73	0.28
印刷业和记录媒介的复制	1.08	0.47	0.8	0.35	0.99	10.45	0.58	0.04
文教体育用品制造业	0.36	5.09	0.05	0.75	0.01	4.90	0.04	0.08
石油加工、炼焦及核燃料加工业	0.97	1.20	0.15	0.19	0.15	133.14	0.11	0.02
化学原料及化学制品制造业	0.81	2.19	3.50	9.39	0.70	2	2.54	1.02
医药制造业	0.99	1.03	1.60	1.66	1.33	0.09	1.16	0.18
化学纤维制造业	1.16	0	0.05	0	1.29	—	0.04	0
橡胶制品业	0.57	3.73	0.45	2.93	2.83	−10.75	0.33	0.32
塑料制品业	0.96	1.28	1.12	1.49	0.80	2.36	0.81	0.16
非金属矿物制品业	1.11	0.30	24.64	6.64	1.20	0.27	17.92	0.72

续表

工业行业	区位熵 郑州	区位熵 开封	占全市工业增加值的比重 郑州	占全市工业增加值的比重 开封	比较优势系数 郑州	比较优势系数 开封	需求收入弹性 郑州	需求收入弹性 开封
黑色金属冶炼及压延加工业	1.09	0.42	3.73	1.44	0.63	7.12	2.71	0.16
有色金属冶炼及压延加工业	1.03	0.81	7.92	6.22	0.68	13.16	5.76	0.68
金属制品业	1.03	0.80	2.45	1.90	1.18	0.30	1.78	0.21
通用设备制造业	0.87	1.84	4.05	8.60	1.07	0.61	2.94	0.94
专用设备制造业	0.95	1.35	5.52	7.86	0.85	2.02	4.01	0.86
交通运输设备制造业	1.08	0.48	3.86	1.73	0.94	2.11	2.81	0.19
电气机械及器材制造业	1.07	0.55	1.82	0.93	1.33	−0.15	1.32	0.10
通信设备、计算机及其他电子设备制造业	0.98	1.12	0.39	0.45	1.95	−19.46	0.28	0.05
仪器仪表及文化、办公用机械制造业	0.75	2.60	0.32	1.10	0.33	4.46	0.23	0.12
工艺品及其他制造业	0.89	1.69	0.97	1.85	0.71	2.42	0.71	0.20
废弃资源和废旧材料回收加工业	0.94	1.40	0.01	0.01	0.51	—	0.01	0
电力、热力的生产和供应业	1.10	0.38	6.26	2.16	1.54	−0.07	4.55	0.24
燃气生产和供应业	1.04	0.72	0.15	0.10	1	1.39	0.11	0.01
水的生产和供应业	1.05	0.65	0.17	0.11	0.28	4.84	0.13	0.01

由表7-19，郑州市区位熵大于1的工业行业有：煤炭开采和洗选业，黑色金属矿采选业，有色金属矿采选业，非金属矿采选业，食品制造业、烟草制品业、造纸及纸制品业，印刷业和记录媒介的复制，化学纤维制造业，非金属矿物制品业，黑色金属冶炼及压延加工业，有色金属冶炼及压延加工业，金属制品业，交通运输设备制造业，电气机械及器材制造业，电力、热力的生产和供应业、燃气生产和供应业，水的生产和供应业等。但是，黑色金属矿采选业、有色金属矿采选业、非金属矿采选业、印刷业和记录媒介的复制、化学纤维制造业等行业增加值占全市工业行业增加值的比重很低，电力、热力的生产和供应业、燃气生产和供应业，水的生产和供应业等为基础性行业。可以选择煤炭开采和洗选业、食品制造业、烟草制品业、造纸及纸制品业、非金属矿物制品业、黑色金属冶炼及压延加工业、有色金属冶炼及压延加工业、金属制品业、交通运输设备制造业和电气机械及器材制造业等为候选行业。

由表7-19，开封市工业行业区位商大于1的工业行业有：农副食品加工业，饮料制造业，纺织业，纺织服装、鞋、帽制造业，皮革、毛皮、羽毛（绒）及其制品业，木材加工及木、竹、藤、棕、草制品业，家具制造业，文教体育用品制造业，石油加工、炼焦及核燃料加工业，化学原料及化学制品制造业，医药制造业，橡胶制品业，塑料制品业，通用设备制造业，专用设备制造业，通信设备、计算机及其他电子设备制造业，仪器仪表及文化、办公用机械制造业，工艺品及其他制造业，废弃资源和废旧材料回收加工业等。但是，文教体育用品制造业，石油加工、炼焦及核燃料加工业，通信设备计算机及其他电子设备制造业，废弃资源和废旧材料回收加工业等增加值占全市工业行业增加值的比重很低。因此，选择农副食品加工业，饮料制造业，纺织业，纺织服装、鞋、帽制造业，皮革、毛皮、羽毛（绒）及其制品业，木材加工及木、竹、藤、棕、草制品业，家具制造业，化学原料及化学制品制造业，医药制造业，橡胶制品业，塑料制品业，通用设备制造业，专用设备制造业，仪器仪表及文化、办公用机械制造业，工艺品及其他制造业等作为初步的候选行业。

第二步，候选优势工业行业的选择。为了更好地选择候选优势工业行业，选取相关指标计算各个行业的比较优势系数和需求收入弹性系数（表7-19）以做进一步选择。

由表7-19可知，郑州市比较优势系数和收入弹性系数均大于1的工业行业为煤炭开采和洗选业，食品制造业，烟草制品业，造纸及纸制品业，医药制造业，非金属矿物制品业，金属制品业，通用设备制造业，电气机械及器材制造业，电力、热力的生产和供应业。开封市比较优势系数和收入弹性系数均大于1的工业行业为农副食品加工业，化学原料及化学制品制造业。比较优势系数大于1，而需求弹性系数在0.85以上的工业行业有：纺织业，木材加工及木、竹、藤、棕、草制品业，通用设备制造业，专用设备制造业等。

这一结果和前面依据区位商和产业增加值占市域工业增加值的比重产生的候选行业的初步选择"交集"为：郑州市包括煤炭开采和洗选业，食品制造业，烟草制品业，造纸及纸制品业，非金属矿物制品业，金属制品业，电气机械及器材制造业等。开封市包括农副食品加工业，化学原料及化学制品制造业，如果进一步扩展则包括纺织业，木材加工及木、竹、藤、棕、草制品业，通用设备制造业，专用设备制造业等。

3. 区域优势工业行业最终选择

在进行优势工业行业的选择中，必须要考虑到郑汴两市的工业发展现状，这样工业行业的选择才会更切合实际。郑州与开封在产业上有着互补的基础。在工业内部结构的相似性分析中，开封与郑州的相似性较小（刘静玉，2006；王发曾、刘静玉等，2007）。在工业内部结构中有很强的互补性。郑州、开封两市的区位条件、自然资源、经济现状不同，因此在郑汴一体化中两者工业产业发展的侧重点也不同。

郑州是中原重要的交通枢纽和集散中心，资源禀赋比较优越，有政府的大力扶持，汽车工业有一定规模，装备制造业、纺织业、化工有一定基础，食品有潜在的市场，电子信息、生物医药有良好前景。综合分析，郑州市应大力发展的产业为煤炭开采和洗选业、食品制造业、烟草制品业和非金属矿物制品业，重点培育交通运输设备制造业和专用设备制造业2个工业行业。

开封要继续发展工业，重点布局食品、医药、精细化工、专用设备制造业等，支持新上项目重点向市区西部布局，让开封拥有更强的产业支撑能力，实现和郑州的完美"对接"。同时，郑汴两市在产业布局时，应尽量避免产业过度同质化竞争和重复建设。综合分析，开封市重点发展的产业为农副食品加工业，化学原料及化学制品制造业等工业行业，重点培育纺织业，木材加工及木、竹、藤、棕草制品业，通用设备制造业，专用设备制造业等工业行业的发展。

四、区域空间结构重组

郑汴地区的空间重组是产业、基础设施、公共服务设施等进行整合的前提和基础，空间重组是在主体区城镇体系空间组织的基础之上进行的。

在行政建制上，郑州市域包括郑州市区、中牟县、巩义市、新郑市、新密市、荥阳市、登封市等县（市、区）；开封市域包括开封市区、开封县、兰考县、通许县、尉氏县、杞县等（县、区）。两市域的城镇空间结构表现为：两（市）区为市域中心，周边县市组成其卫星城镇，形成中心—外围的模式。

当前，以多达9条交通线路组成的复合交通轴线为依托，郑州市区、开封市区和中牟县组成的郑汴都市区逐渐成形，空间形态上呈哑铃状。同时，该区已经呈现向外扩张的态势：向南规划范围涉及中牟、新郑、尉氏3县（市）部分区域，面积415千米^{2}的郑州航空港经济综合实验区已具雏形；向西郑州市区和荥阳市区已经实现空间上的对接，再向西即是上街区。都市区向南扩展促使郑州组成的哑铃一端逐渐膨胀；在东西方向上进一步延伸，形成由巩义—上街—荥阳—郑州市区—中牟—开封—兰考组成的城镇发展轴线，空间形态上呈扁"T"字形。在城镇发展轴线的南侧，郑州—新郑一线的西侧形成登封、新密和新郑组团，郑州—新郑一线的东侧形成尉氏、通许、杞县组团。即在空间上形成扁"'T'字形+两组团"的空间结构模式（图7-16）。

五、区域基础设施整合

1. 基础设施整合的内涵

基础设施整合是指在不同等级的区域内部，为了达到基础设施资源的最优

图 7-16 郑汴一体化地区空间重构模式

配置和利用率的最大化，根据协调区域发展战略，借助行政和市场调控力量，达到结构合理、布局合理状态的调控过程。

基础设施体系整合建设是城市群空间整合的必然要求和重要内容，它主要包括交通设施整合、通信及信息设施建设和运营的整体化、金融服务的同城化（杨迅周等，2004）。

2. 基础设施整合中存在的问题

郑汴基础设施整合中存在的突出问题表现在以下五个方面。

第一，"政府垄断经营"、"政企合一"的经营体制。政府既是基础设施领域国有资产的所有者，又是具体业务的垄断经营者，还是政策的制定者和监督执行者。基础设施企业没有市场主体地位，企业的主要生产经营活动，包括投资决策和服务收费，由政府主管部门安排和规定，企业没有实质性的生产经营自主权，只有被动接受上级行政部门的指令（李善同和冯杰，2002）。地方政府的各自为政意识，容易导致基础设施建设中各自为政，使得地区之间基础设施配套不合理、结构不协调、布局不优。

第二，单一的投、融资渠道。目前郑州和开封两市基础设施建设资金的主要来源是政府资金，包括政府直接控制的资金，如政府财政拨款、国有政策性金融机构的贷款和国债，也包括政府担保的商业金融机构的贷款。鉴于郑州、开封两市基础设施建设现状，两市基础设施建设资金缺口依旧很大，单靠政府财政资金难以解决问题。

第三，基础设施生产企业效率较低和基础设施空间布局不优。垄断经营能够快速获得大量的基础设施资源投入,并能在较短的时间内取得很好的成效。但是,垄断经营导致企业缺乏外部竞争压力和内在激励机制,价格机制难以对资源的合理配置充分发挥作用,资源的优化配置较难实现。进而可能导致企业生产能力过剩和资源的浪费,从而大大降低了企业的生产效率。垄断经营容易导致基础设施建设企业依据各自的利益进行生产经营活动,不同地域之间的企业缺乏有效沟通,很容易形成现在基础设施布局不合理的状况。

第四,同类基础设施内部缺乏协调。就某种基础设施而言,由于各行政主体和部门对建设的方式、时间、投资等各有意见、难以协调,容易造成恶性竞争、重复建设,甚至带来激烈的矛盾冲突(葛广宇等,2006)。

第五,市政基础设施之间缺乏联系,各自为政。在城市功能已高度集聚、城市用地日趋紧张的今天,各行业主体单位仍自成体系、各自为政,很少与其他主体沟通或协调。即使是依据总体规划编制的各项市政基础设施专项规划,也基本上是行业主管部门对本行业内市政基础设施用地布局的需求体现,完全没有整合意识(闫萍和戴慎志,2010)。

3. 基础设施整合的基本对策

借助必要的协调手段强化区域协调。为了提高系统内基础设施的利用率,区域协调机制建设势在必行(覃成林等,2005)。具体的措施如下:①依托郑汴整合协调委员会,统筹区域资源。加强区域协调沟通,弱化行政区划概念,打破地域统一布局和建设跨区域大型基础设施和公用设施,提高区域资源整合力度和协同发展能力。通过政策保障体系的建立和各种层次的协商、仲裁机构的设立,使各地区"违规"现象及地区纠纷得到及时处置。②在郑汴整合协调委员会下设立郑汴基础设施整合专项办公室,负责各项规划决策的文件起草和整理,对规划政策进行监督落实,动态跟踪,收集辅助决策的技术和信息,同时负责郑汴基础设施整合过程中的日常事务以及跨部门事务。③各省直部门(如交通厅)负责所辖部门内容的规划和工作的落实,跨部门工作提交协调办公室统一处理和解决。

调整政府在基础设施建设领域的职能。政府重新定位,由原来的垄断经营者变为主导者、引导者,充分发挥市场机制和非国有经济作用。主要做好以下工作:①保证决策的及时制定以及政策的持续性。②充分尊重基础设施的自然垄断性,在基础设施建设领域引入竞争机制。③加快基础设施建设领域的技术发展和管理创新,实行竞争性经营。

开拓多元融资渠道。基础设施领域要对非国有资本开放,开拓多元化融资渠道(胡家勇,2003)。主要包括:①政府财政。在大型基础设施建设中,政府为投资主体;其他项目,国有资本可适度参与。②商业银行、邮政储蓄、保险公司和各种资金等金融机构的贷款和投资。③利用国内资本市场,把居民手中一部分消费剩余引入基础设施领域。④外资。提高基础设施领域对外开放程度,除全国性、跨地区网络设施和枢纽企业不宜对外资开放外,其他基础设施领域,尤其是竞争性服务,大多可以开放。

参 考 文 献

陈梦筱.2007.中原城市群发展对策与保障机制研究.发展纵横,(9):22-24.
崔功豪,魏清泉,刘科伟,等.2006.区域分析与规划.北京:高等教育出版社.
崔功豪,马润潮.1999.中国自下而上城市化的发展及其机制.地理学报,54(2):106-115.
邓晓明.2007.地方政府在环渤海区域合作中建立经济协调互动机制的政策选择.环渤海经济瞭望,(1):40-42.
杜清浩.2009.中原城市群经济发展现状分析.华北水利水电学院学报(社科版),25(3):57-59.
葛广宇,朱喜钢,马国强.2006.区域和城乡统筹视角下的基础设施建设规划.华中科技大学学报(城市科学版),23(2):87-90.
韩琳.2002.河南省工业化进程研究.郑州:郑州大学硕士学位论文.
胡际权.2005.中国新型城镇化发展研究.西南农业大学博士学位论文.
胡家勇.2003.论基础设施领域改革.管理世界,(4):59-67.
黄以柱,王发曾,袁中金.1991.区域开发与规划原理.广州:广东教育出版社.
李保江.2000.中国城镇化的制度变迁模式及绩效分析.山东社会科学,(2):5-10.
李善同,冯杰.2002.我国交通基础设施建设与区域协调发展.铁道运输与经济,24(10):1-3.
李小建,李国平,曾刚,等.1999.经济地理学.北京:高等教育出版社.
李小建,苗长虹.1993.增长极理论分析及选择研究.地理研究,12(3):45-55.
李晓莉.2008.河南省城镇化支撑体系研究.开封:河南大学博士学位论文.
李岳云,陈勇,孙林.2004.城乡统筹及其评价方法.农业技术经济,(1):24-30.
李子奈.2005.计量经济学.北京:高等教育出版社.
林毅夫.1989.关于制度改革的经济学理论:诱致性变迁与强制性变迁//科斯,阿尔钦,诺斯.财产权利与制度变迁:产权学派与新制度学派译文集.上海:上海人民出版社.
刘洪涛,夏保林.2008.河南省城镇化水平合理比率浅析.河南科学,26(9):1140-1143.
刘静玉.2006.当代城市化背景下的中原城市群经济整合研究.开封:河南大学博士学位论文.
刘静玉,刘鹏.2009.郑汴经济整合中的区域协调机制建设研究.安徽农业科学,37(7):3277-3280.
刘静玉,宋爱青.2008.中原城市群经济整合效果的定量研究.许昌学院学报,27(5):134-138.
刘静玉,刘玉振,邵宁宁,等.2012.河南省新型城镇化的空间格局演变研究.地域研究与开发,31(5):143-147.

刘珊珊，刘静玉，王发曾.2010.中原城市群城乡统筹发展水平评价.河南科学，28（4）：491-495.

雒海潮.2006.交通网络扩展与城市群形成演化分析——以中原城市群为例.河南大学硕士学位论文.

马艺枫，胡碧玉.2008.浅析郑汴一体化的原因及影响.科技和产业，（5）：70-73.

宁艳丽.2007.中原城市群在中部崛起中的作用与对策研究.南宁：广西大学硕士学位论文.

牛树海.2006.河南省农业产业化现状与发展对策.河南农业科学，（6）：5-7.

欧名豪，李武艳，刘向南，等.2004.区域城市化水平的综合测度研究——以江苏省为例.长江流域资源与环境，13（5）：408-412.

彭红碧，杨峰.2010.新型城镇化道路的科学内涵.理论探索，（4）：75-78.

覃成林，郑洪涛，高见.2005.中原城市群经济市场化与一体化研究.江西社会科学，（12）：36-42.

秦耀辰，苗长虹.2011.中原经济区科学发展研究.北京：科学出版社.

王航.2007.张掖市城乡协调发展研究.西安：西北师范大学硕士学位论文.

王静.2008.中原城市群产业结构现状研究.商场现代化，（30）：183-184.

王发曾，刘静玉，等.2007.中原城市群整合研究.北京：科学出版社.

王发曾.2010.中原经济区的新型城镇化之路.经济地理，30（12）：1972-1977.

王建国.2011.构建中原经济区统筹协调的城乡支撑体系.中州学刊，（1）：88-91，95.

王旭升.2007.中部崛起背景下的郑汴一体化发展研究.地域研究与开发，26（6）：28-34.

王振亮.1998.城乡一体化的误区：兼与《城乡一体化探讨》作者商榷.城市规划，（2）：56-59.

吴江，王斌，申丽娟.2009.中国新型城镇化进程中的地方政府行为研究.中国行政管理，（3）：88-91.

夏保林，任斌.2009.河南省现代城镇体系空间发展战略.地域研究与开发，28（6）：46-50.

谢冰.2003.中国过渡区域经济运行协调和发展机制分析.地域研究与开发，19（1）：37-41.

徐维祥，唐根年，陈秀君.2005.产业集群与工业化、城镇化互动发展模式研究.经济地理，25（6）：868-872.

闫萍，戴慎志.2010.集约用地背景下的市政基础设施整合规划研究.城市规划学刊，（1）：109-115.

杨建涛.2008.河南省城乡统筹发展测度研究.开封：河南大学硕士学位论文.

杨晓东.2010.我国新型城镇化发展道路探讨——以陕西榆林为例.中国市场，（42）：21-37.

杨晓娜.2005.城乡协调发展研究——以武汉市为例.武汉：华中师范大学硕士学位论文.

杨迅周，杨延哲，刘爱荣.2004.中原城市群空间整合战略探讨.地域研究与开发，23（5）：33-37.

张改素.2012.河南省城乡统筹发展的时空特征与定位推进研究.开封：河南大学硕士学位论文.

赵勇.2009.加快推进郑汴新区发展的思考.安阳师范学院学报，（1）：55-57.

周琳琅.2005.统筹城乡发展：理论与实践.北京：中国经济出版社.

邹兵，施源.2004.建立和完善我国城镇密集地区协调发展的调控机制.城市规划汇刊，（3）：9-15.

后　记

2009年7月，河南大学环境与规划学院"城市-区域发展"学术团队承担了"河南省现代城镇体系建设研究"（2009年度河南省软科学投招标项目，批准号092400410002，2009年7月～2011年12月），现已顺利结项。期间，中原地区发生了一件大事：中原经济区建设上升为国家战略。

我作为河南省委、省政府"中原经济区研究"课题组成员，清楚地记得中原经济区战略提出的重要时间节点：2010年3～6月，课题组集中研究中原崛起问题，为中原经济区战略提供了决策支持；2010年7月2日，中共河南省委召开常委扩大会议，听取课题组汇报，经充分发表意见后正式提出了建设中原经济区的战略构想；其后，中共河南省委全会研究通过了《中原经济区建设纲要（试行）》，并上报国务院；2010年12月，中原经济区纳入国务院颁发的《全国主体功能区规划》；2011年3月，全国"两会"期间，中原经济区建设列入我国《经济和社会发展"十二五"规划纲要》；2011年9月28日，国务院《关于支持河南省加快建设中原经济区的指导意见》（国发〔2011〕32号）正式签发；2012年11月17日，国务院以国函〔2012〕194号批复了国家发展和改革委员会的《中原经济区规划（2012—2020年）》。

实现中原崛起是亿万中原儿女和全国人民的共同心愿，是我国中部地区崛起的强烈呼声。建设中原经济区，旨在实现中原崛起、河南振兴，旨在支撑中部地区崛起，旨在促进全国区域协调发展。中原经济区战略是历史的选择、时代的选择、科学发展的选择，是中原地区充满希望的崛起之路，是我国21世纪第二个十年重要的国之方略。

现代城镇体系与经济区密切相关，前者是后者空间推进与开发建设的宏观框架，结构合理、功能强大的现代城镇体系在推动经济区发展中起着无可替代的作用；后者是前者结构调控与功能组织的地域基础，经济区的战略定位、发展目标与建设任务等对现代城镇体系建设有重要的制约作用。在"河南省现代城镇体系建设研究"项目的执行后期，课题组已经将大量中原经济区元素注入其中，研究报告也已经将现代城镇体系研究放在了中原经济区建设这个大的战略背景之中。我们惊喜地发现：在中原经济区这个平台上，课题组的学术思路、理念与眼界获得了扩展、深化与提升，河南省现代城镇体系研究实现了一次宝贵的学术升华。因此，当我们在研究报告的基础上编撰成书时，书名就顺理成章地确定为《中原经济区主体区现代城镇体系研究》。

本书将河南省定位为"中原经济区的主体区"，自有其客观的一面。其一，中原经济区是"以全国主体功能区规划明确的重点开发区域为基础、中原城市群为支撑、涵盖河南全省、延及周边地区的经济区域"，河南省是中原经济区的地域主体；其二，河南省提出了中原经济区战略并将其推向了国家战略层面，河南省是中原经济区战略的运作主体；其三，国务院的《指导意见》旨在"支持河南省加快建设中原经济区"，河南省是中原经济区建设的执行主体；其四，《中原经济区规划》在第十一章第四节明确指出：在中原经济区建设中，"支持河南省发挥主体作用"。

本书将河南省定位为"中原经济区的主体区"，绝无鼓动河南做中原经济区的"盟主"、"龙头"、"领头羊"之意。恰恰相反，本书作者始终认为，在区域协作的大格局中，狭隘的地域争雄所导致的乱象是区域发展整合的最大障碍。本书称河南省是"中原经济区主体区"，意在寻求一种压力、一种责任，寻求一种担当，一种沉甸甸的"中原担当"！

本书之所以使用2009年的统计数据作为基础分析数据，是因为2009年是中原经济区战略提出的前一年，分析2009年的情况，有助于准确认知河南省推进中原经济区战略的初始基础，并为若干年后（如到2020年）客观判识、评价中原经济区建设的成效与得失，提供可信的比对与参照。

团队的协作精神是本研究能够完成并成书的决定因素。本书的分工如下：第一章：王发曾、闫卫阳；第二章：王胜男、王发曾；第三章：徐晓霞、丁志伟；第四章：丁志伟、张改素；第五章：闫卫阳；第六章：闫卫阳、李亚婷；第七章：刘静玉。王发曾统编全书，闫卫阳、刘静玉负责协调、审核。

衷心感谢河南省科技厅、教育厅，河南大学科研处、环境与规划学院，科学出版社的责任编辑牛玲同志，你们的鼎力支持既是我们的依靠也是我们的动力！

《中原经济区主体区现代城镇体系研究》即将付梓，我们怀着忐忑不安的心情期待着读者诸君的指教与批评。

王发曾

2013年9月于河大园